柴达木盆地油气勘探开发系列丛书

柴达木盆地西部富油凹陷油气勘探理论与实践

杜金虎　付锁堂　马达德　刘　震　等著

石油工業出版社

内 容 提 要

本书系统阐述了在柴达木盆地西部油气获得重大勘探突破的过程中取得的一系列突出研究成果，论述总结了青藏高原隆升对柴达木盆地构造活动和对柴达木盆地西南区古近—新近系成藏条件的影响，解剖了昆仑山前发现亿吨级大油田的实践过程和理论技术创新，分析了英东地区亿吨级大油田发现的勘探理论和技术突破，总结了复杂山地地震采集处理、解释、测录及钻井等一系列配套技术和柴达木盆地油气大发现的勘探经验。这些成功的勘探经验和研究成果，对柴达木盆地未来的勘探工作具有重要的指导作用。

本书内容丰富，可作为高等院校研究生及本科生的参考教材，同时可供从事石油地质研究与勘探、地球物理勘探等领域的管理决策者及科研技术人员参考使用。

图书在版编目(CIP)数据

柴达木盆地西部富油凹陷油气勘探理论与实践/杜金虎等著．—北京：石油工业出版社，2018.1
(柴达木盆地油气勘探开发系列丛书)
ISBN 978-7-5183-0878-1

Ⅰ．①柴… Ⅱ．①杜… Ⅲ．①柴达木盆地-坳陷-油气勘探-研究 Ⅳ．①P618.130.8

中国版本图书馆CIP数据核字(2015)第221791号

出版发行：石油工业出版社
(北京安定门外安华里2区1号 100011)
网 址：www.petropub.com
编辑部：(010)64523543 图书营销中心：(010)64523633
经 销：全国新华书店
印 刷：北京中石油彩色印刷有限责任公司

2018年1月第1版 2018年1月第1次印刷
787×1092毫米 开本：1/16 印张：15.5
字数：396千字

定价：130.00元
(如出现印装质量问题，我社图书营销中心负责调换)

《柴达木盆地西部富油凹陷油气勘探理论与实践》编写人员

杜金虎　付锁堂　马达德　刘　震
汪立群　冯云发　高　荐　陶永金
张永庶　薛建勤　施　辉

前　言

柴达木盆地位于青藏高原东北部，“南昆仑，北祁连，八百里瀚海无人烟”说的就是这里的荒凉，喜马拉雅晚期运动强烈改造了盆地面貌，也使柴达木成为世界上油气地质条件最复杂的盆地之一。20 世纪 90 年代，随着石油工业“稳定东部，发展西部”战略方针的实施，柴达木盆地也迎来了一段勘探高峰期，实现了储量翻番，油、气探明储量分别达到了 2.5×10^{8}t 和 $3000\times10^{8}m^{3}$，并提出了“5355”（截至“十五”末或稍长一点时间，实现累计探明和控制石油地质储量 5×10^{8}t，累计探明和控制天然气地质储量 $3000\times10^{8}m^{3}$；年生产原油 500×10^{4}t，年生产天然气 $50\times10^{8}m^{3}$）的奋斗目标。但勘探形势并非总是乐观的，虽然先后发现了南八仙、马北等中小油田，但储量未呈规模增长，油气勘探逐渐走入了困境，井越打越深、投资越来越少、希望越来越渺茫，勘探方向模糊、勘探目标不确定，勘探队伍满盆转。在此艰难时刻，青海石油人解放思想、转变观念、强化研究、攻克技术，进一步明确勘探方向，坚持地质引路、技术攻关，终于在柴达木盆地西南区有了大发现——在昆北地区发现并落实了亿吨级大油田，打破了柴达木盆地石油勘探三十年的沉闷局面，迎来了储量增长的新高峰，为建设高原千万吨级大油田创造了资源条件。

回顾柴达木盆地西部油气获得重大勘探突破的历程，关键在以下方面取得了一系列突出进展：(1)指出青藏高原的持续隆升导致柴达木盆地形成“柴达木式高山咸湖”，具有多物源、窄相带为特点的多种沉积体系，多个咸化湖盆生烃凹陷供烃，发育多种类型圈闭，具备断层—砂岩—不整合面复合油气输导体系的独特石油地质基本条件，油气资源丰富，勘探潜力巨大；(2)详细论述了青藏高原隆升过程及对柴达木盆地西南区的构造变动的影响，重点分析了昆北断阶带受隆升影响局部构造部位油气聚集成藏的差异性；(3)提出青藏高原分阶段隆升控制了柴西南区生烃凹陷的分布，导致研究区滞后生烃、圈闭定型晚及油气晚期充注一系列“晚期成藏”的特征；(4)发现昆仑山前粗粒三角洲和风化壳储层具有良好的储集性能，山前发育切克里克—扎哈泉生烃凹陷，优质烃源岩能为昆北断阶带提供充足生烃量，持续隆起的古构造背景和断裂—不整合输导体系有利于油气向基岩风化壳和粗粒三角洲砂体中运移，从而形成昆北亿吨级大油田；(5)跳出了高原咸化湖盆烃源岩丰度低难以形成大油气田的传统束缚，运用喜马拉雅运动晚期成藏动力学观点，建立了烃源岩晚期生烃、高效转化与晚期圈闭匹配形成高丰度油气藏的新理论，形成了多期推覆叠加—深、浅断裂纵向“接力式”油气输导体系—源上成藏的新模式，发现了英东亿吨级大油田；(6)针对柴西南区复杂山地地表环境和地质条件，完善了高原山地复杂地表区地震采集处理配套技术，复杂山地地质地震综合解释配套技术，测录试一体化的油气层综合评价技术和低压、低渗透、厚层非均质油层钻井保护及储层改造技术四大技术系列。

由于笔者水平有限，书中难免存在疏漏之处，敬请读者批评指正。

目　　录

第一章　勘探历程与挑战

柴达木盆地位于青藏高原北部，南界为东昆仑山，北界为祁连山，西界为阿尔金山。盆地东西长约850km，南北宽150～300km，总面积$12.1\times10^4km^2$。盆地内部海拔在2800～3000m，地形总体上呈现西北高、东南低、边缘高、中间低的特点。盆地内气候干旱、寒冷，不利于植物生长。地表多为戈壁沙滩、盐泽、风蚀残丘；特别是由于较高的海拔和干旱的气候条件，植被奇缺，氧气稀薄，自然地理条件恶劣。盆地内发育了古生界、中生界和新生界3套沉积地层，中、生界新生界沉积岩分布面积$96600km^2$，最大厚度超过17200m，沉积岩体积约$60\times10^4km^3$。

柴达木盆地是我国除西藏之外石油勘探开发工作和生活条件最困难的地区。建国前，该区所做的勘探工作甚少，值得一提的事件是在1947年5月，原国民政府成立由吴永春、关佐蜀、朱新倪参加的“甘青新边区及柴达木矿源调查队”，在柴达木盆地西部的尕斯库勒湖畔发现了厚约150m的油砂，这个地面构造被命名为油砂山。中华人民共和国成立后，从1954年才开始大规模进行石油地质勘探工作，经过几十年的艰苦奋斗，目前在柴达木盆地已经发现有尕斯库勒、花土沟、冷湖等17个油田和涩北一号等5个天然气田，并已开始建设年产百万吨原油的石油工业基地，以及进行相应的石油加工和管道铺设工作。

第一节　创业——发现油砂山和冷湖油田

一、柴达木盆地石油初探阶段(1954—1959年)

在柴达木盆地系统地进行大规模的石油勘探和开发工作，是在中华人民共和国成立以后才开始的。1954年3月，原燃料工业部西北石油管道总局在西安召开第五届全国石油勘探会议，会议决定对柴达木盆地开展石油地质勘探工作。同年4月组建了柴达木地质大队，首批队员共70多人，从西安出发途径敦煌、安南坝、索尔库里抵达柴达木盆地西部，在油泉子一带开展工作。7月，在西安成立了由原石油管理总局局长康世恩率领，以原苏联科学院院士、石油地质学家特拉费穆克为首的苏联专家和中国专家等60余人的柴达木盆地石油考察队，深入阿拉尔、红柳泉、油砂山、茫崖等地区考察，提交了勘探开发柴达木盆地油气资源的报告。由原苏联专家指导的13个地质队在西部地区发现了18个可能的储油构造和9处油苗露头。1955年11月24日，在油泉子构造进行了柴达木第一口深井——泉1井的开钻工作，18天之后，该井在钻进过程中见到工业油流，由此发现了柴达木盆地的第一个油田。1956年，地质部632队所钻探的冷湖F_3井喷油，发现冷湖四号油藏。1957年，原青海石油勘探局继续在盆地西部进行对构造的详查细测，细测了红柳泉、红沟子、小梁山、咸水泉、红三旱一号、九顶山、馒头山、东平、冷湖五号、甘森、大沙坪、南乌斯、北乌斯等22个构造，先后找到油泉子、开特米里克、油砂山和尖顶山油田。与此同时，中国科学院地质研究所在研究古近—新近纪地层对比和岩相变化时，在盆地北缘路乐河发现了白垩纪的油砂层。

1958年是柴达木盆地石油工业大发展的一年，在39个构造上进行不同目的的钻探，找到了花土沟、冷湖五号、七个泉等油田，地质队632队同年也发现了马海气田。3292钻井队在花土沟构造轴部所钻花2井，日喷原油100t以上；1219钻井队在冷湖五号构造高点地中4井钻达井深650m时，喷出大量油气流，连续畅喷三天喷势不减，日喷原油800t左右。1959年，在原青海石油勘探局的基础上，成立了青海石油管理局，冷湖油田成为我国当时的四大油田（玉门、克拉玛依、四川、冷湖）之一。

二、柴达木石油勘探和开发恢复阶段（1960—1966年）

冷湖油田建成以后，由于历史原因，我国的国民经济出现了严重困难。1960年，青海石油管理局实行“缩短战线，调整机构，精简人员，坚守阵地”的方针，走“自己动手，丰衣足食”的道路，并调出大量的技术人员前往大庆油田支援会战。1964年，随着柴达木盆地经济状况的初步好转，凭借极为有限的勘探力量又开始甩开钻探工作，3278钻井队通过钻探涩北参1井发现了涩北一号气田。1965年，根据上级的指示，采取“调头西上找资源”的方针，钻探有利的含油地区。1966年，青海石油管理局在尖顶山成立了西部勘探指挥部；同年，咸水泉构造咸深2井喷油，日喷油达千吨。

三、盆地坚持勘探阶段（1967—1976年）

青海油田渡过了国家经济困难时期，正值大好形势之际，却又遇到了波及全国的十年“文革”。在这十年间，主要的勘探成果是发现了涩北二号气田，还打出了涩中1井、涩中2井两口高产气井；并首次在我国第四纪地层中找到了天然气田，肯定了柴达木盆地东部为一个“第四纪含天然气区”的结论。

第二节　奠基——发现尕斯库勒油田

1977年，青海油田全体石油职工积极投入到“猛攻深层关，找出大油田”的勘探工作中，32108钻井队在花土沟的北高点所钻的花79井，钻至3103.62m时喷出大量原油，完井后产量下降，经分析为裂缝储油，这是柴达木盆地3000m以下深层见油的第一口井，由此开拓了深层找油的新领域。同年，3288钻井队在尕斯库勒湖畔的尕斯库勒潜伏构造上所钻的跃参1井，钻达井深2546m处的中新统中上部后见较好油气显示，在2751m处提前完钻，经试油日喷油20m^3；3288队接着钻探跃深1井，钻达井深3251m处的渐新统下部时发生严重井喷，并持续三天，折算日喷油807m^3。跃参1井、跃深1井相继获得高产油流，预示着一个新且较大油田的诞生，这是首次运用地震勘探方法发现的潜伏构造上获得高产油藏。1978年2月，跃深1井在3251m处发生井喷，畅喷3天，折算日喷油807m^3，发现了尕斯库勒油田下干柴沟组下段（E_3^1）油藏，开辟了古近系找油的新领域。1978年的深层钻探除在尕斯库勒油田深层获得高产外，还在跃进二号和红柳泉构造的钻探中见到了工业油流。

1978年后，根据柴达木石油勘探不断发展的新形势，原石油工业部在1979年至1982年，组织了柴达木石油勘探会战，设立了“甘青藏石油勘探开发会战指挥部”，以“广探柴西（盆地西部），解剖西南（西部南区），详控尕斯库勒油田”作为勘探方针。1976—1985年底，共发现含油面积73.8km^2，使累计探明石油地质储量和已发现的含油面积均在原有的基础上翻了一番，陆续发现了尕斯库勒油田、跃进二号油田、砂西油田、南乌斯—绿草滩油田、红柳泉油田和狮子沟深部油藏等。1980年，钻跃38井因卡钻事故完井，在下油砂山组（N_2^1）射开2层

11.4m 的油层，用 12mm 油嘴试油获日产 130.8m^3 的工业油流，正式揭开了尕斯库勒油田上干柴沟组（N_1）—下油砂山组（N_2^1）油藏的勘探序幕。

第三节　挑战——30 年的探索与反思

近 30 年来，青海油田坚持"西部古近—新近系找油、东部第四系找气，区域展开、力争突破、油气并举"的勘探原则，并鉴助于先进的勘探技术和较高的综合研究水平，对盆地的形成、演化及其油气富集规律有了新的认识，使油气勘探潜力大大增加。与此同时，如何进一步开展工作和力争早日取得更大突破，则成为柴达木盆地油气勘探的关键问题和重大挑战。

一、勘探困局

1985—1988 年，青海油田仅在柴达木盆地西北区（以下简称柴西北区）发现了南翼山中—深层裂缝性凝析气藏，在尕斯库勒南发现了跃进二号复杂断块油田，此外再无建树，柴达木盆地西部地区（以下简称柴西地区）的石油勘探走入低谷。

而 1995 年冷科 1 井的钻探又将注意力吸引到了柴达木盆地北缘（以下简称柴北缘），通过老井复查和钻探发现了南八仙油气田和马北油气田，但由于柴北缘构造和成藏的复杂性，勘探工作屡屡受挫。1986—2006 年，20 年间仅在马北和南八仙两个新区块探明石油地质储量已达 1675 $\times 10^4$t。围绕老油田扩边挖潜和滚动勘探取得一定成效，先后在南翼山、花土沟、油砂山等区块提交了 13912 $\times 10^4$t 的探明储量，为青海油田的稳产、上产发挥了作用。20 年间，油气产量稳步提升，截至 2006 年底油气产量达到年产 418 $\times 10^4$t 的规模，初步建成高原规模油气田。勘探经验证实柴达木盆地西南区（以下简称柴西南区）仍是柴达木盆地勘探最有利的地区，重回柴西南区勘探并开辟新战场成为不二选择。

20 年来，油气储量增长主要集中在老区，油气预探陷入迷茫，柴达木盆地资源量到底如何？到底能不能找到大油田？随着盆地逐步进入较高油气勘探程度，油气勘探开发工程技术难度逐渐加大，生产作业成本逐渐上升，在勘探领域、勘探环境、勘探层次等方面的困难逐步显现，主要有以下几点：

（1）油气勘探以岩性地层油气藏为主，勘探目标更为隐蔽，储层物性更差。柴西南区的构造高部位发育构造油藏，斜坡部位则发育岩性油气藏。以往勘探实践的主要思路是以寻找构造油藏为主，岩性油气藏为辅，因此对斜坡区的勘探不够重视。随着对柴西南区油气勘探程度和地质认识的不断深入，以及中国东部油田岩性油气藏勘探工作取得成功，柴西地区油气勘探目标也从以寻找构造圈闭油藏逐渐转向重视寻找岩性地层油气藏。前期勘探已证实柴西南区红柳泉及跃西油藏类型属于岩性油气藏，但由于勘探程度不够使得已发现的岩性油气藏的规模较小、层系少且不连片，这同目前已发现的岩性油气藏多层系连片、环凹广泛发育的特点不吻合。

（2）断裂带附近构造复杂，成藏条件不清。勘探研究表明，柴西地区自中新生代沉积以来，盆地受区域地质构造背景的影响，共经历了两次从断陷坳陷到隆升的完整演化阶段和由断陷坳陷到褶皱隆升的完整旋回。同时，柴西地区发育很多的走滑逆断裂以及与其伴生的各种复杂构造，柴西地区复杂多样的走滑断裂与之伴生的构造组合都与其所经历的构造运动有关，而事实上柴西地区经历了多期次、多阶段的构造运动，特别是青藏高原的隆升，更是复杂化了柴西地区的构造特征。研究表明，切六号构造和切十二号构造位于昆北区带走滑断裂的上盘，晚喜马拉雅运动的走滑压扭断裂形成阶段，由于昆仑断裂带强烈的逆冲推覆走滑和隆升运动，与区带级走滑断裂（昆北走滑断裂）一起活动，形成了切6南走滑断裂和切11南圈闭级走滑断裂，与昆北走滑断裂控制了切六号圈闭和切十二号圈闭的形成。而其油气主要来源于区带走滑断裂（昆北走滑断裂）的下盘切克里克凹陷的烃源岩，这种区带级走滑断裂（昆北走滑断裂）为油气运移的通道，为切六号圈闭和切十二号圈闭油气的聚集提供了条件。但是，切8井同样也紧临昆北走滑断裂的下盘切克里克凹陷的烃源岩，然而其油气显示却较差，说明昆北走滑断裂对油气的运移也是具有选择性的，这一现象更加复杂化了昆北断阶带的成藏条件。

（3）落实深层构造存在一定困难，产能较高的裂缝储层难以预测。随着全球油气勘探程度的提高，裂缝型油气藏已经成为一个重要的勘探新领域。勘探实践表明，柴西地区古近—新近系发育有裂缝性储层，已发现狮子沟、南翼山、油泉子、咸水泉等一系列裂缝性油气田。裂缝是地壳中规模最小的构造，却是最为复杂的构造，有关裂缝的成因机制和分布模式方面的许多问题还未得到解决。尽管利用常规测井技术识别裂缝的方法可以比较清楚地识别裂缝发育层段和产状，也可以进行裂缝性储层内流体类型的识别，但是仅能在尺度有限的剖面上识别裂缝，通常对平面上预测的约束力不够，更不能准确地从空间上对整个油气藏的裂缝发育带进行预测。地震反演技术在裂缝预测中应用较多，但对于裂缝性储层预测的效果往往受到限制。

针对以上油气勘探所面临的困局，中国石油天然气股份有限公司（以下简称股份公司）领导指出：柴达木盆地是我们当前的勘探难点地区之一，尽管其地质条件具有一定特殊性，但我们也已经成功地发现了三湖气田，因此总体来说柴达木盆地是一个大的含油气盆地，只是近几年我们还没有找到新的大油气田，必须始终保持信心。

二、反思与探索

20世纪90年代以来，青海油田积极转变观念，加强基础研究和重点勘探相结合的思路。首先开展了老资料的复查工作，深化对柴达木盆地石油地质条件的认识；其次加强了全盆地不同地质条件下的地震勘探攻关，并在冷湖四号、冷湖五号区块首次获得了深层侏罗系反射资料；第三是加强全盆地基本地质问题的综合研究，明确了“突出古近—新近系、突破侏罗系、加快第四系、准备石炭系”的勘探原则，并经过充分论证，确定了十大有利勘探目标：西部地区的南翼山构造中—深层、英北构造带、XI号断裂带、阿尔金斜坡带；中部地区的冷湖构造带、马仙勘探区、全吉构造以及东部察东、霍西及哑叭尔构造地区。在深化盆地石油地质基本特征认识的基础上，积极利用新技术，充分挖掘老资料，力争在认识上有新进展，不断扩大新的勘探领域。在加强基础地质研究及区域勘探扩大视域的同时，力争长、短效益相结合，将滚动勘探开发作为一条重要途径，在南翼山、狮子沟、砂西、跃进二号东高点等油田已取得良好效果。

2001年以来，在区域勘探无重大突破的情况下，结合预探、评价和油田开发，深化老区认识，加大滚动勘探开发力度，保证了石油储量的不断增加和储采平衡，促进了油气产量的持续增长。先后在南翼山、七个泉、油砂山、尕斯库勒等油田通过深化勘探，共新增探明石油地质储量7418×10^4t。依靠技术（气层电性识别技术和高分辨率地震评价）、精细勘探，实现第四系储量翻番。2002年，在涩北一号、涩北二号气田共新增探明天然气地质储量$901.83\times10^8m^3$；2004年，在台南气田新增探明天然气地质储量$526.32\times10^8m^3$，使柴达木盆地天然气探明地质储量达到$3046.6\times10^8m^3$。坚持甩开勘探，区域上发现好苗头，在马海—大红沟凸起的油气勘探获得新发现，在伊克雅汝构造新近系生物气勘探取得进展，在开特米里克构造获得工业气流。2003年，在马北一号构造上钻探马北1井获得高产油气流，通过3年勘探，在马北地区已发现了马北一号、马北三号、马西、马北八号等油气田(藏),形成了 5000×10^4t 级油气储量规模。2000 年,在伊克雅乌汝构造高点钻探伊深 1 井,在新近系狮子沟组等 7 个层组试气都获得工业气流,2003 年上交控制天然气储量 $121.03\times10^8m^3$。2001 年,在开特米里克构造钻探了开 2 井,钻探过程中油气显示频繁,其中对 1405 ~ 1488m 井段接油管放喷,日产天然气 $11375.5m^3$,对 4249.88 ~ 4288.52m 主要含气层段进行中途测试,日产天然气 $10917m^3$。依靠技术手段加之不断探索,在岩性油藏勘探上也取得了新进展。2003—2004 年,依托柴西南区三维地震资料进行精细解释,借鉴我国东部油田岩性油气藏勘探经验,应用储层预测与综合评价等尚在研究中的先进技术,在层序地层学研究的基础上,进行岩性油藏勘探目标筛选,发现了尕斯库勒东南斜坡、七个泉、红柳泉等一批岩性地层圈闭;并优选尕斯库勒东南斜坡、七个泉等圈闭为重点目标,开展了岩性油藏勘探探索。东得 1 井、七 30 井、七 31 井获得工业油流,这标志着柴达木盆地在岩性油藏勘探上取得了实质性的进展。

2006 年以来,柴达木盆地坚持甩开预探和风险勘探,力争勘探新突破;坚持勘探开发一体化,确保油气储量稳定增长;坚持地震先行,积极准备有利区带和目标。突出“两个重点”,即精细勘探碎屑岩和战略突破复杂区;实施“两项措施”,即精细研究和优化部署。2007 年,依托乌南二次三维地震资料,发现了昆北断阶带切六号背斜构造,实施的切 6 井首次实现了昆北断阶带的重大突破,试油获得 $38.6m^3/d$ 的高产工业油流,坚定了勘探该带的信心,同时也改变了一些原有的地质认识。切 6 井开发成功后,青海油田分公司加大了三维地震的勘探力度,先后部署了昆北、切西地区三维地震勘探。借助 2008 年新采集的较好品质的昆北三维地震资料,加强了勘探目标的优选工作;2009 年,切十二号构造钻探的切 12 井、切 11 井相继在下干柴沟组下段($E_3{}^1$)和基岩获得高产工业油流,实现了昆北断阶带油气勘探的又一次重大突破。此外,通过层序地层学研究和地震属性、地震反演等岩性圈闭预测技术,切六号构造路乐河组(E_{1+2})岩性油藏含油面积大幅度增加,外围甩开勘探的切 16 井地层岩性勘探也初见成效。截至 2009 年底,昆北断阶带已形成控制加上预测石油地质储量为 1.0313×10^8t 的储量规模。2010 年,切 4 井区基岩风化壳勘探又见重大发现,切 401 井、切 402 井和切 404 井相继获工业油流;切 16 井区的评价勘探取得重要进展,切 163 井、切 161 井成功实现含油面积的大幅度增长,切 4 井区—切 16 井区有望形成不同层系叠合连片的含油场面。同时,切 6 井区、切 12 井区的评价进展顺利。截至 2010 年底,昆北断阶带新增探明加上控制石油地质储量超过 1×10^8t,展示了良好的勘探前景。

三、勘探新局面

2010 年,青海油田全面落实“立足富烃凹陷,坚持油气并举;主攻‘三北’(昆北、马北、涩北)勘探,加强风险预探;突出中—浅层系,构造岩性并重;勘探开发一体,落实规模储量”的勘探思路。石油勘探优选“两带一区”,天然气勘探主攻“两带一坡”,取得了一项重大突破、三项重要进展、一项重要苗头的良好勘探成果。在英雄岭东段有针对性地对二维地震资料进行了目标精细处理,通过构造精细解释,在英雄岭东段发现了英东一号、英东二号、英东三号 3 个构造圈闭,T_2'圈闭面积 $32.6km^2$。2010 年 6 月 18 日,开钻砂 37 井,在 813.5 ~ 816.0m 井段试油,4mm 油嘴自喷日产油 $29.5m^3$;2010 年 9 月 24 日,开钻砂 40 井,钻探过程中油气显示活跃,与砂 37 井有很好的对应关系。2010 年,在英东一号圈闭新增含油面积 $8.1km^2$,新增石油预测储量 10641×10^4t,新增天然气预测储量 $103\times10^8m^3$;实现了柴达木盆地石油勘探继昆北之后的又一项重大突破。

2011 年，青海油田制订了“立足古斜坡，谋求大发现，围绕大砂体，寻找大气藏”的勘探思路，以东坪斜坡为切入点，在古隆起斜坡背景上部署钻探东坪 1 井。该井于 2011 年 5 月 12 日钻至 3227m 完钻，从 3100m 开始见到良好油气显示，主要集中在路乐河组（E_{1+2}）底砾岩—基岩层段。同年 11 月 8 日对 Ⅰ 层组 3159.0～3182.0m 井段实施压裂，6mm 油嘴放喷，日产气 112628m^3，油压 35.0MPa，套压 20.5MPa，一点法计算无阻流量达 $68\times10^4m^3$。东坪 1 井的发现，打破了柴达木盆地天然气勘探 20 多年的沉寂局面，揭开了大型岩性气藏勘探的序幕。

截至 2011 年底，柴达木盆地已探明油田 18 个（尕斯库勒、花土沟、跃进二号、狮子沟、尖顶山、七个泉、红柳泉、乌南、咸水泉、南翼山、油泉子、开特米里克、冷湖、鱼卡、南八仙、马北、红沟子、昆北）；气田 7 个（涩北一号、涩北二号、台南、马海、马西、盐湖、驼峰山）。累计探明含油面积 314.67km^2，探明石油地质储量 47606.03×10^4t；控制含油面积 95.0km^2，控制石油地质储量 20833×10^4t；预测含油面积 386.2km^2，预测石油地质储量 58512×10^4t。累计探明含气面积 362.9km^2，探明天然气地质储量 $3223.86\times10^8m^3$；控制含气面积 112.36km^2，控制天然气地质储量 $671.19\times10^8m^3$；预测含气面积 321.2km^2，预测天然气地质储量 $2914.0\times10^8m^3$；潜在石油资源量 10.68×10^8t，潜在天然气资源量 $18604.51\times10^8m^3$。

柴达木盆地的勘探工作将继续坚持“解放思想、重新认识、坚定信心、应用技术、科学部署”的思路，努力更新思维，寻找新领域，谋求新场面，获得新发展。要在普遍中找特殊、复杂中找简单、杂乱中找重点、发展中找突破，为“十二五”末实现油气产量千万吨的发展目标、全面建成千万吨级高原油气田而作出努力。

第二章　高原咸化湖泊的基本石油地质条件

近年来，油气勘探在不断地向深层和高海拔领域进军。柴达木盆地的勘探开发实践已经证明，高原咸化湖泊也具有相当丰富的油气资源。然而，高原咸化湖泊由于其较特殊的沉积环境，其石油地质条件也具有显著的特殊性，研究这种高原内陆咸化湖盆特殊的油气成藏条件，将为其油气勘探提供重要的理论依据，同时也会进一步拓展、深化陆相石油地质学的基础理论。

新生代时期，柴达木盆地由于受到青藏高原隆升的直接影响，形成的大型咸化湖盆主要表现为古气候干冷、湖水古盐度高、古水深变化频繁、构造活动样式复杂多变等。尽管前人已经对柴西南地区基本成藏条件进行了大量的研究，但是基于青藏高原隆升背景下多改造构造环境、多变迁沉积环境中对高原咸化湖盆独特的油气成藏条件的研究还相对比较缺乏。本章旨在通过对柴西南区特殊的石油地质条件进行分析和总结，进而探讨高原咸化湖泊的石油地质特征及油气勘探潜力。

第一节　高原咸化湖泊成因

前人通过大量钻井岩心、地球化学和古生物资料的分析，认为柴达木盆地西南地区古近—新近纪的古水介质为半咸水—咸水环境，烃源岩的硼含量为$(43\sim221)\times10^{-6}$，用亚当斯法计算古盐度范围约为7.42‰～32.82‰之间。古近—新近系从下往上有可能存在两个古盐度旋回，分别是路乐河组（E_{1+2}）—下干柴沟组沉积早期（E_3^2）和下油砂山组（N_2^1）—狮子沟组（N_2^3）沉积时期。第一个古盐度旋回路乐河组沉积时期古盐度开始逐渐增大，至下干柴沟组上段沉积早期达到最大，而后古盐度开始逐渐减小。第二个古盐度旋回只有逐渐增大的过程，至狮子沟组沉积时期达到最大。另外，据研究，柴达木盆地古近—新近纪的咸化中心随地质历史时期具有“北迁东移”的特点。另一方面，柴达木盆地在印度板块与欧亚板块碰撞的早期就开始变形，并且存在着两次构造大旋回，分别是古近纪和新近纪—第四纪（周建勋，2005；刘栋梁等，2008）。同时，盆地的沉积中心也表现为有规律的自西向东迁移的特点。

综合分析，从盆地内古近—新近纪古水介质咸化程度纵横向上的分布关系来看，其旋回性和迁移性均与青藏高原隆升的演化特征有着强烈的对应关系。由此可以推断柴达木盆地古近—新近纪高原咸化湖泊的形成与青藏高原隆升息息相关。

一、咸化湖盆形成条件

我国是多盐湖和盐湖矿产资源丰富的国家之一，仅柴达木盆地就有大、小盐湖近28个。对这些广泛分布的各类现代盐（咸）湖进行分析，对了解古代高原咸化湖盆的形成具有借鉴意义，这也是“将今论古”的地质研究方法。

内陆盐湖在干旱、半干旱地区分布很广，主要受构造和气候条件控制，一般为封闭的自流盆地，青海大柴旦和小柴旦湖盆正是在这种环境下形成的（单昌昊，郑绵平，1990）。苏显烈和薛培华认为盐湖的存在必须具备两个特定的条件，一是干旱地区，蒸发量远远大于降水量；二是湖盆必须接受溶解有易溶盐类的补给水，补给量应等于蒸发量，才能保证盐湖在一定的地质时期内存在。张彭熹在研究柴达木盆地现代盐湖和古盐类沉积时，提出了“高山深盆，振荡干化，分离盆地同步分异”的成盐模式解释了咸化湖盆的形成，其中“高山深盆”代表构造条件，“振荡干化”是指成盐的气候条件，“分离盆地同步分异”则主要强调了成盐元素的沉积分异环境。由此可见，咸化湖盆的形成必须满足湖盆封闭、气候干寒和盐源充足这3个最基本条件。

1. 湖盆封闭

湖泊是河流由高地势向低地势汇流的汇水盆地，也是河流搬运沉积物的最终卸载场所，湖泊的封闭性是形成盐湖盆地的必要条件。

柴达木盆地广泛发育盐湖盆地，这些盐湖盆地均是封闭的。如果湖泊不封闭，就无法形成咸湖盆地，只能形成淡水湖泊。柴达木盆地德令哈地区发育克鲁克湖和托素湖，由于两者之间有水道相通，故在当地称为链鞘湖。因为湖泊的封闭性不同，造成同一河流水系的湖泊一个为淡水湖泊，另一个为盐(咸)湖。北部较高地势不封闭的克鲁克湖为淡水湖泊，而南部低地势封闭的托素湖为盐湖。

克鲁克湖和托素湖均是由发源于北祁连山的巴音郭勒河常年供水，南部的托素湖湖水还有部分源于周缘欧龙布鲁克和埃姆尼克山等季节性河流供水系统。巴音郭勒河先流入北部的克鲁克湖，并在河流入湖的较大范围内(克鲁克湖东南部)形成了广泛的沼泽环境，河流入湖处发育建设性河流三角洲。克鲁克湖是不封闭的汇水湖泊，南部敞开的水道口可动态地调整水位，当湖平面高于敞口水道底面时，湖水通过南部的敞口水道向南流入地势更低的托素湖封闭性汇水盆地。由于克鲁克湖的不封闭性形成了淡水湖泊，托素湖虽然面积较大，河流供水更多，但由于其封闭性，形成了盐湖。

2. 气候干寒

柴达木的盐湖盆地是在闭流或半闭流条件下，蒸发量大于补给量条件下形成的。柴达木盆地属于干旱、多风的大陆性气候，年蒸发量大于降雨量，终年干燥、少雨、多风。干燥且多风的气候环境加剧了湖盆水体蒸发的速度，为盐湖盆地的形成提供了条件。

3. 盐源充足

关于咸化湖盆的盐类物质来源，最早有“沙洲说”和“沙漠说”的争议，前者认为盐湖蒸发盐来自海水，而后者则强调陆源盐类物质是蒸发盐的物源(张彭熹，1992)。通过研究柴达木盆地现代咸化湖泊盐类的来源，提出了盐类的4个可能来源：(1)周边古泛湖区的湖水补给或被袭夺，意思是山间小湖盆接受老山淋滤的盐类沉积而后盐类富集，最后通过某种构造事件高盐度的湖水倾泻至盆地之中；(2)火山和地热水的补给，这类补给水带来的盐类主要以硼、锂和钾为主，柴达木盆地各盐湖所含的此类元素明显高于一般内陆型咸化湖盆；(3)深层卤水的补给，主要表现为地表水或浅层水在重力作用下向下渗漏补给深部，深层水在静止压力或构造运动的挤压下向减压方向向上补给地表水，而深层水极有可能是盐度非常高的卤水；(4)周边淡水对岩石的溶滤作用，指的是周边雪山融化形成河流，在进入盆地的过程中沿途溶解岩石中的盐类，最后汇入湖盆。

分析认为，古柴达木咸化湖盆的盐类物质来源可能主要有“淋滤型”和“补给型”两种类型。“淋滤型”主要源于源岩区，山间流水淋滤地表原岩风化产物，将易溶物质带入地表水和地下潜流，通过各种途径补给到湖盆，随着蒸发等作用浓缩成盐类沉积，像现在的托素湖、尕海、小柴旦、霍布逊等湖泊就是通过这种方式汇集盐类。“补给型”的盐类则是通过地下热卤水来提供，这些热卤水有可能来自于周缘老山的深层，通过断裂运移至地表，也有可能通过火山喷发的形式或是热泉直接进入湖区，这类咸化湖泊普遍具有高含量的硼元素，譬如说柴北缘的大柴旦湖。

二、青藏高原隆升与咸化湖盆的形成

在柴达木盆地中，产于路乐河组上部的孢粉植物群以被子植物为主，反映暖热、温润—半干旱的气候环境，推测当时青藏地区总体海拔应在500m以下；渐新世早期孢粉组合面貌以被子植物花粉为主，反映了半干旱—干旱的环境，盆地海拔高度应在1000～1500m间；中新世的孢粉组合中旱生的藜科及麻黄属始终占主导地位，说明盆地气候开始变得干冷。从古生物资料恢复出的古海拔情况来看，渐新世早期正是青藏高原隆升活动比较强烈的时期，柴达木盆地在此次隆升过程中海拔上升了近1000m，这种变化直接导致“高山深湖”地貌景观的形成。

从现今柴达木盆地的地貌特征来看，由于南部喜马拉雅山、唐古拉山、昆仑山等多重高山的屏障作用，阻隔了来自印度洋的潮湿的海洋季风，盆内气候转变至极端干旱，年蒸发量为降水量的115～259倍。由此不难推断出地质历史时期，青藏高原的持续分阶段隆升导致柴达木盆地的古海拔越来越高，周围隆起的老山对大气环流又起到了屏障作用，致使柴达木盆地形成一个封闭的湖盆，气候干燥，温度逐渐降低，降雨量也骤减。与此同时，湖盆周围的老山在隆升过程中遭受到强烈的风化剥蚀，山间流水通过淋滤的方式溶解了大量的盐类进入到湖盆。另外，强烈的挤压活动也极容易引发盆内的火山喷发，地壳深处的热卤水通过深大断裂进入到湖盆，也为咸水湖的进一步咸化提供了物质基础。

综上所述，新生代柴达木盆地作为一个高原咸化湖盆而存在，其最根本的原因还是青藏高原的持续隆升，隆升过程中逐渐形成特有的“柴达木式高山咸湖”。

第二节　咸化湖盆沉积体系分布与演化

早在20世纪90年代，单昌昊和郑绵平在对柴达木盆地大柴旦湖、小柴旦湖的现代沉积环境进行研究时就发现，大柴旦湖、小柴旦湖是两个典型的内陆封闭自流湖泊，虽然汇入湖泊的水流进入湖泊不远，但是沉积相类型较为丰富（单昌昊，郑绵平，1990）。孙永传等也认为咸化湖盆具有多种沉积体系，包括扇三角洲沉积体系、正常或淡水—微咸水的湖泊沉积体系、盐湖沉积体系、三角洲沉积体系、冲积扇和冲积平原沉积体系。柴达木盆地新生代盐湖大致经历了两次咸化旋回，沉积了两套膏盐层，第一个旋回发生在古新—渐新世，第二个旋回发生在上新世。路乐河组（E_{1+2}）上部—下干柴沟组上段（E_3^2）中、下部为碳酸盐岩沉积，主要沉积物为泥灰岩、泥云岩、泥晶灰岩夹粉砂岩，底部出现少量砾岩，属半咸水环境；下干柴沟组上段上部为硫酸盐湖—碳酸盐湖的过渡沉积，主要沉积了石膏质或钙芒硝质的碳酸盐岩和泥质岩，属咸水环境；上干柴沟组（N_2^1）以上随着盆地的整体抬升，盆缘陆源碎屑物质供给量增多，盐湖开始淡化，以正常湖泊沉积为主，主要有钙质泥岩、泥灰岩和石膏层，未出现石盐层。国外的盐湖盆地几乎都为海相成因，以碳酸盐岩—蒸发岩沉积组合为特征，而我国的盐湖盆地或咸化湖盆基

本为内陆湖盆,以碎屑岩—化学岩混合型沉积组合为主。当河流水动力强,水体盐度较低时,砂体以水下分流河道为主向前延伸,砂体延伸远,呈指状展布的砂体和经过沿岸流、湖底流等改造的滩坝砂体是岩性油气藏勘探的有利类型;而当河流水动力较弱、水体盐度较高时,含泥沙河流水体与盐湖水体间存在较大的密度差,易形成密度流,砂岩主要为席状薄层砂体。石亚军等认为柴西南区的沉积格局明显区别于畅流湖盆,与青海湖现代沉积类似,其特殊性主要表现在具有多个物源、多类沉积体系的沉积特征。由此可见,高原咸化湖盆具有独特的沉积相类型、沉积体系和演化规律,对柴西南区高原咸化湖泊沉积特征进行综合性类比分析,将会是打开古代咸化盆地油气勘探的一把金钥匙。

一、柴西南区沉积相类型

通过多年来对柴西南区的详细沉积研究,基本明确了柴西南区新生代时期发育有 6 种沉积相、12 类亚相、30 个微相(表 2 – 1)。

表 2 – 1　柴西南区新生代主要沉积相类型表

沉积相	沉积亚相	沉积微相
冲积扇相	扇根	主河道、河道间
	扇中	辫状河道、河道间
	扇端	辫状河道、河道间
扇三角洲相	平原	分流河道、泛滥平原
	前缘	水下分流河道、席状砂、分流间湾
近岸水下扇相	扇根	主水道、水道间
	扇中	辫状水道、水道间
	扇端	席状砂、扇端泥
辫状河三角洲相	平原	分流河道、分流间湾
	前缘	水下分流河道、河口坝、席状砂、水下分流间湾
湖泊相	滨浅湖	滩坝、灰泥坪、湖泥
	半深湖	膏云岩、湖泥
浊积扇		浊积水道、水道间

1. 冲积扇相

山前近源快速堆积的扇状沉积体,分布于阿尔金山前七个泉、狮北、干柴沟等地区上油砂山组。冲积扇岩性以棕褐色、浅棕红色、棕黄色砾状砂岩、砂砾岩和砂岩夹粉砂岩和泥岩为主,砾状砂岩、砂砾岩的分选较差至差,块状层理,基本未显示粒序性(图 2 – 1)。据泥质含量可分为两种岩石类型:(1)低泥质含量砂砾岩—含砾中粗砂岩。该岩类的泥质含量一般低于 5%,分选较差,块状层理。砾石以中—细砾为主、次圆—次棱角状。七个泉地区岩心中所见饱含油至油浸级别的岩石均为此岩类,含油砂砾岩的最大单层厚度达 3.7m,是冲积扇砂砾岩体中油气显示最好的岩性;(2)含泥—泥质砾状砂岩—砂砾岩。该岩类的泥质含量一般为 0 ~ 5%,是冲积扇沉积的主要岩类;显示块状层理,分选极差—差,砂、泥、砾混杂。岩心中的最高油气显示级别为含油—油斑,多为油斑、油迹。油气显示层的单层厚度一般小于 1.5m。

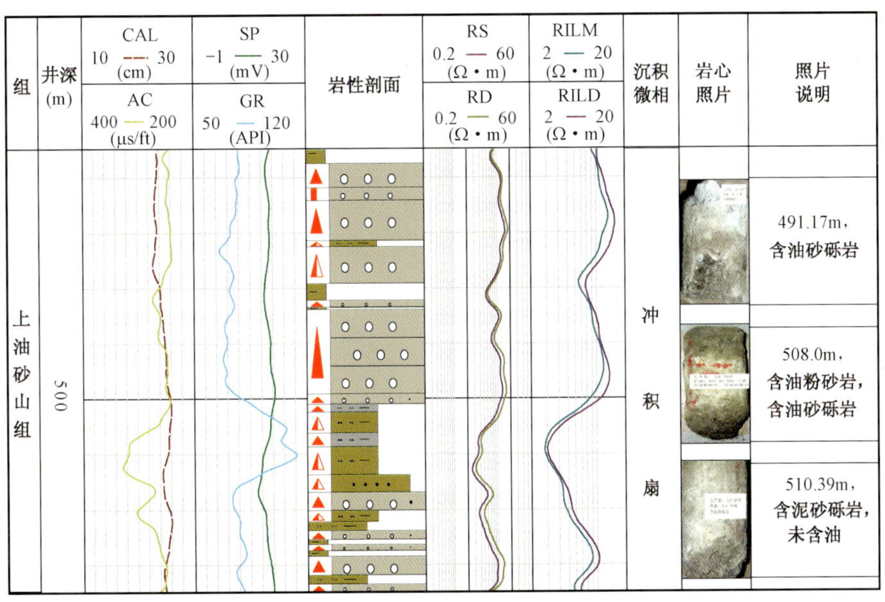

图 2－1　柴西南区冲积扇相单井剖面图（七 6－29 井，上油砂山组）

2. 扇三角洲相

扇三角洲相指邻近山地的冲积扇推进到滨浅湖中形成的扇状体，多分布于湖盆短轴带，本区见于七个泉、狮子沟和干柴沟地区，各目的层位均有发育。扇三角洲相又可分为扇三角洲平原和扇三角洲前缘两个亚相。扇三角洲平原的沉积特征类似辫状河（图 2－2），砾石和粗砂含量很高，主要岩性为砾岩、砂砾岩、中—粗砂岩夹棕红色泥岩（图 2－3），可以见到交错层理、块状层理和冲刷构造，电性特征为箱形—钟形—平直状或齿化平直状组合。前缘带有湖浪作用形成的河口沙坝，当水下分流河道发育时显示滨浅湖沉积特征，表现为粗粒的含砾砂岩、砂砾岩夹于细粒的粉砂岩、泥岩、泥灰岩和泥晶灰岩（图 2－3）中，见交错层理、块状层理、平行层理、韵律层理等层理构造。电性上表现为箱形—钟形—平直状或齿化平直状—漏斗形组合特征（图 2－2）。由于沉积速率仍然较快、湖浪作用又较弱，故扇三角洲的粗粒沉积物的沉积特征仍类似于冲积扇，即以块状层理为主、分选较差，泥质砂砾岩仍较普遍。

3. 近岸水下扇

在国内外文献中，近岸水下扇有水下冲积扇、水下扇、扇三角洲、近岸扇、近岸水下冲积扇、近岸水下扇、重力流水下扇、近源水下扇体等多种提法。近岸水下扇是邻近高地的沉积物直接进入湖泊深水沉积区紧邻断层面沉积的重力流沉积扇体，主要发育于七个泉地区，与冲积扇的主要区别在于岩石出现浅灰色，并夹有滨（浅）湖相沉积物的浅灰色、灰色泥质岩和泥晶灰岩等。岩石粒度上与冲积扇相似，也明显地表现为两个端元，即粗粒的含砾砂岩、砂砾岩夹细粒的粉砂岩、泥岩、泥灰岩和泥晶灰岩。由于沉积速率仍然较快，且该区湖浪作用较弱，故近岸水下扇的粗粒沉积物的沉积特征仍类似于冲积扇，即以块状层理为主、分选较差、泥质砂砾岩仍较普遍（图 2－4）。

近岸水下扇可进一步划分为扇根、扇中和扇端亚相。扇根亚相可区分出主水道和水道间微相，主水道主要岩性为砾岩、砂砾岩，少量薄层粉砂岩和泥岩。扇中亚相可分出辫状水道和

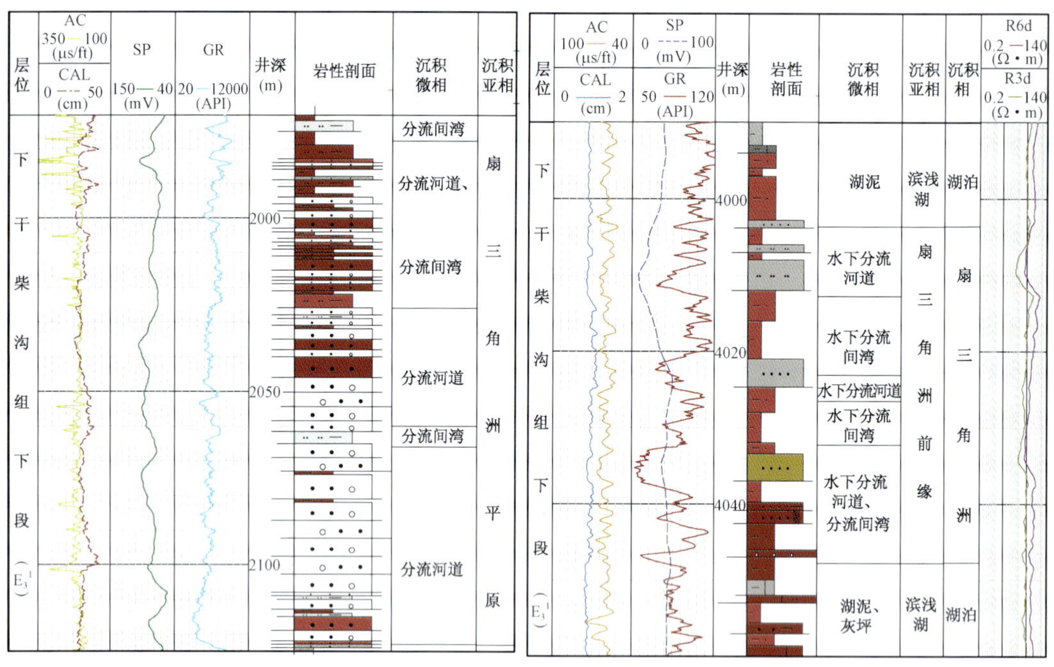

(a) 扇三角洲平原，柴深3井，下干柴沟组下段

(b) 扇三角洲前缘，狮15井，下干柴沟组下段

图 2－2 柴西南区扇三角洲相剖面图

(a) 柴深3井，下干柴沟组下段，2031m，含砾岩屑中粗粒砂岩，×40

(b) 柴深3井，下干柴沟组下段，2034m，岩屑中粗粒砂岩，硬石膏胶结，×40

(c) 狮15井，下干柴沟组下段，4040.42m，含泥细砂岩

(d) 狮15井，下干柴沟组下段，4045m，岩屑砾岩

图 2－3 柴西南区扇三角洲沉积岩镜下相片

(a) 七6-8井，下干柴沟组上段，771.85m，中粒岩屑砂岩，×40

(b) 七6-5井，下干柴沟组下段，1031.44m，含砾不等粒砂岩，×40

图2-4　柴西南区近岸水下扇沉积岩镜下相片

水道间微相，其总的岩性特征是砂砾岩夹粉砂岩和泥岩，其中扇中辫状水道砂砾岩的泥质含量低—中，块状，见少量粒序性，含油性好；水道间岩性为粉砂岩、泥粉砂岩、粉砂质泥岩，含少量砂砾岩。扇端亚相主要岩性为粉砂岩、泥粉砂岩夹少量砾状砂岩和砂砾岩。

从电性特征来看，自然电位曲线能较好地反映岩性的变化：扇中水下分流河道自然电位为钟形曲线且幅度最大，电阻率曲线为齿边的中等幅度曲线；扇端自然电位为小幅度的曲线（图2-5、图2-6）。

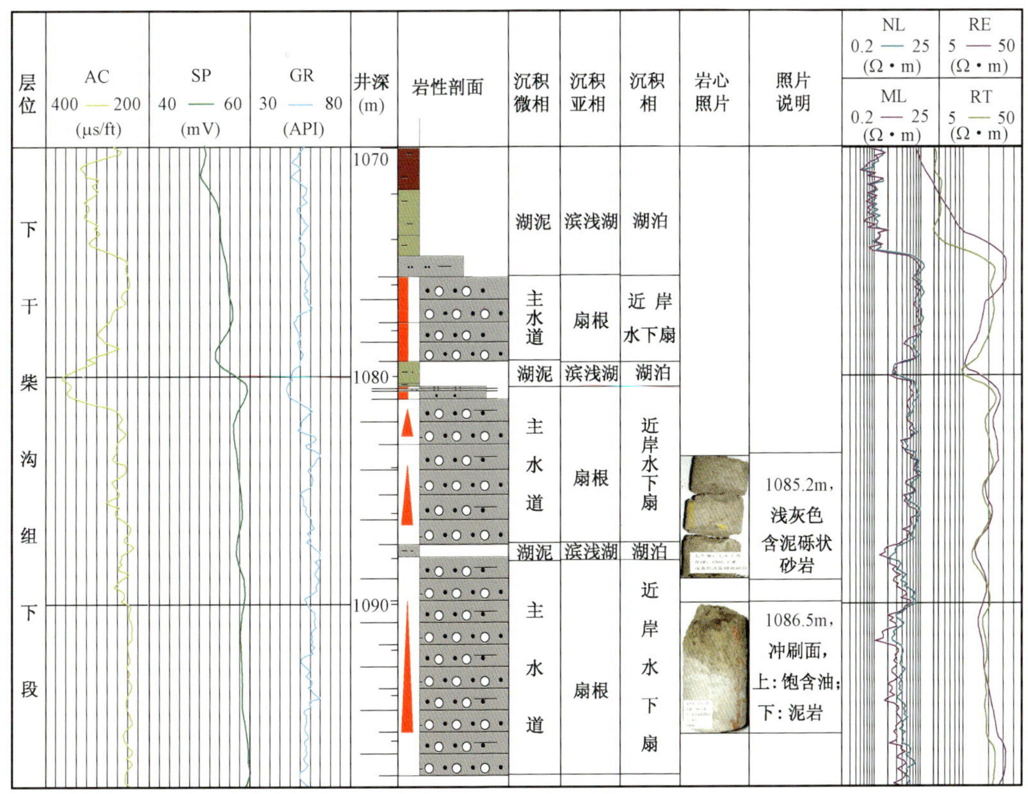

图2-5　柴西南区七6-5井下干柴沟组下段（E_3^1）近岸水下扇扇根剖面图

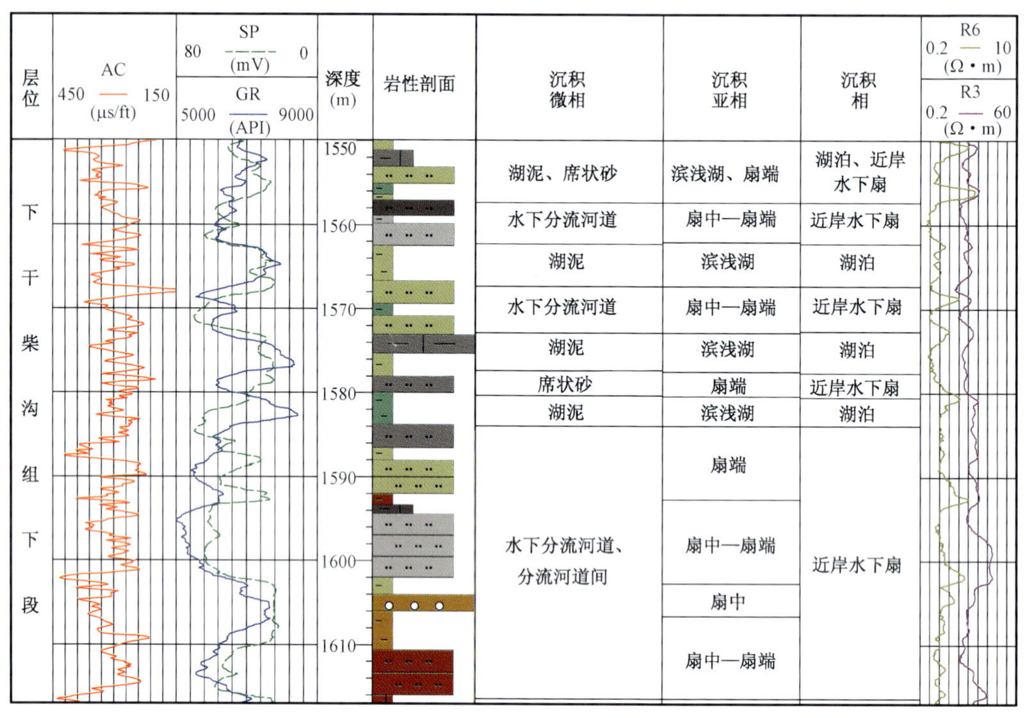

图 2-6 柴西南区七深 2 井下干柴沟组下段(E_3^1)近岸水下扇扇中和扇端剖面图

4. 辫状河三角洲

三角洲是柴西南区主要的碎屑岩油气储层,也是重要的勘探目标。辫状河三角洲是一种粗粒三角洲,通常由辫状河作为供源,它由平原亚相和前缘亚相组成。

辫状河三角洲平原亚相是指主河道开始分叉至分流河道消失于湖平面之下时为止,分流河道较发育,包括分流河道和分流间湾两个微相类型(图 2-7)。岩性粒度较粗,以砾岩、砾状砂岩、含砾砂岩、中—细砂岩为特征,发育块状层理、交错层理和斜层理,电性上以箱状—平直状/齿化平直状组合为特征。分流河道微相岩性以浅棕色、浅棕褐色砂砾岩、含砾中粗砂岩和中细砂岩为主,分选中—差,可见河床滞留沉积。层理类型主要为块状层理,其他的有交错层理和平行层理。电性曲线表现为典型的钟形、箱形、齿化箱形,正韵律特征明显。粒度概率曲线以二段式、三段式为主,显示牵引流特征,滚动组分含量高,跳跃组分次之,分选差。分流间湾处于三角洲平原分流河道间的低洼区,以泥岩、粉砂质泥岩或泥质粉砂岩、薄层砂岩为主夹薄层泥质砂砾岩和泥质砂岩,颜色为棕红、紫红色。电性特征表现为中—高值、平直状或齿化平直状、微齿形或夹指形,正反韵律均可出现;常见根土层、植物碎屑或炭屑、钙质结核或钙土层,以及呈结晶状、似层状、网状分布的硬石膏。

辫状河三角洲前缘亚相以含砾砂岩、中—细砂岩、粉砂岩夹棕红色泥岩沉积为特征,发育交错层理、块状层理、平行层理、脉状—波状—透镜状层理、虫孔及生物扰动构造,主要包括水下分流河道、水下分流间湾、河口坝、远沙坝及席状砂等微相类型。水下分流河道是平原分流河道向水下的延伸,粒级较平原分流河道细、分选好,岩性主要为细—中粒砂岩和粉砂岩,其次为粗砂岩和含砾砂岩,岩石颜色为弱氧化—弱还原系列,如浅棕色、浅灰色、黄灰色、浅绿灰色

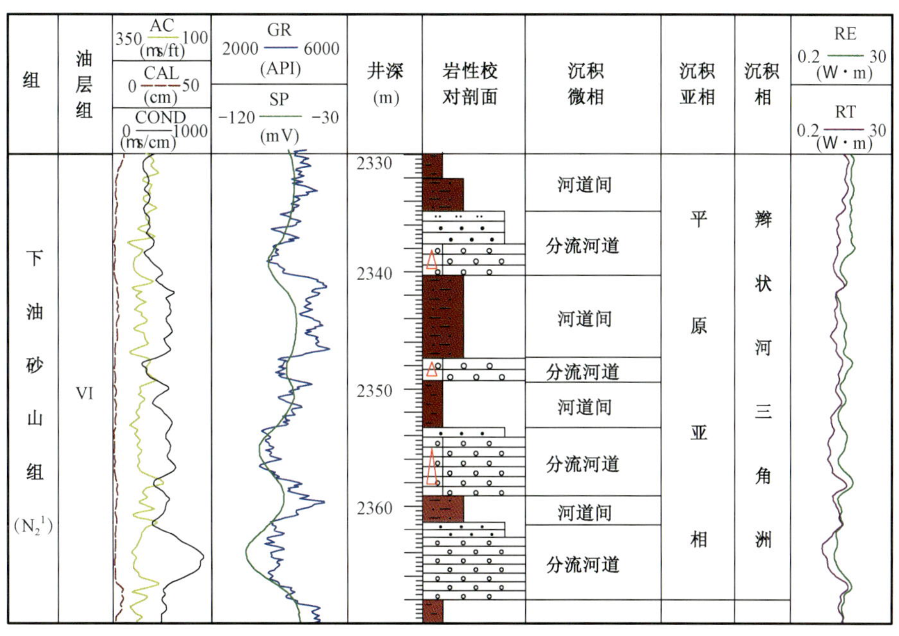

图 2-7　柴西南区辫状河三角洲平原亚相剖面图(砂西 1 井,N_2^1)

等,含油性好。自然电位或自然伽马曲线形态同样也表现为钟形、箱形或齿化箱形特征,显示正韵律特征。沉积构造有块状层理、平行层理、沙纹层理、斜波状层理、交错层理等。累积概率曲线以二段式和三段式为主,滚动组分不发育。水下分流河道砂体的厚度从 0.5m 至 30m 不等,是柴西南区较重要的油气储集体。水下分流河道间是发育在相对低洼区形成的河道与河道之间的沉积,与湖相通;垂向上常常是薄层粉砂岩与泥岩、泥质粉砂岩互层,发育小型交错层理。由于水下分流河道冲刷力强、改道频繁,一旦发生改道,这些沉积物就被冲刷作用减薄,甚至全被冲刷掉,因此常以碎屑岩夹层的形式出现。河口坝岩性以浅灰色、浅绿灰色及少量浅棕色含砾细砂岩、粉砂岩和细砂岩为主,其次为中细砂岩、泥质粉砂岩,电性曲线往往呈中—高幅漏斗形。块状层理、平行层理、斜波状层理、浪成交错层理、低角度交错层理和透镜状层理常见,局部见反粒序层理。砂岩分选好,泥质含量一般较低,呈较典型的反韵律特征。席状砂是水下分流河道或河口坝受湖浪改造作用后在三角洲前缘形成的、向前或向两侧延伸较远的席状沉积物。沉积厚度向盆地方向减薄,小于 2m,岩性以粉砂岩、细粉砂、泥质粉砂岩为主,沉积构造有波状、沙纹、水平层理。电位曲线表现为单指形、多指形、中—低幅齿形等(图 2-8)。

总之,柴西南区辫状河三角洲的主要沉积特征是:(1)层序结构分退积型、进积型两种,进积型三角洲的发育规模要大于退积型;(2)与中国西部其他盆地相比,研究区辫状河三角洲的发育规模总体偏小,单层厚度较薄;(3)河道型层序结构多发育不完整;(4)中小型层理构造较发育,分选中—好,尤其在三角洲前缘中。

5. 湖泊相

柴西南区新生代湖泊相中以滨浅湖亚相最为发育,沉积微相类型包括滩坝、灰泥坪、湖泥等,其中滩坝是滨浅湖亚相主要的储集体类型,又分砂质滩坝和碳酸岩滩坝两种类型。研究区主要发育砂质滩坝,岩性以浅灰色、灰色、绿灰色,少量浅棕色粉砂岩、细砂岩、含泥(泥质)粉

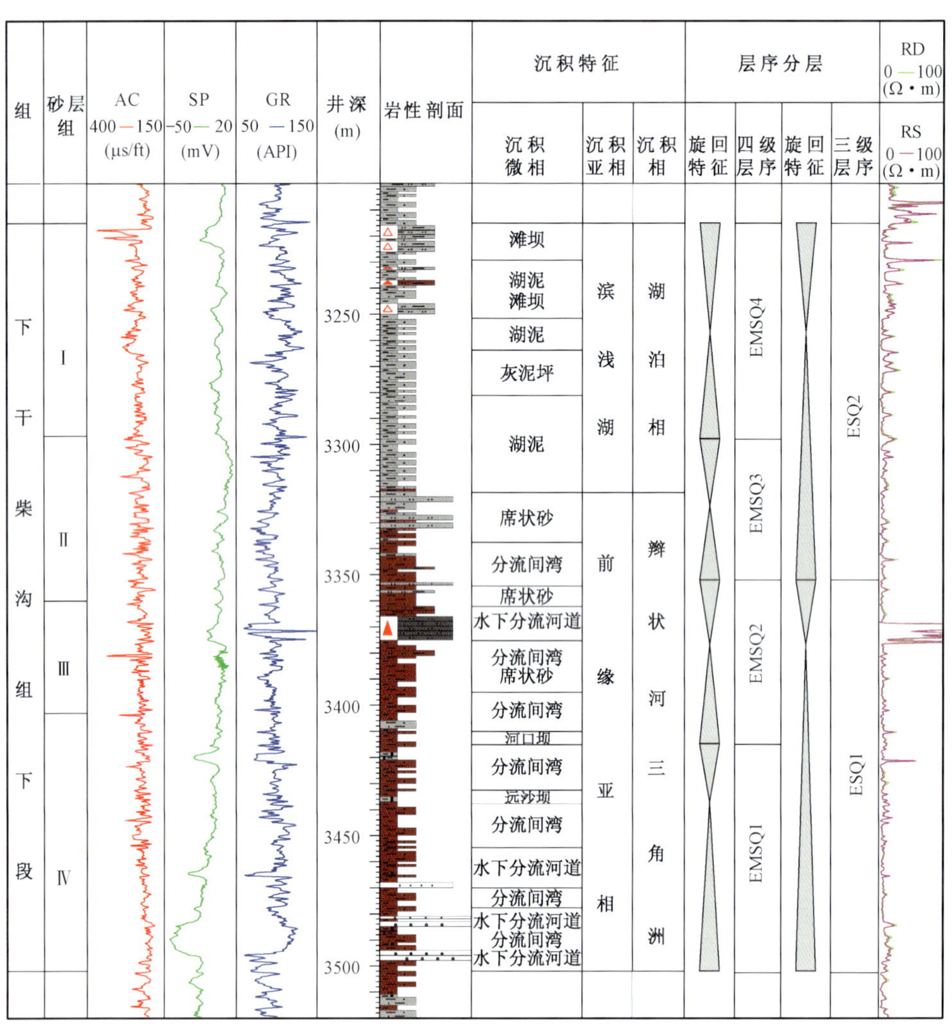

图 2-8　柴西南区辫状河三角洲前缘亚相剖面图(红 116 井)

砂岩为主,电性曲线上呈小型箱状或指状形态(图 2-8)。砂质滩坝的砂岩成熟度较高,多分布于滨浅湖边缘、湖湾、湖中局部隆起区缓坡侧,又分为滩砂和坝砂,沉积物来自附近的三角洲或其他近岸砂体,经湖浪和湖流搬运改造而成。虫孔和生物扰动构造和透镜状—脉状层理十分常见,浪成交错层理、低角度交错层理、波状层理和波痕较发育。湖泥的岩性以有机质丰富的暗色泥、页岩或粉砂质泥、页岩为主,常含粉砂岩、化学岩等薄夹层或透镜体。水平层理发育,间有微细波状层理,剖面上自然电位为靠近基线的平滑线。

6. 浊积扇

浊积扇是由浊流所形成的沉积物,是一种沿水下斜坡或峡谷流动的含大量砂砾、呈悬浮搬运的高密度底流。浊流的形成有多种来源,主要包括水下滑坡、季节性河流洪水及火山喷发物质。一般形成于半深湖—深湖环境,常见砾岩、中—粗砂岩、不等粒砂岩夹于灰色、深灰色泥岩中,分选差,大小混杂,具完整或不完整鲍马层序(图 2-9)。

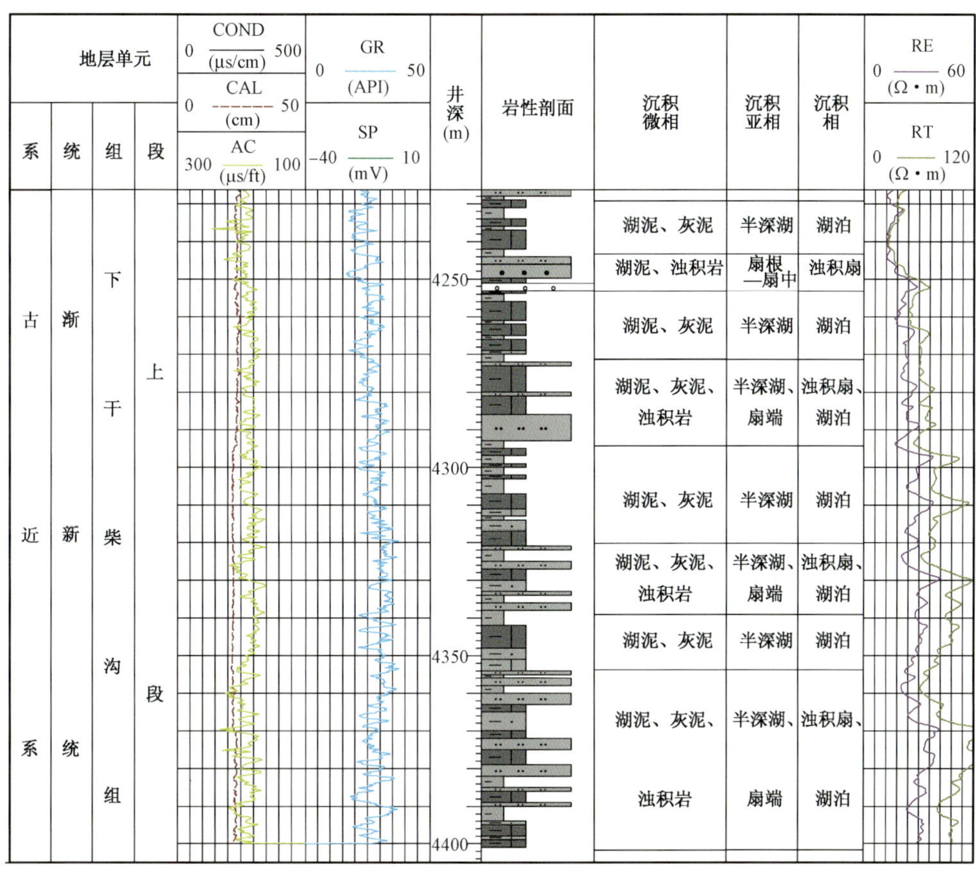

图 2-9　柴西南区浊积扇相剖面图(狮 24 井)

二、柴西南区沉积体系分布

所谓沉积体系是指受同一物源与同一水动力条件控制的,在成因上有联系的沉积体或沉积相在空间上有规律的组合(Brown and Fisher,1980)。根据沉积体系的概念,结合柴达木盆地新生代的地质背景和沉积相类型,将柴达木盆地新生代的沉积体系划分为阿尔金山前西段陡坡带的冲积扇—扇三角洲—(湖底扇)—半深湖相沉积体系、较缓坡的河流—三角洲—滨浅湖相沉积体系、过渡型坡度的辫状河—辫状河三角洲相沉积体系、湖退期较缓坡冲积扇—扇三角洲—滨、浅湖相沉积体系和冲积扇—冲积平原—洪水—漫湖沉积体系。也有人以盆地充填历史为出发点,将柴西南区新生代的沉积体系分成山麓坡积带及冲积体系、扇三角洲体系、水下扇—浊积扇体系、辫状河三角洲体系和湖泊体系,这 5 种沉积体系可以划分出坡积扇、冲积扇—扇三角洲—滨浅湖—砾质辫状河沉积、近岸水下扇—水下重力流扇体(湖底扇)—中深湖—三角洲和河流—三角洲—滨浅湖共 3 种组合模式,分别对应湖盆演化的早期、扩张期和萎缩期。党玉琪等通过钻井的电性、岩性及地球化学分析,认为柴西南区沉积相的空间展布概括起来分为三大带:阿尔金山前西段陡坡带洪积锥—冲积扇—扇三角洲—河道和泛滥平原—湖相;阿尔金山前中段陡坡带洪积锥—水下冲积扇—湖相;昆仑山前洪积锥—河道和泛滥平原—三角洲相。曹国强结合物源与古水系的特点,将柴西南区新生代沉积划分为阿尔金山西段冲积扇—扇三角洲—湖底扇沉积体系、阿尔金山中段冲积扇—辫状河流—三角洲沉积体系、祁漫塔格山前辫状河流—三角洲沉积体系、古阿拉尔河—三角洲沉积体系和湖泊沉积体系 4 个沉积体系。

近些年,在古物源最新分析研究的基础上,柴西南区古近系和新近系沉积根据物源的不同划分为五大沉积体系:阿尔金山前冲积扇—扇三角洲(近岸水下扇)—湖泊沉积体系、阿拉尔河流—辫状河三角洲—湖泊沉积体系、古铁木里克河流—辫状河三角洲—湖泊沉积体系、祁漫塔格东段残余冲积扇—辫状河三角洲—湖泊沉积体系、东柴山河流—辫状河三角洲—湖泊沉积体系。

三、柴西南区沉积环境演化特征

沉积演化与湖盆水进、水退密切相关,冲积扇—扇三角洲体系和三角洲体系的规模、分布范围受水进水退的控制。经研究表明,柴西南区新生代以来在青藏高原阶段性隆升的挤压构造背景下,经历了早、晚两大构造变形期,变形程度越来越强。受此影响,研究区的沉积在剖面上经历了水进—静水沉降—水退的一个完整旋回,并且平面沉积相演变其实是沉积中心受构造运动控制的直接结果。

路乐河组(E_{1+2})和下干柴沟组下段(E_3^1)沉积时期发育分布较广泛的冲积—河流粗碎屑岩沉积,直到下干柴沟组下段沉积晚期才出现浅灰至深灰色的三角洲前缘以及湖泊沉积,两者之间呈渐变式的湖进。下干柴沟组上段(E_3^2)沉积早期,相对湖平面开始持续上升,湖盆范围逐渐扩大,陆源碎屑供给减少,湖水进一步咸化,为碳酸盐和硫酸盐的广泛沉积提供了条件,此时相对湖平面达到最大值。下干柴沟组上段沉积晚期和上干柴沟组(N_1)沉积时期,相对湖平面开始下降,陆源碎屑供给逐渐增加。下油砂山组(N_2^1)、上油砂山组(N_2^2)和狮子沟组(N_2^3)沉积时期也表现为持续水退的过程,广泛发育浅灰—灰色的三角洲平原和前缘沉积。

1. 下干柴沟组下段沉积期

研究区北部的扇三角洲和中部的三角洲砂体以退积为主。工区南部水体扩大,仍以红色的碎屑岩沉积为主。工区西部以洪泛平原相沉积为主。红柳泉地区发育辫状河三角洲,属于来自北侧阿尔金山和古阿拉尔河近物源的沉积。工区中南部跃进和砂西地区,发育三角洲沉积体系,反映为中远物源的浅水沉积环境,物源来自昆仑山一侧和阿尔金山南段(即古阿拉尔河)。狮子沟和绿草滩地区处于浅湖—半深湖环境(图 2-10)。

2. 下干柴沟组上段沉积期

处于整个柴西南区湖盆的扩张期,可容纳空间达到最大。层序边界以上超面为特征,测井曲线表现为旋回叠加样式的变换处,地震剖面以上超发散为主。高位湖平面下的层序以滨浅湖与半深湖沉积为主,半深湖相处于狮子沟至绿草滩地区,局部低凸起带发育滨浅湖滩坝砂及藻丘、颗粒灰岩滩。区内主要有两类水下低凸起:一是早期的剥蚀区均淹没水下,形成水下凸起带,如铁木里克凸起区,在尕南 1 井—跃西 4 井一带,发育鲕粒灰岩滩、藻灰岩、颗粒灰岩滩;此外,由同生断层形成的局部水下低凸起,如三号断层上盘跃进地区,背离物源一侧发育藻丘、颗粒滩,这些藻灰岩等也是柴西南区的储集类型之一(图 2-11)。

3. 上干柴沟组沉积期

柴西南区在上干柴沟组(N_1)沉积时期盆地开始抬升回返,湖盆逐渐向东、向北迁移,柴西南区相对湖平面下降,可容纳空间逐渐减小,陆源碎屑逐渐增加,单层厚度和粒度均有逐渐增大的趋势。

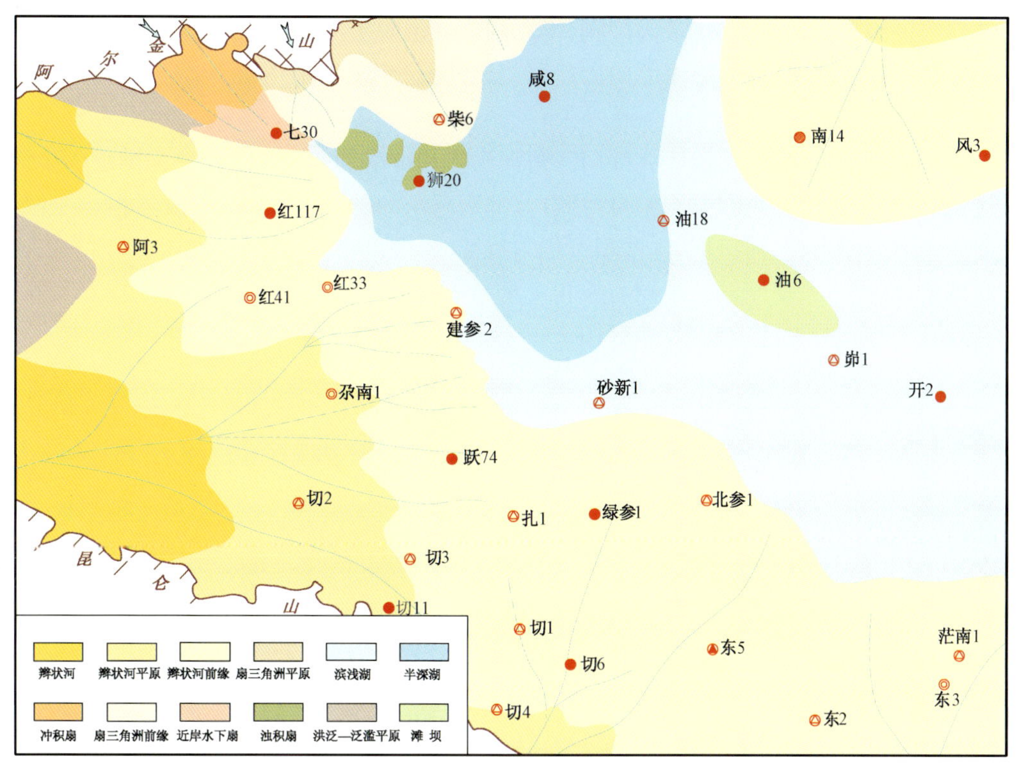

图 2－10　柴西南区下干柴沟组下段沉积相展布图

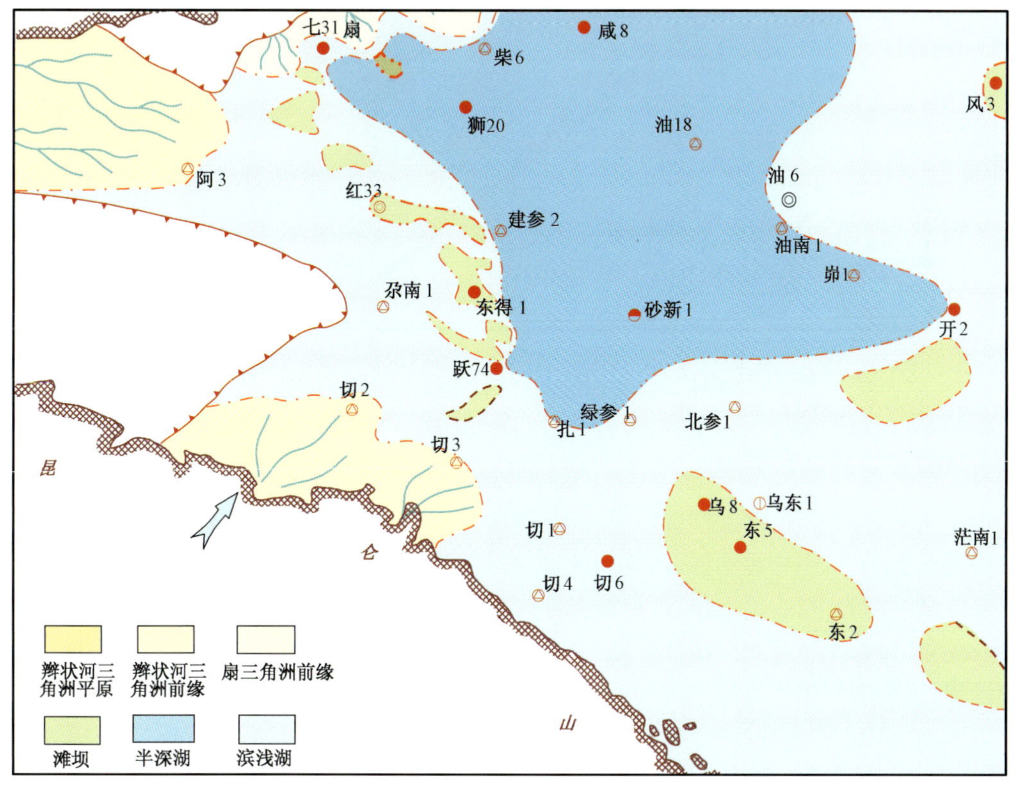

图 2－11　柴西南区下干柴沟组上段沉积相展布图

初期水进体系域，湖盆面积最为广阔，半深湖相处于狮子沟至绿草滩地区。但与下干柴沟组沉积时期稍有不同，沉积中心由北向南迁移，北部的七个泉、红柳泉地区扇三角洲范围变大，而辫状河三角洲范围变小。

上干柴沟组高位体系域：该区北部扇三角洲扇体和中南部的三角洲扇体范围进一步扩大，砂体进积明显，辫状河三角洲物源来自西侧，北部扇三角洲物源来自西北侧。水进体系域以三角洲前缘水下分流河道、河口坝/远沙坝沉积为特征，岩性以暗色泥岩、粉砂岩、砂岩为主，底部见上超现象；高位体系域则以三角洲前缘和三角洲平原沉积为主，岩性以棕红色泥岩夹棕灰色粉砂、砾状砂岩为主，为进积沉积序列（图 2－12）。

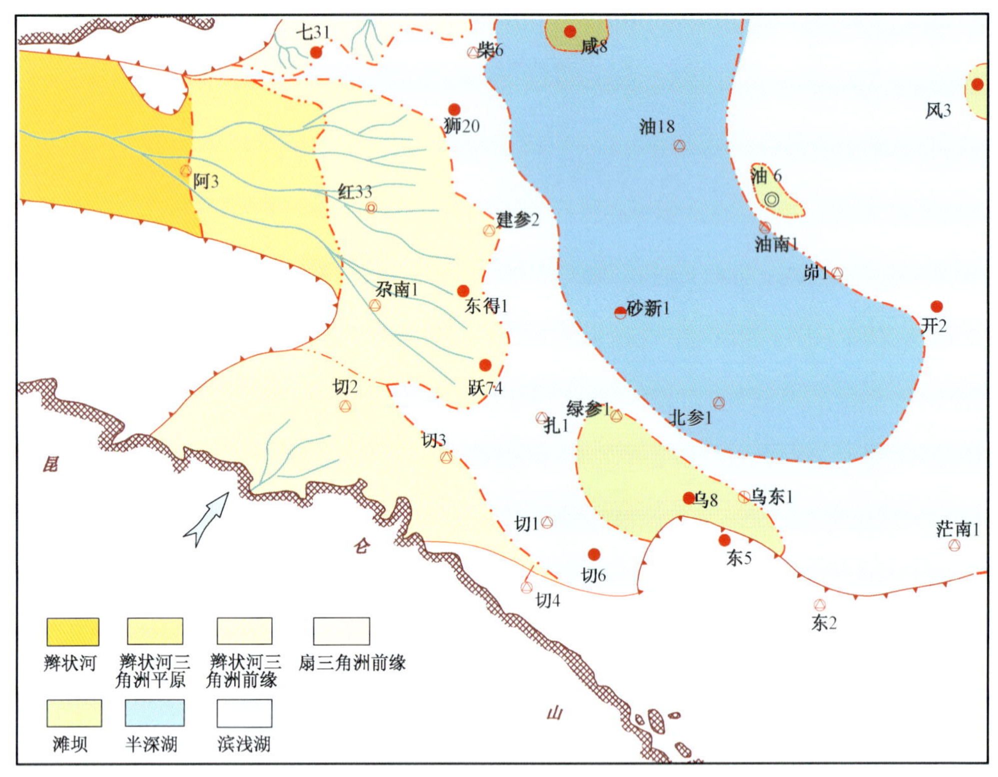

图 2－12　柴西南区上干柴沟组沉积相展布图

4. 下油砂山组沉积期

由于昆仑山的抬升，湖盆继续向东、向北方向迁移，湖盆沉积中心基本退出柴西南区，可容纳空间逐渐变小、沉积物源增强，西部及北部地区发育有扇三角洲沉积体系，而南部地区的绿草滩以滩坝沉积为主，岩性为棕红、棕褐色泥岩夹褐黄色砂岩、粉砂岩及蓝灰色钙质泥岩、灰绿色钙质泥岩，边缘上超显著。高位体系域随着昆仑山和阿尔金山物源供给充分，古阿拉尔水系作用增强，三角洲沉积体范围扩大，砂体向湖盆进积，绿草滩一带砂体范围也稍有扩大，工区的东部以浅湖相沉积为主，为棕红色砂质泥岩与棕褐色泥岩互层，夹砾岩及砾状砂岩（图 2－13）。

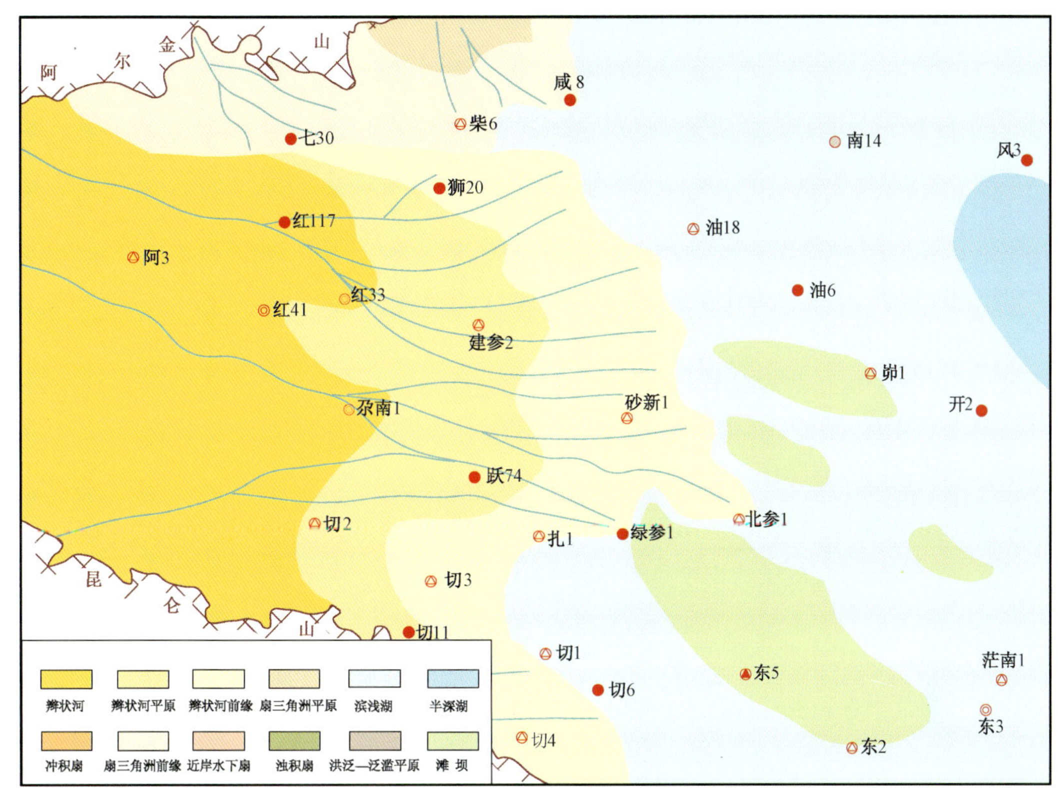

图2-13 柴西南区上油砂山组沉积相展布图

第三节 油气成藏基本要素

成藏要素是指油气藏形成过程中所必需的地质要素，主要包括生—储—盖组合、圈闭、运移通道等方面。由于柴达木盆地特殊的大地构造环境，其成藏要素具有鲜明的特点。

一、烃源岩条件

柴达木盆地在古近—新近纪位于北纬干燥气候带上，在其西部缺乏源远流长的河流，仅有短暂性洪水型河流补给水源，加之四周高山环抱，导致湖水咸化，形成常年性内陆封闭咸水湖盆。研究区主要烃源岩包括下干柴沟组下段(E_3^1)、下干柴沟组上段(E_3^2)和上干柴沟组(N_1)3个层位，存在可能的主力生烃凹陷，分别是红柳泉—狮子沟凹陷（以下简称红狮凹陷）、切克里克—扎哈泉凹陷和茫崖凹陷。

柴西南区古近—新近系烃源岩属典型的高原咸化湖盆烃源岩，总体上具有层系多、分布广、厚度大、有机质丰度总体偏低和有机质热演化程度总体较低的特点。

1. 有机质聚集与保存

影响湖泊中有机质聚集的因素有很多，其中最主要的影响因素是湖泊内水生光合植物的数量，由于藻类和光合细菌繁殖最快，从而成为湖泊中有机质的主要原始物质。传统观点认为蒸发岩是极端干旱气候的产物，烃源岩是温暖、湿润条件下的沉积，蒸发岩中不可能有大量有机质共存；同时，湖水的咸化会使生物种属和数量大幅减少，从而使有机质的数量和质量都大幅降低。而事实上，近些年的研究认为，在半咸水湖盆中，也同样生存在着大量藻类，像现代半咸水湖泊青海湖中浮游植物总量全年总平均数为58.847个/L，最常见的浮游植物包括硅藻和甲藻，其中硅藻占32%（冬季）~88.92%（夏季），甲藻占3.51%((夏季)~49.88%（冬季）。在咸水湖中，高盐环境的生态特征仅造成物种减少，而适应高盐环境的生物体的数量却有增加的趋势。金强等认为咸化湖盆水体比较深，在非雨季或无洪水的时候，水体会形成盐度分层，水体表层盐度比较低，适合嗜盐藻类及其他生物生存。总之，不论是何种原因，可以肯定的是在一定盐度范围内，咸水湖盆中提供有机质的藻类和其他光合细菌仍然是大量存在的。

关于咸化湖中有机质保存的观点是基本一致的。湖水分层状况是影响有机质保存的最重要因素之一。湖泊咸化造成底层水的密度增大，底层湖水的盐度大，缺乏游离氧，为稳定的化学分层创造了条件，有利于有机质的保存。此外，由于盐度增加造成生物扰动和水渗入减少，使得咸化湖盆有机质的保存条件优于淡水湖盆。

2. 有机质丰度、类型及生烃潜力

咸水湖相生油岩有机质的丰度是生烃评价中具有特殊意义的重要问题。咸水湖相沉积环境具有与一般淡水湖相不同的水介质条件和古生态特征。咸水湖的形成和存在一般都是在水体出流受到限制的封闭性盆地，且湖水的蒸发作用超过补给量造成的；在地理位置上，湖盆处于亚热带区的荒漠带和极地地区及局部的山地荒漠区，气候往往炎热、干燥，周邻地区的植被不甚发育；而咸水湖中含有多种耐盐性动、植物，从蓝藻到苔草和各种特有的动物及细菌。在这样的环境和生态背景下，咸水湖相沉积有机质的生源在类型和数量上有其独特性。

1）有机质丰度

烃源岩中有机质丰度是决定一个含油气盆地油气形成多少的物质基础，也是衡量一个油气盆地油气分布规模和产出量的重要指标。烃源岩有机质丰度常以有机碳含量（TOC）、氯仿沥青“A”和总烃（S_1+S_2）来表达，其中有机碳含量是控制后两者的参数。

有研究表明，咸水湖相生油岩有机质丰度普遍较低，如我国江汉盆地古近—新近系典型咸湖相生油岩有机碳含量平均值仅为0.63%，远低于其他新生代淡水湖相生油岩（有机碳平均含量>1.00%），一般认为这是由于咸水湖盆中盐度较高限制生物种属所致（表2-2）。前人对柴达木盆地古近—新近系烃源岩进行评价时，烃源岩有机碳含量下限往往定得比较低（黄第藩，李晋超，1984），约为0.20%。随着油气勘探理论的不断更新，以及地球化学技术的进步，热解和模拟实验等方法逐渐运用到柴达木盆地烃源岩评价之中，最后确定有效烃源岩的有机碳含量下限为0.40%，此烃源岩有机碳含量下限值也得到了业界的广泛认同。

表2-2 中国典型咸化盆地烃源岩特征对比表（据白涛，2012，有修改）

烃源岩特征		厚度（m）	埋深（m）	TOC（%）	R_o（%）	烃源岩有机类型
咸化盆地	柴达木盆地	N—500、E—1000~1500	2500~4000	0.34	0.50	$Ⅱ_1$型为主
	江汉盆地	600~800	1500~2000	0.63	1.20	Ⅰ型和$Ⅱ_1$型为主
	泌阳凹陷	1900	119~3500	0.41		$Ⅱ_1$型为主
	济阳坳陷	1000~1600	3000~4000	3.50		Ⅲ和$Ⅱ_2$型
	东濮凹陷	1000	3000~4000	1.07		Ⅰ型或Ⅱ型

对柴西南区24口井1070个岩屑和岩心样品有机碳含量的分析结果表明，从整体上看，古近系烃源岩的有机碳含量略高于新近系（图2－14、图2－15和表2－3）。路乐河组（E_{1+2}）、下干柴沟组下段（$E_3{}^1$）和下干柴沟组上段（$E_3{}^2$）岩样TOC分布范围分别为0.09%～1.10%、0.07%～2.43%和0.02%～1.89%，平均值分别为0.50%（样品数12个）、0.85%（样品数106个）和0.59%（样品数472个）（表2－3）；新近系上干柴沟组（N_1）、下油砂山组（$N_2{}^1$）和上油砂山组（$N_2{}^2$）岩样TOC分布范围分别为0.01%～2.03%、0.01%～0.55%和0.01%～0.12%，平均值则为0.45%（样品数347个）、0.15%（样品数102个）和0.04%（样品数11个），绝大多数样品TOC值小于0.40%，达不到烃源岩有机质丰度的下限值。

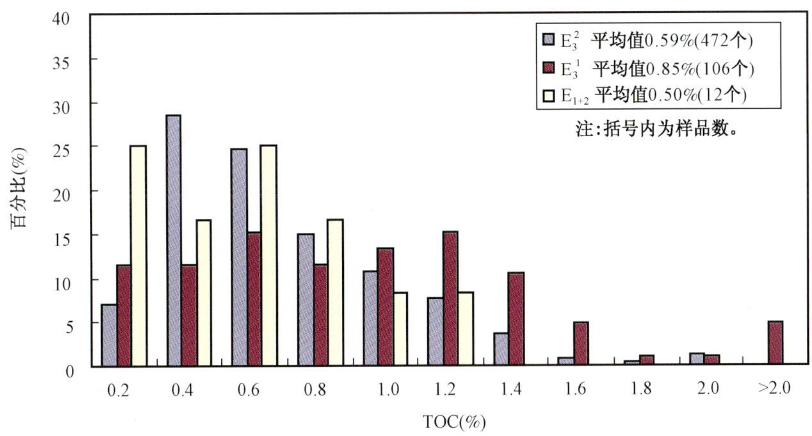

图2－14　柴西南区古近系TOC分布频率图

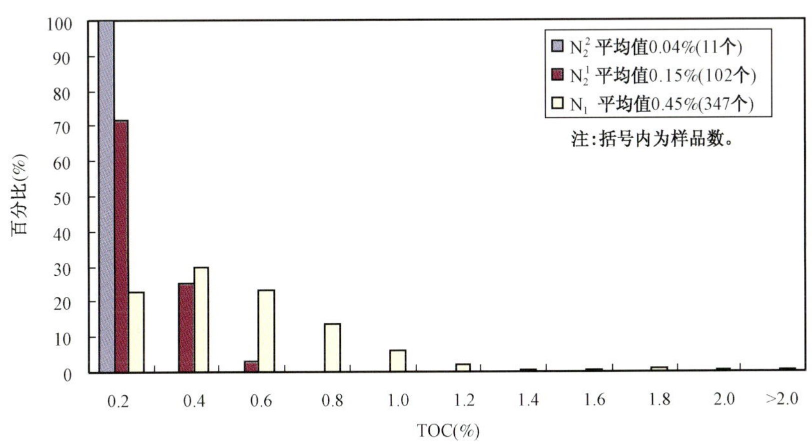

图2－15　柴西南区新近系TOC分布频率图

表2－3　柴西南区古近—新近系各层位烃源岩有机碳含量（%）统计表

地区	井号	$N_2{}^2$	$N_2{}^1$	N_1	$E_3{}^2$	$E_3{}^1$	E_{1+2}
七个泉	七29	0.01～0.07 0.04(4)			0.55～1.2 0.90(17)	0.08～0.74 0.40(12)	0.09～0.43 0.26(5)
阿拉尔—红柳泉	阿3					0.10～0.60 0.22(6)	
	红28				0.13～0.72 0.47(25)	0.35～1.32 0.83(43)	
	红113				0.25 0.25(1)	0.07～1.47 0.89(10)	

续表

地区	井号	N_2^2	N_2^1	N_1	E_3^2	E_3^1	E_{1+2}
狮子沟—跃进	跃西38			0.09~1.05 0.47(40)			
	跃灰101				0.32~1.84 1.14(11)		
	跃Ⅳ-2			0.05~0.24 0.12(5)	0.08~0.41 0.19(14)		
北乌斯—南乌斯	绿参1井		0.06~0.32 0.23(12)	0.09~6.14 0.74(33)	0.06~2.24 0.71(126)	0.52~2.43 1.29(33)	
	乌11井		0.18~0.38 0.28(7)	0.22~0.94 0.40(29)	0.16~1.06 0.37(116)	0.10~1.02 0.45(22)	
	砂新1		0.05~0.55 0.15(21)	0.06~2.03 0.60(104)	0.23~1.89 0.69(53)		
	砂33井	0.01~0.12 0.04(7)	0.01~0.55 0.17(39)	0.17~1.09 0.43(40)	0.32~0.68 0.51(9)		
切克里克—扎西	切4井			0.40~0.53 0.48(3)	0.10~1.11 0.46(53)	0.34~1.04 0.72(6)	
	切3		0.11~0.15 0.13(2)	0.01~0.22 0.11(32)	0.02~0.13 0.07(9)		
	切2井				0.33~1.02 0.59(13)	0.42~1.30 0.85(6)	0.48~0.96 0.72(2)
	扎西1		0.01~0.1 0.04(21)	0.01~0.59 0.14(36)	0.66~1.85 1.03(7)	0.89~1.94 1.18(11)	0.16~1.1 0.65(5)
南区		0.01~0.12 0.04(11)	0.01~0.55 0.15(102)	0.01~2.03 0.45(347)	0.02~1.89 0.59(472)	0.07~2.43 0.85(106)	0.09~1.1 0.50(12)

注：表中数值表示$\frac{\text{最小值}\sim\text{最大值}}{\text{平均值(样品数)}}$。

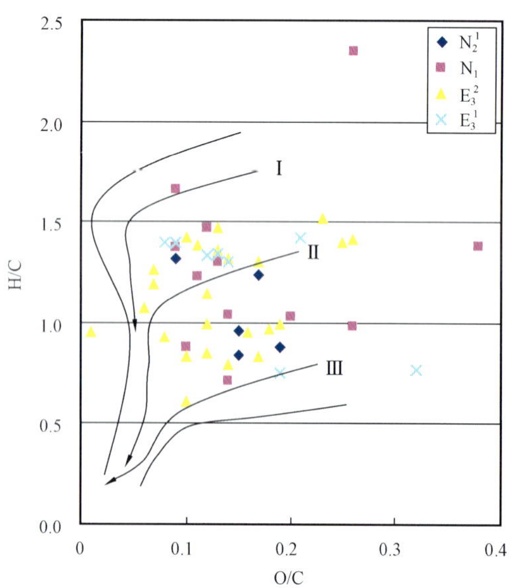

图2-16　柴西南区烃源岩干酪根元素组成范氏分类图

2）有机质类型

在咸水湖相沉积环境中，由于气候干燥、炎热，周围地区植被不甚发育，因而陆源有机质输入相对较少，有机质生源主要以低等水生生物为主。同时，受水体盐度的控制，水生生物及微生物种类受到限制，在湖盆演化过程中这些生物群落在种类和相对数量上还要发生相应变化。

根据地球化学资料分析，柴西南区干酪根的元素组成尤其是H/C和O/C原子比是研究有机质类型的"经典"地球化学参数。图2-16揭示了柴西南区典型烃源岩干酪根元素组成范氏分类图，绝大多数样品分布在Ⅱ型干酪根的曲线范围内，在Ⅲ型干酪根区域和Ⅰ型干酪根区域很少或没有，表明柴西南区古近—新近系烃源岩有机质类型整体上以Ⅱ型干酪根为主，即以腐殖—腐泥型干酪根为特征，暗示生烃母质主要来源于水生生物。同时，通过不同沉积相带沉积有机质的对比发现，取自较深湖相的样品有较高的H/C原子比，而滨浅湖相样品此比值则较低（彭德华，2004）。说明在较深湖相环境中，表层水体盐度相对较低，广泛存活着各种浮游生物，较深部水体盐度高形成"盐跃层"，可阻止有机质与上部含有溶解氧的水体对流，形成强还原环境保存住了沉积有机质，有机质类型为Ⅱ型或Ⅰ型。反之，滨浅湖相并不具有半深湖相的有机质富集和保存条件，并且接受了一定比例的陆源高等植物有机质输入，导致有机质类型相对较差。

柴西南区除路乐河组（E_{1+2}）外，各层位烃源岩以腐泥组、壳质组为主，两者总量大都在60%以上，相当一部分样品可达80%以上，镜质组和惰质组含量均较低，基本上都在40%以下，反映本区烃源岩有机质生源主要以水生生物为主，陆源高等植物有机质比例较低（表2－4）。

表2－4 柴西南区古近—新近系烃源岩有机质类型参数表（据彭德华，2004）

参数	N_3^2	N_2^2	N_2^1	N_1	E_3^2	E_3^1	E_{1+2}
腐泥组（%）			60.82	49.19	57.14	62.00	39.92
壳质组（%）			7.26	15.43	12.31	9.89	6.50
镜质组（%）			17.83	22.32	14.48	10.60	15.10
惰质组（%）			2.99	13.06	16.08	17.51	38.48
类型指数			48	27	36	41	－7
有机质类型			$Ⅱ_1$	$Ⅱ_2$	$Ⅱ_2$	$Ⅱ_1$	Ⅲ
H/C			1.05	1.19	1.15	1.10	0.98
O/C			0.15	0.16	0.14	0.18	0.22
氢指数			92	212	319	264	102

3）生烃潜力

柴西南区古近—新近系咸水湖相生油岩的生烃潜量相对较低。依据分析资料统计，路乐河组（E_{1+2}）岩样的生烃潜量变化在0.03～2.95kg/t范围内，7个样品平均值为1.09kg/t；下干柴沟组下段（E_3^1）地层的此值相对较高，为0.04～12.06kg/t，35个样品平均值为2.78kg/t；下干柴沟组上段（E_3^2）样品生烃潜量变化较大，分布在0.03～17.63kg/t之间，241个样品平均值为1.95kg/t。新近系中，上干柴沟组（N_1）和下油砂山组（N_2^1）样品分布范围接近，分别为0.02～11.26kg/t和0.04～11.84kg/t范围，平均值分别为1.80（样品数为165个）和1.53（样品数为175个）kg/t；上油砂山组（N_2^2）生烃潜量较低，在0.09～4.46kg/t之间，143个样品平均值仅为0.94kg/t，低于有效生油岩下限值。

3. 有机质热演化特征

1）生烃母质

通过全岩分析，柴西南区古近—新近系烃源岩有机显微组分的含量相对较低，分布在0.2%～8.2%之间，矿物沥青基质的含量较高，大部分样品的丰度均大于10%，最高可达57%（图2－17）。全岩分析中占有很大比例的矿物沥青基质本质上是一种有机物与无机物的混合物；一般来说，强还原环境以及细菌等微生物的发育有利于这类有机组分的形成。研究表明，矿物沥青基质往往与低等生源有机质有关，或是与藻类体同源的腐泥型无定形有机质有关（王铁冠，1995），因此，矿物沥青基质主要来源于菌藻类微生物。另外，在柴达木盆地中的此类咸化湖泊，由于气候干旱，周围陆地植被不太发育，沉积有机质主要来源于湖内的水生生物，其中藻类是柴西南区生烃母质的重要来源。据研究，高原咸化湖盆滨浅湖相带中也有来源于高等植物的有机质，主要来源于高等植物的分泌物、膜质物质及其他类脂物，这些一定数量的高等植物有机质对研究区的成烃母质也具有一定的贡献。

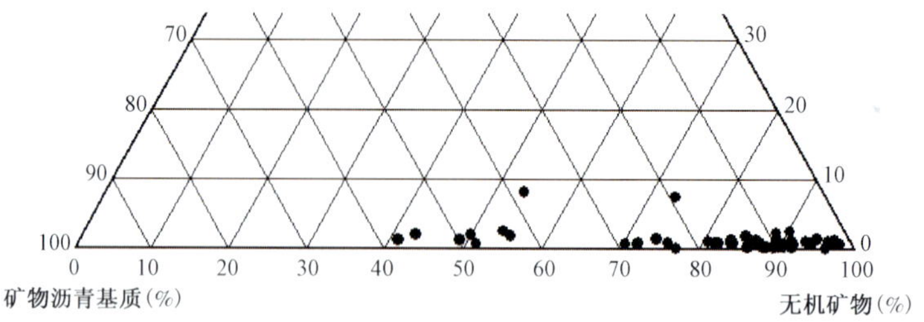

图 2－17　柴西南区烃源岩全岩相对组成三角图（局部）

2）有机质成熟度

在腐殖煤中，镜质组反射率是可靠的唯一可对比的国际煤阶通用指标。苏爱国等在对柴西咸水湖相生油岩有机质成熟度的分析与研究基础上，利用 R_o（%）、T_{max}（℃）、甾烷 $C_{29}S/(S+R)$ 等参数将柴西地区烃源岩有机质划分为未成熟阶段、成熟阶段、高成熟阶段和过成熟阶段，并给出相应的评价标准（表 2－5）。

表 2－5　柴西咸水湖相烃源岩有机质成熟度评价参数与标准（据苏爱国，2004）

生油岩演化阶段		R_o（%）	T_{max}（℃）	甾烷 $C_{29}S/(S+R)$	油气形成阶段	
未成熟		<0.5	<430	<0.1	未熟油、生物气	
成熟	低	0.5～0.8	430～440	0.1～0.3	低熟油	石油窗
	中	0.8～1.0	440～450	0.3～0.6	生油高峰	
	高	1.0～1.3	450～460	0.6	高熟油	
高成熟		1.3～2.0	>460		凝析油—湿气	
过成熟		>2.0	>500		干气	

通过柴西南区烃源岩有机质成熟度评价参数，七个泉地区路乐河组烃源岩有机质成熟度仅达到低成熟阶段；阿拉尔—红柳泉地区的下干柴沟组下段和下干柴沟组上段有机质成熟度也只处于低成熟阶段。狮子沟—跃进地区路乐河组的烃源岩热演化已达到成熟阶段的高熟油，下干柴沟组下段烃源岩已达到中等成熟阶段即生油高峰，下干柴沟组上段有机质成熟度仅达到低—中等成熟阶段，上干柴沟组的烃源岩成熟度更低，处于低—中等成熟阶段。乌南地区下干柴沟组下段部分井处于高成熟阶段，大部分井仍处于低成熟阶段，下干柴沟组上段烃源岩也是部分进入生油高峰，但是大部分井仍处在低成熟阶段（表 2－6）。

表 2-6　柴西南区烃源岩 R_o 值分布特征

地区	井号	N_2^2	N_2^1	N_1	E_3^2	E_3^1	E_{1+2}
七个泉	七 24						0.50(1)
	阿 2					0.46~0.49 0.48(2)	
	红 113				0.47 0.47(1)	0.49~0.60 0.54(6)	
	跃 110			0.41(1)	0.78(1)	0.73(1)	
	跃 58			0.46~0.49 0.47(2)			
	砂 33	0.47(1)		0.59(1)			
	狮 25				0.89~0.92 0.91(2)	1.01~1.08 1.04(2)	
	1.17(1)						0.95~1.03 0.99(2)
	绿参 1		0.44~0.62 0.54(3)	0.47~0.78 0.60(5)	0.62~1.12 0.88(6)	1.15 1.15(1)	
	乌 12		0.43~0.46 0.44(2)				
	乌 8				0.46(1)	0.70(1)	
切克里克南区	切 4				0.42(1)		
		0.47 0.47(1)	0.43~0.62 0.50(5)	0.41~0.78 0.55(9)	0.42~1.12 0.73(19)	0.42~1.15 0.66(17)	0.52~1.17 0.84(2)

注：括号内为样品数。

综上所述，柴西南区路乐河组、下干柴沟组下段和下干柴沟组上段的烃源岩现今均已进入成熟阶段，上干柴沟组的烃源岩只有部分地区进入成熟阶段。

3）烃源岩演化过程

大量分析资料表明，红狮生烃凹陷烃源岩最为发育，其暗色泥岩层厚度大，有机质丰度高，探井钻揭的层位较全。通过现有的资料分析整理和比较，选取狮 23 井样品资料建立生油层生烃演化剖面。

如图 2-18 所示，狮 23 井生油岩的有机质丰度较高，TOC 值基本上都在 0.3% 以上，主要分布在 0.5% ~1.5% 范围内。其中，所分析的上干柴沟组（N_1）层位样品 TOC 值相对较低，大都在 0.5% 左右；下干柴沟组上段（E_3^2）、下干柴沟组下段（E_3^1）和路乐河组（E_{1+2}）层位样品 TOC 值较高，主要集中在 0.5% ~1.5% 之间。下干柴沟组上段的 TOC 高值层段在 2500 ~ 3200m，下干柴沟组下段的高 TOC 值层段在 4000m 左右，而路乐河组层位 TOC 值有随深度增加而变高的趋势。

本井各层位生油岩样品的氯仿沥青“A”含量均较高，主要在 0.1% ~0.5% 范围内变化。从剖面图上可看出，各层位生油层样品的氯仿沥青“A”含量与其 TOC 值的分布并不完全一致，是由于埋深不同烃转化率及排烃效应不同所致，某些层段不排除有机质类型的因素存在。

引人关注的是，在这个井地层剖面上氯仿沥青“A”转化率（A/TOC）演化曲线呈“两期成烃期”型分布模式。第一期成烃期为早期成烃期，出现在 2000 ~ 3900m 井段范围，相应层位为

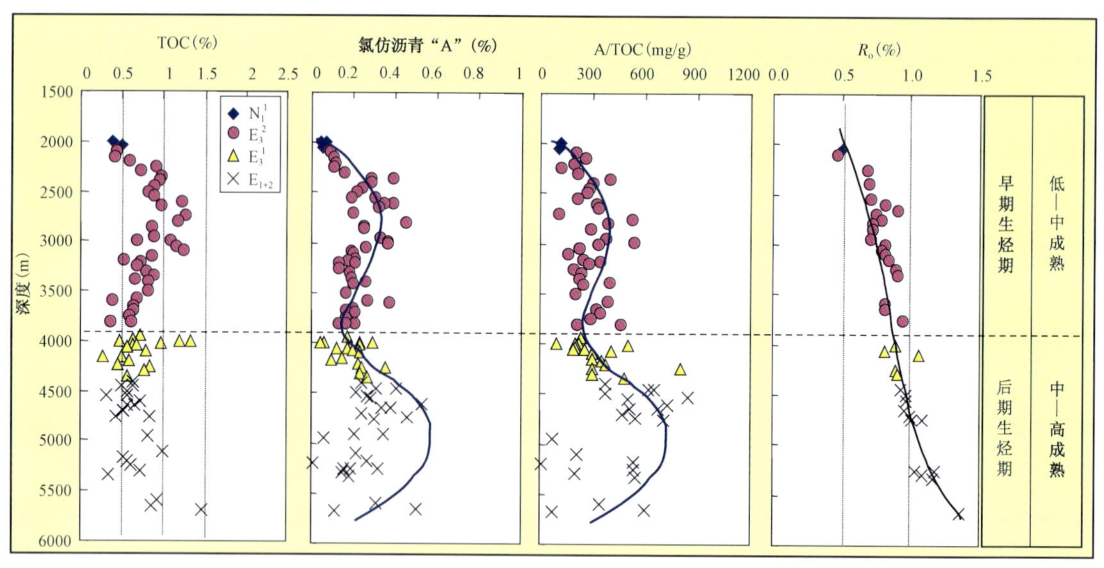

图 2-18 柴达木盆地西部狮 23 井生油层生烃演化剖面(据苏爱国,2004)

上干柴沟组和下干柴沟组上段。从图 2-18 中可看出,在约 2000m 的上干柴沟组和邻近下干柴沟组上段上部的样品中氯仿沥青"A"含量较低,在 0.1% 以下,相应的 A/TOC 值在 100mg/g 左右,实测的 R_o 值小于 0.5%;在该深度以下层段中,氯仿沥青"A"含量随埋深而逐渐增加,A/TOC 相应升高,在 3000m 左右达到其最高值(500mg/g 左右),此深度的 R_o 值在 0.7% 左右;此后,随深度增加氯仿沥青"A"和 A/TOC 又呈下降趋势,直至 3900m 左右的下干柴沟组上段层底部,此深度的 R_o 值在 0.85% 左右。

第二期成烃期为后期成烃期,出现在 4000~5800m 层段,对应层位为下干柴沟组下段和路乐河组。如图 2-18 所示,在 4000m 左右的下干柴沟组下段上部样品中 TOC 值虽然较高(可达 1.0% 以上),但与其下部样品相比其氯仿沥青"A"含量并不显得高,A/TOC 在 200mg/g 左右,意味着这个层段的有机质尚未大量成烃。在这个层段之下,氯仿沥青"A"含量和 A/TOC 随深度增加显著升高,在 4600m 左右达到最大值,表明有机质达到了成烃高峰期,此深度的 R_o 值在 1.0% 左右;再往下部地层中,虽 TOC 值随深度分布呈增加趋势,但其氯仿沥青"A"和 A/TOC 却呈下降趋势,表明有机质已进入高成熟度阶段,生油层的生烃潜力已逐渐下降,在路乐河组底部有机质开始进入湿气演化阶段,相应的 R_o 已达 1.4% 以上。

从上面的叙述可看出,本区生油层的产烃演化模式与一般的生油层完全不同。一般湖相生油层的产烃模式是,R_o 值未达到 0.5% 时,有机质处于未成熟演化阶段,产烃量和烃转化率很低,随埋深增加至 R_o 值达到 0.5%~0.6% 时,生油层进入生油门限,生烃母质开始大量裂解产烃;在 R_o 值达到 0.8%~1.1% 范围时,产烃达到高峰期;当演化程度继续增高时,有机质逐渐过渡到产湿气的高成熟演化阶段。

然而,自 20 世纪 80 年代以来,人们发现在许多含油气盆地中存在未成熟—低成熟油。据研究,这类原油不是由生油岩中普通类型的干酪根经热降解作用而来,可能是特殊类型的干酪根或其他有机母质在低温条件下转变成的烃。其主要论点有:(1)富硫干酪根低温产烃:在一些海相碳酸盐岩或蒸发岩沉积环境中能形成含硫量很高的干酪根,其含有大量含硫碳结构,因碳—硫键的键能较低,因而这类干酪根裂解产烃的活化能低,能在较低温度条件下大量生成烃类。(2)特殊沉积有机母质直接转变成烃,据黄第藩、王铁冠等的研究

(1999),一些富含烃类的生物体(如葡萄球藻、颗石藻)和生物有机组分(如木栓体、树脂体)等能在成岩作用早期直接转变为未成熟—低成熟油气。这种早期生烃的演化特征在我国许多盆地生油层中多有发现。

因此,可以断定的是柴西南区所生成的原油以低熟油为主,烃源岩具有两期生烃型的产烃模式。但是,狮23井烃源岩生烃演化阶段比常规未成熟、低成熟油生成时所对应的成熟度偏高,这种烃源岩成熟度滞后情况极有可能是因为早期生成的烃类在排烃不畅条件下没有缩合进入干酪根格架,而是与后期干酪根裂解成的烃相混合,说明该地区烃源岩的排烃期比较晚。从狮23井的埋藏史图(图2-19)可以看出,下干柴沟组上段以下地层在中新世时,其 R_o 值就达到0.5%以上,整套生油层均进入生油门限,现今处于成烃高峰阶段,其中路乐河组底部地层有机质已进入生湿气的高演化阶段。下干柴沟组上段烃源岩在中新世晚期开始逐渐进入生油门限,到上新世中期已全部在生油门限以下,现今处于低—中等成熟演化阶段。上干柴沟组生油层底部在上油砂山组沉积后期开始进入生油门限。

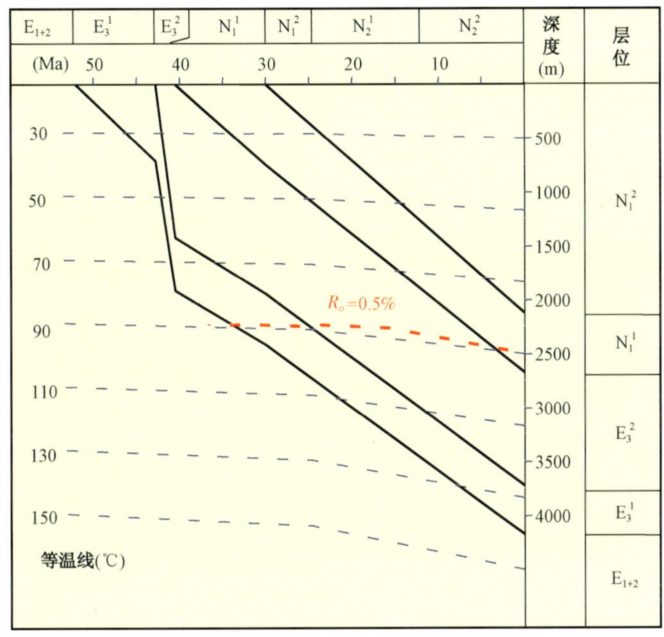

图2-19 柴西南区狮23井地层埋藏演化史图

由 Mango 轻烃参数可以计算出原油的生成温度,其中狮子沟油田浅层原油生成温度为111℃。根据狮23井的生烃演化剖面(图2-19),这些原油应主要来源于下干柴沟组上段烃源岩。基于这两方面资料,从图2-19中的地温等值线可估算出,该油田浅层原油的排烃期应在上新世中期即上油砂山组沉积时期。

综上所述,柴西南区古新—新近系烃源岩的生烃演化具有早期生烃和晚期生烃两个生烃阶段,既能形成低成熟原油,又能形成高成熟原油,同时,烃源岩的排烃期相对比较滞后。

二、储集条件

柴西南区古近—新近系储集砂体主要有分布于下干柴沟组下段的辫状河三角洲前缘—滨浅湖砂体和分布于上干柴沟组—下油砂山组的辫状河三角洲平原—前缘砂体。

1. 岩石成分特征

柴西南区下干柴沟组下段储层砂岩成分成熟度中等—较低，组分中石英含量为15% ~ 45%，平均27% ~46%；长石含量为10% ~43%，平均12% ~30%；岩屑含量为30% ~70%，平均40% ~57%，岩石类型主要为长石岩屑砂岩、岩屑长石砂岩，部分岩屑砂岩和长石砂岩（图2 -20）。七个泉地区储层的砂岩成分成熟度最低，岩屑含量最高达77%，与近物源沉积相有关；切克里克地区相对较好，以中等为主。七个泉地区砂岩成分成熟度指数最低为0.26，切克里克地区为0.69（图2 -21）。

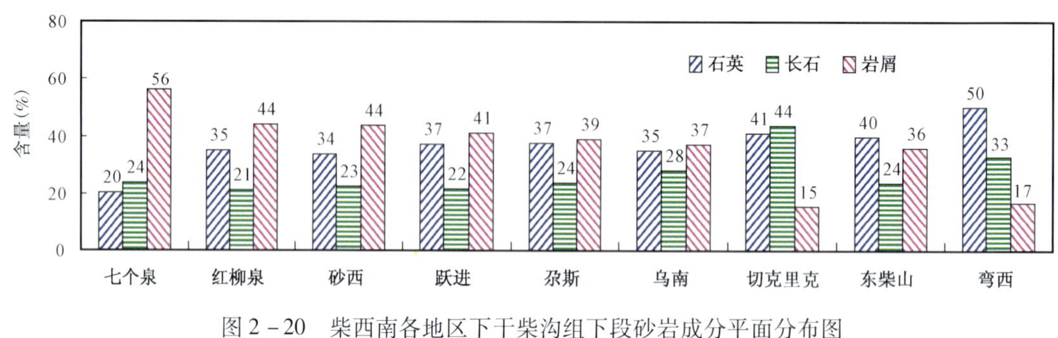

图2 -20　柴西南各地区下干柴沟组下段砂岩成分平面分布图

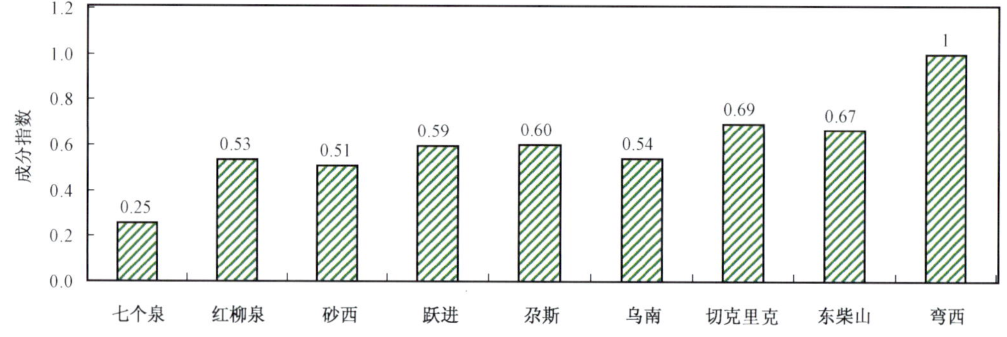

图2 -21　柴西南各地区下干柴沟组下段砂岩成分指数平面分布图

柴西南区下油砂山组砂岩储层成分成熟度以低成熟为主，碎屑组分中石英含量为15% ~ 35%，平均19% ~36%；长石含量为10% ~36%，平均9% ~49%，最高为切克里克地区，与花岗岩或花岗片麻岩的母岩有关；岩屑含量为24% ~70%，平均17% ~66%，主要为长石岩屑砂岩、岩屑长石砂岩以及岩屑砂岩，部分长石砂岩（图2 -22）。平面上，长石含量稍高。砂岩成分成熟度指数扎哈泉、切克里克和绿草滩地区稍高（图2 -23）。

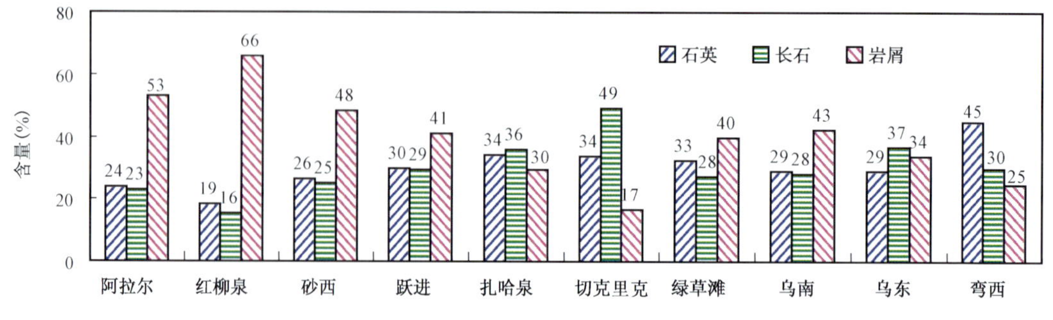

图2 -22　柴西南各地区下油砂山组砂岩成分平面分布图

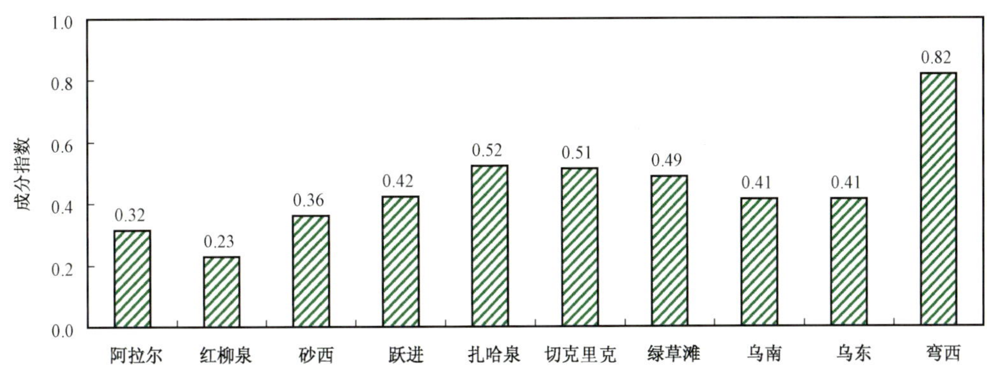

图 2－23　柴西南各地区下油砂山组砂岩成分指数平面分布图

2. 岩石结构特征

下干柴沟组下段储层的岩石结构变化大，结构成熟度中等—极低。储层中泥质杂基含量一般小于 3%，部分细粒级储层（细粉—粉砂岩）常分布 6% 左右的泥杂基，分选多数为中—差。

下油砂山组砂岩储层的岩石结构变化大，结构成熟度中等—极低。泥质杂基含量一般为 3% ~6%，三角洲前缘及部分混积岩区较纯的粉砂岩中杂基小于 3%。阿尔金山前储层的分选性最差，泥质含量高，其泥质杂基含量多大于 6.0%。

3. 储集空间类型

对柴西南区碎屑岩储层的储集空间类型存在不同的认识，过去多认为以次生孔隙为主或次生孔隙较发育（何金平，1990）。但是，近些年来的研究却认为研究区砂岩储层以原生孔隙为主，次生孔隙虽然较多见，但所占储集空间的比例并不高。另外，在尕斯、跃进、红柳泉和狮子沟等构造活动相对强烈的地区，由于构造剪切应力较强，构造裂缝相对较为发育（马达德等，2005）。

通过岩石薄片的资料，碎屑岩储层孔隙类型主要有粒间孔、粒内孔、杂基内孔和缝状孔隙 4 类，可分为 11 个亚类（表 2－7），主要以剩余原生粒间孔为主。晶间孔是指砂岩中白云化作用形成的白云石晶体间的孔隙，分布较有限，仅在七个泉地区下干柴沟组下段中发现。溶蚀粒间孔表现为溶蚀扩大，分布相对较少。此外还存在少量粒内溶孔、粒内微缝、长石解理缝、成岩粒内缝以及杂基内微孔等。

表 2－7　柴西南区储层岩石孔隙类型特征表

类型	亚类		特征
粒间孔	原生粒间孔		分布于粒间，呈规则形态，压实影响小，分布普遍，所占比例大
	晶间孔		与白云化作用有关，形成规则的晶间孔
	溶蚀粒间孔	港湾状	粒间发生溶蚀形成港湾状形态，普遍但强度较弱
		溶蚀孔	全部或部分溶蚀填隙物和碎屑形成的孔隙
粒内孔	溶蚀粒内孔		长石碎屑内溶蚀形成，常呈蜂窝或串珠状，分布量少
	铸模孔		颗粒全溶蚀，保留原形态，个别样中见到
杂基内孔	杂基内微孔		填隙物晶体间的孔隙，一般为无效孔

续表

类型	亚类		特征
缝状孔隙	成岩缝	成岩缝	与成岩压实作用相关
		粒内缝	压实作用形成碎屑内的缝状孔隙，分布量少
		解理缝	矿物解理或裂理形成缝状孔隙，分布量少
	构造缝		构造应力形成

4. 成岩作用

柴西南区古近—新近系储层经历的主要成岩作用有压实作用、胶结作用和溶蚀作用，成岩演化处于中成岩 B 期，压实和胶结作用是原生孔隙降低的主要因素，碳酸盐胶结物及长石的溶蚀是形成次生孔隙的关键因素（杜红权等，2010）。

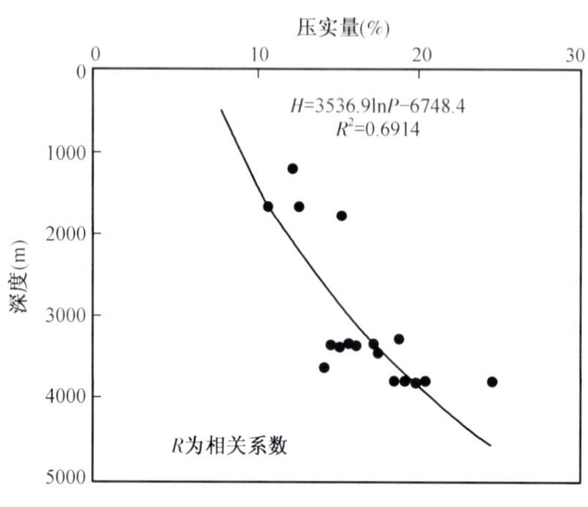

图 2-24　柴西南区粉—细砂岩压实量（P）与深度（H）的关系（据马达德等，2005）

1）压实作用

研究区古近—新近系碎屑岩储层的现今埋藏深度在 1000～4000m 之间，碎屑颗粒之间呈点—线接触至线接触，反映储层的埋藏成岩压实作用为中等—强。储层的压实作用在时空上变化较大，砂岩的压实量随深度增大而增大，反映成岩压实作用的逐渐增强以及原生孔隙的逐渐减少（图 2-24）。相比较而言，新近系储层的埋深一般小于 2500m，碎屑颗粒之间为点—线接触，砂岩的压实量一般小于 12.0%，而古近系储层埋深通常大于 3000m，碎屑颗粒之间一般呈线—凹凸接触，砂岩压实量在 15.0%～27.8%之间。在平面上，东柴山和南乌斯等地区下干柴沟组下段砂岩储层的压实作用最强，压实量达到 21.0%～27.8%；尕斯、砂西、跃进和昆北地区的砂岩储层压实量较小，压实量在 12.0%～22.8%之间。

2）胶结作用

柴西南区古近—新近系砂岩的胶结类型有碳酸盐、硫酸盐、硅质、黏土矿物和少量沸石类矿物胶结作用，其中以碳酸盐胶结和硫酸盐胶结为主，反映了柴达木盆地半咸水—盐湖的沉积环境特点。研究区碳酸盐胶结物比较常见，平均含量在 4.0%～16%之间，呈斑状或致密状充填粒间孔隙，也有沿陆源碳酸盐岩碎屑颗粒边缘生长，具有多期性的特点。早期碳酸盐胶结物主要为方解石，晚期则是铁方解石、白云石和铁白云石（杜红权等，2010），总体来说早期的方解石胶结物含量大于晚期的白云质胶结物。研究区砂岩硫酸盐胶结物含量一般小于 5%，以硬石膏为主，且分布不均匀，其含量跟砂岩粒度有一定的关系，中—粗粒砂岩中硬石膏胶结物含量大于粉—细砂岩中的含量。硬石膏胶结物多以斑块状分布在颗粒之间，也有硬石膏交代碎屑颗粒的现象。根据研究区砂岩显微镜及扫描电子显微镜的资料显示，硬石膏胶结物未发生明显的溶蚀，因此这种类型胶结物对储层物性起着破坏的作用。硅质胶结物在研究区内不太发育，仅在酸性成岩环境中可以见到石英的次生加大现象，另外，石英的次生加大期数随着深度的增加而增加。硅质胶结物常与溶蚀作用伴生，由此判定胶结物硅质的来源有可能是长石、岩屑等不稳定颗粒的溶蚀物。研究区古近—新近系砂岩储层中黏土矿物以伊利石、绿泥石和伊/蒙混层黏土矿物为主，缺乏高岭石组分，且随着埋深的增加，伊利石和绿泥石含量不断增大。蒙皂石呈蜂窝状分布于颗粒表面，伊利石则呈片状充填于颗粒之间，或以薄膜形状包壳在颗粒的外围，绿泥石多呈针状和片状分布。方沸石胶结物为零星或斑点状充填，其含量一般低于0.5%。

3）溶蚀作用

柴西南区古近—新近系砂岩储层的溶蚀现象也比较发育，主要是碳酸盐胶结物、长石颗粒以及部分岩屑的溶蚀，还有少量的杂基溶蚀。碳酸盐胶结物的溶蚀常形成大量次生溶孔，长石颗粒的溶蚀常形成粒内溶孔和铸模孔。

4）成岩作用对储层的影响

根据前人的研究，压实作用和胶结作用是柴西南区古近—新近系砂岩原始孔隙度降低的主要因素，碳酸盐胶结物及长石的溶蚀是形成次生孔隙的关键因素。举例来说，东柴山地区下干柴沟组下段目前埋藏深度虽然小于2500m，但是根据热演化史分析，该区曾埋深至4500m左右，而且是早期快速埋藏，在23Ma时储层已埋深至2500m；地温约为87℃，压实减孔量达17.0%左右，目前储层的压实减孔量达27.8%。尕斯地区下干柴沟组下段目前埋深在3500～3800m之间，早期的埋藏速率较小，在23Ma时储层埋深仅14500m；地温为58℃，压实减孔量约9.0%左右，目前储层的压实减孔量也仅为13.0%（图2－25）。

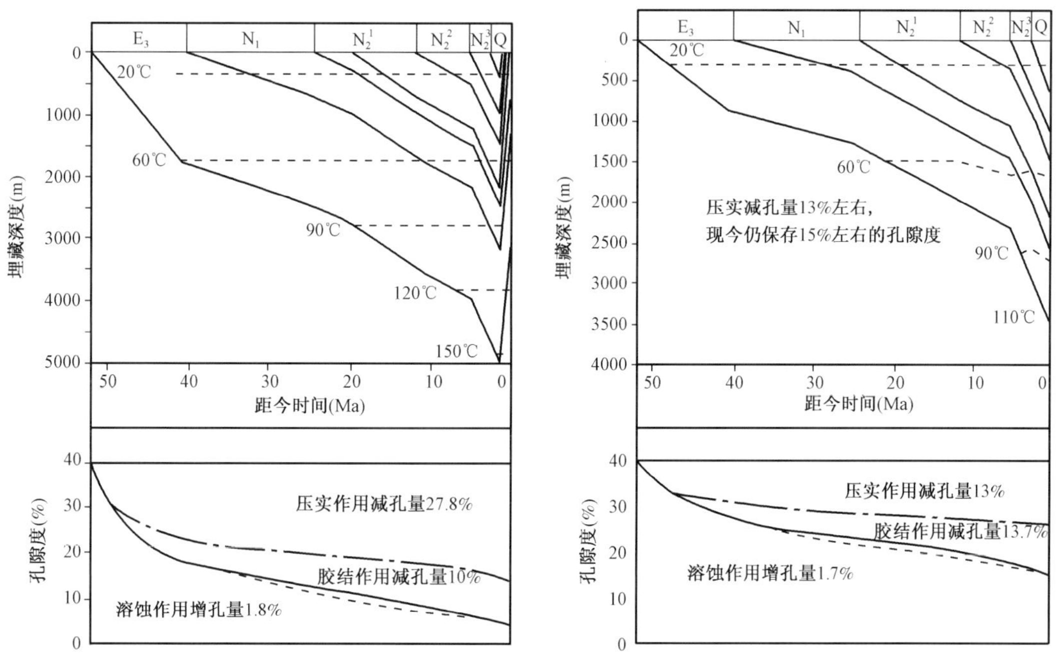

图2－25 柴西南东柴山地区和尕斯地区下干柴沟组下段埋藏史及孔隙度演化史
（据马达德等，2005）

5. 储集性能

下干柴沟组下段（E_3^1）储层以低孔隙度、低渗透率类型为主，约占40%～50%，其次为特低孔隙度、特低渗透率储层（约占25%～45%），中孔隙度、中渗透率储层只占5%～15%，储层物性变化较大(马达德等,2005)。以七个泉—砂西—尕斯—跃进—昆北—弯西地区储层物性为例,七个泉地区主体构造部位低泥质砂岩和砂砾岩孔隙度在10%~20%之间,渗透率大于10mD,但高泥质砂岩渗透率衰减快,通常小于5mD;砂西、尕斯及跃进地区储层物性较好,孔隙度在8%~20%之间,渗透率在1mD至几百毫达西之间;昆北地区储层由于早期浅埋,后期又抬升,对于原生孔隙的保存非常有利,平均孔隙度为14%,平均渗透率为23mD;红柳泉地区储层的物性受胶结作用控制,弱胶结储层孔隙度为8%~15%,渗透率为1.0~50mD,强胶结储层孔隙度一般小于6%,渗透率小于1.0mD;东柴山地区早期经历快速深埋,孔隙度小于5%,渗透率小于0.1mD(图2-26)。

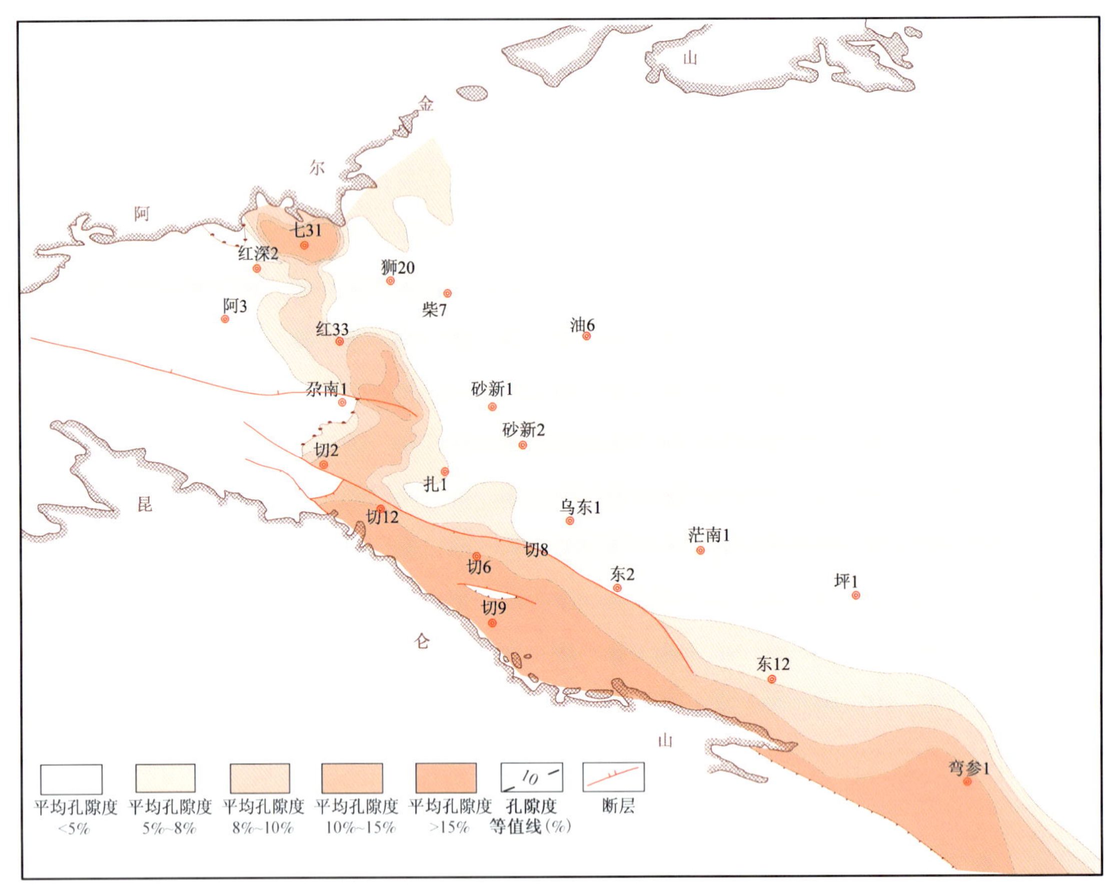

图2-26 柴西南区下干柴沟组下段ESQ1储层物性平面分布图

下油砂山组储层以特低—低孔隙度、低渗透率为主(约占60%~80%),中孔隙度、中渗透率约占10%~15%,高孔隙度、中渗透率只占2%~5%,储层物性变化也较大。砂西—尕斯地区砂岩储层物性最好,砂西—跃进平均孔隙度16%~18%,平均渗透率达到66mD,属于低—中孔隙度、低—中渗透率储层;其次为乌南地区,平均孔隙度10%~11%,平均渗透率1~10mD;扎哈泉地区压实作用相对较强,储层平均孔隙度一般5%~10%,平均渗透率0.2~3mD。需要指出的是,裂缝—溶蚀型储层个别层段由于后期改造的影响而形成较好的储层,局部达高孔隙度、高渗透率(图2-27)。

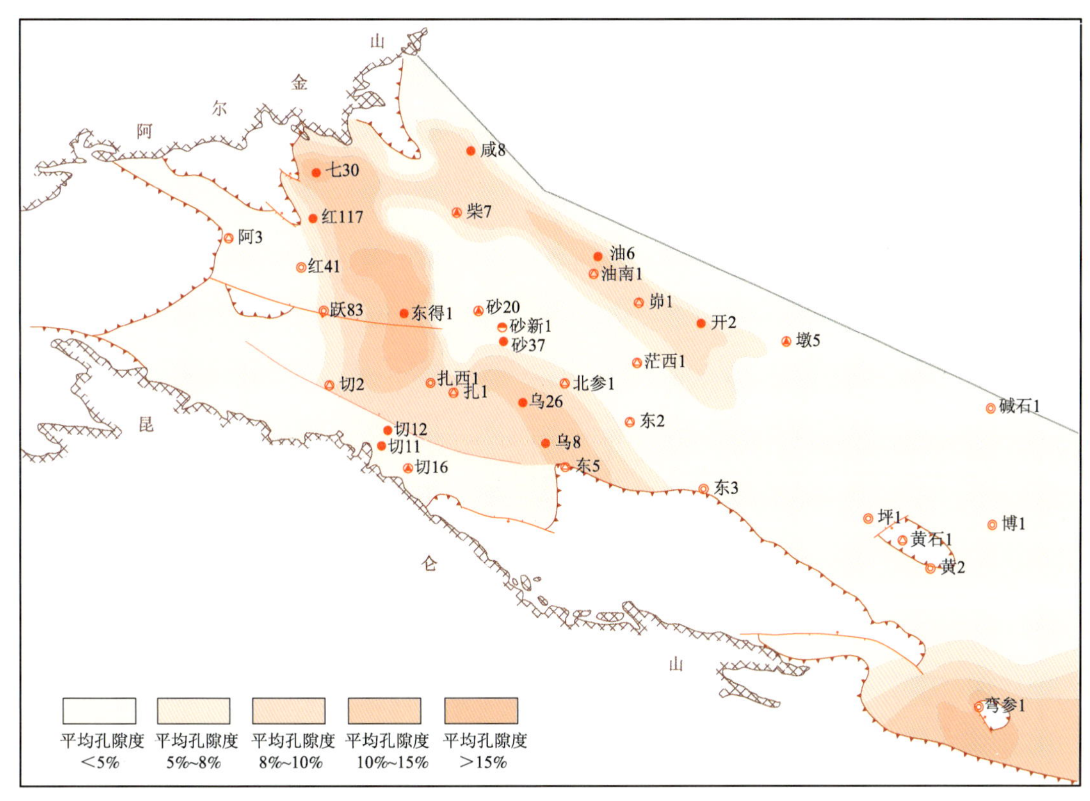

图 2-27 柴西南区下油砂山组 NSQ7 储层物性平面分布图

三、封盖条件

柴西南区共发育了两种不同成因类型的盖层，分别为原生盖层和区域盖层。其中，原生盖层是在坳陷中连续沉积了大面积分布的巨厚湖相泥岩夹膏盐、盐岩层，其主体既是烃源岩，又在客观上构成了良好的封盖层。研究区内下干柴沟组下段沉积了大量的三角洲和滨浅湖相砂岩体，其上部被下干柴沟组上段—上干柴沟组的大套暗色泥质岩所封盖，既是烃源岩又是良好的盖层。区域上的盖层指的是上新世—第四纪局部范围内发育的盐湖相泥质岩和盐岩层，有的地方厚度可达 800m 以上，这种大套膏泥岩互层的盖层不仅具有良好的塑性，不易产生构造裂缝，且封堵性能要强于纯泥质的盖层。

近些年来，有人也对量化柴西南区盖层封堵性展开了一些研究工作，陈艳鹏和刘震认为采用排替压力是实测盖层封闭性中最直接、最根本的一项参数，并认为柴西南区盖层排替压力的下限值约为 0.5MPa（陈艳鹏等，2007；刘震，2007；陈艳鹏等，2009）。白涛通过计算突破压力的方法，确定出路乐河组、下干柴沟组下段、下干柴沟组上段和上干柴沟组的有效盖层参数下限分别为 17m、22m、17m 和 19m（白涛，2012）。

四、圈闭条件

柴西南区古近—新近系中发育的圈闭类型多样，并且具有多期性发育的特点。

1. 圈闭类型

圈闭类型可以分成构造圈闭、地层圈闭、岩性圈闭和复合型圈闭四大类。其中构造圈闭主要包括挤压背斜、基岩隆起同沉积和断鼻构造圈闭，地层圈闭包括地层不整合圈闭和古潜山圈闭，岩性圈闭则有储层上倾尖灭型圈闭和透镜状岩性圈闭两种，复合型圈闭主要是构造与岩性共同作用形成的圈闭，包括背斜—岩性尖灭圈闭和断层—岩性尖灭圈闭(李潍莲等,2007)(图2－28)。

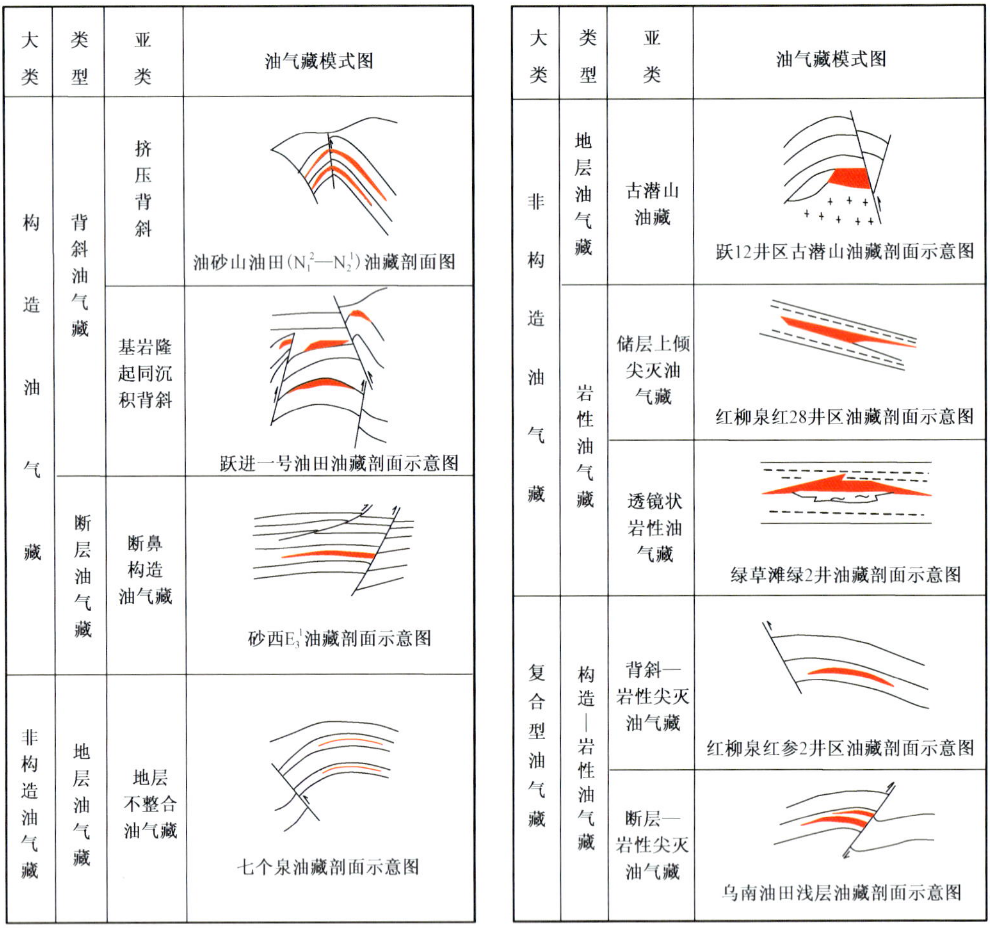

大类	类型	亚类	油气藏模式图
构造油气藏	背斜油气藏	挤压背斜	油砂山油田(N_1^2—N_2^1)油藏剖面图
		基岩隆起同沉积背斜	跃进一号油田油藏剖面示意图
	断层油气藏	断鼻构造油气藏	砂西E_3^1油藏剖面示意图
非构造油气藏	地层油气藏	地层不整合油气藏	七个泉油藏剖面示意图
		古潜山油藏	跃12井区古潜山油藏剖面示意图
	岩性油气藏	储层上倾尖灭油气藏	红柳泉红28井区油藏剖面示意图
		透镜状岩性油气藏	绿草滩绿2井油藏剖面示意图
复合型油气藏	构造—岩性油气藏	背斜—岩性尖灭油气藏	红柳泉红参2井区油藏剖面示意图
		断层—岩性尖灭油气藏	乌南油田浅层油藏剖面示意图

图2－28　柴西南区圈闭类型及油气藏模式图

2. 圈闭形成时期

前人的研究成果认为，柴达木盆地的两个构造运动期次大致可以形成两个阶段的圈闭。从路乐河组开始至中新世上干柴沟组沉积时期，柴西南区处于挤压坳陷期，主要形成一些与同沉积断层相伴生的各种同沉积断背斜、断鼻及断块圈闭，这类圈闭主要发现于跃进、红柳泉、砂西及昆北等地区。结合储层临界物性及盖层有效封堵的综合分析，发现地层岩性圈闭早在上干柴沟组时期就开始形成(陈艳鹏等,2009)。圈闭形成的另一个主要阶段是从下油砂山组沉积时期开始至第四纪，这一时期，研究区处于强烈挤压、抬升甚至形成褶皱的构造时期，虽然后期构造运动破坏掉了一部分早期形成的圈闭，但与此同时，也形成了一大批新的圈闭，例如油砂山、狮子沟等地区相对应的构造圈闭。

五、输导条件

输导条件最核心的内容就是输导体系，而关于输导体系的概念，张照录等认为输导体系是泛指某一含油气系统中所有的运移通道（包括输导层、断层、裂缝和不整合面）及相关围岩的总和（张照录等，2000）；付广等认为油气输导系统是指连接烃源岩与圈闭的运移通道所组成的输导网络（付广等，2001）；张卫海等将输导体系定义为含油气系统中各种输导层及其相互关系的总和（张卫海等，2003）。输导体系主要包括断层、骨架砂体和不整合面3个要素。从柴西南区目前勘探成果来看，本区主要发育断裂输导系统和砂岩输导系统，在盆缘局部地区也发育有不整合面输导体系。

1. 断层输导体系

柴达木盆地古近—新近系油气运移以断层、裂缝—孔隙为主要运移通道，断层作用尤为重要。因为柴西南区断裂极为发育，而且与构造圈闭紧密相伴，因此这些断裂（尤其那些断距较大的同沉积断裂），对柴西南区油气运聚成藏起着重要控制作用。如Ⅺ－茫南断裂带、狮子沟深层断裂、阿拉尔断裂等，地面大量油砂、沥青沿断裂分布即为油气顺断层运移的直接证据，而且已发现的油气藏也多沿断层分布。除此之外，柴西南区古近—新近系广泛发育构造裂缝，不仅形成了良好的裂缝性储层，而且也是油气短距离运移的良好通道。

断裂的存在沟通了不同的烃源岩与不同的储层、盖层，构成了以断裂为主要运移通道的生—储—盖组合。由于断裂的长期活动，导致断裂上盘的储层与下盘的生烃凹陷侧接，形成了柴西南区普遍发育的侧接式、上生下储式油气藏（图2－29）。断裂的沟通作用还形成了大量次生油气藏，如七个泉和狮子沟等油气藏。

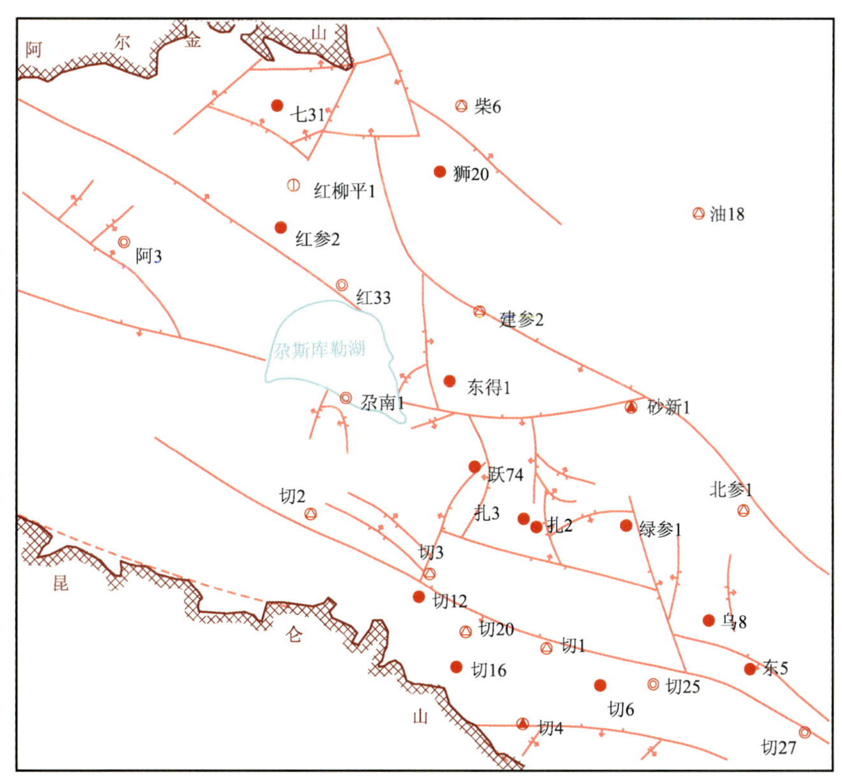

图2－29 柴西南区下干柴沟组下段断裂与油气藏分布图

2. 砂岩输导体系

砂岩输导系统可连通孔隙作为油气运移的基本通道，正是由于砂体储层具有孔隙空间和裂缝空间，油气才能进入其中，是油气在地下进行侧向运移时最常见的输导系统。在这种输导系统中，油气运移通道的质量主要取决于其孔渗性能，有利储集相带及孔渗参数相对高值带是重要运移通道。

柴西南区砂体输导体系主要集中分布在跃进、砂西、狮子沟、油砂山浅层、花土沟以及阿尔金斜坡一带，这些地区同时也是优质砂岩发育区，如红柳泉深层就是通过砂体输导体系进行油气运移的（图 2－30）。下干柴沟组下段（$E_3{}^1$）所发育的砂体物性较好，油气自Ⅺ断裂进入红柳泉古斜坡，沿着地层中物性好的砂体形成优势通道，进行短距离的运移。

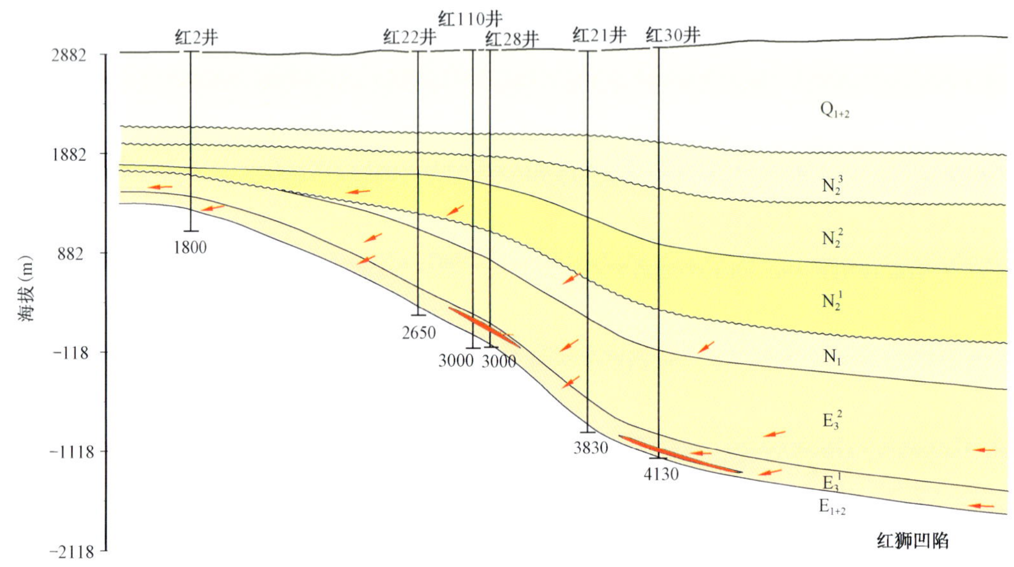

图 2－30　红柳泉地区油藏剖面图

3. 不整合输导体系

不整合面也是油气输导的重要通道之一（曾溅辉，王洪玉，1999）。不整合空间结构可划分为不整合面之上底砾岩、不整合面之下风化黏土层和半风化岩石三部分。宏观上，存在由不整合面之上底砾岩和不整合面之下半风化岩石两种高效运载层组合成的双运移通道型和单运移通道型两大通道类型。微观上，不整合面可以形成以不整合面之上底砾岩的连通孔隙、不整合面之下半风化岩石中的构造—卸荷—风化裂缝系统及溶蚀孔洞系统为主的三大类运移通道类型。勘探实践表明，不整合面作为输导体系，常和断裂或者砂岩输导体系联合在一起运移油气。

在柴西南区靠近山前的盆缘地区由于青藏高原的强烈隆升而形成不整合面，中生界和新生界之间普遍存在着不整合面，下油砂山组和上干柴沟组在靠近盆地边缘的局部区域也发育有不整合面（陈艳鹏等，2007）。如昆北断阶带，路乐河组和基岩之间广泛发育不整合面，油气自切克里克—扎哈泉生烃凹陷经昆北断层向上运移，在断层与不整合面接触处进入到断层上盘的地层，形成路乐河组砂岩油气藏和基岩油气藏（图 2－31）。

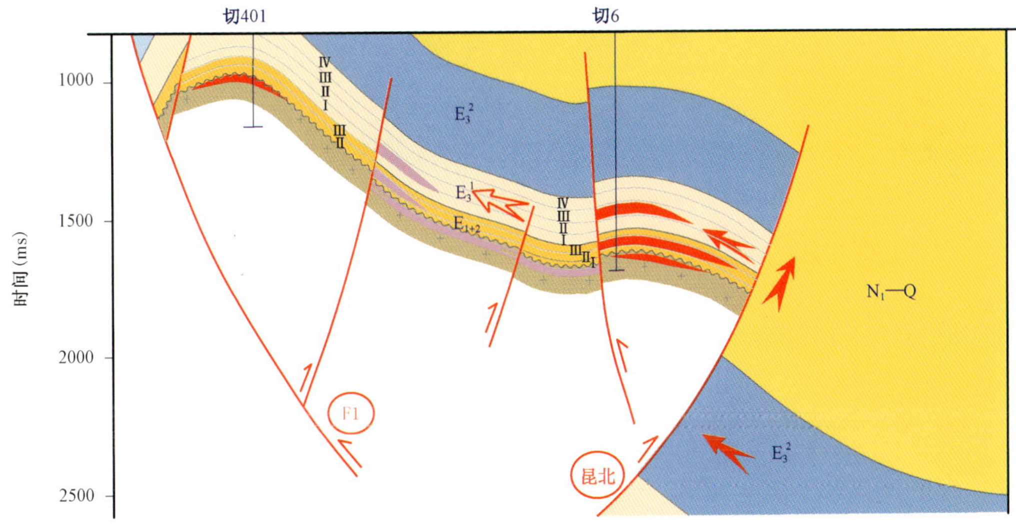

图 2－31　昆北断阶带切六号—切四号油藏模式图

4. 复合输导体系

如前所述,输导体系是具完整性和系统性的统一体,所谓完整性是指任何输导体系都始于烃源岩,终于圈闭;统一性则是指各输导体系要素是紧密联系在一起的,油气更多是通过多个输导体系要素的组合进行运移的。柴西南区最主要的输导体系其实是断裂砂岩复式输导系统,大部分浅层(新近系)和部分深层(古近系)油气藏都是通过这种输导系统成藏的。生烃凹陷中的油气首先通过断层运移到附近的砂体或者裂缝发育区,然后经过断裂、砂岩复合输导系统的作用,在发育较好的储层中聚集成藏,如昆北(图 2－31)、跃进一号(图 2－32)、跃进二号、油砂山、花土沟、乌南等油气藏。

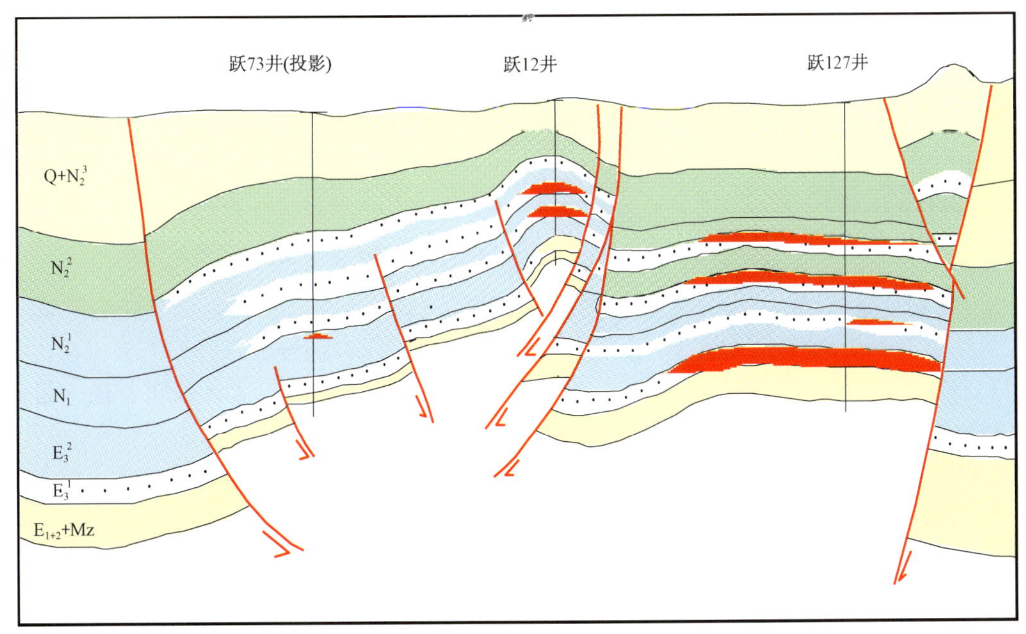

图 2－32　跃进地区油藏剖面图

第四节　油气藏特征

一、油气藏类型

1. 构造油气藏

从目前已发现的油气藏情况来看，柴西南区构造油气藏主要有挤压背斜、基岩隆起同沉积背斜、断鼻和断块构造油气藏等。表褶背斜是在顺层滑脱的断裂上盘形成的背斜构造，以英东、狮子沟、花土沟、游园沟和油砂山浅层油气藏为代表。基岩隆起背斜是刚性基底的块断作用引起局部的隆起，在基岩隆起背景之上形成同沉积背斜，以跃进一号和跃进二号地区的油气藏为代表。断层油气藏又可分为断鼻和断块两类，前者以砂西、跃东和咸水泉等地区的油气藏为代表，后者则以跃75区块下干柴沟组下段油气藏为典型。

2. 岩性油气藏

岩性油气藏是由于地层厚度或岩性、岩相的横向变化形成，岩性变化是圈闭产生的主要机制，分为上倾尖灭和砂岩透镜体两个亚类，如红柳泉地区红28井油气藏和红参2井下干柴沟组下段($E_3{}^1$)油气藏，以及七30井、七31井等岩性油气藏均属此类。

3. 地层油气藏

地层油气藏是由地层削蚀、尖灭联合形成的圈闭所聚集的油气藏。由于封堵机制不同，有不整合面和古潜山两种油气藏，柴西南区七个泉下干柴沟组下段油气藏是以不整合面封堵的地层油气藏，跃12井区基岩油气藏属于古潜山型地层油气藏。

4. 复合油气藏

由构造与地层岩性变化联合作用而形成的一类油气藏。在这类油气藏中，圈闭的产生是由两种或两种以上因素共同作用而形成，柴西南区主要有断层—岩性油气藏和背斜—岩性油气藏。由断块封堵和岩性变化共同组成圈闭的有乌南、红地107井下干柴沟组下段油气藏。背斜—岩性的复合性油气藏以红参2井区下干柴沟组下段油气藏最为典型。

二、油气资源概况

根据第三次油气资源评价结果，柴达木盆地总的油气资源量约为46.5×10^8t油气当量；其中，石油资源量21.5×10^8t，天然气资源量为$25000 \times 10^8 m^3$。除此之外，盆地还有出露油砂资源量约2.2×10^8t。柴达木盆地经过近六十年的勘探，目前共发现油气田27个，包括19个油田和8个气田，探明油田面积为330km^2，探明气田总面积171km^2；累计探明石油地质储量5.0188×10^8t，探明天然气地质储量$3264.03 \times 10^8 m^3$(表2-8)。

表2-8　柴西南区主要区带第三次资源评价结果表

区带名称	资源量	
	石油(10^4t)	天然气($10^8 m^3$)
狮子沟—油砂山	26060	381.5
红柳泉—东柴山	42016	758.2

续表

区带名称	资源量	
	石油(10^4t)	天然气(10^8m^3)
铁木里克	170.3	9.07
阿尔金斜坡	18215	497.3
切克里克	2350.8	53

其中,柴西地区古近—新近系第三次资源评价的油气资源总量为 15.35×10^8t 油气当量。截至2012年底,累计探明石油地质储量 46176.61×10^4t,控制石油地质储量 19429×10^4t,预测石油地质储量 24935×10^4t;探明天然气地质储量 $147.46\times10^8m^3$,控制天然气地质储量 $171.37\times10^8m^3$,预测天然气地质储量 $970.37\times10^8m^3$。目前探明率仅为19%。

由此看来,柴达木盆地勘探程度还相当低,剩余油气资源量潜力还非常大。柴西地区还有81%的油气资源未探明。如果把三级储量算上,全盆地发现率也只有33%,仍然还有67%有待开发。与国内成熟探区油气探明率相比,其勘探潜力非常巨大。

第三章　青藏高原隆升与柴达木盆地构造变动

65—45Ma 以来印度板块与欧亚板块的碰撞(黄汲清等,1987)、特提斯洋封闭,导致喜马拉雅山及其北部地区逐步隆升为世界上海拔最高(平均海拔 4000~5000m)、地壳最厚(60~80km)、最新的大陆高原——青藏高原,被誉为“世界屋脊”和“地球第三极”。由于其特殊的地质构造、颇具特色的高原构造地貌,因此青藏高原是世界上最新、最大的大陆碰撞造山的实例,同样也是研究大陆板块岩石圈发展模式,阐明岩石圈演化、造山机制、大陆动力学等重大科学问题,检验或发展板块构造学说,建立大陆动力学和地球系统科学新理论、新模式的关键地区和野外实验室,青藏高原从而成为当代国际地球科学界关注的热点地区。正因为如此重要的科学意义和实际意义,关于青藏高原隆升的研究就成为当前国际地学界关于青藏高原问题研究的重中之重,也是最有希望取得重大研究成果和理论突破的科学领域。而位于青藏高原北部的柴达木盆地是典型的内陆盆地,在构造和地形上主要受昆仑山、阿尔金山和祁连山三大主控断裂及其次级断裂的控制。通过对应力场、构造活动强度及断裂分布特征的分析,认为柴达木盆地自形成以来就受到青藏高原持续分阶段隆升的影响。柴西地区南缘昆仑前的昆北断阶带是新生代以来形成的第一排南倾北冲的斜坡带,其构造格局具有南北分带、东西分段和上下分层的特征,受此影响昆北断阶带油气聚集成藏在不同构造部位存在较大的差异,对这些构造进行研究有利于明确勘探方向。

第一节　青藏高原隆升过程

青藏高原位于我国西南部,介于东经 75°—105°,北纬 27°30′—40°之间,面积约 $240\times10^4km^2$。北以西昆仑山、阿尔金山、祁连山与塔里木盆地、河西走廊为界;东跨秦岭,东南以龙门山、贡嘎山至大雪山一线与四川盆地、云贵高原为界;西南止于国境边界的喜马拉雅山一带,海拔平均在 4000m 以上,是全球海拔最高、隆起时代最新、地壳厚度最大的高原。

青藏高原的构造变形及其产生的隆升是当前国际地学界研究的热点与前缘,但是目前对造成高原隆升的构造变形研究尚待深入,特别是在实际资料上尚需进一步丰富。长期以来,探讨青藏高原隆起的问题,一直是众所瞩目的重大理论和实践课题之一。不同的研究者从各自的研究角度出发,探寻青藏高原隆起的时间、过程和幅度,讨论青藏高原隆起的原因、机制和影响。

一、青藏高原地质特征

青藏高原地势总的趋势是西高东低,在藏北及川青边境地区尚保留面积约 $80\times10^4km^2$ 的原始剥蚀面,高原周围河流切割比差最大在 5000m 以上。该区地层发育较齐全,地质构造复杂,岩浆活动及变质作用剧烈,是研究地质构造较好地区之一。

青藏高原由欧亚大陆和冈瓦纳大陆的不同块体组成,各块体经历了不同的构造演化和地质发育史,地层发育程度、沉积建造类型、古生物特征各有差异。依据总体特征划分为欧亚大陆南缘(北区)和冈瓦纳大陆北缘(南区)两大构造地层区系,北区包括秦岭—祁连山—昆仑山(简称秦—祁—昆)、巴颜喀拉山和唐古拉山 3 个构造地层区,南区包括冈底斯山和喜马拉雅山两个构造地层区。青藏高原的前寒武系、下古生界、上古生界层存在明显南北差异,古生代末—中生代初,古特提斯海闭合,使秦—祁—昆古海洋板块消亡,南侧的中特提斯海处于拉张、伸展环境。在昆仑山主脉以南,直至喜马拉雅山北缘,海相中生界大片发育。中生代沉积中心由北向南迁移,表明中特提斯海闭合过程是由北向南逐渐演化的。青藏高原及其周边山区新生界广泛发育,它记录了青藏高原隆生的历史。古近系海相沉积包括古新世至始新世,分布在喜马拉雅山及青藏高原西北的边缘地区;陆相沉积广泛分布在高原内部。始新世末,喜马拉雅山隆起,青藏高原内各主要山系差异升起。至渐新世发育了山间磨拉石堆积,沿褶皱山系成带状分布(艾印双,1997)。

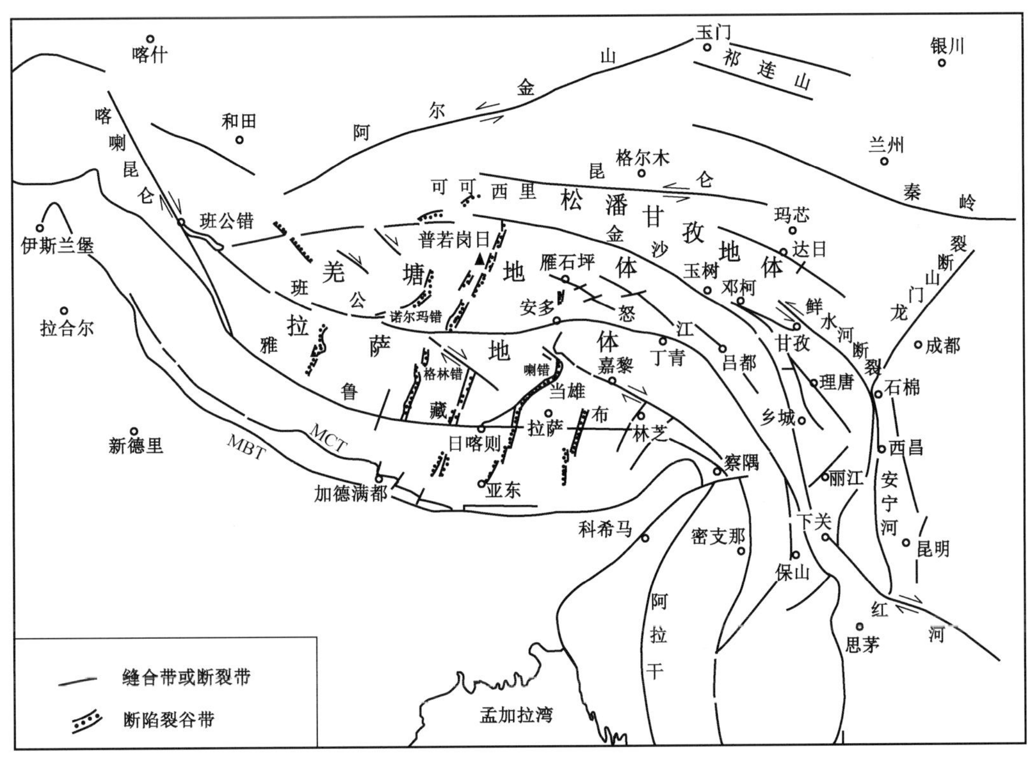

图 3-1 青藏高原地质构造图(据曾融生等,1992)

青藏高原的地层大致可以分成 4 个大区:一是昆仑—祁连区,主要以元古宇及古生界为主体;二是巴颜喀拉—秦岭区,主要以广泛发育的三叠系为特征,仅在其边缘发育古生界—新元古界的地层;三是滇藏区,主要发育海相侏罗系和白垩系,这是海水最后在这里退却的地区;四是喜马拉雅区,由于它出露了一整套中生代、古生代地层,目前成为世界瞩目的完整地层区之一。

从地壳表层来看,现今青藏高原由一些不同性质的构造块体组成,四周被扬子地块、中朝地块、塔里木地块、印度地块几个刚性地块所围限,形成一个封闭的构造体系。其总的构造格局以几条近东西向的构造条块和大型断裂带或板块缝合带相间为特征。在高原东部横断山系,构造线方向逐渐转为近南北向,其地质构造包括(曾融生,1992;金性春,1984)(图 3-1):(1)东西方向的缝合带,青藏高原自北向南主要有 3 条大型缝合线:可可西里—金沙江缝合线、班公湖—怒江缝合线、雅鲁藏布江缝合线，在东昆仑南缘缝合线与可可西里—金沙江缝合线之间的三角形地区为松潘—甘孜褶皱系（印支期），可可西里—金沙江缝合线与班公湖—怒江缝合线之间为唐古拉褶皱系（早燕山期）和三江褶皱系（印支期），在班公湖—怒江缝合线与雅鲁藏布江缝合线之间为冈底斯褶皱系（晚燕山期），雅鲁藏布江缝合线以南则是喜马拉雅褶皱系（喜马拉雅运动期），自东北往西南方向，这些褶皱系的形成时代逐渐变新；（2）近南北走向的断陷裂谷带，高原内部发育第四纪的断陷裂谷带，以拉萨地体西部最为发育；（3）高原东部的左旋走滑断层带，如阿尔金山、东昆仑山、鲜水河等断层带；（4）近北西—南东走向的右旋走滑断层带，班公—怒江缝合线以南，顺南—北走向的断陷裂谷带北端，存在一组北西西—南东东走向成雁行排列的右旋走滑断层带。

崔作舟（1992）等则将青藏高原由北向南划分为北昆仑构造带、南昆仑构造带、巴颜喀拉构造带、羌塘构造带、冈底斯构造带和喜马拉雅构造带 6 个构造带。它们依次被昆仑中央断裂带、昆仑南缘断裂带、金沙江断裂带、怒江断裂带、雅鲁藏布江断裂带分割。高原北面是被昆仑山北缘隐伏断裂带分割的柴达木地块，南部是被主边界断裂带分割的印度地块。

按活动构造类型划分，韩同林将青藏高原地区分为断块隆起区、断陷区和断裂带。青藏高原断块隆起区总体上具有大幅度、快隆升的特点。其周边为一系列巨大的山系环抱，构成一系列边界翘起带，均以主边界断裂带与相邻的断陷区相接。断块隆起区四周分别是塔里木断陷区、柴达木断陷区、巴丹吉林—腾格里断陷区、四川盆地断陷区和恒河平原断陷区。断陷区中古近—新近纪地层受到较强烈的褶皱、逆冲或逆掩活动；第四纪地层分布广泛。

二、青藏高原隆升历史

长期以来，对于探讨青藏高原隆起问题，一直是众所瞩目的重大理论和实践课题之一。不同的研究者从各自的研究角度出发，探寻青藏高原隆起的实践、过程和幅度，讨论青藏高原隆起的原因、机制和影响。

目前结合各种地质资料，国内外学者对高原何时形成现今高度主要有如下 4 种代表性的观点：

第一种观点认为，青藏高原在始新世晚期隆升，王成善等（2008）根据新生代地层的沉积学构造变形的观测资料认为，青藏高原整体隆升发生于始新世晚期；David（2006）根据同位素古海拔高度计，测出在 35Ma 前伦坡拉盆地已经隆升至海拔 4000m 左右的高度。

第二种观点认为青藏高原在中新世中期（14Ma）前已达到最大平均高度，以后发生东西向拉张塌陷，高度有所降低。Coleman 等（1995）根据 Thakola 地堑初始裂陷年龄推断喜马拉雅地块快速隆升时代早于 14Ma；根据岩石圈拆沉模式，通过测定地幔源玄武岩时代，Turner 等（1993）推断青藏高原隆升时代为 13—14Ma；Blisniuk 等（2001）根据双湖盆地伸展裂陷的起始年龄推断青藏高原北部隆升早于 13. 5Ma。Spicer 等（2003）根据乌郁火山沉积盆地的树叶化石的高程信息和年代学资料，推断青藏高原隆升早于 15Ma。

第三种观点认为青藏高原在中新世晚期（8Ma）前已达到或接近现今高度，Harrison 等（1992）根据念青—唐古拉山东南部伸展型韧性剪切变形的起始年龄推断青藏高原南部隆升早于 8Ma，因此强化或激发了印度洋季风，并在高原内部出现了一系列南北走向的裂谷系，这一观点得到了 Molnar（1993）、Turner（1993）等学者的支持。

第四种观点认为青藏高原是在上新世晚期（3—4Ma）隆升达到或接近现今高度：施雅风（1964）、徐仁（1973）等学者根据高山栎化石的植物学证据，推断喜马拉雅山脉快速隆升时代为上新世—第四纪;综合古地理、古生物、夷平面、沉积和黄土等多方面的观测资料,李吉均等(1996)、潘保田等(2004)提出36Ma以来青藏地区经历了3次隆升、2次夷平作用,青藏高原最近一次强烈抬升开始于3.4—2.0Ma,上新世末期青藏高原平均海拔不超过1000m,现今海拔4500m以上的高原地形主要是在第四纪才形成的;Metivier等(1998)根据柴达木盆地沉积速率变化,推断青藏高原北部快速隆升发生始于5.3Ma;郑洪波(2000)根据昆仑山北缘磨拉石沉积提出,青藏高原隆升发生于上新世以来。

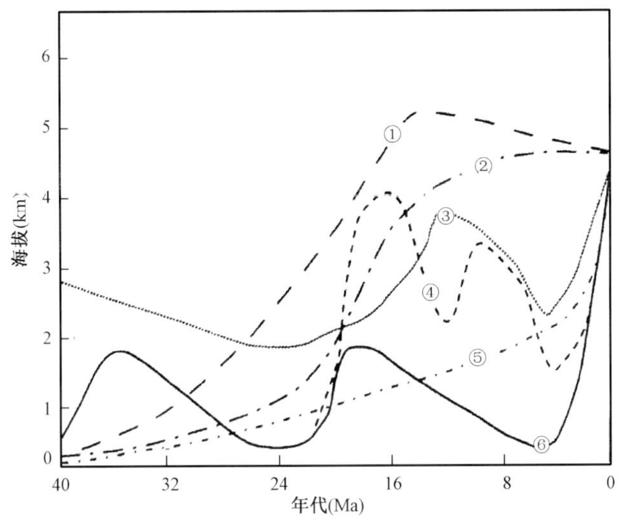

图3-2 青藏高原阶段隆升过程曲线图

(① 据 Coleman;② 据 Harrison 等;
③ 据肖序常等;④ 据 Rea;⑤ 据徐仁;⑥ 据李吉均等)

其中多数学者认为青藏高原隆升是经过多阶段、多机制、不等速的过程才逐渐达到或接近现今高度:李廷栋等(1995)认为高原的隆升分为碰撞俯冲隆升、汇聚挤压隆升、均衡调整隆升3个阶段,根据磷灰石的裂变径迹测年资料,丁林等(1995)提出青藏高原隆升存在45—38Ma、25—17Ma、13—8Ma、距今3Ma以来4个阶段的快速隆升期,但青藏高原的整体快速隆升发生于3Ma之后,这种多阶段隆升模式得到了不少学者的支持(肖序常等,1998;尹安,2006;钟大赉,1996),但对于各阶段隆升时代和速率却存在不同认识;马宗晋等(1998)也认为青藏高原形成至今经历了4个互有叠接的构造期:α期(45—35Ma)以南北缩短和向北推移为主;β期(35—5.3Ma)长周期缓慢隆升占主导地位;γ期(5.3—3.0Ma)为短周期快速隆升阶段;δ期(3.0Ma以后)青藏高原整体快速隆升,尤以第四纪隆起最为剧烈。方小敏等(2007)根据对青藏高原东北缘盆地磁性地层和沉积学等研究也提出距今8Ma开始拉脊山开始强烈的阶段性幕式(3.6Ma、2.6Ma及1.8Ma)变形隆升。张克信等综合了前人关于青藏高原新生代隆升阶段的认识,结合磷灰石裂变径迹年代学成果,将青藏高原隆升阶段一共划分为隆升期A(58—53Ma)、B(45—30Ma)、C(25—20Ma)、D(13—7Ma)和E(5Ma以来)共5个强隆升期,并且发现第Ⅰ构造演化阶段(E_{1+2}—N_1)青藏高原隆升高度平均约1000m左右,昆仑山已达到3000m的高度(张克信等2010,2013)。

综上所述,目前对确定高程所用证据的精确程度,众多学者在认识上还是存在一定的分歧,所以关于青藏高原始新世中期以来的隆升高度变化还有待研究和探讨,但是从图3-2中可以看出，虽然各模式之前还存在着差异，但是上新世末期以来的快速隆升过程已基本形成共识。

三、青藏高原隆升机制与大陆内部变形特征研究

国内外学者根据各自的研究结果，对青藏高原的形成演化过程提出了不同的地球动力学模型，主要包括如下观点：

（1）Argand（1924）提出了地壳增厚模式（又称连续变形模式），该模式指具有完整地壳剖面的印度大陆岩石圈向整个青藏高原下部俯冲，整个青藏高原下部都是印度大陆岩石圈，导致了青藏高原地壳的双倍厚度。地壳增厚假说将岩石圈比作是薄的黏滞体，强调了连续变形，认为大陆变形、高原隆升是由于岩石圈的水平缩短和增厚引起的，褶皱和逆冲增厚是中、上地壳的主导构造形式，走滑运动只是发生在变形过程中的次生现象。该模式认为大陆岩石圈不是刚性的，板块理论不适用于大陆内部，大陆构造以"连续变形"为特征，因此该模式又被称为"连续变形"模式。按照"连续变形"模式，印度和亚洲汇聚的大部分（约 85%）被印度以北的喜马拉雅山、青藏高原、昆仑山—祁连山、天山南北向的缩短所吸收，青藏高原侧向挤出的量是相当小的，可能达不到两大陆汇聚量的 20%。该模式较好地解释了青藏高原的双倍地壳结构，但是该模型要求具有很长、很缓倾角的断裂带分开印度板块和青藏地壳，地震和震源机制解都不能提供这样一个断裂带的证据，同时，地球上没有一个倾斜的地震带会以这么缓的角度倾向这么长的距离（Molner，1975）。

（2）Tapponnier（1976）提出了大陆挤出模式（又称非连续变形模式或滑移线场模式），该模式认为印度以北的大陆变形可以描述为相对狭长的断裂带分割的、连在一起的块体运动，沿着这些断裂带在任何给定的时间变形的大部分都保持局部化，大型走滑断裂在碰撞初期即形成并控制着青藏高原的演化，印度与欧亚板块碰撞后持续的楔入作用导致青藏高原的向北生长，其北部古老的缝合带（班公湖、金沙江、昆仑）分期复活，具有不同演化历史的块体则分别沿这些缝合带向南斜向俯冲，高原的范围分阶段向北扩展，这一过程中地壳发生了缩短、增厚，而岩石圈地幔没有，即认为地壳下部的地幔是刚性的，具有类似板块的性质。这一假说的主要思想是，板块构造理论适用于大陆内部，大陆构造以"非连续变形"为特征，因此，该模式又称为"非连续变形"模式或"局部变形"模式。该模式预测印度大陆向北汇聚的 40% ~60% 被水平面应变所吸收，然而 2000 ~2500km 处的汇聚，现今的地壳厚度和从碰撞带得到的沉积所反映的物源和地壳物质的沉降间的平衡，限制"挤出"吸收了不超过总汇聚量的三分之一（Harrison，1992），而同时一些学者认为"挤出"现象的发生大部分限于高原演化的后期（Molner，1993；Dewey，1989）。

（3）Dewey 和 Burke（1973）提出了推土机模式，该模式认为印度大陆像推土机一样向北对亚洲板块发生碰撞推挤，造成亚洲地壳水平方向上的缩短和垂向上的拉长。后来这个模式逐渐演变为"薄黏滞体模式"（England，1986）。这一模式也较好地解释了青藏高原的双倍地壳结构，但是该模式要求青藏高原岩石圈地壳要有大约 50% 的缩短量，然而在拉萨地体以北由这一量级缩短作用导致的变形在地表的表现并不容易被识别。

（4）Zhao 和 Morgan（1985）首先提出了注入模式，该模式认为青藏高原下地壳表现为相对低黏性的流体，来自印度的物质被同化进去，增加的体积以水力抬升青藏高原（类似于活塞的注射）。该模型较好地解释了青藏高原为什么如此的平坦，但是这个模型要求整个青藏高原以一个整体单元的形式抬升，并且这一显著的地形直至中中新世才表现出来；然而，大量的研究表明青藏高原的隆升和剥蚀作用发生于不同幕次（Harrison，1992；Molner，1993），青藏高原

也并非是“铁板一块”。

(5)Harrison(1992)提出了延迟的大陆垫片作用模式，该模式认为从20—50Ma以来，印度大陆岩石圈以大约30°的角度俯冲到青藏高原下的地幔，在5Ma时，印度大陆岩石圈开始朝着青藏高原的地壳底部抬升，引起高原在大约2Ma时均匀、同步地隆升成现今的高原。该模型同样较好地解释了青藏高原的厚地壳和明显平坦的高原面，缺点是需要一个在俯冲的大陆地壳之上的特别的流体地幔岩石圈和软流圈。

相比于国外学者提出的上述青藏高原隆升模式，国内学者更注重实证的资料，代表性地提出了以下隆升模式：

(1)滕吉文等(1985)提出了隆升、地壳短缩和增厚的动力学模式，通过研究青藏高原整体隆升的物理—力学机制，认为青藏高原整体隆升的主导因素是两大陆板块的碰撞、挤压和长期“楔入”，并在其作用下导致一系列派生要素的产生和相继作用，重力均衡作用和热作用对于高原隆升和地壳短缩起到了重要作用，但并不是主导因素。

(2)李廷栋等(1995)提出了“陆内汇聚—地壳分层加厚—重力均衡调整”模式，该模式认为高原的隆升分为碰撞俯冲隆升(K_2—E_2)、汇聚挤压隆升(E_2—N_1)、均衡调整隆升(N_2—Q)3个阶段，表现出不同的隆升特征，在压应力作用下通过不同层次物质以不同运动形式实现了高原地壳的加厚和缩短。

(3)傅容珊等(1997,1999)提出了“断离隆升—挤压隆升—对流隆升”的三阶段模式(BC-CM)，该模式是基于地幔动力学角度，并以此作为基本模型，对印度板块向北推移、挤压而导致的高原隆升演化进行了数值模拟(傅容珊等,2000)。结果表明模型描述的青藏高原隆升演化过程和观测资料有较好的吻合，同时认为青藏高原下部岩石层的对流搬离可能是最近10—8Ma以来青藏高原整体隆升的主导机制。

(4)肖序常和王军(1998)认为青藏高原的隆升具有多因素、多阶段和多层次的不均匀性，并将青藏高原地壳缩短、加厚和隆升概括为三大控制因素：① 来自南面印度板块的挤压和四周克拉通块体的滞后阻力，造成向青藏高原内不均匀的汇聚挤压并导致高原内部各块体具有不同的位移速率，在空间上出现不同类型、层次的构造变形，这是控制高原地壳缩短、加厚和隆升的基本因素；② 青藏高原内部的热力作用和热效应，不仅增强了地壳的蠕动变形，造成地壳缩短、加厚，而且促使地壳发生重融和热扩散，产生低密度空间，为地壳上浮、隆升提供有利条件；③ 构造均衡调整对青藏高原隆升的控制作用，上新世以后，除东、西构造将仍保有较强挤压外，印度板块主体向北挤压相对减弱，压应力相对松弛，从而引起均衡调整、“下沉山根”逐渐抬升促使地壳隆升。

(5)潘裕生(1999)通过模拟实验提出了叠加、压扁热动力模式，该模式以陆—陆碰撞持续挤压受阻为前提，对地壳双倍增厚和青藏高原(特别是藏北地区)出露大面积高钾、富热火山岩给出了较合理解释。实验过程中对圆柱形试样两端加压，结果发现圆柱体变短，中部向外鼓出而两加压端变化不大，他认为在南北向强大挤压作用下的青藏高原与实验圆柱体相似，由于印度板块和欧亚板块的长期碰撞，印度板块的持续北移受阻，高原经历了多次陆内叠加压扁变形，岩石圈南北向压扁缩短、垂向上拉伸增厚，东西方向走滑流展，垂向伸展和东西向走滑流展之和相当于压缩量。在岩石圈缩短的同时，使内部的U、Th、K等元素的含量比正常地壳高得多，这样高原地壳的衰变热就比其他地区高，由于热能的长期积累，能量加大，造成软流圈上涌，从而垂向伸展加大。正是经历了多次叠加压扁变形、南北缩短、垂向拉伸和热作用等过程才最终形成了现今的青藏高原。

综上所述，青藏高原隆升有着复杂和综合的成因机制，国内外不同研究者提出的主导因素可能都是这一复杂综合体中的一部分，但是不可能由任何某一项单一因素完全促成和驱动这一重大事件的发生和发展；更详细、更精确的认识还有待于更多工作的开展。

第二节 青藏高原隆升对柴达木盆地的影响

柴达木盆地位于90°20′—98°20′E，35°55′—39°10′N，是青藏高原北部的内陆盆地，自形成以来就受到青藏高原持续分阶段隆升的影响。其西北方向邻阿尔金山，东北界为祁连山，南抵昆仑山，东以西秦岭为界，是青藏高原北部最大的高原盆地，大致呈一北西西向、不规则的菱形。盆地东西长约850km，南北宽150～300km，总面积约为$12.1\times10^4km^2$，在大地构造位置上属于特提斯构造域的东部，是在前侏罗纪柴达木地块基础上发育起来的中—新生代陆内叠合沉积盆地（图3-3）。柴达木盆地可以划分为西部、中部和东部三个部分。盆内中—新生代陆相地层发育良好，构造活动频繁，地质现象复杂，很好地记录了印度—亚欧板块碰撞以来，青藏高原北部的隆升地质史。柴达木盆地是印度—亚欧板块碰撞后以南北向挤压应力为动力背景的高原内陆盆地，构造和地形主要受昆仑山、阿尔金山和祁连山三大主控断裂及其次级断裂的控制。

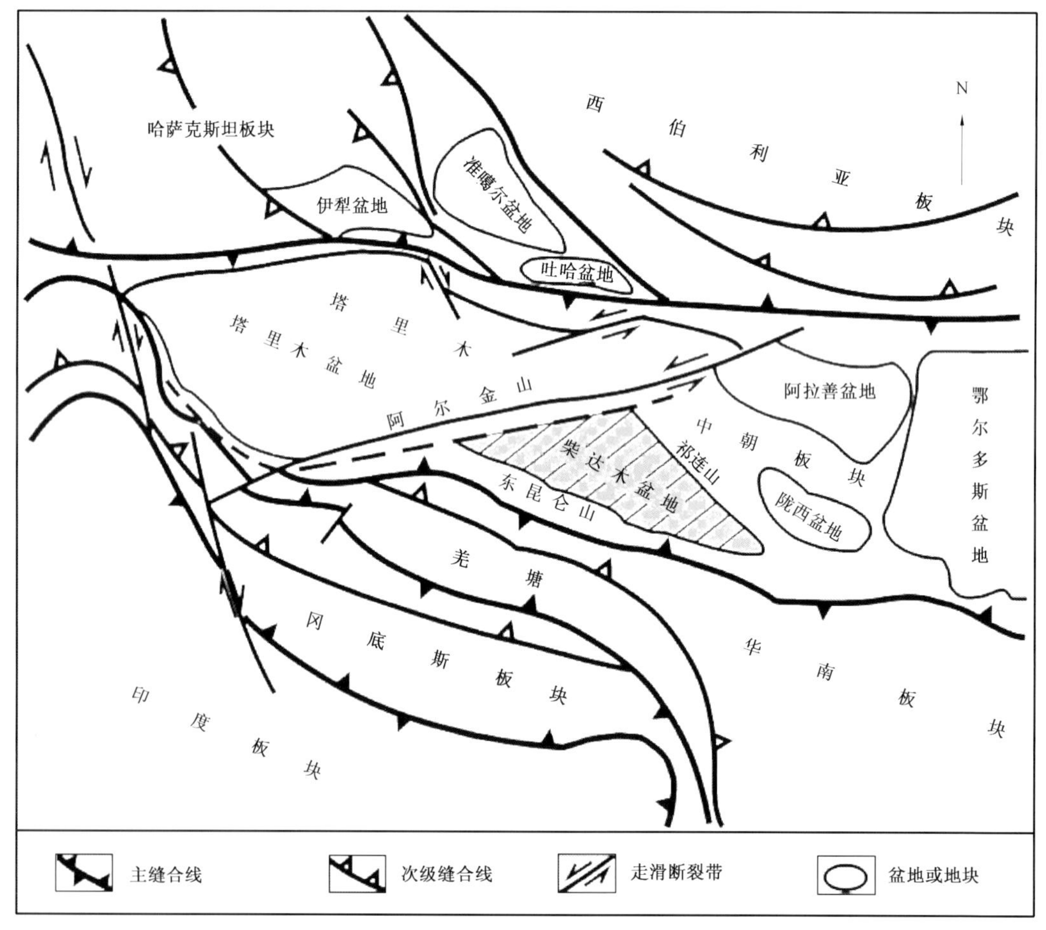

图3-3 柴达木盆地周缘地区中—新生代板块拼合图（据王鸿桢等，1990，简化）

一、对应力场的影响

柴达木盆地新生代断裂构造发育表现出了明显的阶段性和复杂性的特点。其中阶段性表现在新生代早期与晚期(以 N_2^1 沉积期末为界)具有不同性质的构造变形;复杂性表现在同一时期既有伸展断裂,又有挤压逆冲断裂,这其中的原因可能与不同时期的区域构造应力场特征有很大的关系(李相博等,2006)。

新生代以来,由于印度板块与欧亚板块发生陆陆碰撞为青藏高原的形成提供了强大的动力。柴达木盆地恰位于青藏高原的东北角,应力传递在其西北侧受到塔里木板块的阻挡,在东北侧受到华北板块的阻挡,因此柴达木盆地处于整个青藏高原前缘构造应力的集中部位,构造活动十分强烈。

许多学者(刑成起等,1998;刘增乾等,1998;李相博等,2001)对柴达木盆地及邻区新生代区域构造变形的主要特征进行了研究,其特征主要可概括为:喜马拉雅运动早期为近南北方向的水平挤压,北西向或北西西向的北祁连北缘断裂、中祁连断裂、柴达木盆地北缘断裂、昆北断裂及北东东向的阿尔金断裂均以右行走滑为主,导致柴达木地块逆时针旋转;喜马拉雅运动晚期以来主应力场转为北东向的水平挤压,阿尔金断裂表现出强烈的左旋运动,导致包括柴达木地块在内的整个青藏高原北部向东逃逸并顺时针旋转,原北西西向的右行走滑断裂均转变为向北或向南的逆冲兼左行走滑,从而形成现今柴达木盆地“造山带向盆地对冲”的构造景观。古地磁、遥感及地质资料已经证实了周缘区域性走滑断裂旋向的改变导致柴达木地块前后出现逆时针和顺时针旋转的这一运动学过程(杨藩等,1994;李相博等,2001;李朋武等 2001;陈正乐等,2001)。由此可见,柴达木盆地在新生代始终处于巨大的压扭性应力场中这就是该盆地走滑扭动构造、逆冲构造及反转构造发育的原因。

二、对构造活动强度的影响

由于柴达木盆地是青藏高原最北缘的山间盆地,发育连续的新生代地层,因此是反演青藏高原活动历史的最佳场所。柴西地区是整个盆地内受区域构造运动影响最强烈的地区,盆地内地表和近地表构造线方向指示盆地最大受力方向为南西—北东向(图 3 -4)。通过恢复柴西地区构造发育史并分析沉积相演化,发现该区新生代变形可划分为早、晚两期,分别对应一个强烈构造变形和盆地发育阶段(王亚东,2011)。

(1)柴西地区早期构造变形(约 55—22Ma)。柴西地区早期变形约从 55Ma 开始,主要表现为前中生代已经存在的主干断裂活化,如昆北断裂、阿拉尔断裂、Ⅺ号断裂,活动强度较小,盆地主要表现为下沉接受路乐河组沉积。柴达木新生代盆地重新变形并接受沉积,不仅反映昆仑山和阿尔金山在新生代的初始活动和隆升,也可能是印度板块与欧亚板块初始碰撞的直接响应。由于板块初始碰撞较弱,表现为大陆边缘斜坡、大陆架和各种块体的收敛接触,边缘海或者残余海还存在(Dewey,1998;崔军文等,2006),且变形主要集中在碰撞带附近。柴西地区早期的强烈变形阶段自 37. 5Ma 开始,至 31. 5Ma 达到最大,断裂显著向盆内扩展和生长,Ⅺ号断裂下盘发生明显坳陷,发育深湖相沉积。阿尔金山和昆仑山强烈隆升,柴西地区在盆地边缘和盆内生长断裂附近发育第一期生长地层(刘栋梁等,2008;王亚东,2009)。盆地沉积速率明显增加,岩性向山前明显变粗,发育砾岩沉积(周建勋,2006;刘栋梁等 2009)。这一时期印度板块向亚洲大陆强烈推挤,不仅导致所有海相地层消失,而且印度板块本身也发生快速顺时针旋转(Chung S. L. ,1998;Tapponnier,2001)。王亚东等(2011)学者认为,强大的推挤变形难

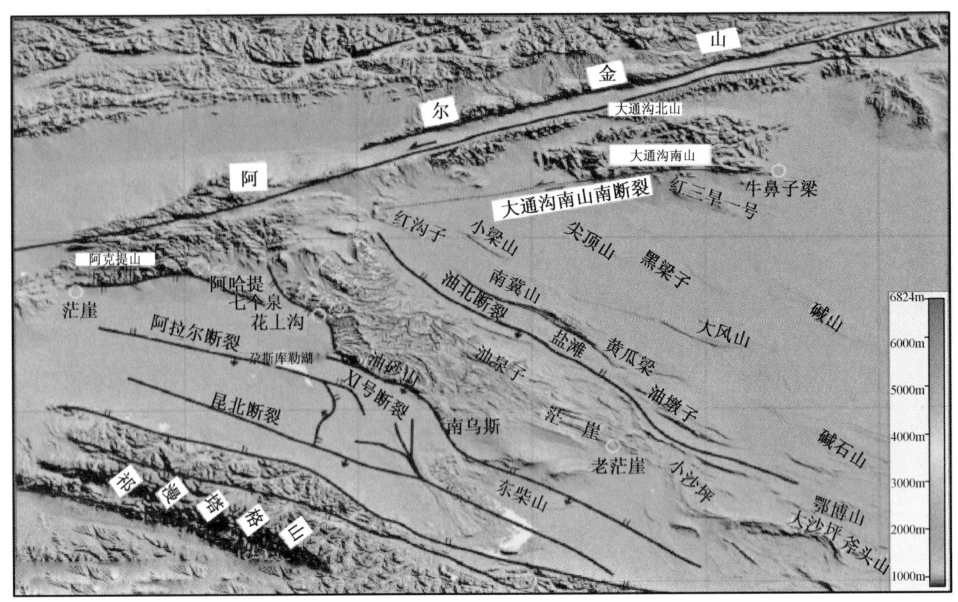

图 3－4　柴西地区构造地貌图(据王亚东,2011)

以被碰撞带吸收,由此快速向高原北部传递,驱动了阿尔金断裂早期强烈的走滑和昆仑山断裂早期走滑逆冲以及相应的山体强烈隆升。柴西地区紧邻这两大断裂体系,受其影响断层活动和盆地收缩强烈,盆地边缘和内部均发育大量生长地层。因此,该时期柴西地区强烈变形缩短是对印度—欧亚板块主碰撞的响应,记录了青藏高原一次大规模向北生长。近年来地质研究表明,高原北部活动始于始新世—渐新世(Scharer,1984;Wang X. M. ,2003;戴霜等,2005),高原南部在始新世—渐新世经历快速隆升(Coleman 等,1995;Turner 等,1996;张进江等,2003)整个青藏高原在该时期经历了不同程度的同步变形。

(2)柴西地区晚期构造变形(22Ma 至今):柴西地区早期强烈变形在上干柴沟组末强度逐步减弱,柴达木盆地自 22Ma 开始进入坳陷期,水体范围达到最大,但水体普遍较浅,以浅湖—半深湖相为主。生长断层、生长地层发育减弱,同分布范围减小,盆地中部的生长地层几乎停止发育(Yin A,2008),盆地缩短速率减小(周建勋等,2006;刘栋梁等,2008;王亚东等,2009)。但仍存在一些脉冲式构造变形和沉积速率增加事件。自 14.9Ma 开始,受喜马拉雅晚期运动影响,柴西地区进入强烈构造运动和盆地演化阶段,构造变形强度逐步增强,至 2.65Ma 左右达到变形最高峰(图 3－4)。该时期内,周缘山系快速隆升断层再次显著向盆内生长,沉积中心向北向东迁移至一里坪一带,坳陷进一步加大但沉积相由湖相向冲积相迅速转化,盆地接受大量沉积物并在山前遭受剥蚀。其他学者的研究表明,在 15Ma 前后,柴达木盆地的平均沉积速率由 109.1m/Ma 突增到 151.3m/Ma,沉积物粒度变粗(Yin A 等,2008)。柴西地区地壳缩短明显增加,第二期生长地层形成,将上、下构造层明显分开(王亚东等,2009)。自大约 8Ma 的狮子沟组开始,尤其自 2.6Ma 的七个泉组开始,上述过程显著加速进行,指示周边山体强烈隆升,柴西地区整体抬升变成山间盆地。该强烈变形过程在整个青藏高原都有明显反映,该时期青藏高原整体强烈隆升并开始发育南北向地堑(Molnar P. 等,1993;Coleman M. 等,1995;Tuener A 等,1996;Meyer B. 等,1998;Blisniuk P. M. 等,2001;万天丰等,2002;方小敏等,2003;张进江等,2006)。

综上所述,柴西地区以前中生代基底为基础,区域上受到印度板块与欧亚板块持续碰撞挤压青藏高原隆升的影响。

三、对断裂分布的影响

断裂构造是地壳最重要的构造类型之一，其中包含着岩石圈构造演化、板块开合过程、深部地质动力学过程和地壳物质组成的重要信息。特别是像中国西北地区多旋回演化盆—山构造区，断裂构造是进行盆地原型恢复、确定古构造演化史、进行板块构造重建以及分析盆—山耦合关系的重要依据之一。

1. 柴达木盆地边缘及邻区区域断裂展布

野外地质调查表明，柴达木盆地及邻区周缘主要发育4组区域断裂（图3-5），对应于4个区域断裂系统：即北西—北西西向祁连山—柴达木盆地北缘断裂系统、北西西向东昆仑山柴达木盆地南缘断裂系统、北东东向阿尔金山断裂系统、北西西向鄂拉山断裂系统。现今主要表现为逆冲推覆和走滑平移性质，但它们都经历了多期活动过程，是不同地史演化的叠加（罗梅等，1991；汤良杰等，1993；夏文臣等，1998）。

1）祁连山—柴达木盆地北缘断裂系统

该断裂系统为一组呈带状分布的断裂带，总体走向为北西—北西西向，由北宗务隆山断裂、宗务隆山南坡山前断裂、鱼卡—乌兰断裂和柴达木盆地北缘断裂等组成。北宗务隆山断裂和宗务隆山南坡山前断裂之间为宗务隆山石炭纪断陷槽（C_2）以及三叠纪断陷槽（T_1），以南为柴达木地块，以北则为南祁连加里东期造山带。鱼卡—乌兰断裂东部被鄂拉山北西西向断裂所截，航磁为长条状负异常，西部（茶卡段）为线性正异常。柴北缘断裂又称赛什腾—锡铁山山前断裂，西起赛南，经绿南—锡南—埃南—都兰阿尔茨托山，向东也被鄂拉山断裂所截，是早古生代一条重要的缝合带，在新生代复活控制了柴达木盆地的形成，断面为北东倾向。

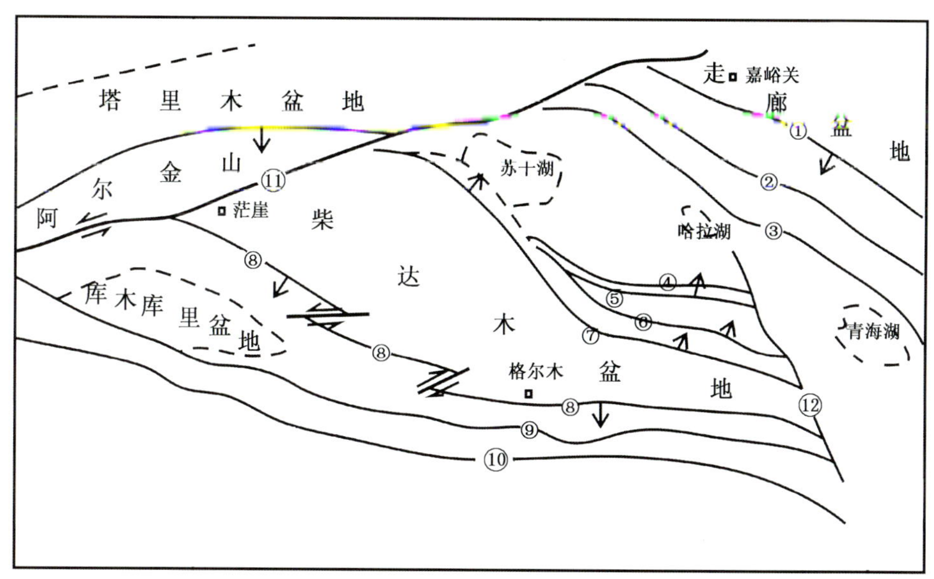

图3-5 柴达木盆地及邻区主要断裂系统图

①—北祁连山前断裂带；②—中祁连山北缘断裂带；③—南祁连山北缘断裂带；④—北宗务隆山断裂；⑤—宗务隆山南坡断裂；⑥—鱼卡—乌兰断裂；⑦—赛什腾—锡铁山山前断裂；⑧—昆北断裂带；⑨—昆中断裂带；⑩—昆南断裂带；⑪—阿尔金断裂带；⑫—鄂拉山断裂带

2)东昆仑山—柴达木盆地南缘断裂系统

该断裂系统由昆南、昆中和昆北断裂带组成,昆北断裂带是盆地南缘的盆—山界线,控制了盆内新生界的分布。

(1)昆南断裂带。

昆南断裂带是指东昆仑山大断裂,沿库赛湖—昆仑山口—阿拉克湖—托索湖—玛沁一带展布,位于活动性下二叠统布青山群(阿尼玛卿蛇绿混岩带)的南侧。

昆南断裂带为北西西走向,长达千余公里,北切东昆仑山南坡和西秦岭近东西向构造,南与巴颜喀拉山造山带构造线协调,所以把它划归特提斯断裂系。断裂北侧主要为纳赤台群逆冲于二叠统布青山群或三叠系巴颜喀拉山群之上,断面北倾,带内见古近—新近系红土层。断裂破碎带宽度 300 ~900m。

(2)昆中断裂带。

昆中断裂带呈近东西向展布,西起塔鹤托坂日—沙松乌拉山—大干沟—诺木洪河中游小庙南—乌托,折向东南温泉,被鄂拉山走滑断裂错位,向东经巴水谷地与西秦岭断裂相接,往西通过库木库里盆地南侧西延进入新疆境内。

昆中断裂带是柴达木地块的南界,以北为古元古界金水口岩群,以南为活动型中元古界万宝沟群或上奥陶统纳赤台群。北盘金水口岩群由北往南逆冲于万宝沟群、纳赤台群或二叠系之上,断面北倾,倾角在60°左右。挤压破碎带十分强烈,宽者达650m,一般在几十米至150m。

(3)昆北断裂带。

昆北断裂带主要由南、北两组主断裂及其间夹持的次一级断裂组成,西段北侧主断裂控制着茫崖凹陷的发育;东段北侧主断裂控制着第四系的发育。昆北断裂带构成柴达木南缘盆—山界线,尽管其两侧基底性质类似,但从沉积和构造特征分析,该断裂带仍然具有多期活动的特点,明显控制着柴达木中、新生代(特别是新生代)盆地的发育。该断裂带以逆冲活动为主,发育一系列断块构造,控制着油气圈闭的发育,尤以柴西地区表现明显,柴达木迄今发现的最大油田尕斯油田,即位于该断裂带内。

3)阿尔金山断裂系统

该断裂系统介于塔里木盆地和柴达木盆地之间,为北东东走向,北端十分醒目地横切北西西走向的祁连山,南端插入昆仑山内,是我国西部地区与区域构造走向不协调的一组断裂。该组断裂由5条主要断裂组成,自北而南为:罗布庄—星星峡、且末—黑尖山、米兰—红柳园、阿尔金北缘和阿尔金南缘断裂(崔军文等,1999),其中阿尔金南缘断裂沿索尔库里—拉配泉—安南坝—阿克塞—安西一线延伸,长度超过1600km。

区内断裂带多为直线状,规模大,破碎带宽,断裂切割了古近—新近系乃至第四系。断裂为北东东走向,总体为北北西倾向,局部有南南东倾向,断面陡倾,是一组左旋压扭性断裂。

4)鄂拉山走滑断裂系统

沿天峻—茶卡—哇洪山—鄂拉山—温泉一线分布,为北北西走向,全长约300km(图3-5)。在航空卫星照片上线性影像显示清楚,地貌反差明显,西侧为高山,东为盆地或低山丘陵。该断裂系由3~5条断裂组成,北端斜截宗务隆山南坡断裂、鱼卡—乌兰断裂及柴北缘断裂,南端切断东昆仑山中央断裂带。由温泉向南延至玛卿岗日主峰,成为东昆仑山与西秦岭分界线,同时也分隔了柴达木盆地和共和盆地。断裂带上可见平直谷地(北北西向展布)、断层崖、三角面、泉水(温泉)成线状排列。沿断裂带两侧地质体明显错位,东盘向南位移,如虎达岩体(γ5)发生了近8km的错位。佐证该组断裂系是右行扭压性走滑断层。该断裂带在地球物理场反映也比较清楚,重力梯级带呈南北向分布,与北北西向断裂位置吻合。航磁图上,断裂西侧为强度高、大小不等的航磁异常密集区,其东侧则为异常平静区。

2. 柴达木盆地主要断裂展布

柴达木盆地由于受祁连山、昆仑山和阿尔金山的共同作用和影响,因此盆地内部断裂也十分发育(图3-6)。柴达木盆地断裂展布具有以下基本特征:(1)发育北西、北北西、近南北、近东西和北东向5组断裂,其中北西、北北西向断裂占主导地位。(2)边界断层的走向明显受控于周缘三大造山带,盆地南北两侧边界断裂基本与山体平行或斜交。如控制盆地北部边界的赛南断裂、绿南断裂、宗务隆山南断裂、埃姆尼克山南缘断裂等,与盆地边缘山体、盆地内山体平行,为北西、北西西向;控制柴达木盆地南部边界的祁漫塔格山前断裂、塔尔丁断裂等均平行于南部昆仑山山体,走向北西和近东西;而阿尔金山前断裂均以一定角度斜交于阿尔金山。(3)地震剖面上解释的断层除 T_6 上个别为正断层之外(控制中生代沉积的控凹断裂),其余断层均为逆断层。(4)不同地区、纵向上的不同层位断裂的发育程度不同,并呈一定规律变化。深浅层断裂,大致以地震 T_2 反射层为界,柴达木盆地深层断裂发育程度高于浅层。可分为上、下两套断裂体系,大部分断层断面为上陡下缓,上部一般倾角大于50°,下部倾角一般小于30°,甚至沿地层层面滑动。柴达木盆地西部及北缘地区断裂多而复杂,中部、东部地区断裂则少而散,自西向东断裂的发育程度由强变弱。(5)控制主要隆坳格局的断裂发育期早,活动期长。

由于基底断裂、基底形态、基底岩性、所处构造位置以及边界条件等方面的差异和不同,导致中新代以来,柴达木盆地在统一的区域构造运动演化背景下局部应力场的不同,形成了三大断裂系统或体系,分别为控制柴达木盆地北缘隆起的北缘压扭断裂体系、控制柴西地区及东昆仑山前的昆北压扭断裂体系和控制阿尔金山前带的阿尔金压扭断裂体系(图3-6)。根据断裂对盆地、隆起—坳陷、凸起—凹陷、主要构造带展布及其控制作用的不同,把盆地内的主要断裂在断裂系统的格局下进一步划分出四级断裂。

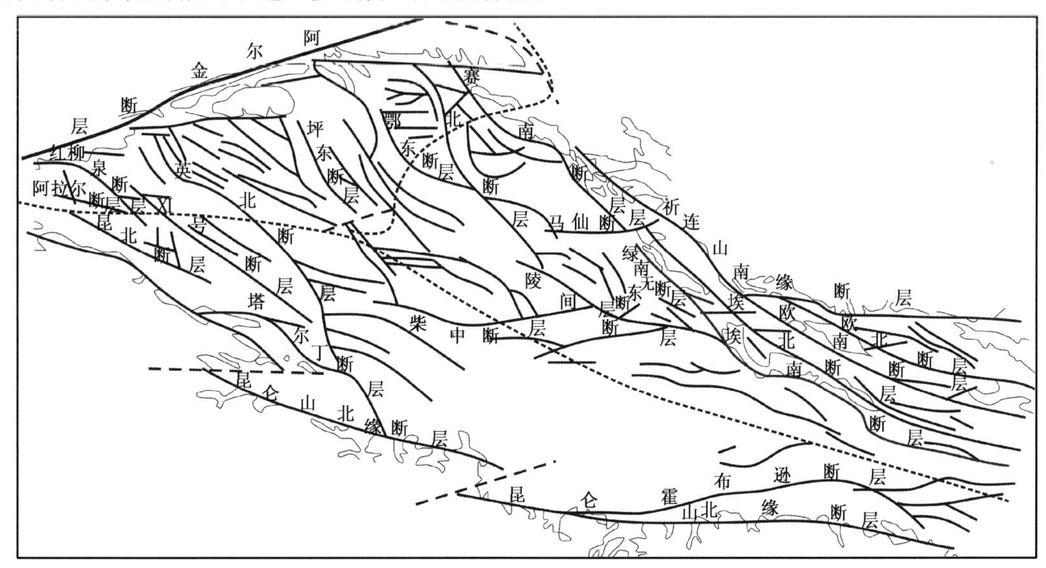

图3-6 柴达木盆地内部断裂系统图

一级断裂是控制盆地的边界断裂。一般由山前断裂（带）所组成，构成了控制盆地形成与演化发展的盆缘断裂，如柴北缘山前断裂（如赛南断裂、祁连山南缘断裂），昆仑山北缘断裂（昆仑山北缘断裂）。它们具有规模巨大、延伸长、深切基底，且有长期同沉积逆冲活动的特征，对盆地内中新代地层形成和盆地的演化起主要的控制作用，倾向指向盆外，上盘老地层沿断面向盆内方向逆冲推覆，下盘常形成由其控制的压陷凹（断裂）槽，如柴北缘断裂带控制的赛什腾凹陷。

二级断裂是指控制次级构造带展布的控带断裂或者是控制隆—坳格局、凹—凸格局的主要断裂。如控制柴北缘断裂带反"S"形构造体系的北1—陵间断裂，分割大风山凸起和一里坪坳陷的坪东断裂，分割英雄岭凹陷与七个泉—东柴山构造带的Ⅺ号断裂、分割昆北断阶与切克里克凹陷的昆北断裂等一系列二级断裂。盆地内主要二级断裂有欧北断层、欧南断层、埃北断层、埃南断层、绿南断层、北1断层、鄂东断层、马仙断层、无东断层、陵间断层、柴中断层、坪东断层、英北断层、Ⅺ号断层、红柳泉断层、阿拉尔断层、昆北断层、塔尔丁断层、霍布逊断层。

三级断裂是指控制局部构造的断裂或次级构造带内具有明显分段性的断裂，柴达木盆地的控带断裂十分发育，总体呈北西—北西西向展布，控制了三级构造带及局部构造的形成和分布。盆地内绝大多数局部构造成带分布，其分布严格受三级控带断裂的控制，或被两条断裂所控制，形成"两断夹一隆"的冲起构造样式；或在断裂的上盘发育，为断裂控制下的生长断展背斜；或沿断裂下盘展布，为挤压环境下因断裂阻挡地层弯曲变形而成的断鼻构造带。在昆北断阶带，如控制切六号圈闭的切6号南断层，控制切十二号圈闭的5号断层等。

四级断裂指切割局部构造的小型断裂，是三级断裂的派生断裂或独立的断裂，主要发育于盖层中，对局部构造的发育有控制作用，或破坏局部构造的完整性，如近南北向断裂，局部滑脱断裂，背斜构造顶部的后生张性断裂（如油砂山构造上发育的后期张性断裂）等。

四、喜马拉雅运动对柴达木盆地的影响

柴达木盆地位于青藏高原西北部，相对于中国中西部的其他含油气盆地，它受喜马拉雅运动的影响更为直接、更为明显。喜马拉雅构造运动在柴达木盆地的不同构造单元具有不同的表现特征，有的构造单元表现为褶皱抬升，有的构造单元则表现为断陷下降，但都有一鲜明特征，即构造沉积的突变性。

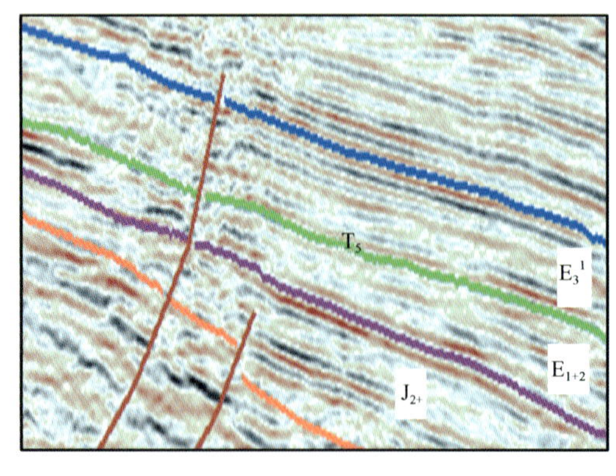

图3-7　南八仙地区三维地震剖面（Line199）

新生代以来的造山运动被黄汲清（1945）称之为"喜马拉雅运动"（Himalaya Orogeny）。这一造山运动因首先在喜马拉雅山区确定而得名；它在亚洲大陆广泛发育，使中生代的特提斯海变成巨大的山脉，更新统的湖泊、河流堆积物隆起高达2000多米。这一造山作用形成了著名的阿尔卑斯山。喜马拉雅造山带为绵延数千千米的纬向山系，是这个地壳上最新的褶皱山系，直至今天它的活动性仍很强烈。

喜马拉雅早期构造事件在柴达木盆地主要发生于始新世，主要表现为下干柴沟组与下伏路乐河组之间的平行不整合现象，大多数地震剖面表现为假不整合，识别起来比较困难，但南八仙地区三维地震剖面上可见下伏路乐河组的削蚀现象（图3-7）。

喜马拉雅中期构造事件主要开始于中新世末期，在柴达木盆地周边表现为上油砂山组和下油砂山组之前的角度不整合现象（图3-8）。此不整合在盆地西部红沟子、咸水泉等地、盆地北部老山边缘表现比较明显，狮子沟组角度不整合于上油砂山组或更老地层之上，在盆地腹部则表现为整合接触。

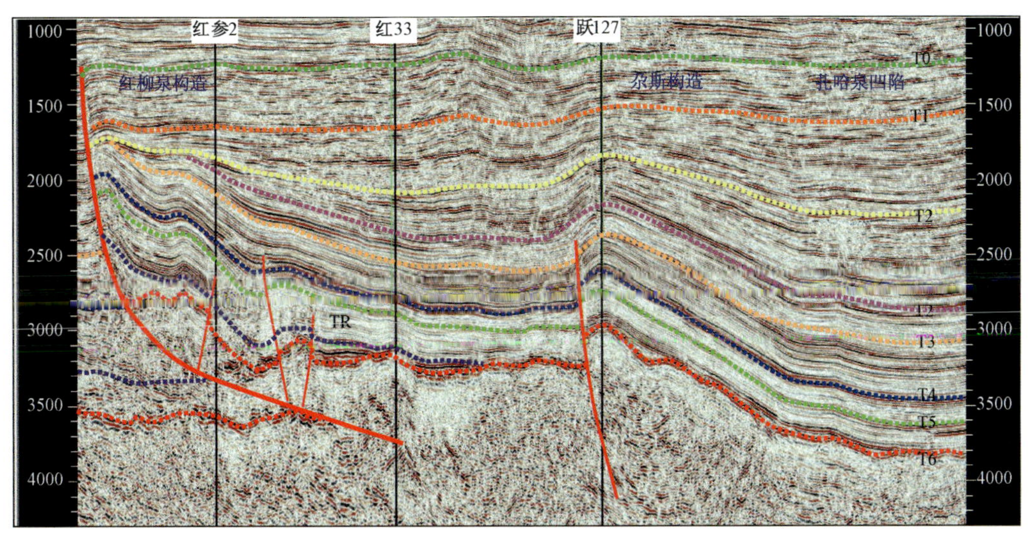

图3-8　柴西红柳泉—尕斯地区东西向三维地震剖面

晚上新世至第四纪中、晚更新世，相当于喜马拉雅运动晚期，或称新构造运动时期等。柴达木盆地柴西地区和北缘地区中—新生代盖层褶皱隆起，改变了古盆地面貌，使之成为西北高东南低的格局，盆地坳陷沉积中心东移，形成以上新世晚期至第四纪的三湖新坳陷。柴西地区和柴达木盆地北缘地区下更新统七个泉组与下伏地层呈区域性角度不整合接触（图3-9）。

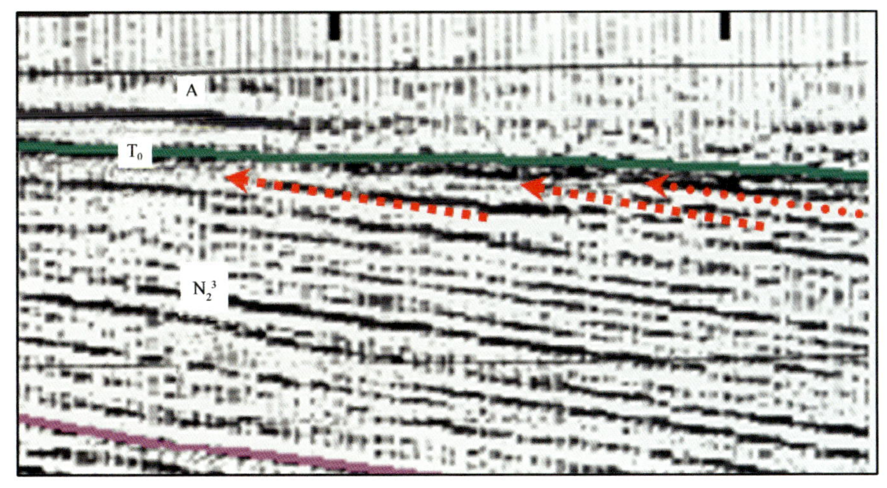

图3-9　84—32地震剖面

更新世晚期至全新世，柴西地区和柴北缘地区继续褶皱隆起，东部第四系湖盆全面发展，大致成为现今的柴达木盆地（黄汉纯等，1996）。

柴西地区古近纪以来经历了初期填平补齐（E_{1+2}）、早期拉分断陷（E_3）、中期坳陷扩张（N_1）、晚期抬升东移（N_2^1—N_2^2）、末期挤压（N_2^3—Q_{1+2}）5个发展阶段。其中N_2^3末期的晚喜马拉雅运动对柴达木盆地的影响最为强烈,遍布柴达木盆地大部分地区,造成柴达木盆地内一些地区 $N_2{}^3$ 和部分 $N_2{}^2$ 地层剥蚀或缺失,形成古近—新近系、第四系两大构造层。柴西地区中生界至第四系发育了中生界 Mz 顶(T_6)、N_1 顶(T_2)、$N_2{}^1$ 顶(T_2)和 $N_2{}^3$ 顶(T_0)四个不整合面,其中中生界(Mz)顶和 $N_2{}^3$ 顶两个不整合面为区域性不整合面,两个不整合代表了古近—新近系盆地的发展始终。

1)初期填平补齐(E_{1+2})

古近系沉积初期,柴达木盆地为燕山运动晚期的挤压构造背景,周缘山系表现为向盆地方向的逆冲挤压特征,白垩系盆地呈前陆构造型,山前沙沉积厚,向盆地腹部变薄。路乐河组沉积时基本继承了晚白垩世的古地理面貌,山前凹陷内沉降较厚,与白垩系呈假整合接触;向盆地方向变薄,不整合超覆于白垩系之上。如在狮子沟一带,勘探证实 E_{1+2} 有上千米的较深湖相暗色泥岩沉积,往南、往东变薄,并超覆于中生界剥蚀面之上,为洪积和河流相红色碎屑岩。

2)早期走滑断陷(E_3)

喜马拉雅运动Ⅰ期,青藏地区结束了海侵史。来自南面的巨大压应力,导致青藏高原隆升,表层地块处于走滑构造背景中。阿尔金断裂带作为重要的边界断裂,发育了多个不连续的走滑断裂带。在柴西地区,该地段阿尔金断裂带的走滑作用,导致了盆地内地块的张裂。由于近东西向古昆仑构造也发育走滑断裂作用,因此在两组边界断裂的共同作用下,盆地内发育了近东西向和近南北向两组基底断裂,并形成断块构造,发育多个断陷湖泊和沉降中心,如英雄岭凹陷、红狮凹陷等,而铁木里克断凸则未接受沉积。

3)中期坳陷前陆期(N_1)

中新世(N_1 沉积期),由于边界断层强烈活动,盆地整体持续下降,进入了稳定发展时期。沉积范围南、北、西都达山前,N_1 地层超覆于铁木里克花岗岩凸起东西两翼和西北斜坡中生界之上。尕斯断陷内,由于前期发生的昆北、阿拉尔、红柳泉、Ⅺ号等断层的继续存在和不断的活动,使这一时期成为真正湖盆发展时期。N_1 沉积时断陷作用已逐渐减弱,仅茫崖地区可见断陷特征,残余厚度图上近研究方向断层附近等值线密集,发育一近东西向展布的沉降中心,最大沉积厚度为 1400m。

4)晚期抬升东移($N_2{}^1$—$N_2{}^2$)

$N_2{}^1$ 与 N_1 具有较强的继承性,仍以黄石以北——一里坪凹陷区为主要沉降中心,且形态相似,最大沉积厚度分别为 2000m 和 1800m。

中新世晚期,发生了喜马拉雅运动第Ⅱ幕。这次运动对本区西部的阿尔金斜坡一带影响较大,使七个泉—红柳泉、阿拉尔地区西北部抬升,露出水面,E_3 和 N_1 地层遭受剥蚀形成 N_1 秃顶(图 3-10)和 $N_1{}^2$ 顶不整合面。上新世早期($N_1{}^2$、$N_2{}^2$ 沉积期),整个地区(包括昆北和铁木里克凸起在内),又开始下降,接受沉积,东南地区为河流—滨湖相粗碎屑岩连续沉积,沉积中心仍在红狮地区、扎哈泉、切克里克及阿拉尔凹陷,厚度近 2000m。这一时期,除上期形成的跃进一号、跃进二号等构造继续保存发展外,乌南、绿草滩等鼻状构造也相继形成。

在 $N_2{}^1$ 的基础上,$N_2{}^2$ 沉积时一里坪凹陷有明显南扩,最大沉积厚度为 1800m;黄石以北地

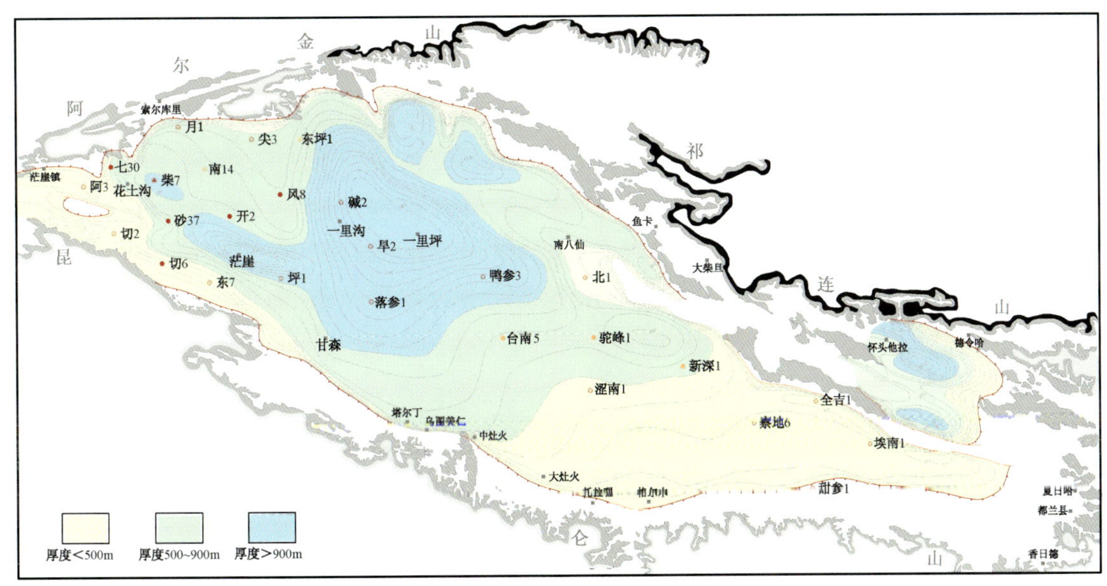

图 3－10　茫崖凹陷 N_1 沉积断陷特征

区由于后期的剥蚀作用造成了局部地区厚度减薄,但推测原始沉积为坳陷型,最大沉积厚度达2400m。在三湖及以东地区发育数个近东西向的串珠状小型沉降中心。

5)末期挤压(N_2^3—Q_{1+2})

在末期发展阶段经历了尕斯和喜马拉雅Ⅲ期两次大的构造运动,形成了 N_2^2 顶和 N_2^3 顶两个大的区域性不整合面及现今的地面构造。

(1)尕斯运动(N_2^2 末)使断陷抬升剥蚀,形成 N_2^2 不整合面。

上新世中期(N_2^2 沉积末期)发生的陇山运动,在阿尔金山前和尕斯断陷反映十分明显,称为尕斯运动。这次运动使尕斯断陷西北部的红柳泉、七个泉地区又遭受强烈的剥蚀,剥蚀程度超过前一次。上新世晚期又整体下沉,在西北地区上新统上部直接覆盖于 N_2^2、N_2^1、N_1、E_3 等不同层位地层之上。跃进一号和跃进二号等区 N_2^2 顶部也有轻微剥蚀,成为区域性不整合面。凹陷区 N_2^3 为连续沉积,沉积厚度 500～800m。

(2)喜马拉雅运动Ⅲ期(N_2^3 末)形成 N_2^3 剥蚀面和现今构造。

喜马拉雅运动第Ⅲ幕,对柴达木盆地来讲影响最大,柴西地区发生了浅部褶皱及深部断裂活动,使柴西地区大面积出现抬升、剥蚀。遭受剥蚀最厉害的还是尕斯断陷北部与英雄岭相接的阿尔金山前一带,剥蚀至 N_2^2、N_2^1、N_1、E_3、K、J 等不同地层,形成 N_2^3 顶区域性剥蚀面(图3－11)。在茫崖—一里平坳陷一带,发生深部地层往北北东向俯冲,浅部地层往南南西向推移、隆升、褶皱,形成一系列北西西向的逆断和隆凹相间的地面构造。尕斯断陷东侧的狮子沟—油砂山—北乌斯及东柴山等地面背斜构造,就是这个时期形成的,且一直保存至今。

到第四纪,柴达木盆地水域已缩小,沉积向东转移至三湖区。在西部尕斯断陷地区除西北阿尔金山前带和狮子沟—油砂山、北乌斯、东柴山等构造隆起区,缺失第四系外,其他地区仍有第四系的洪积相,为河流相粗碎屑沉积,且超覆于 N_2^3 顶不整合面之上。只有尕斯湖区为连续沉积,至今还保留小范围的咸水区沉积——尕斯库勒湖。

图 3－11　狮子沟剖面 N_2^3 顶部不整合

第三节　昆北断阶带构造特征

昆北断阶带位于柴达木盆地西部南缘昆仑山前，该区地面为沙丘、草地、沼泽及盐碱地，地面平均海拔在 3100m 左右，南高北低，地面落差近 200m，属封闭内陆盆地的干旱荒漠区。该构造带沿山前呈条带状展布，断阶带西至阿尔金山前的阿拉尔构造，东至甘森断陷，南至昆仑山前断裂，北至昆北断裂，面积约 3000km^2。其构造区隶属于柴西隆起的亚一级构造单元，是中新生代以来继承发展而成的一个南倾北冲的斜坡。受区域盆—山关系、构造演化与动力机制的控制，特别是受喜马拉雅运动期间南北向构造动力的控制，昆北断裂体系呈北西—北西西向带状展布的压扭断裂体系（付锁堂等，2010）。其整体构造格局具有南北分带、东西分段的特征（图 3－12）。多年来的油气勘探成果表明，昆北断阶带圈闭发育，目前已发现以背斜、断背斜和断鼻等为主的多种类型圈闭；油气成藏条件好，可能为大规模构造—岩性油气藏聚集有利区带，是柴西地区勘探重要现实领域。通过对中国前陆盆地的研究现状分析及昆北断阶带构造特征进行研究，认为昆北断阶带具备良好的石油勘探开发前景。

一、断裂及组合特征

区域性的一级大断层明显控制着昆北地区乃至整个柴西地区新生代盆地的形成与发育。昆北压扭断裂体系，在平面上呈弧顶向北突出的弧形，由一系列相互平行、多为南倾的一级和二级大断层组成，其主断裂沿祁漫塔格山前分布，延续性好，呈北西西—近东西向延伸 750km 以上（图 3－12）。

1. 区域断裂特征

昆北断阶总体是由昆前断层、昆北断层、阿拉尔断层等一系列北冲南倾逆断层组成，整体表现为向南节节抬升的断阶，但与大多数山前构造带相似（刑强等，2008），由于构造应力作用强度及边界条件的差异性，构造格局具有南北分带、东西分段的特征。

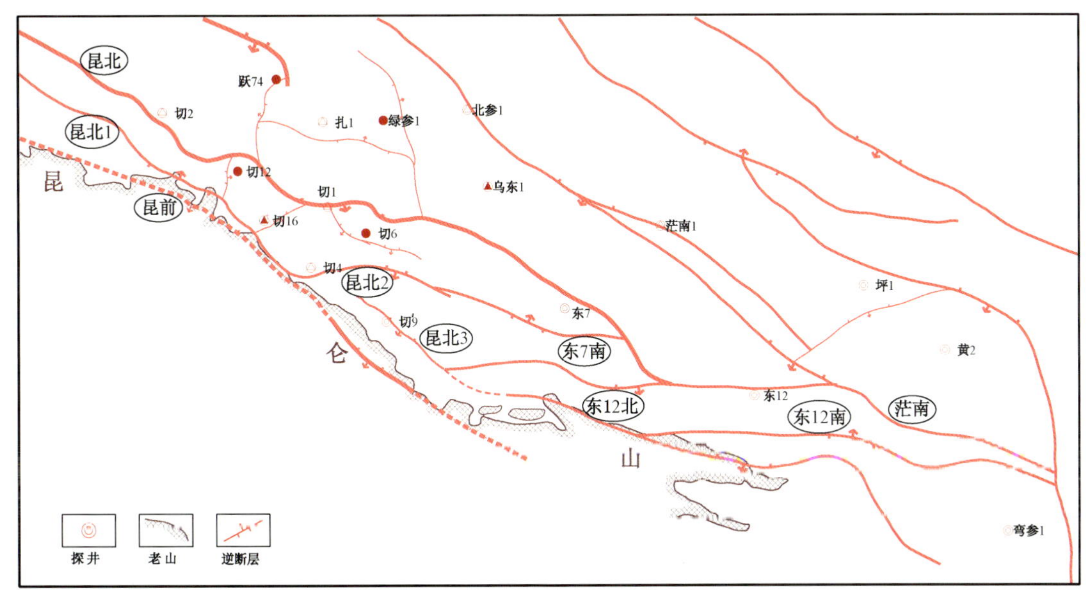

图3-12　柴达木盆地昆北断阶带区域构造纲要图

一级和二级大断层均为逆冲断层，除部分北倾外，大部分南倾（表3-1），其展布方向有北西向、北西西向、东西向三组，大部分断裂中西部呈北西向，东部呈北西西向甚至有东西向趋势，平面上以北西向与北西西向为主（图3-12）。

一级断层是分隔区域构造或划分构造边界的区域大断层，是控制昆北断阶带发育的边界断裂，具有规模大、延伸长、断距大、长期同沉积逆冲活动的特征，这些断裂由基底断层继承发育而来，一直活动到古近—新近纪末期，对新生代地层展布和整个断阶带的演化具有控制作用。同时一级断层控制着整个区域古近—新近系的沉积发育以及早期断裂伴生构造带和东缘断阶带的形成，如昆前大断层、昆北断层（图3-13）。

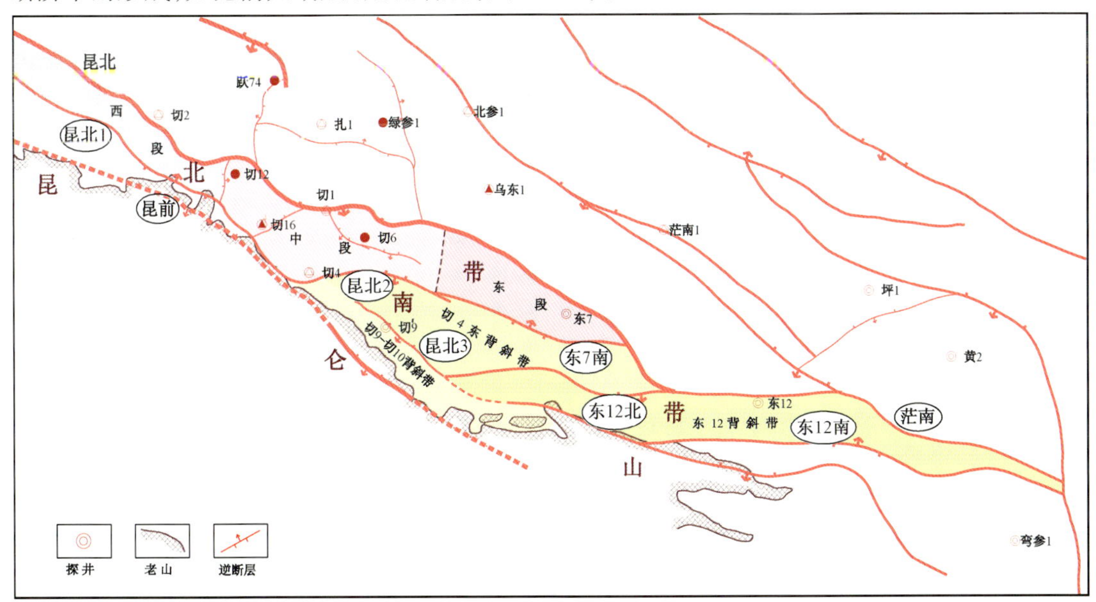

图3-13　昆北断阶带构造单元划分模式图

二级断层是指控制次级构造带展布的控带断层或控制凹—凸格局的主要断裂，具有形成时间早、延伸长、断距较大等特点，一般形成于构造带强烈逆冲挤压阶段，明显控制断阶带内各次级构造单元的沉降带和地层发育，如昆北 1 号断层、昆北 2 号断层、昆北 3 号断层、东 12 北断层、东 12 南断层。

三级断裂是指控制局部构造的断裂或次级构造带内具有明显分段性的断裂。一般是受控于一级、二级断层的伴生断裂，昆北断阶带的三级断裂以近南北向或北东向走向展布为主，少量断裂走向为北西向、北西西向，这些断裂一般形成较早，晚期基本不活动。在纵向或横向上起调节断层的作用，延伸长度和断距因构造位置不同而有较大差异，主要形成于强烈变形阶段，分布于区域构造的鞍部、构造斜坡或应力枢纽带，对局部沉积和地层的发展有一定的控制作用。

表 3－1　昆北断阶带区域大断层要素统计

断层名称	断层性质	断开层位	最大垂直断距(m)	断层产状			
				走向	倾向	倾角	延伸长度(km)
昆北断层	逆断层	T_0—T_6	5000	北西	南	20°～50°	132
F1(昆前西段)	逆断层	T_3—T_6	1400(目的层 T_6)	北西西	北	20°～30°	>36
F2(昆前东段)	逆断层	T_3—T_6	1400(目的层 T_6)	北西西	南	20°～40°	>17.8
昆北 1 号	逆断层	T_0—T_6	3400	北西	北	20°～30°	64
昆北 2 号	逆断层	T_2—T_6	2300	北西	南	30°～50°	20
昆北 3 号	逆断层	T_2—T_6	1500	北西	南	20°～40°	22
东 7 井南断层	逆断层	T_2—T_6	1600	北西	北	20°～30°	26
东 12 井北断层	逆断层	T_2—T_6	1600	东西	南	20°～30°	65
东 12 井南断层	逆断层	T_0—T_6	4700	东西	北	30°～50°	57

昆北断阶带内断裂主要为基底卷入型，断层的数量和规模表现为中—深部地层发育程度高，上部地层发育程度低。断层的倾向除部分断层为北倾外，其他大部分断层具有南倾特点，说明昆北断阶带在由南向北挤压过程中伴有反冲作用。断层的平面形态主要有波状弯曲型、直线型两种。一般一级、二级断层具有波状弯曲型特点，以北西走向为主，倾向主要为南倾，少量北倾，这反映了来自南西方向的挤压是本区构造形成的主要应力。三级断层具有直线型特征，以近南北或北东向走向为主，少量断裂走向为北西、北西西向。断层的剖面形态主要表现为板式及铲式。铲式断层上陡下缓，常具有一定规模，一般一级、二级断层具备这个特征；板式断层是小规模的剖面特征，也是断层发育初期的形态，一般断开了路乐河组、下干柴沟组、上干柴沟组。

2. 断裂组合特征

研究认为昆北断阶带构造的生成与发展深受喜马拉雅运动期间南北向强烈挤压与盆地边界条件的限制，表现为控制区域构造变形的应力场在各区的作用机制明显不同。西段由于靠近阿尔金断裂，受阿尔金断裂左旋扭应力场叠加作用明显，其构造形迹以“X”形断裂和波状弯曲为明显特征；中段以挤压应力为主，阿尔金断裂的扭应力场可影响此区，钻井揭示了局部地层倾角在构造演化各期变化较大，构造解析也表明该区是东西段交替上升与下降变化的一个转换带；东段为东柴山区块，主要受南北向挤压应力场作用，其构造形迹多以对冲和反冲断层挟持的断块内穹窿和短轴背斜为主。

中生代、新生代以来的昆北断阶带西侧的阿尔金山的走滑作用和南缘昆仑山的强烈挤压作用，造成了该构造带极为复杂的构造格局，形成了丰富多彩的构造形迹。断裂构造样式的平面组合上，有平行状、斜列状、斜交状、反“S”形、透镜状、发散状、花状等主要类型。平行状断层反映了水平挤压应力的作用，常发育在背斜构造（带）的两翼。斜列状反映了扭动作用的存在，多表现为左列型。斜交状可以是高级别断层与旁侧低级别断层的组合，也可以是同级别断层的相交组合，前者说明高级别断层兼有剪切性质，区内断层相交方式多为斜交状。正交状常是具限制终止关系的断层组合式，被限制终止者通常规模较小。反“S”形反映了应力方向在平面上的变化，比如昆北 3 号断层，可以视为一个巨型的反“S”形。透镜状断层常发育在逆冲推覆构造带，逆冲断块常被此种断层所围限。发散状断层向一个方向收敛，向另外一个方向发散；比如昆北断阶带整体上向南东方向发散，向北西方向收敛。

昆北地区深部断裂比较发育，且规模较大，这在其剖面特征上有较为全面的反映；其横切剖面显示，昆北地区普遍具有“两断夹一隆”的构造样式，主要构造样式表现为对冲式、背冲式、“Y”形样式（图 3－14 至图 3－16）。对冲式多发育在研究区西段和东段，由两组倾向相反的逆冲断层组合而成；背冲式多发育在凸起与凹陷的转换地带；“Y”形多为主级断层与次级断层交切而成。昆北断阶带受断裂的平面和剖面及其组合而产生了多种圈闭类型主要有背斜、断背斜、断鼻、断块等构造圈闭，圈闭多依附于断层而存在均具北陡南缓之构造特征，西中部多为断鼻、断块及断背斜圈闭，东部圈闭类型多为断背斜型圈闭。

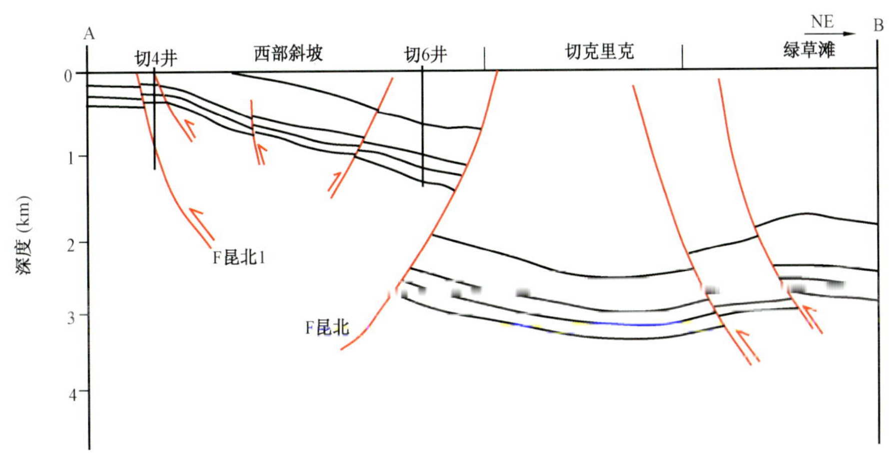

图 3－14　昆北断阶带 A—B 测线地质结构剖面（剖面位置见图 3－13）

昆北断阶带由于受区域断裂产状及其剖面与平面关系的控制，整体呈现出西高东低、南高北低、凹隆相间的构造格局，这对各构造部位的构造特征及油气运聚产生重要影响。

二、构造单元划分

昆北断阶带整体受昆北断裂和昆前断裂控制，呈现为一南倾北冲且为断裂分割控制的隔挡式块体构造带。由于靠近山前且整体受南北向挤压作用，昆北断阶带基底卷入严重，属于基底卷入型厚皮构造。构造轴向与区域大断层走向一致，总体北陡南缓，其剖面形态表现为阶梯状。各构造部位由于所处区域位置及挤压作用大小和作用机制的差异性，靠近山前部位褶皱变形强烈，基底起伏较大，地层剥蚀严重，临近凹陷部位均为单斜构造，倾没于凹陷深部。

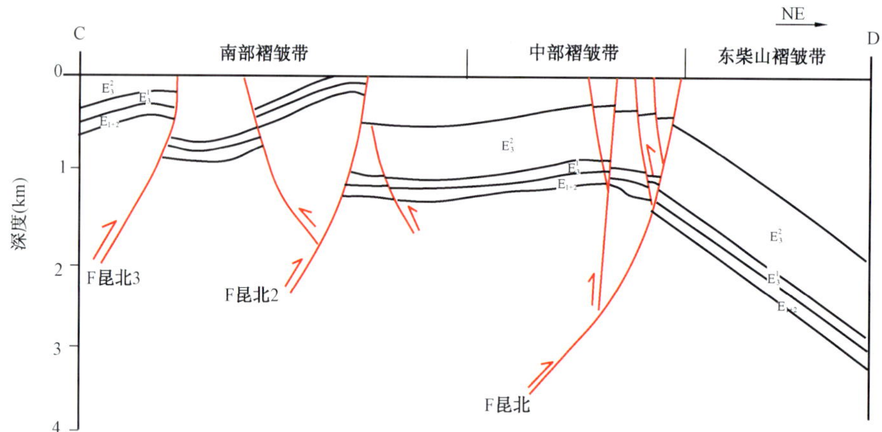

图 3－15　昆北断阶带 C—D 测线地质结构剖面(剖面位置见图 3－13)

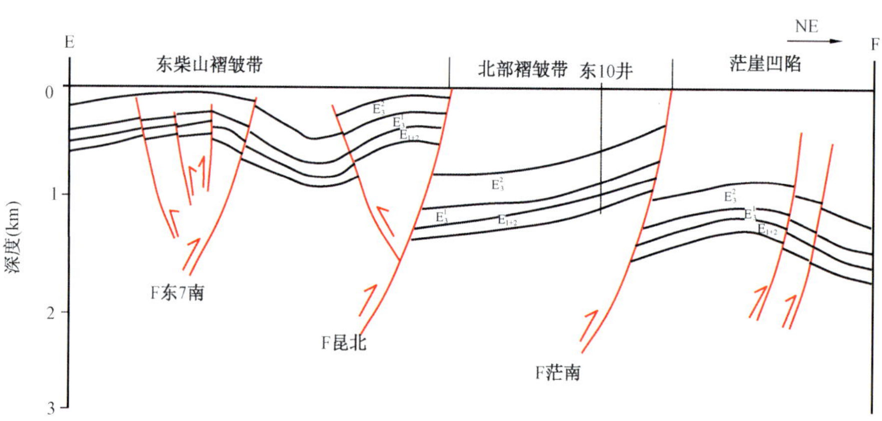

图 3－16　昆北断阶带 E—F 测线地质结构剖面(剖面位置见图 3－13)

从主要断层展布及其控制的隆凹格局来看，昆北断阶带具有较典型的南北分带、东西分段(块)的特征(图 3－12)。以昆北 1 号断层—昆北 2 号断层—东 7 井南断层为界，可将昆北断阶带划分为北带和南带，从勘探的角度看，两者由于烃源岩条件的不同也存在较大差异。

北带以向斜轴向为界，可明显识别出特征不同的三段(图 3－13)，西段整体为一向南东方向倾伏的斜坡，受近南北或北东向断层切割，形成断鼻、断块构造；中段(切 12 井区—切 6 井区)总体为一北倾斜坡，北侧以昆北断层为界与切克里克凹陷相接，斜坡上发育切 4 号、切 6 号和切 12 号等背斜构造，该带发育一系列与区域断层呈大角度相交的三级断层；东段则主要表现为以东 7 井区为最高点的南倾斜坡，北侧以昆北断层为界，与乌南斜坡相隔。

南带西宽东窄，切 4 号东背斜带、切 9 号—切 10 号背斜带和东 12 井背斜带斜列展布，由于受较强挤压应力的作用，相对于北带其地层抬升较高，褶皱发育且较为紧闭。

三、圈闭特征

昆北断阶带圈闭发育，通过二维、三维地震资料解释，发现、落实构造圈闭 23 个，T_6 圈闭总面积 430km^2。圈闭类型以背斜为主，断鼻、断块次之，构造轴向以北西向为主(少量的近南北向和北西西向)(图 3 – 17),与一、二级断层延伸方向一致,反映了背斜的形成受断层控制,并且其主要形成在喜马拉雅运动晚期,各次级构造带之间圈闭特征存在较大差异,分述如下。

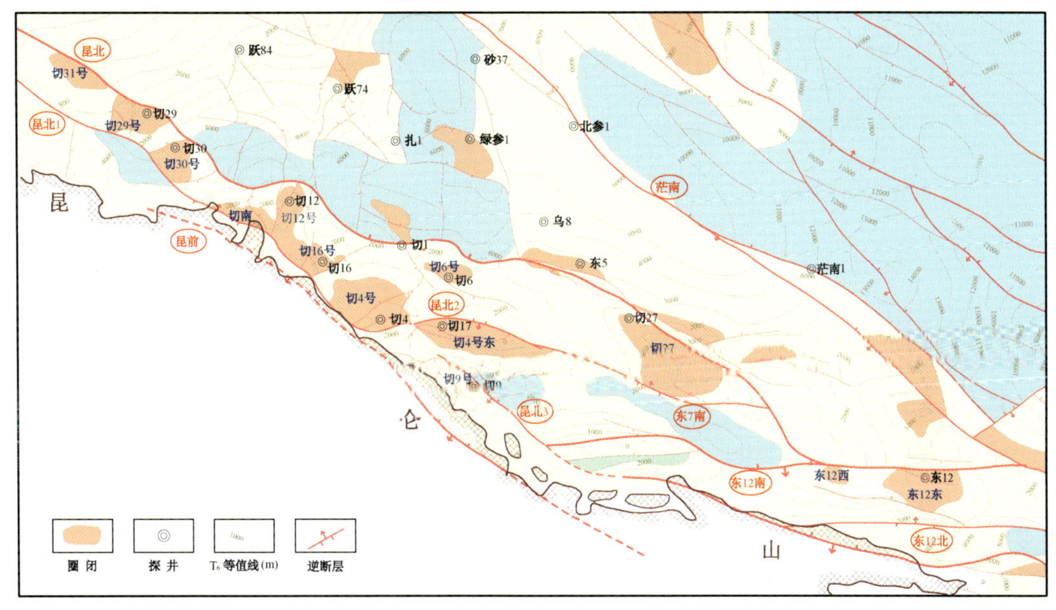

图 3 – 17　昆北断阶带圈闭示意图

1. 北带

西段为一向南东方向倾伏的斜坡,根据切西地区三维地震资料解释,在该区新发现切 29、切 30 等 5 个背斜、断鼻等圈闭,T_6 圈闭总面积 $87km^2$。

中段总体为一北倾斜坡,依附于昆北 1 号断层,发育切 4 号背斜、切 6 号背斜、切 12 号背斜或断背斜等 8 个构造,T_6 圈闭总面积 $135km^2$。其中,切 4 号背斜位于斜坡区南部,总体为受山前反冲断层(昆北 1 号)控制形成的较大型的断背斜,构造形态落实。T_4 以上断层不发育,切 4 井附近呈断背斜形态;深层基底断层发育,把构造切割形成多个断鼻和断块。T_6 构造图上高点埋深 2050m(基准面海拔 0m),幅度 675m,面积 $60.61km^2$,T_4 构造图上高点埋深 2525m,幅度 650m,面积 $52.65km^2$。切 4 号构造切 4 井风化壳见显示,切 401 井获工业油流。切 6 号背斜构造发育在斜坡区北侧,受其南部切 6 号断层控制,构造整体呈北西西向展布,构造高点位于切 601 井、切 602 井附近,呈完整背斜形态,地震资料水平切片和各个方向的地震剖面上均能见背斜的形态,构造南侧较陡、北侧较缓,东部宽、西部窄,浅层缓、深层陡;浅层构造闭合幅度小、深层构造闭合幅度大,深层构造南侧还有小断层切割。T_5 构造图上高点埋深 1320m,最大闭合幅度 75m,面积 $7.47km^2$;T_6 构造图上,高点埋深 1125m,最大闭合幅度 250m,面积 $11.62km^2$。该构造所钻的切 6 井是昆北断阶带的油气发现井。切 12 号构造为切 12 号断层控制的断背斜构造西与西段相接,T_6 构造图上,高点埋深 2250m,最大闭合幅度 150m,面积 $10.8km^2$。

北带东段的构造圈闭主要沿昆北断层东柴山段展布,已发现东 8 号断背斜、切 8 号背斜构造和东 7 井背斜,T_6 圈闭总面积 $97km^2$。

2. 南带

昆北断阶带南带的 3 个次级构造带上圈闭以背斜为主,受控于二级断层,除切 9 号、切 10

号背斜构造外，其余地层抬升较高，构造高部位残余地层较薄。该带发现构造圈闭 4 个，T_6 圈闭总面积 106km²。其中，切 4 号东背斜位于切 4 号背斜构造以东、切 6 号背斜构造以南，是受北冲、南倾的昆北 2 号断层控制的断背斜构造，呈东西向展布，但构造主体部位上覆地层剥蚀严重，T_6 圈闭面积 23.16km²。切 9 号构造形态为一穹隆状背斜，T_4 圈闭面积 4km²，高点埋深 650m，闭合幅度 150m；T_6 圈闭面积 5.85km²，高点埋深 1450m，闭合幅度 250m。切 10 号构造形态为背斜，轴向呈东西向，T_4 圈闭面积 1.54km²，高点埋深 700m，闭合幅度 50m；T_6 圈闭面积 1.06km²，高点埋深 1500m，闭合幅度 50m。

第四节　英雄岭地区构造特征及演化过程

一、构造特征

英雄岭地区是位于Ⅺ号断裂与油砂山北断裂之间的北西向断背斜带。遭受强烈的抬升剥蚀作用，地表地形复杂（图 3－18）。英雄岭地区的西部主要发育狮子沟断背斜、干柴沟断背斜和咸水泉断背斜，南部发育油砂山断背斜，北部发育油泉子断背斜（图 3－19）。

图 3－18　柴西地区英雄岭及邻区构造形态分布图

二、构造演化特征

柴达木盆地英雄岭地区地质、2D/3D 地震、遥感、重磁电和钻探等资料表明，该地区经历了不同的构造演化阶段。

1. 喜马拉雅运动早期断陷构造背景

英雄岭地区以北西向构造线为主，但通过近年的研究，在古近—新近纪，特别是古近纪和中新世，该区以发育近南北向和近东西向的断裂构造为特征，它们对沉积具有控制作用。因

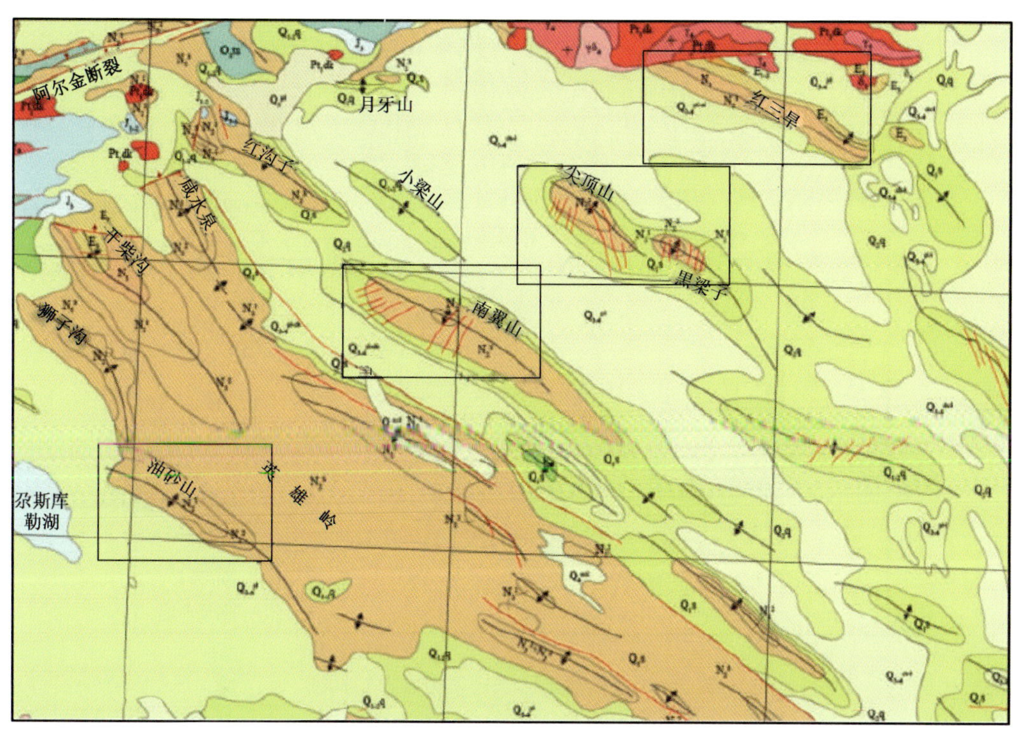

图 3－19　柴西地区英雄岭及邻区构造带分布图

此，该区近南北、东西向构造形成较早，而北西向构造线形成较晚。与油砂山构造相邻的柴西南区，三维地震清楚地揭示了该区古近系及基底的构造特征，即七个泉、红柳泉、阿拉尔、XⅢ号、昆北等北西西向深大断裂呈雁行排列，这组断裂形成时间早、活动时间长、规模大，由这组断层分割，自西北向东南依次形成了七个泉—红柳泉鼻隆、阿拉尔断陷、铁木里克鼻隆、切克里克断陷、昆北断阶，反映出隆凹相间、南北分块的构造特征。根据重力反映的基底特征，北区块的基底构造方向主要呈南北向，由北向隆起和坳陷相间排列，由西向东，隆起规模逐渐变小，坳陷规模增大（图3－19）。油砂山构造在基底重力图上并没有对应的北西向异常，图中建参2井与砂33井之间的基底重力特征表明该段的基底具有南北向构造显示。该重力异常特征可能反映的是现今阶段前中生界的基底构造面貌，或许揭示了盆地形成初期的构造格局，比如中生界沉积盆地的基底格架，这需要进一步的研究。由基底重力图可以看出，干柴沟附近的近南北向构造规模很大，这可能与该基底构造在新构造时期的隆升有关。经过增强的遥感图像揭示了干柴沟构造上具有截然的近南北向色调分界线，据有关资料，近南北向色调分界线的两侧，岩性、岩相和厚度均可能不同。因此，该近南北向色调分界线很可能是基底大断裂的反映。最近的勘探表明，英雄岭与阿尔金山结合处也存在东西向基底构造，如七个泉与狮子沟构造的中部偏北地区有近东西向基底断裂（图 3－18）。此外，附近出露的老山上，也分布有近东西向基底断裂。从遥感揭示的隐伏构造看，咸水泉、狮子沟构造上，均分布有近东西向基底构造。

可以看出，不论是北区还是南区，靠近阿尔金断裂带的区域，近南北向和近东西向构造均较发育。但到了南区的红柳泉斜坡和阿拉尔凹陷近南北向和近东西向构造不发育，表明这里的断块构造不发育。因此，可以看出，英雄岭凹陷实际是受近南北向和近东西向基底断裂控制的断陷。近东西向和南北向断裂都具有走滑特征，在 E_3^1 构造图上这两组断裂相汇的锐角处，

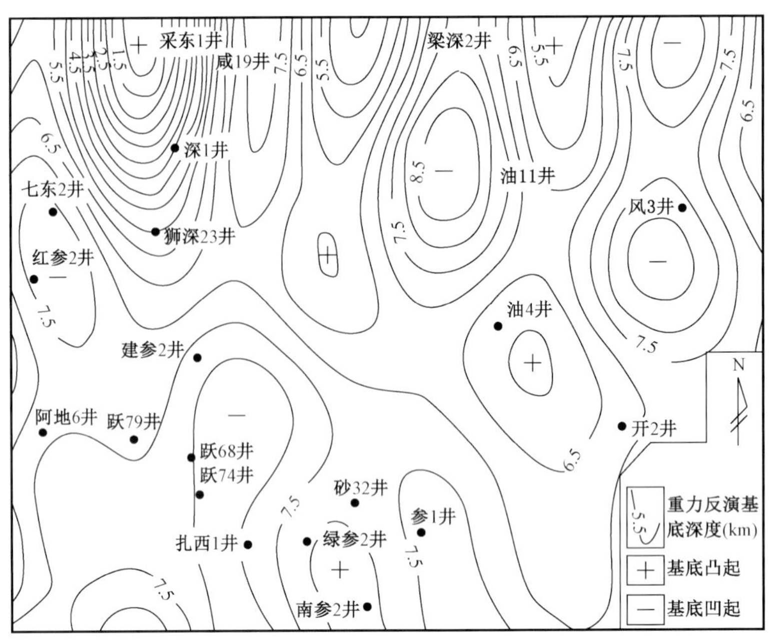

图3-20　柴西地区基底重力分布特征图

大多分布有小范围的三角形凹陷。在三维地震连片区，这类小凹陷具体分布的地区有Ⅲ号断裂与阿拉尔断裂交汇处、XⅢ号断裂与扎哈泉断裂交汇处，XⅢ号断裂与乌南断裂交汇处等，尤其是Ⅺ号断裂与跃进一号北侧的近南北向断裂交汇处的凹陷最为发育，由这些特征可以得出，是近东西向断裂的左行和近南北向断裂的右行走滑作用导致了相汇断裂锐角处凹陷的形成。这些近东南向和近南北向断裂连续性特征不好尤其是近南北向断裂，连续性更差，表明这些断裂是在局部拉张的背景下发育的。柴达木盆地西端采石岭地区发现新生代板内A型花岗岩体，稀土元素和微量元素分析结果表明为地幔分异成因的，该岩体的出现也表明新生代局部曾出现拉张状态。因新生代以来，近东西向东昆仑山断裂带的左行走滑，使柴西地区主要近东西向基底断裂也发生了左行走滑的构造活动，并同时因阿尔金断裂带的左行走滑，产生了该区近南北向和近东西向的拉张作用，从而使柴西地区在喜马拉雅运动早期基底具有张性断陷特征。祁漫塔格山南侧的库木库里盆地渐新统也为类似于断陷的正旋回沉积序列。

2. 喜马拉雅运动中期构造特征

喜马拉雅运动中期构造事件主要发生在中新世末期(N_2^1)，在柴达木盆地周边表现为上新统狮子沟组与中新统之间的不整合现象，此不整合在盆地西部红沟子、咸水泉等地、柴达木盆地北部老山边缘表现比较明显，狮子沟组角度不整合于上油砂山组或更老地层之上，在盆地腹部则表现为整合接触。这些特征表明，英雄岭西段的构造变形不仅幅度大，而且相对于英雄岭中段和东段具有较早阶段的构造变形。这也是造成英雄岭的地貌构造特征在东西方向上不协调的原因之一。从构造变形的阶段看，与英雄岭西端相接的阿尔金山在喜马拉雅运动中期首先隆升，具体表现为构造抬升，地层遭受剥蚀，成为英雄岭凹陷上、下油砂山组和狮子沟组沉积时期的物源方向，古近—新近系内部的不整合特征也表明了这一点(图3-21)。

跃进一号地区的沉积研究表明，N_1—N_2^1沉降期间，辫状河沉积体系主要物源来自阿尔金山，砂体呈北西向展布，为西北物源；网状河沉积体系物源来自阿尔金山和昆仑山交界

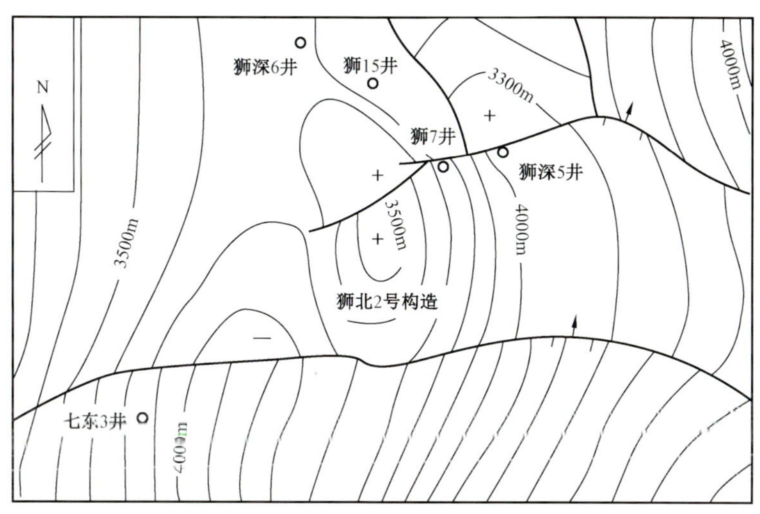

图 3－21　狮北 2 号构造 T_5 反射层构造图

处，砂体呈东西向展布，为西物源。沉积特征表明，阿尔金山作为盆地沉积近物源，在这个阶段已有隆升。而这个阶段，南侧昆仑山对盆地的作用相对较弱，基本还没有抬出水面，如跃进二号 N_2^2 与 N_2^3 之间为整合接触，而其北侧的跃进一号因为构造单元上属于阿拉尔斜坡，因而对应的 N_2^2 顶部出现了不整合。这次运动主要以阿尔金山的阶段隆升为特征，盆地性质也由断陷向坳陷转变；喜马拉雅运动早期发育的大部分断层在喜马拉雅运动中期后活动减弱，原来以由大幅度的持续稳定下沉的断陷，转为缓慢隆起与沉降相持阶段的坳陷，并且沉积、沉降中心由西向东、由南向北迁移。

3. 喜马拉雅运动晚期以来变形特征

柴达木盆地新构造表现最为强烈的是英雄岭地区，它是盆地内一块侵蚀最强烈、地形最复杂的区域。其上分布的纵横沟壑、悬崖峭壁等复杂流水地貌，是在一基准面基础上侵蚀切割形成的，现该基准面已是一残留夷平面，表明英雄岭地区为年轻的山地。英雄岭地区周缘发育有犬牙沟、狮子沟、油砂山背斜带、咸水泉、油泉子背斜带，它们之间为英雄岭腹地，基底最大埋深11000m。该区许多背斜的核部都出露了油砂山组，周围被七个泉组及更新的地层所覆盖，区域上七个泉组与下伏地层为角度不整合接触，代表的构造运动即为喜马拉雅晚期构造运动。英雄岭地区具有特殊的地形和水系特征，油砂山与油泉子背斜之间英雄岭的山脊，即分水岭呈近东西向，而英雄岭构造带的走向为北西向，该山体走向与分水岭的不一致，表明英雄岭地区的深部可能发育近东西向活动基底凸起带。英雄岭周边分别为南侧尕斯第四纪断陷湖盆，西侧阿卡腾能山隆起带，北侧南翼山、油墩子压扭变形带和东侧的茫崖凹陷。英雄岭地区浅部构造滑脱层主要是向西南方向，但在不同段落的构造样式是不同的。北部以走滑压扭构造为特征，断裂延续长、深度大，深浅构造发育，但破坏性强，因主干断裂走滑，导致构造不完整。

南侧主要是浅层滑脱构造因滑脱距离较大，深浅构造继承性差。油砂山构造是其中的典型，由该构造的西端到砂新 1 井，滑脱断层的深度逐渐加深，反映了油砂山滑脱构造西端的幅度较大，变形强烈，而东端构造变形较弱。西侧靠近阿尔金山，因基底断块隆升，对盆地造成直接挤压，咸水泉构造的成因分析和构造上方裂缝成因和组合关系等分析表明，北西向东南的挤压的确存在。七个泉组沉积前，即古近—新近纪末的喜马拉雅运动晚期，英雄岭与阿尔金构造

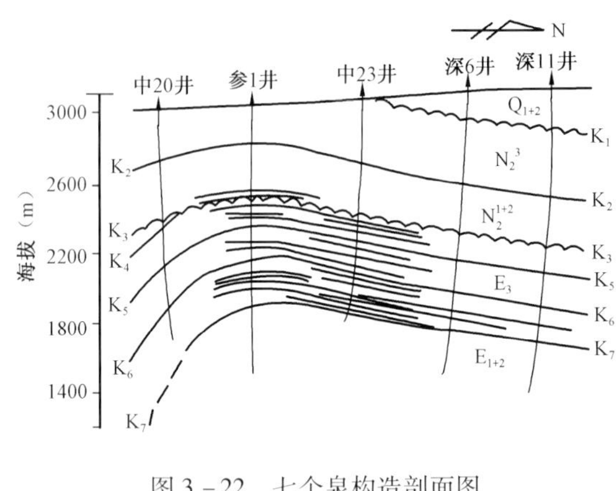

图 3-22　七个泉构造剖面图

带相接处有过强烈的构造变动，这可由狮子沟组呈高倾角产状、而七个泉组为近水平层理得到印证。由于特殊的边界条件，新构造阶段的区域性近南北向构造压应力，使阿尔金山构造带的不同段落发生趋向于近东西向延展的构造变形。英雄岭相邻的阿卡腾能山发生了顺时针方向的扭动和隆升，对英雄岭凹陷产生了强烈的北西—南东向的挤压作用，并导致干柴沟一带的基底受挤压而抬升(图 3-22)。

因阿卡腾能山的顺时针和英雄岭构造带的逆时针旋转隆升作用，在尕斯库勒湖地区形成了北西—南东向的张性构造环境，导致现代尕斯库勒湖和阿拉尔所在第四系(七个泉组沉积时期)湖盆得以形成。早、中更新世为该湖盆地形成时期这也是英雄岭凹陷隆起的主要形成阶段。现在，尕斯库勒第四系湖盆已开始萎缩，表明 N_2^3 末的构造运动对该区的影响已经减弱，上述的扭动、逆冲、局部隆升等构造活动在目前也趋于缓和。

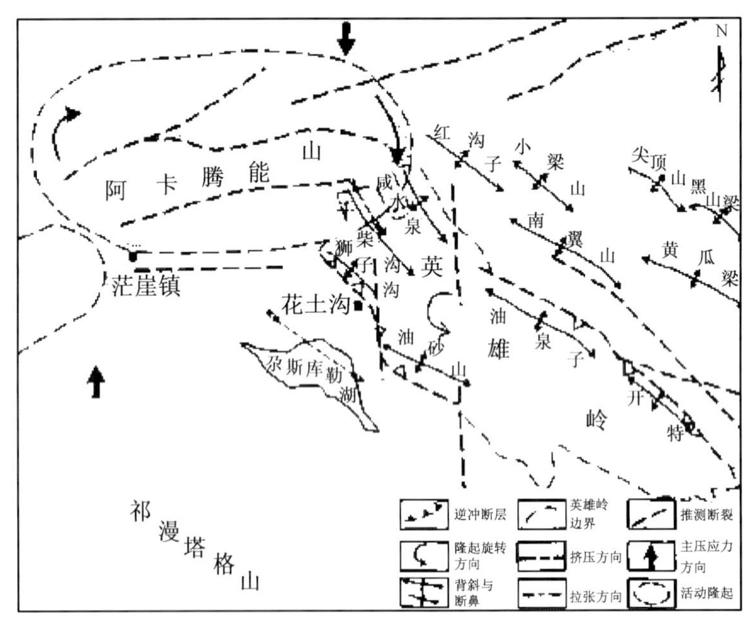

图 3-23　英雄岭地区新构造变形特征

第四章　青藏高原隆升与柴达木盆地晚期成藏

青藏高原隆升的研究一直以来受到地学界最为广泛的关注，前人的研究成果也十分的丰富，主要集中在隆升机制和隆升历史这两大研究内容之上（蔡雄飞等 2012）。柴达木盆地是处于青藏高原最北缘的一个中—新生代盆地，青藏高原隆升的远程效应会直接影响其构造格局、沉积环境和古生物特征，而柴达木盆地西南地区正处于阿尔金山和昆仑山的"犄角"地带，是受青藏高原隆升活动影响最为直接的地区之一。葛肖虹等甚至还认为喜马拉雅山、冈底斯山以及青藏高原东南部等，由于隆升剥蚀许多信息难以保存或由于海拔太高而难以发掘，因此，将柴达木盆地作为青藏高原隆升大阶段划分的标尺在某种意义上说更为合适（葛肖虹等，2006）。通过构建盆地内构造平衡剖面的方法，结果表明：柴达木盆地在印度板块与欧亚板块碰撞早期就开始变形，并且存在着两次构造大旋回，分别是古近纪和新近—第四纪（周建勋，2005；刘栋梁等，2008）。两次大的构造变形期直接导致柴西南地区沉积相经历了水进—静水沉降—水退的过程（王亚东等，2009）。不仅如此，青藏高原隆升的远程效应还影响到了柴西南地区的油气成藏特征，对其生烃条件、储集体分布、圈闭发育和输导体系均有不同程度的影响。

第一节　青藏高原隆升对柴西南区古近—新近系生烃条件的影响

柴达木盆地西南区是典型的盐湖相沉积。近些年来的油气勘探经验表明，咸化湖具有高的初始生产率和良好的聚集、保存条件，烃源岩中的有机质含量中等—较高、干酪根类型好和有机质向烃转化率高，这些都为其生成油气提供了基本条件，具有形成大规模烃源岩的环境条件（张枝焕等，2000；彭德华，2004；陈启林，2007；金强等，2008；石亚军等，2011）。

一、柴西南区古近—新近系生烃条件

柴西南区烃源岩主要发育在下干柴沟组下段（$E_3{}^1$）、下干柴沟组上段（$E_3{}^2$）和上干柴沟组（N_1）3 个层位，可能存在 3 个生油凹陷，分别是红狮凹陷、切克里克—扎哈泉凹陷以及中区茫崖凹陷（李洪波等，2008）。由于蒸发岩和烃源岩是共生沉积的，烃源岩的岩性主要为钙质泥岩、泥灰岩、含膏盐泥页岩，并且和石膏、芒硝及其他岩盐互层。

1. 构造背景

柴西南区古近—新近系烃源岩的总体有机质丰度不高，生烃母质特殊，且碳酸盐含量高，在纵向分布上有明显变化，在横向上不同阶段有不同的沉积中心。柴西南区古近—新近系烃源岩既不同于海相潟湖相或盐湖相烃源岩，也不同于一般的淡水湖泊相烃源岩，其形成具有特殊的地质背景。

柴达木盆地在中—新生代总体上经历了早期侏罗纪断陷、中期古近—新近纪沉降坳陷和后期新近纪晚期—第四纪隆升回返 3 个构造演化阶段。古新—始新世区域上在中生代的基础

上填平补齐地沉积了一套厚度与岩性变化颇大的陆源碎屑建造，多以红色为主。仅在盆地西部狮子沟周缘，由于断裂走滑影响产生断陷，沉积了暗色湖相泥质岩类。此时，柴西南区的气候干旱，水体浅，蒸发作用强，很多地区水体为微咸水—淡水，局部地区达到半咸水。始新世末期，喜马拉雅运动早期对柴达木盆地的发展演变产生巨大影响，表现为由局部断陷向坳陷型的转化，渐新世盆地出现了大面积沉降，进入到坳陷型盆地的全盛时期，连续沉积了湖相暗色泥质岩，这一阶段可以延续至中新世中期，沉积厚度一般在千米以上，构成了柴西南区古近—新近系主要烃源岩系。葛肖虹等甚至认为在始新—渐新世时期，柴达木、塔里木、吐鲁番—哈密和准噶尔是一个水域相通、近似统一的泛盆地，整个柴达木盆地处在一种低能沉积的构造环境（葛肖虹等，2006）。中新世中期之后，由于南北向挤压应力的加剧，盆地内显现出升降差异性，沉降与沉积中心逐步由南向北、自西向东发生转移。上新世由于青藏高原持续隆升，柴西地区逐渐大范围抬起，最终结束了坳陷期而进入了回返褶皱阶段，湖水继续东迁，至第四纪湖泊已迁移到东部三湖地区，直至在此消亡，结束陆相盆地发生、发展、萎缩的全过程。

2. 岩相古地理条件

柴西南区古近—新近系烃源岩主要发育于相对高海拔、亚热带、干冷气候的咸水湖泊蒸发环境中。

1）相对高海拔

柴西南区古近系的孢粉变化序列就已经有垂直带谱的现象，不仅有亚热带阔叶植物、亚热带针叶植物、温带阔叶植物，而且还有温性针叶植物（松）及寒温性山地暗针叶植物（云杉、冷杉等），表明研究区在古近纪就已经具有相当的高程（王建等，1996）。根据孢粉植被面貌推算，古新世（E_{1+2}）时期盆地总体海拔应在500m以下，始新世（E_3^1—E_3^2）时期盆地高程大约为1000m，渐新世早期盆地海拔高度应在1000～1500m（宋之琛等，1985；王建等，1996；曹国强，2005）。

2）干冷气候

由于氧同位素能够比较准确地反映温度的变化，被广泛应用于气候变迁的研究。刘泽纯等根据氧同位素的测试结果，发现柴达木盆地西部在古近纪平均气温长期处于10～15℃，气温相对偏低（刘泽纯等，1996）。从旱生植物孢粉含量的变化来看，研究区新生代期间气候一直比较干燥，两个最干燥的时期出现在中—晚始新世至渐新世（约E_3^2—N_1）与上新世至第四纪（N_2^3—Q），前者干旱气候期的出现是由于行星环流系统控制下的亚热带干旱带内（北纬25°—32°），而后者干旱气候主要是因为青藏高原后期隆升所致（王建等，1996；尹成明等，2007；韩文霞，2008）。

3）咸水湖环境

沉积中心以氯化盐为主，硫酸盐分布区环绕氯化盐沉积区，最外圈为碳酸盐沉积区，最外圈基本为冲积—河流—三角洲等边缘沉积，具有“大咸盆套小盐湖”的沉积模式（金强，查明，2000）。朱扬明等（2004）对柴西南区各油田40余个原油样品的碳同位素和饱和烃、芳香烃组成进行分析，发现这些原油碳同位素偏重（－26‰～－24‰）；其族组分之间$\delta^{13}C$差值小，正构烷烃系列单体烃碳同位素分布曲线呈水平状，具有类同于海相有机质的碳同位素组成特征。其正烷烃具双重碳数分布模式，在C_{11}—C_{17}范围为奇碳优势，而在C_{18}—C_{26}（C_{28}）范围为偶碳优势；类异戊二烯烃呈植烷优势，Pr/Ph值大多小于0.6，五环三萜烷中伽马蜡烷普遍异常丰富，C_{35}藿烷含量高，表征高盐、厌氧的咸水湖相沉积环境性质（朱扬明等，2004）。另外，柴西南区生烃源岩黏土矿物种类主要为伊利石、绿泥石和伊/蒙混层,分别占15% ~75%、6% ~38%和3% ~76%,没有高岭石和蒙皂石,与典型的咸化湖相有所差异,说明研究区主力烃源岩沉积相介于中心咸湖相和边缘咸湖相之间(叶爱娟,朱扬明,2006)。

由此可见,柴西南区古近—新近系烃源岩主要发育于大型高原内陆咸化湖盆的沉积中心地带,生烃母质比较特殊,有以菌藻类微生物为主要有机组分的矿物沥青基质,也有来自淡水生物和陆地植物的。在咸化沉积环境中,由于气候干燥、炎热,周围地区植被不甚发育,因而陆源有机质输入相对较少。高盐环境下,虽然生物种属随着环境的恶化而减少,但生物的数量并不减少。随着湖水的不断蒸发和补充,盐类浓集的同时,生物所需的营养物质如氮、磷等也相应得到富集。营养物质的增加将促进浮游生物的繁殖,另外高盐环境可限制寄生生物的生长,有利于形成藻类的勃发,而藻类的勃发,可以造成较高的生产力,促使优质烃源岩的形成。因此低等水生生物菌、藻类是古近—新近系生油岩重要的生油母质,特别是盐度高的地区和层位。

二、青藏高原隆升对生烃条件的影响

柴达木盆地处于青藏高原北部边界,青藏高原隆升的远程效应对盆地的构造及气候都产生了很大的影响,从而控制了盆地内的沉积物的分布,包括烃源岩的质量、分布及生烃情况。

1. 对烃源岩质量的影响

如前所述,青藏高原的第一阶段隆升过程中,柴达木盆地在路乐河组(E_{1+2})沉积期内的古海拔大约为500m以下,随着隆升活动的逐渐增强,其古海拔越来越大;而且周缘的造山运动导致柴达木盆地形成了“高山深盆”的古地貌格局。通过分析发现,柴西南区在烃源岩主要形成时期——下干柴沟组下段(E_3^2)—上干柴沟组(N_1)属于青藏高原隆升第一阶段的构造活动强烈期,此时水体逐渐加深,古盐度也随之变大,进入湖盆发展的全盛阶段。在这个时期内,古水体由于盐度的分异,形成盐跃层(金强等,2008)。在盐跃层之上的表层水与大气接触,溶解了较多的氧气,适于嗜盐性生物繁衍,而盐跃层以下的底层水基本上不与表层水发生交换,长期处于缺氧的状态,虽然不利于生物的生存,但是却非常有利于沉积有机质的保存,从而形成优质的烃源岩层。

2. 对烃源岩分布的影响

长期稳定继承性沉降的大地构造背景是烃源岩发育的基础。柴西南区新生代以来共经历了两大构造变形期,第一期主要发育在古近纪,表现为挠曲坳陷的构造演化阶段;第二期发育在新近—第四纪,变形日益加剧,进入逆冲和强烈逆冲的构造演化阶段(王亚东等,2011)。方小敏等认为青藏高原北部边缘经历了4个显著的隆升阶段和3期夷平作用,分别对应于45—40Ma、33—30Ma、23—22Ma、8—7Ma和27—26Ma、18—17Ma、8—7Ma(方小敏,李吉均,2003)。由此可见,尽管柴西南区在古近纪经历了两次高原隆升效应,但是,整个盆地仍处于挠曲坳陷的演化阶段,大地构造背景相对稳定,具有烃源岩发育的构造环境(图4-1)。从新近纪开始,柴达木盆地经历了三次夷平作用,伴随着强烈的风化侵蚀作用,盆地接受了大量的陆源碎屑物质,这对于咸化湖盆的烃源岩发育来说是不利的。因此,古近纪的下干柴沟组下段(E_3^1)末期、下干柴沟组上段(E_3^2)早期及上干柴沟组(N_1)早期均处于青藏高原隆升的间歇期,构造相对稳定且没有大规模的夷平作用产生,陆源碎屑物质相对较缺乏,有利于湖盆咸化形成优质的烃源岩。

优质烃源岩的形成也与沉积环境密切相关。在咸水湖中,生物种属随着环境恶化而减少,

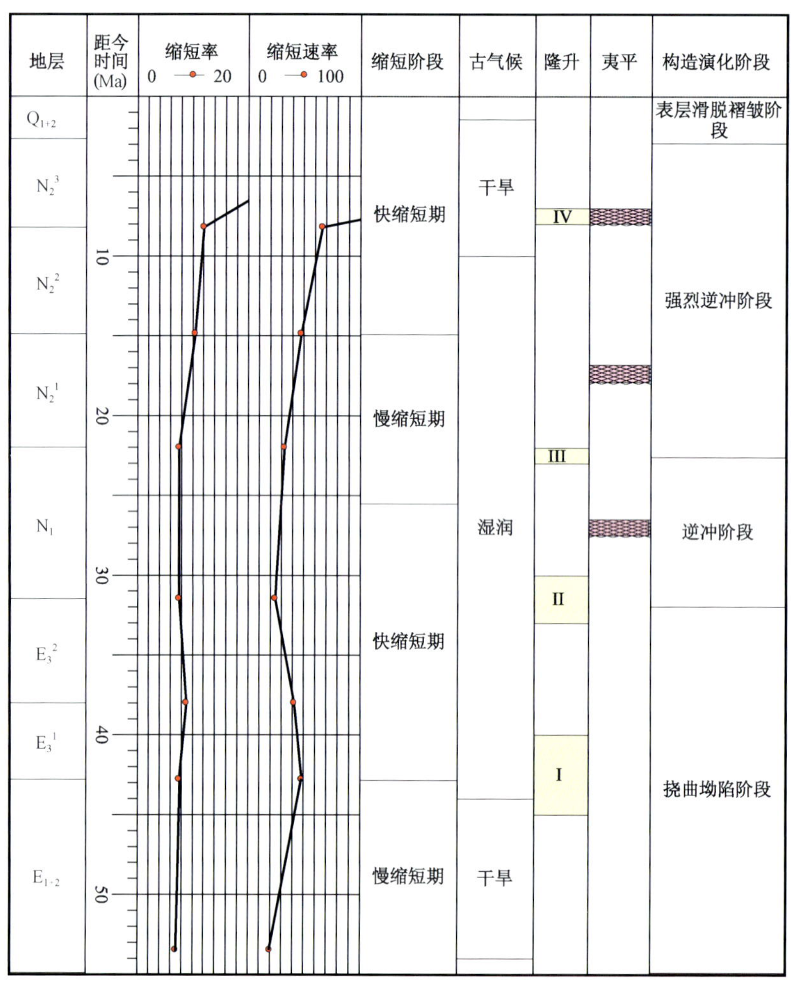

图 4-1 柴西南区构造演化阶段及青藏高原隆升

但生物数量并不减少，即使在盐度很高的卤水中，生命照样可以繁衍，甚至可具有在淡水环境中少见的高生物量（张枝焕等，2000）。在陆相湖盆沉积之中，除湖沼成煤环境外，许多陆相优质烃源岩均与湖盆水体的咸化有关（金强等，2008）。古近—新近纪柴西南区盐湖环境经常出现盐湖和半咸水湖交替变更的现象，大气降水或河水补给缺乏和蒸发作用强烈会导致湖盆水体咸化，短时淡水补给充分会导致湖水相对淡化，从而存在盐湖和半咸水湖交替变更的现象。湖水不断浓缩在局部深洼处形成硫酸盐或氯化盐沉积，同时高盐度可使水体产生稳定分层，在相对深水部位形成强还原环境，有利于有机质的保存；半咸水湖相对淡化，适宜于碳酸盐岩沉积，湖水分层现象不明显，湖底一般为弱还原—还原环境，不利于对沉积有机质的保存（金强，查明，2000；金强，2001；王力等，2009）。碳酸盐岩圈层中的暗色泥页岩、泥灰岩的 TOC 值为 0.1%～0.6%（均值约 0.33%），有机质类型以Ⅲ和Ⅱ$_2$ 型为主，生烃潜力小（S_1+S_2 为 0.2～75mg/g）；沉积中心部位（狮子沟—花土沟一带）的深灰—黑色含膏盐的钙质泥岩、泥灰岩和页岩是主力烃源岩，其 TOC 值为 0.6%～2.3%（均值约为 0.96%），有机质类型以Ⅱ$_1$ 和Ⅰ型为主，生烃潜力较大（S_1+S_2 值为 98～357mg/g），是柴西南区已发现油气藏的烃源灶（图 4-2）（李洪波等，2008）。

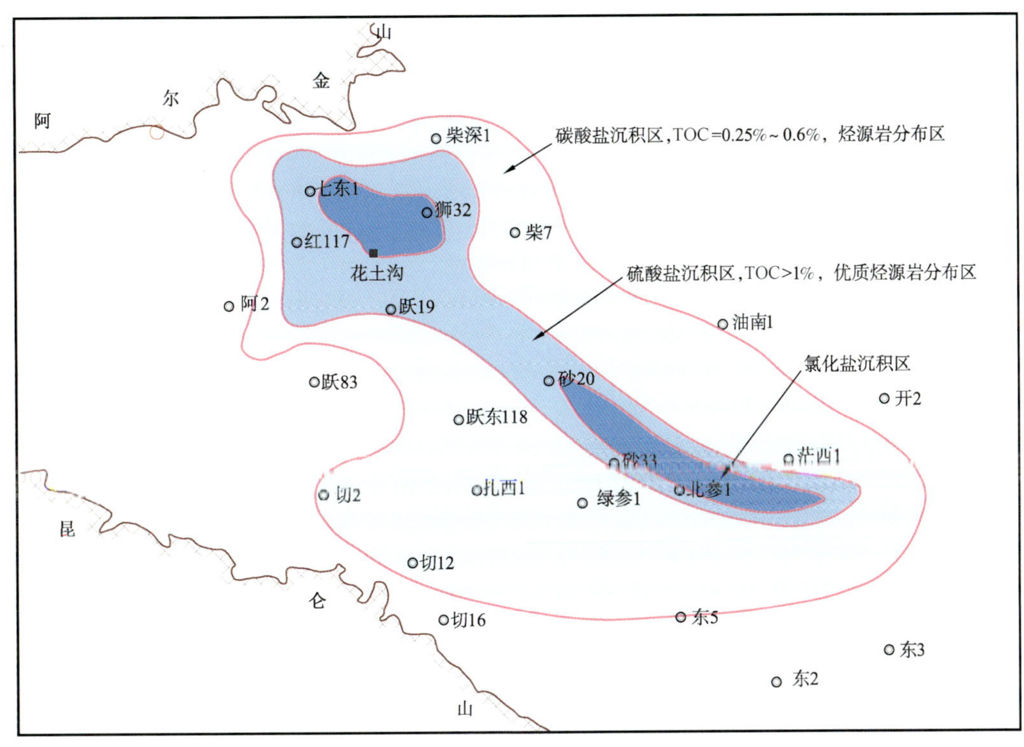

图4－2　柴西南区渐新世蒸发岩与优质烃源岩展布特点(据金强等,2008)

在研究区内有机质类型受烃源岩所处位置及沉积环境控制,靠近阿尔金山地区的有机质类型多为腐殖型,远离阿尔金山有机质类型多为腐殖—腐泥型、半深湖相—深湖相,有机质类型一般为腐殖—腐泥型,扇三角洲相、浅湖相有机质类型一般为腐殖型。总体上来说,柴西南区发育的烃源岩有机质总体丰度不高,属中等—好烃源岩类型,有机质成熟度大多在未成熟阶段,有机质的烃转化率较高(何金先等,2011)。

综上所述,青藏高原隆升的远程效应控制了柴西南区的构造格局,从而控制了区内有效烃源岩平面上的分布。同时,隆升和夷平作用使得研究区的气候和沉积物类型时刻发生着改变,例如突发性的洪水会破坏湖盆的分层水体,造成了烃源岩纵向上的非均质性分布。

3. 对烃源岩生烃的影响

柴西南区古近—新近系烃源岩均具有“滞后生烃”的特点。柴西古近—新近系烃源岩时代较新,抬升剥蚀作用相对较小,地温梯度变化也小,其烃源岩埋藏史和生烃史比较简单,下干柴沟组和上干柴沟组烃源岩基本在中新世晚期才进入生油门限。

通过对柴西南区烃源岩生烃史的研究(林腊梅,金强,2004),跃进地区烃源岩于3300m埋深(5Ma)进入生油门限(图4－3a),油泉子附近地区在3500m(10Ma)左右开始大量生油(图4－3b),狮子沟地区烃源岩约在4200m(8Ma)进入生油门限(图4－3c),现今正处于低成熟阶段,咸水泉地区烃源岩于3400m(9Ma)前后进入生油门限。总体上说,柴西南区古近—新近系烃源岩生油期较晚,干柴沟组(N_1)烃源岩基本上是在上新世早—中期进入生油门限,有机质成熟度不是很高,大部分地区至今仍处于生油门限至生油高峰之间,只有在埋藏深度大于4200m的地区,现今才达到了生油高峰期。研究区内只有局部深洼陷的埋藏深度超过4200m达到生油高峰,大部分区域还处于生油门限与生油高峰之间(表4－1)(刘震等,2007)。

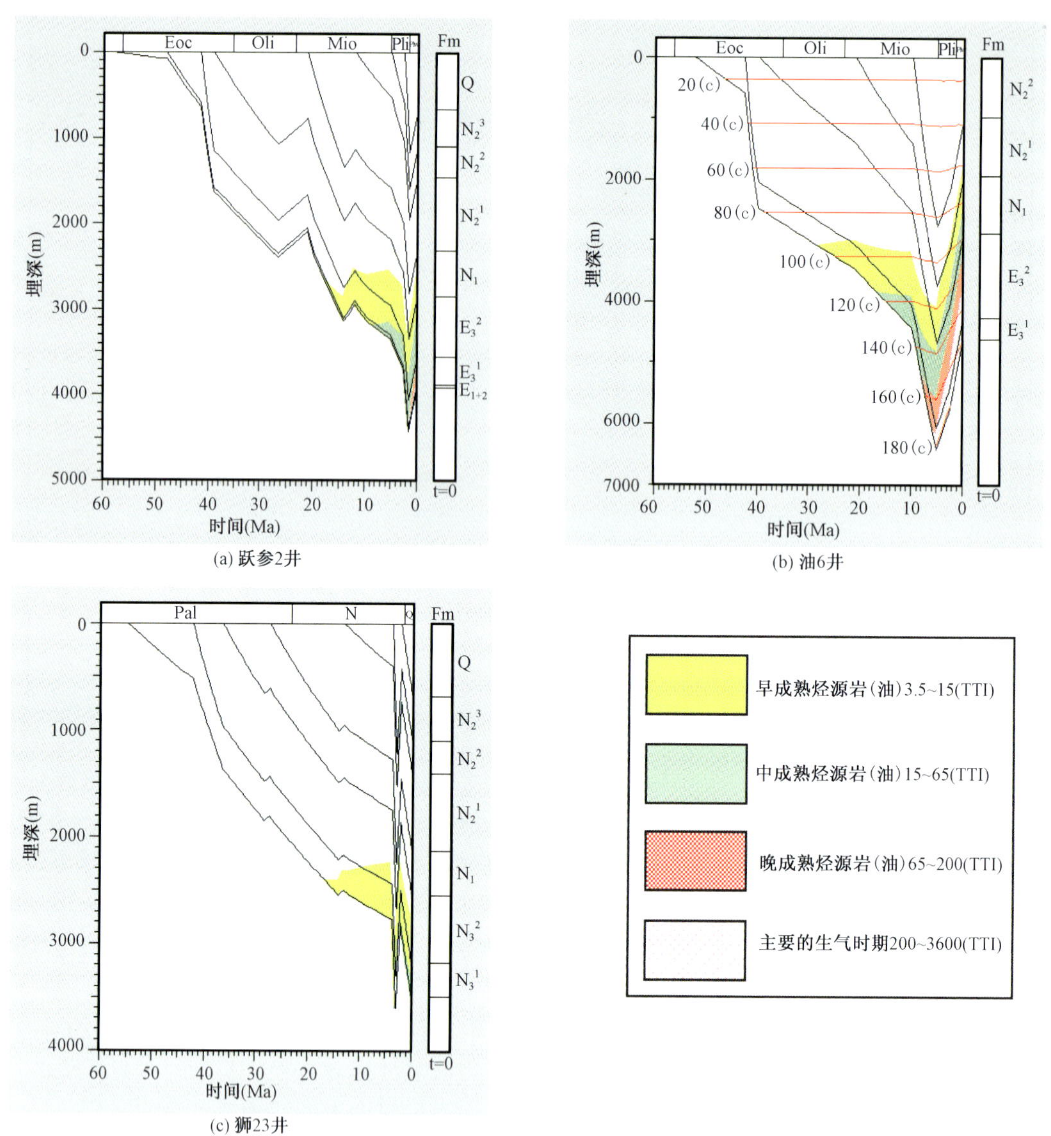

图 4－3　柴西南区埋藏史和生烃史曲线图

表 4－1　柴西南区古近—新近系烃源岩主要生烃事件表

井号	抬升剥蚀作用		生油门限		生油高峰		备注
	时间(Ma)	剥蚀厚度(m)	时间(Ma)	深度(m)	时间(Ma)	深度(m)	
跃芯 1	3—2.2	800	16	2380	1.8	3550	
跃参 2	1.5—至今	500	15.5	2690	1.5	4320	
跃 22	3.96—2.8	600	18.9	2680	2.5	3690	
跃 130	2.5—1.5	500	21	2300	3	3500	
狮 23	5.1—2.5	1200	24.2	3690	7.8	4200	
	2.5—至今	2000					

续表

井号	抬升剥蚀作用		生油门限		生油高峰		备注
	时间(Ma)	剥蚀厚度(m)	时间(Ma)	深度(m)	时间(Ma)	深度(m)	
油6	5.1—2.5	600	28.1	3060	8	5200	
	2.5—至今	1200					
南参2	2.5—0.5	500	19.2	2870	2	4050	
南1	4.35—2.5	400	25	2860	8.2	4500	
	2.5—至今	1000					
七32	24.6—12	180	1.4	3410			
	7.1—5.1	200					
	3.6—2.5	400					
	1—至今	500					
红参2	0.9—至今	300					未进入生烃门限
红深4	1—至今	500					
绿参1	4—2.5	600	35.1	2620	14.3	3990	
	1—至今	400					
东3井	12—5.1	400	37.3	2800	19	4580	
	5.1—2.8	500					
	2.8—至今	400					

柴西南区烃源岩具有滞后生烃特点的主要原因在于：

(1)烃源岩形成的时代相对较新，生油气期自然要晚。

(2)晚期快速沉积作用加速了烃源岩成熟化。柴达木盆地的沉积速率从距今约8Ma开始持续增加，距今约3.6Ma(尤其2.5Ma)以来，沉积速率急剧成倍增加(刘栋梁等，2008)。

(3)地温梯度随地质历史的演化逐渐减小，导致烃源岩进入生油高峰的时间延长。前人对柴达木盆地相对浅处的温度分布状况已进行研究，认为盆地的温度中部高于边缘、东高西低、南略高北略低。由盆地边缘向盆地中心地温梯度有增加的趋势，在东部三湖地区及柴达木盆地中西部各出现一个相对高梯度带。柴达木盆地地温梯度在20～3.3℃/100m之间，平均值为2.8℃/100m(沈显杰等，1994；1995)。

自下油砂山组(N_2^1)沉积末期以来，青藏高原隆升的强度越来越大，柴西南区所受到的挤压应力也越来越强，地温梯度从始新世中期的3.5～4.2℃/100m降至现今的2.0～3.5℃/100m(邱楠生等，1999；邱楠生等，2000)。在现今靠近盆地中部的构造(南翼山、油泉子、大风山、油砂山、狮子沟、建设沟和跃进地区)，地温梯度相对较高(图4－4a)：路乐河组末期(52Ma)这些地区的平均地温梯度为3.20℃/100m；下干柴沟组下段末期(40.5Ma)地温梯度较高，平均3.10℃/100m；到了上干柴沟组末期(24.6Ma)，地温梯度平均为3.00℃/100m左右，到狮子沟组末期(2.8Ma)温度梯度也降低到接近现今的状况。在现今靠近盆地边缘的构造(切克里克、弯梁、红柳泉、咸水泉和小梁山等构造)，在整个地质演化历史过程中的地温梯度相对于靠近盆地中部的构造是较低的(图4－4b)：下干柴沟组下段末期(40.5Ma)地温梯度平均为2.84℃/100m；到上干柴沟组末期(24.6Ma)，地温梯度降为2.74℃/100m左右；到狮子沟组末期(2.8Ma)温度梯度已经降低到接近现今的状况。

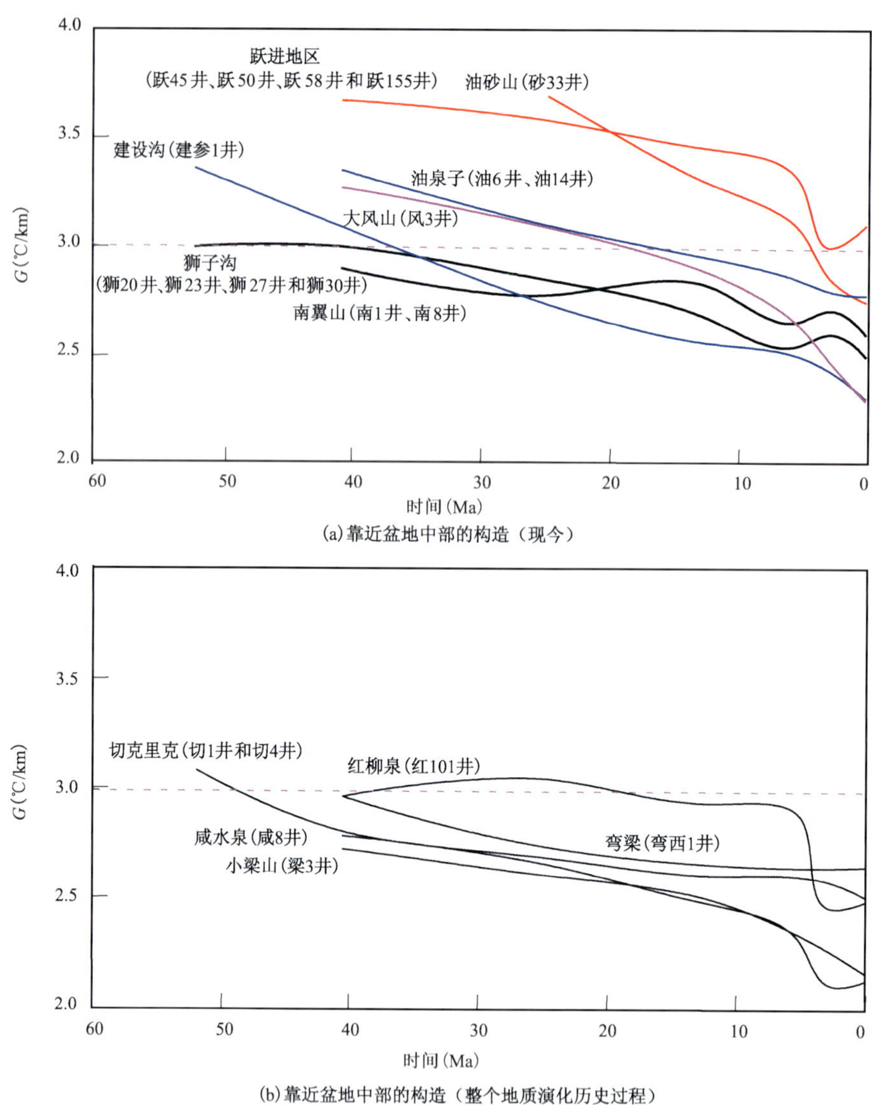

图4-4　柴西地区不同构造部位地温梯度演化比较(据邱楠生,2002)

第二节　昆北储层新模式

昆北断阶带位于柴达木盆地西部南缘昆仑山前,是中—新生代以来继承发展而成的一个南倾北冲的斜坡,受青藏高原隆升远程效应的影响,昆北断裂体系呈现北西西向带状展布的压扭断裂体系。在2006年以前,在昆北断阶上盘钻探了切1井、切2井、切4井,并在花岗岩风化壳中见到油迹,但是并没有解释出油气层;昆北断层下盘先后钻探了切3井和切5井,也没有良好的油气显示。2007年以后,依靠地震技术打开了勘探局面,首先发现了切6号背斜构造,先后发现下干柴沟组下段构造和路乐河组岩性油藏,外围甩开勘探发现了切十六号地层—岩性油气藏;其次在切十二号构造上钻探了切12井和切11井,相继在下干柴沟组下段和基岩中获得了高产工业油流。

一、柴西南区古近系储层认识禁区及传统模式

昆北地区在2007年之前一直未能有重大突破的原因主要在于一些传统的模式及认识禁区局限了该区的勘探。针对这些问题,必须打破常规、跳出思维定式,才能获得勘探与开发上的重大突破。打破了山前带厚层非均质粗碎屑岩油气难以大规模成藏的认识,创新了古构造、古斜坡等优质相带多因素复合控藏理论。

昆北地区古近系辫状三角洲平原相砾岩、砂砾岩厚层沉积体发育,具有非均质性强、物性差等特点,早期勘探研究认为该区域一般难以形成油气富集。早在二十世纪八、九十年代起,前人就将昆北地区古近系划分为洪积锥相或冲积扇相(钱凯,1980;何金平,1990;江波等,2004;吴因业等,2004;赵贤正等,2004),并且一致认为洪积锥相或冲积扇相的物性较差,其储油气能力明显不如三角洲相和扇三角洲相(党玉琪等,2004;陈志勇等,2006)。刘云田(2003)认为昆北断阶带在古始新世即路乐河组沉积时期,沉积了大范围的河流—泛滥平原为主的红色碎屑岩,下干柴沟组下段沉积期以后,由于湖水面积开始扩大,发育了河流—三角洲相的碎屑岩(刘云田,2003)。随着对昆北地区研究的深入,有人提出该区域发育丰富的辫状河三角洲平原分流河道和前缘的水下分流河道砂体,是隐蔽油气藏勘探的有利区块(江波等,2004)。

2007年以后,昆北相继发现了切6号和切12号油气藏,获得了高产工业油流,从而成为了沉积储层研究的重点区块。通过重矿物组合特征、岩相组合特征、古水流恢复、地震属性等方法的研究(杭州地质所,2009),发现尕斯、扎哈泉和切12井区受铁木里克物源的控制,而切6井区和东柴山地区受祁漫塔格—东柴山物源的控制。

昆北断阶带路乐河组沉积时期,为湖盆的初始坳陷扩张期,该时期古气候干旱,古地形变化大,整体上沉积特征为一套远源缓坡型的冲积扇—河流—辫状三角洲—湖泊沉积体系(图4-5)。

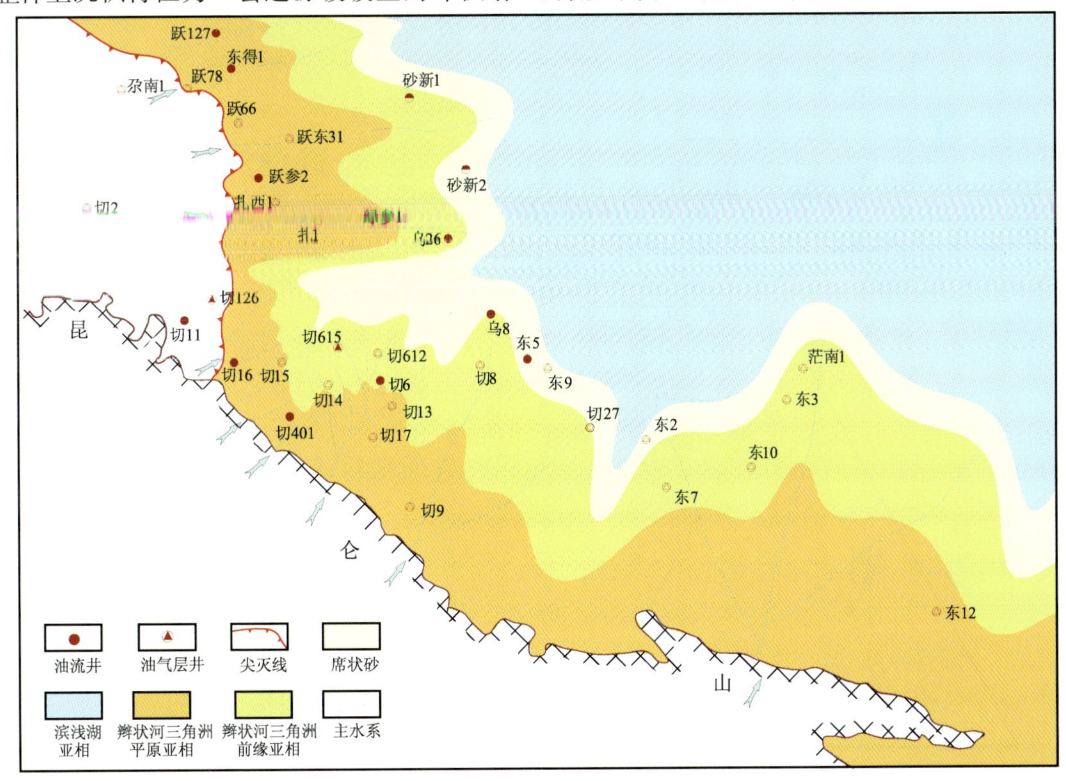

图4-5　昆北断阶带路乐河组沉积相平面图

这一时期的沉积主要起到了填平补齐作用，局部地区为无沉积区、缺失地层，或者近源重力流沉积，地层厚度差异大。辫状三角洲平原亚相为这一时期主要的沉积相，相带展布范围较宽，分流河道多期次叠置摆动，砾岩、砂砾岩较为发育，前缘相带相对较窄。

下干柴沟组下段沉积时期，沉积早期经历了一次区域性的构造运动，以底部砾岩段为典型的标志层。该时期大的沉积体系和路乐河组相比变化不大，同样为冲积扇—河流—辫状河三角洲—湖泊沉积体系（图4-6），基本上继承了路乐河组的沉积体系。湖盆进入了快速扩张期，发生了快速的湖侵，三角洲超覆沉积特征明显。辫状河三角洲平原相带较为发育，工区内展布面积略小于路乐河组沉积时期，分流河道和冲积扇形成了厚层底部砾岩段，前缘相带十分发育，水下分流河道延伸较远，且多期次叠置摆动，沉积了大套的含砾砂岩、砂岩，储层物性较好。

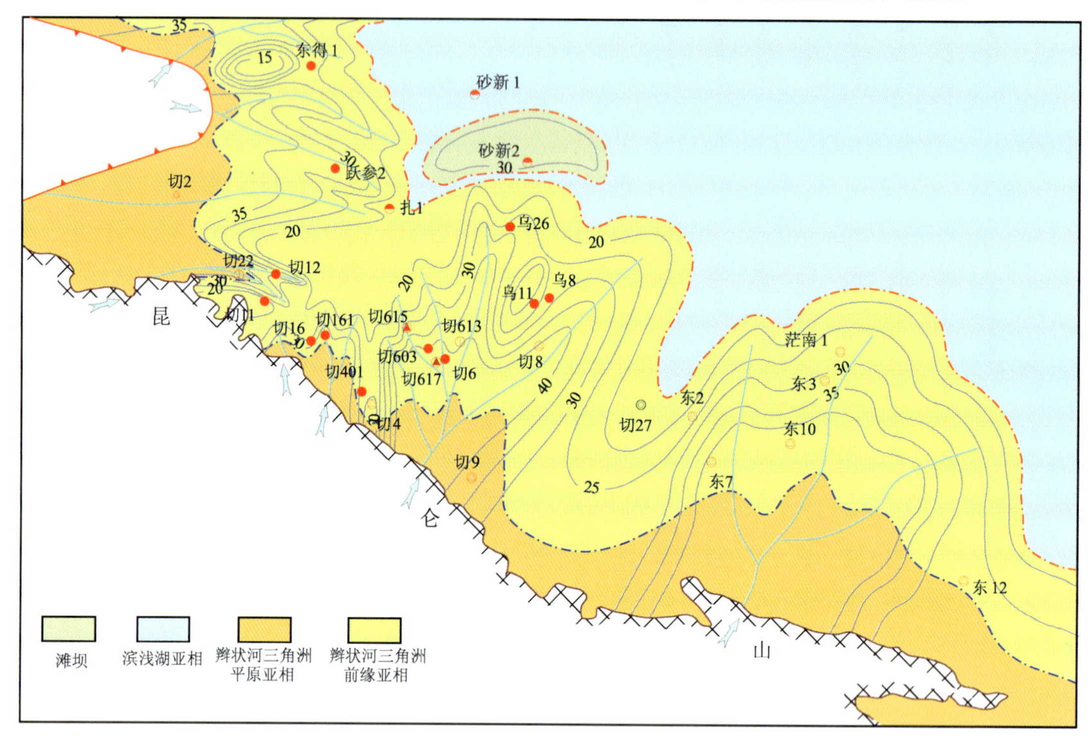

图4-6　昆北断阶带下干柴沟组下段沉积相平面图

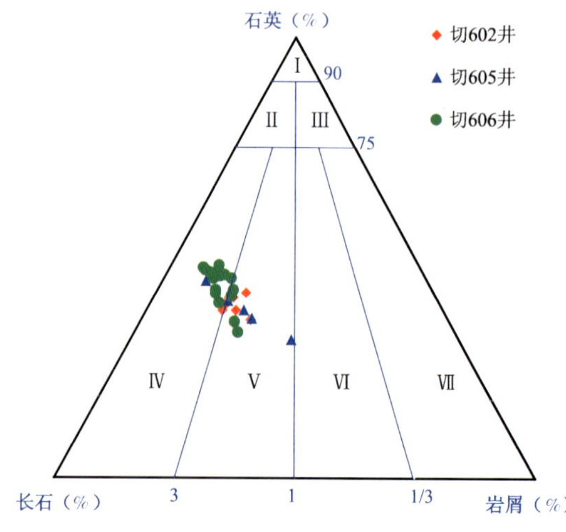

图4-7　昆北地区路乐河组岩石分类图

昆北地区路乐河组储层岩性主要为岩屑长石砂岩和长石砂岩（图4-7），少量的长石岩屑砂岩，具有中等—低的成分成熟度、中—差的结构成熟度，杂基与胶结物含量低。整体上该储层孔隙类型以剩余原生粒间孔为主，少量的粒内溶孔、粒内微缝，极少量的铸模孔、长石解理缝、成岩粒内缝以及杂基内微孔等，储集空间组合类型以原生粒间孔—溶蚀扩大粒间孔—溶蚀粒内孔—晶间孔—成岩缝为主，主要为残余原生孔隙，少量次生孔隙。路乐河组成岩作用相对简单，具压实成岩中等、溶蚀和胶结成岩较弱的特征，处于中成岩阶段A早期，成岩演化序列为：黏土膜形成→压实作用→压溶作用→弱胶结作用→弱溶蚀作用→高岭石析出→粒内缝形成，压实作用贯穿整个成岩过程，是储层物性主控因素。昆北断阶带主要发育辫状河三角洲平原分流河道、前缘的水下分流河道、河口坝等砂岩储集体，不同相带储层物性有所差异，其中辫状三角洲平原相带的分流河道砂体储层孔隙度在8%～13%之间；至辫状三角洲前缘水下分流河道与河口坝砂体分选较好、磨圆度较高，其物性相对变好，孔隙度在11%～15%之间；而主水道边部—分流间湾区及辫状三角洲前缘席状砂的储层物性明显变差，孔隙度大多小于8%（付玲等，2010；李乐等，2011）。

昆北地区下干柴沟组下段底部碎屑岩储层具有成分成熟度低、结构成熟度差、杂基含量相对较高、碎屑颗粒粒度粗、胶结物含量普遍偏低、成岩作用整体较弱等基本特征。下干柴沟组下段岩石类型分布相对稳定，主要为岩屑长石砂岩和长石岩屑砂岩（图4－8），整体上分选性较差，长石风化程度较深，磨圆度为棱角—次棱角状，碎屑颗粒接触关系为线—点式、漂浮式接触，杂基分布于粒间；岩石胶结类型为孔隙型和基底型。砂岩孔隙类型主要以剩余原生粒间孔为主，少量溶蚀扩大粒间孔、粒内溶孔、粒内缝、杂基内微孔以及泥质收缩缝，少量长石解理缝和成岩压裂缝。孔隙组合类型分为两种：一是以原生粒间孔—溶蚀扩大粒间孔—粒内溶蚀孔为主的组合；二是粒内溶孔—粒内溶缝—收缩缝—杂基溶孔为主的组合。统计工区目的层208块孔隙度、154块渗透率岩心样品，岩心分析孔隙度范围5%～23%，平均13.1%；岩心分析渗透率范围为0.05～428mD，平均4.1mD，属低孔、低渗砂砾岩储层。

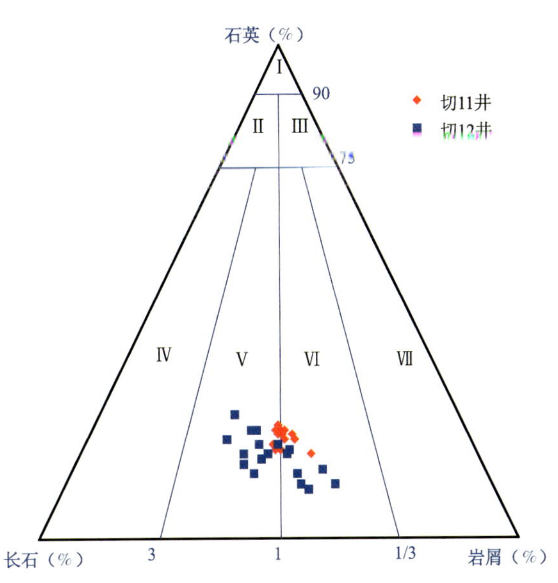

图4－8　昆北地区下干柴沟组岩石分类图

昆北地区基岩储层的岩性主要包括花岗岩和板岩等。花岗岩的主要矿物成分为石英（25%～35%）、钾长石（30%～35%）、斜长石（15%～20%）和黑云母（5%～15%）等矿物，次要矿物主要为角闪石（1%）和白云母（2%）等矿物，其他矿物主要为副矿物，总含量约7%，其中暗色矿物包括黑云母、角闪石和白云母等，属于花岗浅—深成侵入岩体，位于昆仑山北部大型的花岗岩岩基侵入体。岩石中见多种蚀变现象，蚀变程度各有差别，主要包括黑云母的绿泥石化、钾长石的高岭石化、斜长石绢云母化、长石钠黝帘石化等。基岩风化壳裂缝十分发育，以物理风化裂缝为主，剪切缝相对比较少，缝面分布大量的泥质，裂缝半充填方解石、硬石膏或硅质，整体上溶蚀发育。板岩主要为绿黑色，板状构造，其岩体与盐酸反应起微泡，可见多期次裂缝发育，以构造剪切缝为主，有少量的张性裂缝，最大缝宽1mm，微裂缝非常发育且呈网状，部分裂缝半充填或全充填方解石和石英。裂缝密度约350条/m，多数为微裂缝。推测板岩属于花岗岩侵入体的围岩，受到岩体的温度以及应力作用下产生变质。镜下具变余泥质结构和变余粉砂结构，主要矿物成分为绢云母、绿泥石、石英碎屑、长石碎屑、铁方解石、铁白云石等，绢云母、绿泥石具有明显的定向排列，次要矿物为黄铁矿等矿物。根据切12井、切6区的岩心观察、薄片鉴定及切12区基岩的成像测井解释成果推测，基岩储集空间类型主要包括三类：构造缝、溶蚀缝和溶蚀孔，最大孔隙度约为9.3%，平均值为4.34%。基岩的物性主要受风化作用的控制，构造部位相对较高的地区，经历长期的风化过程，物性明显好于构造部位相对较低的区域。

二、昆北山前储层新模式

多年来，人们一直把粗碎屑三角洲笼统的归入扇三角洲类型，但是，粗碎屑三角洲还应进一步划分成扇三角洲和辫状河三角洲这两种类型。辫状河三角洲是辫状河体系（包括河流控制的潮湿气候冲积扇和冰水冲积扇）进积到稳定蓄水盆地中形成的富含砾石和粗砂的粗粒三角洲，其沉积物质由单条或多条底负载的辫状河流提供（McPherson 等，1986；McPherson 等，1987）。辫状河三角洲砂体含有丰富的交错层，缺乏沉积物重力流沉积，与冲积扇和扇三角洲在岩相及岩相组合上有着明显的差异（赖志云，徐伦勋，1991；邵龙义等，1994）。有人认为辫状河三角洲前缘水下分流河道是比较好的储集相，这种砂体一般分选和磨圆较好，成分成熟度也很稳定，砂体经多期叠置，层数较多，厚度较大，储集性能较强（李文厚，1997；李维锋等，2000，2001，2003；李东海等，2001）。亦有人提出辫状河三角洲前缘河口坝是相对较好的储层（朱筱敏等，1998），然而也有人认为前缘河口坝在辫状河三角洲相中并不太发育（刘智荣等，2006）。实际上，辫状河平原的分流河道、前缘的水下分流河道和河口坝均具有一定的储集能力。

1. 冲积扇—辫状河三角洲储层模式

柴西南区位于东昆仑造山带的北缘，与东昆仑造山带紧密相连。自晚侏罗世—白垩纪时期开始，东昆仑山造山带发生了挤压隆升，并且导致昆北断裂的左行走滑作用（向树元等，2003；柏道远等，2003）；比较强烈的构造作用使得昆仑山前发育了逆掩推覆构造（付锁堂等，2010），在强烈的风化作用下，经山间流水的搬运，自盆缘沟谷向盆地中心沉积了一套冲积扇—辫状河—辫状河三角洲—湖泊相的沉积体系。昆北断阶带正是处于这样的沉积环境当中，在古近纪主要发育了辫状河三角洲沉积。

昆北地区路乐河组（E_{1+2}）和下干柴沟组下段（$E_3{}^1$）主要发育砂砾岩、砾状砂岩、中—粗粒砂岩、细砂岩、粉砂岩和泥岩等，颜色以氧化色为主，分选总体为差—中等。粒度曲线以跃移质和悬移质组成的两段式或复杂的两段式为主。沉积构造丰富，发育有粒序层理、交错层理、水平层理、块状构造、变形层理、冲刷构造、生物扰动构造和虫孔等（表4－2）。

表4－2　昆北地区 E_{1+2}和 $E_3{}^1$ 主要岩石类型及特征

岩石类型		沉积构造	成因解释
砂砾岩	颗粒支撑，点接触	粒序层理、交错层理，底部冲刷—充填构造	分流河道
砂岩	粗—中粒砂岩，底部含砾石，定向排列	交错层理，斜层理	分流河道
	含砾细砂岩	低角度交错层理	（水下）分流河道
	中—细砂岩	逆递变层理	河口坝
	极细砂岩、粉砂岩	斜层理、水平层理	席状砂
泥岩	泥岩夹砂岩条带	块状层理、透镜状层理	泛滥平原、（水下）分流河道间湾

结合昆北地区区域构造背景以及沉积相标志，认为路乐河组和下干柴沟组下段沉积时期主要发育了两套退积型的辫状河三角洲沉积相，亚相类型包括辫状河三角洲平原和前缘亚相，微相类型有分流河道、分流间湾、水下分流河道、水下分流河道间、河口坝和席状砂（图4－9、图4－10）（表4－3）。

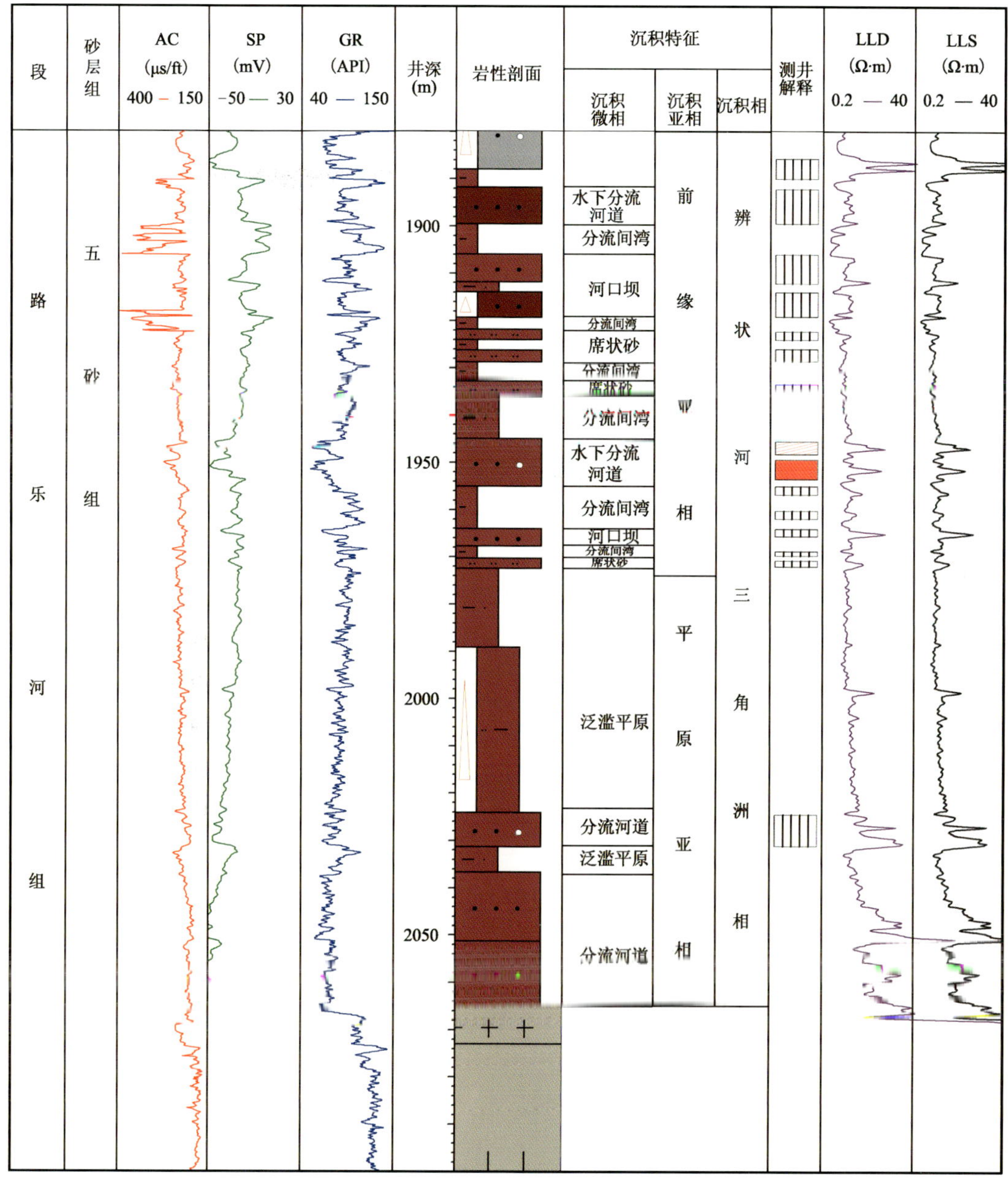

图 4－9　切 6 井路乐河组单井沉积相剖面图

表 4－3　昆北地区不同沉积微相类型特征表

相	亚相	微相	沉积特征	层理构造	测井曲线
辫状河三角洲	平原	分流河道	棕褐色砂砾岩、砾状砂岩、含砾砂岩、不等粒砂岩等	块状层理、递变层理、交错层理、斜层理	高幅箱形
		分流间湾	褐色泥岩粉砂质泥岩夹粉砂岩、细砂岩等	水平层理、变形层理	低幅齿状

续表

相	亚相	微相	沉积特征	层理构造	测井曲线
辫状河三角洲	前缘	水下分流河道	棕褐色、褐灰色砂砾岩、砾状砂岩、中—粗砂岩等	交错层理、斜层理、冲刷构造	钟形、箱形
		水下分流河道间	灰褐色、棕褐色、棕灰色泥岩粉砂质泥岩及泥质粉砂岩	水平层理、变形层理	平直、齿状
		河口坝	褐灰色、浅棕褐色砾状砂岩细砂岩等	交错层理、生物扰动	漏斗形
		席状砂	薄层褐灰色细砂岩、粉砂岩	水平层理、变形层理	低幅钟形

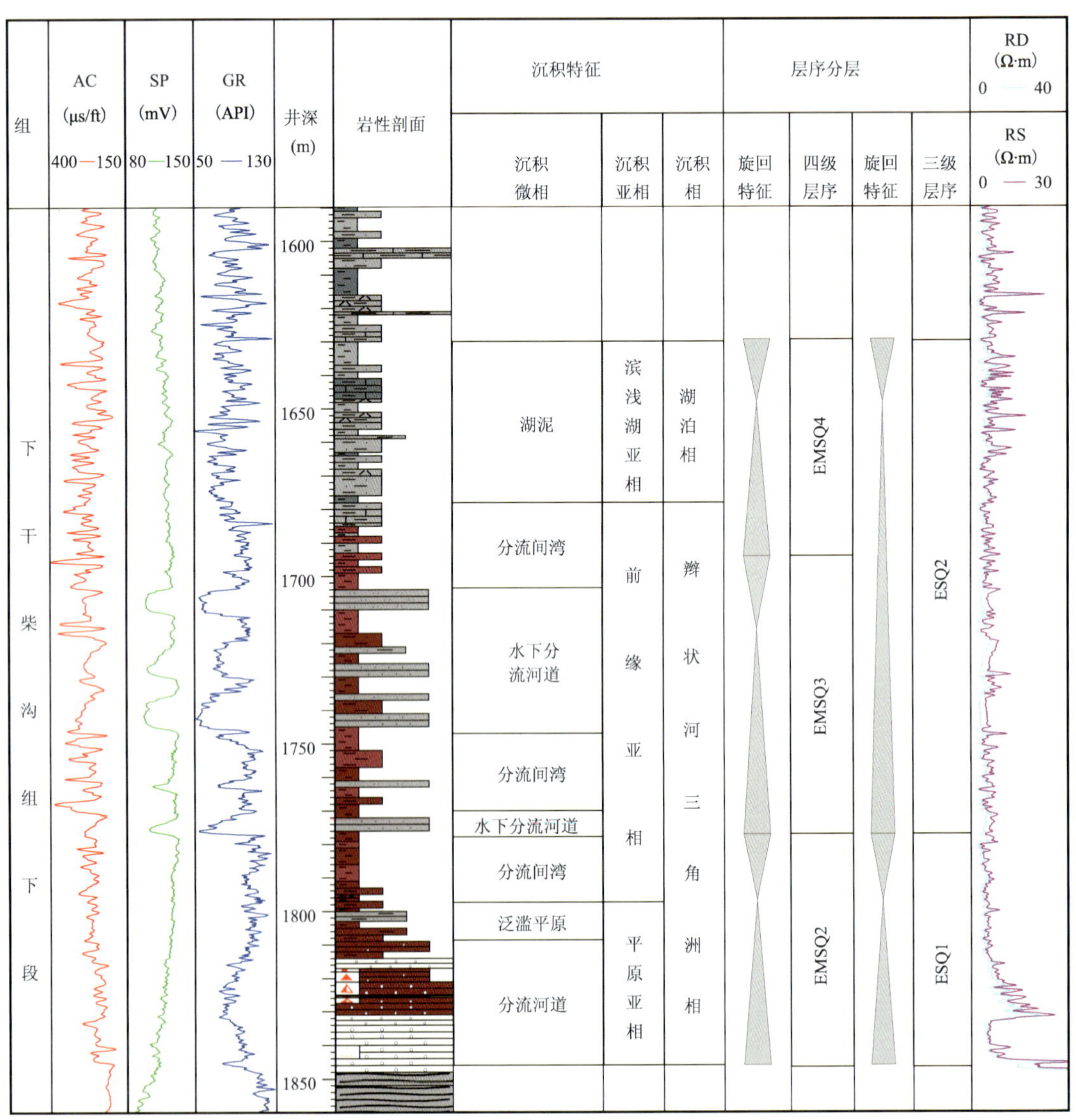

图4-10　切12井下干柴沟组层序地层与沉积微相综合柱状图

研究表明昆北断阶带在新生代主要受铁木里克和祁漫塔格—东柴山物源的影响发育了三套沉积体系，分别是西部铁木里克物源控制的跃进辫状河三角洲沉积体系、西南方向祁漫塔格物源控制的切克里克辫状河三角洲沉积体系、东南方向东柴山物源控制的东柴山辫状河三角洲沉积体系。昆北断阶带路乐河组沉积主要以辫状河三角洲平原亚相为主，受基岩古隆起影响切 12 井区缺失该地层，切 6 井区及昆北断裂下盘主要发育辫状河三角洲前缘沉积（图 4 - 5）。下干柴沟组下段沉积早期经历了一次区域性的构造运动，形成了覆盖全区的底砾岩，在昆北断阶带西段以三角洲平原沉积为主，其余地区以三角洲前缘为主。下干柴沟组下段沉积中期湖盆逐渐扩张，昆北断阶带整体以三角洲前缘沉积为主。下干柴沟组下段沉积末期，昆北断阶带以滨浅湖沉积为主（图 4 - 6、图 4 - 11）。

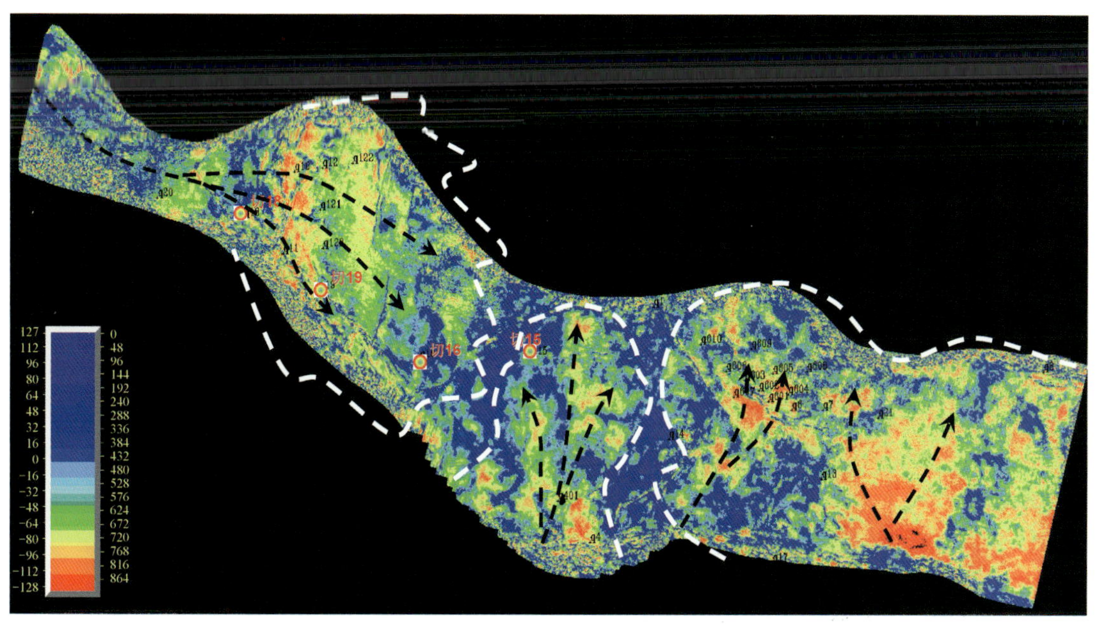

图 4 - 11　昆北下干柴沟组最大波谷振幅属性平面图

2. 基岩储层模式

昆北地区基岩储层的岩性主要为花岗岩，还有少量变质岩。昆北断阶带基岩油气显示丰富，储层平面上主要分布于切 6 井区、切 12 井区及切 16 井区—切 4 井区。根据钻探情况，切 6 井区和切 16 井区—切 4 井区基岩皆为花岗岩，切 12 井区基岩储层包括变质岩及花岗岩。目前本区钻井发现基岩储层普遍发育。

花岗岩见钻井岩心观察描述认为，花岗岩的主要矿物成分为石英（25% ~35%）、钾长石（30% ~35%）、斜长石（15% ~20%）和黑云母（5% ~15%）等矿物，次要矿物主要为角闪石（1%）和白云母（2%）等矿物，其他矿物主要为副矿物，总含量约 7%，其中暗色矿物包括黑云母、角闪石和白云母等。岩石中见多种蚀变现象，蚀变程度各有差别，主要包括黑云母的绿泥石化、钾长石的高岭石化、斜长石绢云母化、长石钠黝帘石化等。花岗岩的构造为块状构造，岩石中各种矿物晶体颗粒分布均匀、结合较紧密、无定向排列，无气孔或流纹构造，呈块状；结构为半自形细—中晶质等粒结构，按照矿物晶粒大小划分为细—中晶结构，晶粒粒径一般为 0.5 ~ 2mm，相对大小为等粒结构，结晶程度为全晶质结构，形态为半自形粒状。野外工作者称之为普通花岗岩（详细命名为块状二长花岗岩），属于花岗浅—深成侵入岩体，位于昆仑山北部大型的花岗岩岩基侵入体。

变质岩包括板岩、变质砂岩等。板岩见于切12井1859～1863m取心段，岩屑录井上厚度达到185m，切11井为8m。岩石颜色为绿黑色，板状构造，其主体与盐酸反应起微泡，可见多期次裂缝发育，以构造剪切缝为主，少量的张性裂缝，最大缝宽1mm，微裂缝非常发育呈网状，部分裂缝半充填或全充填方解石和石英。裂缝密度约350条/m，多数为微裂缝。变质砂岩见于切122井，镜下具变余泥质结构和变余粉砂结构，主要矿物成分为绢云母、绿泥石、石英碎屑、长石碎屑、铁方解石、铁白云石等，绢云母、绿泥石具有明显的定向排列，次要矿物为黄铁矿等矿物。变质砂岩具变余砂状结构，岩石中颗粒以石英、石英岩为主，原岩中长石、岩屑及泥质填隙物已绢云母化，具明显定向性。推测变质岩属于花岗岩侵入体的围岩，受到岩体的温度变化以及在应力作用影响下产生变质。

昆北油田基岩储层的储集空间类型主要包括构造缝、溶蚀缝和溶蚀孔三类以及九个亚类。按照通常所应用的基质分为基质孔和裂缝。裂缝的发育为溶孔、裂缝的形成提供了前提条件，裂缝对于改善基岩储层的储渗条件起着重要的作用。昆北基岩储层的储集性能一般。孔隙度为2.6%～5.3%，平均3.7%；渗透率最大为6.50mD，最小0.029mD，平均0.595mD；属低孔、低渗储层。

昆北断阶带上盘发育基岩古隆起，长期暴露地表，经过300Ma多年风化淋滤，与上覆地层形成区域上的不整合，为油气侧向远距运移提供了通道；来自切克里克—扎哈泉生烃凹陷的油气通过昆北断裂运移到昆北上盘，然后沿不整合面充注到各种圈闭中(图4－12)。

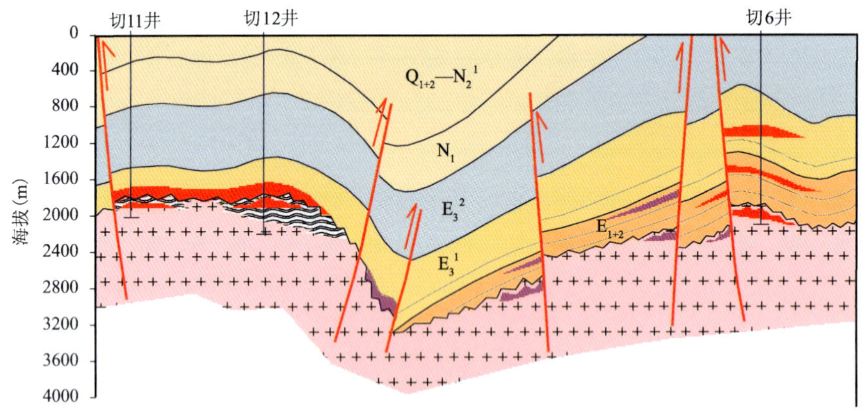

图4－12　昆北断阶带切11井区、切12井区和切6井区基岩油藏剖面示意图

第三节　青藏高原隆升对构造圈闭的影响

青藏高原隆升一方面为构造圈闭的形成提供了构造背景，另一方面晚期强烈的构造运动对前期形成的圈闭又具有破坏作用。

一、柴西南区构造圈闭类型及分布特征

1. 构造圈闭类型

从目前已发现的圈闭情况来看，柴达木盆地圈闭类型丰富多样，以构造圈闭为主，主要有

挤压背斜、基岩隆起同沉积背斜、断鼻和断层构造圈闭等(江波等,2004;胡望水等,2004;陈少军等,2004)(表4-4),还分布有一些地层—岩性圈闭。

表4-4 柴西南区构造圈闭分类表

类型	亚类	圈闭模式图	发育区块
背斜构造圈闭	表褶背斜	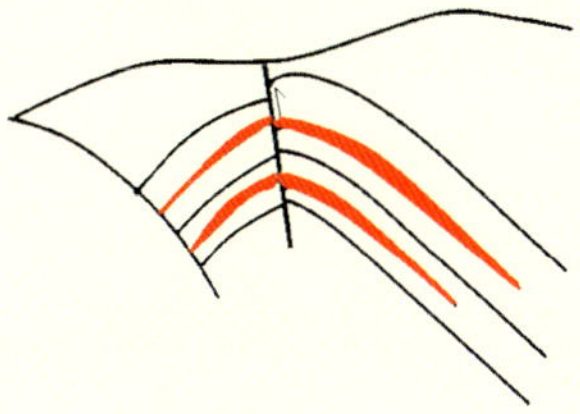	油砂山油田(N_1—N_2^1)
	基岩隆起背斜	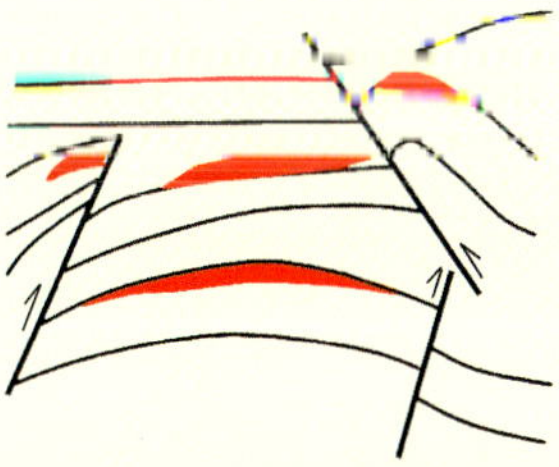	跃进1号油田(E_3^1 和 N_2^1)
断层构造圈闭	断鼻	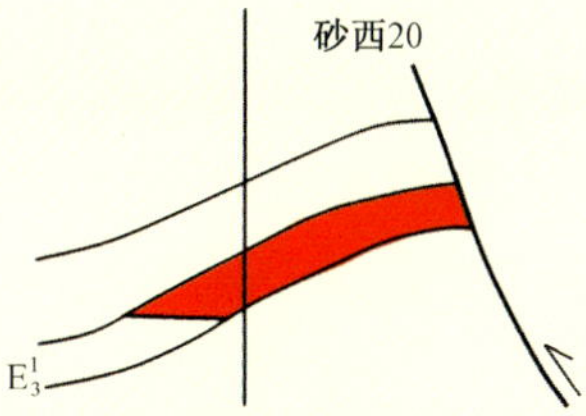 砂西20 E_3^1	砂西油田(E_3^1)
	断块	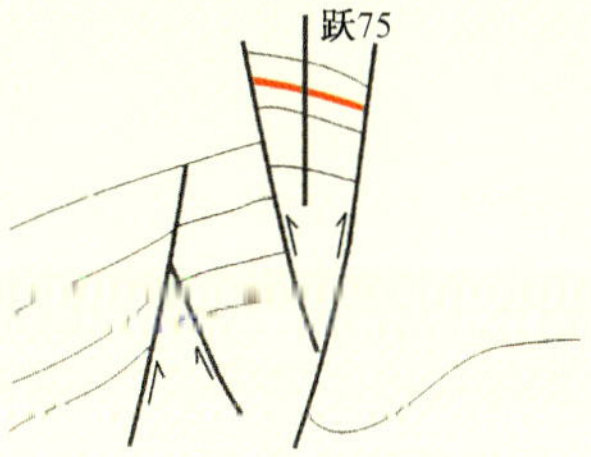 跃75	跃75断块(E_3^2)

表褶背斜是在顺层滑脱断裂上盘形成的背斜构造,以狮子沟、花土沟、游园沟和油砂山浅层圈闭为代表。基岩隆起背斜强调了基岩对圈闭形成的控制作用,即刚性基底的块断作用引起局部的隆起,在基岩隆起背景之上形成同沉积背斜,发育时间早,持续时间长,以跃进一号和跃进二号地区为代表。断层圈闭又可分为断鼻和断块两类,前者以砂西、跃东和咸水泉等地区的圈闭为代表,后者则以跃75区块为代表。

2. 构造圈闭分布

柴西地区北西向和近南北向的两组断裂的形成和发育控制了构造圈闭的形成与展布。青藏高原隆升运动期间,柴西地区因其复杂的深部地质条件和边界特征形成了不同的构造格局,主要以英雄岭为界,其南北两侧的构造形式完全不同。柴西南区形成以继承性断层、断背斜构造为特点的隐伏构造发育区,而柴西北区则形成以强烈后期变形为特征的新构造变形(陈新领,2004)。柴西南区发育的构造圈闭均是与断裂有关的断背斜、断鼻、断块构造,在平面上的展布也主要有两组：一组为发育于北西向断裂上、下盘，沿断裂走向展布的砂西、跃进二号、跃东、扎哈泉等北西向构造圈闭；另一组为发育于近南北向断裂上、下盘，并沿断裂展布的尕斯、跃进三号、跃进四号、乌南等近南北向构造圈闭。

柴西南区构造圈闭在平面上通常分布在造山带山前地区，如七个泉—跃进地区主要发育表褶背斜型圈闭和基岩隆起背斜圈闭，跃东、乌南绿草滩和东柴山发育断鼻型圈闭，而阿尔金斜坡主要发育断鼻圈闭（江波，2005）。更进一步来说，研究区构造圈闭主要是沿压扭带分布的，如红柳泉断层控制了与其走向一致的红柳泉断鼻构造圈闭，七个泉断层控制了七个泉背斜圈闭，昆北同沉积压扭构造带被北南向同沉积断层所切割，在局部形成近北南向的背斜、鼻隆和北西西向的断块构造圈闭（跃进二号西高点）（李碧宁等，2006）。持同样观点的还有陈迎宾等学者，他们认为在北西方向断裂上、下盘展布着砂西、跃进二号、跃东、扎哈泉等北西向构造圈闭，同时在近北南方向断裂上、下盘沿断裂分布着尕斯、跃进三号、跃进四号、乌南等构造圈闭（陈迎宾等，2006）。

在纵向上，深层主要发育早期断块基础上发育的断背斜或基岩隆起背斜，代表性构造圈闭有跃进一号和红柳泉背斜等。这类构造形成时间相对较早，是油气聚集的有利部位。路乐河组（E_{1+2}）—下干柴沟组下段（$E_3{}^1$）沉积时期，挤压应力较弱，发育缓慢，表现为基底断块；下干柴沟组上段（$E_3{}^2$）沉积时期，柴西南区经历了新生代以来第一次较大规模的挤压构造运动，在阿拉尔断层东段和Ⅺ号断层西段的重叠衔接部位，地层挤压缩短由阿拉尔断层传递到Ⅺ号断层，产生起调节性的Ⅲ号断层，并伴生尕斯库勒断展背斜，即跃进一号构造。该构造具有同沉积背斜性质，表现为地层厚度由背斜顶部向两翼增厚，在上干柴沟组（N_1）—上油砂山组 $N_2{}^2$ 沉积时期持续挤压作用下，背斜继承性发育，幅度逐渐增大，不仅是油气长期运移指向，也为油气的聚集提供了良好的圈闭条件。$N_2{}^2$ 末期该构造基本定型，喜马拉雅运动晚期构造运动对其影响较小。

另外，深层还发育一些早期断鼻或断块经后期调整的构造圈闭，如跃进二号、跃东构造、乌南构造、绿草滩构造等。早期主要表现为断块的形式，在狮子沟组（$N_2{}^3$）末期强烈挤压作用下断块前沿挠曲变形，形成背斜或断鼻构造。这类圈闭由于形成较早，一般为原生构造圈闭。这类圈闭的不足之处在于断裂活动强烈且复杂，形成的圈闭规模较小。

中—浅层滑脱褶皱形成的圈闭类型有油砂山构造和狮子沟构造等，此类构造形成时间比较晚，在 $N_2{}^3$ 末期到第四纪强烈挤压阶段形成。这类圈闭由于形成的晚，油气聚集成藏也晚，同时圈闭中的储层与生油层不是同一层系，位于深部深层系的油气主要通过断裂运移到上部储层中，形成“下生上储”的油气藏类型。

二、青藏高原隆升与构造圈闭的形成

柴西南区构造圈闭都是在相关断裂形成、演化过程中派生而成，因此与青藏高原隆升具有紧密的联系。研究区内北西向断裂形成时间较早，青藏高原隆升早期，由于受阿尔金山左行走滑及南南西向区域应力场的影响，这些断裂强烈活动，并体现出左行压扭走滑、逆生长的运动学和动力学特点（李碧宁等，2006）。在走滑运动过程中，两组北西向断裂之间地块旋转扭动，形成了近南北向的派生断裂及同沉积断块、断背斜构造圈闭。青藏高原隆升晚期，由于区域应力场的转变，柴西南区以北东—南西向挤压变形为主，早期发育的断裂及构造圈闭再次活动，局部地区褶皱、断裂变形强烈，与深层早期构造或联合或叠加复合，在浅层（N_2—Q）形成次生滑脱断裂及由这些次生断裂控制形成的滑脱背斜、断背斜，并最终定型，形成现今的构造面貌（陈迎宾等，2006）。另外，前人也曾对柴西南区的构造圈闭进行了构造演化史分析，结果显示，区内构造圈闭开始形成主要分为两期，一期是古新世（E_{1+2}），所形成的圈闭主要位于昆北地区；另一期是中新世（N_2^1、N_2^2），形成的圈闭主要分布于柴西南区的中部和北部（余一欣等，2006）。

柴西南区的构造圈闭主要有两个形成期，然而圈闭的定型期却相对较晚。研究表明，跃进一号构造在喜马拉雅运动的早—中期只形成了生长背斜，到了晚期才形成反冲断层和断展背斜，从而圈闭才完成定型（图4－13）（陈艳鹏等，2008）。从前人统计的圈闭定型期来看，各圈闭均是中新世（N_2^2）以后才逐渐完成定型的，有些甚至于在第四纪才发展至目前形态完成定型（表4－5）。

表4－5　柴西南区部分构造圈闭形成时期统计表

	红柳泉	七个泉	跃进1	跃进2	跃东	跃进3	绿草滩	扎哈泉	乌南
形成期	E_{1+2}	N_2^1	E_{1+2}	E_{1+2}	E_{1+2}	E_{1+2}	N_2^1	E_{1+2}	E_{1+2}
定型期	N_2^2	Q_{1+2}	N_2^3	N_2^2	N_2^2	N_2^2	N_2^2	N_2^2	N_2^2

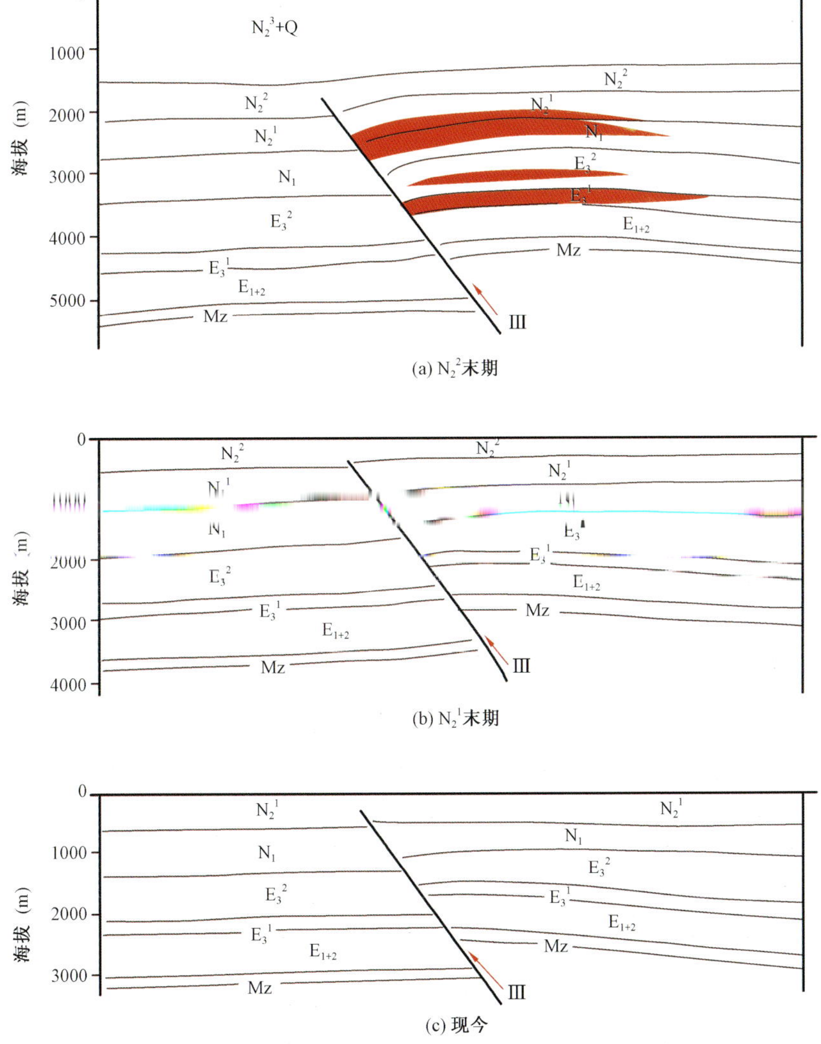

图4－13　跃进一号构造圈闭发育剖面图

由此可见，柴西南区的构造圈闭随青藏高原隆升运动的强弱主要分早、晚两期发育，分别对应古新世(E_{1+2})和中新世(N_2^1、N_2^2)，两期不同性质的构造动动形成了数量众多、类型各异的构造圈闭，为该区的油气成藏奠定了良好的圈闭基础。另外，由于青藏高原隆升具有早弱后强的特征，致使研究区内早期形成的构造圈闭被再次调整。

通过对比分析发现，在古隆起背景区越早形成的构造圈闭经过连续的油气充注，其油气捕集效果明显优于后期形成的构造圈闭(付锁堂,2010)。这也说明，从柴西南区的构造形成时间和油气成藏的匹配关系来看，下油砂山组(N_2^1)末之前的构造或构造背景是油气富集的有利剖位，其油气成藏的效率和油气的充满度均较高，主要以构造、构造—岩性、岩性油藏为主，如尕斯库勒油田。而晚期形成的圈闭经油气充注的时间较短、期次较少，一般情况下油气的充满度明显偏低，但对位于生烃凹陷内部的圈闭来说，只要发育沟通深部油源的断层，且晚期构造能形成有效的封盖，深层生成的油气在晚期强大的构造应力下以快速连续充注为主，也能形成高丰度的油气藏，这类油藏主要以构造油藏为主。

三、青藏高原隆升与构造圈闭的改造

如前所述，青藏高原隆升运动在上新世(N_2^3)—全新世(Q_{3+4})期间构造活动最强烈，一方面，柴西南区早期形成的圈闭极有可能在强烈的构造活动中遭到改造调整(赵孟军等,2005;宋岩等,2006;李潍莲等,2007)。

对青藏高原后期的隆升运动使早期断裂重新活动，各构造最后定型并在中—浅层中产生大量的滑脱断裂，或是在构造顶部产生局部张应力进而产生张性正断层，可能会破坏圈闭的有效性。狮子沟—花土沟—油砂山断滑背斜带顶部的放射状正断层，这些断裂只要切过早期形成的构造圈闭(图4-14)，即会对这些构造圈闭产生一定的调整作用(陈少军等,2004;官大勇等,2004;付锁堂,2010)。

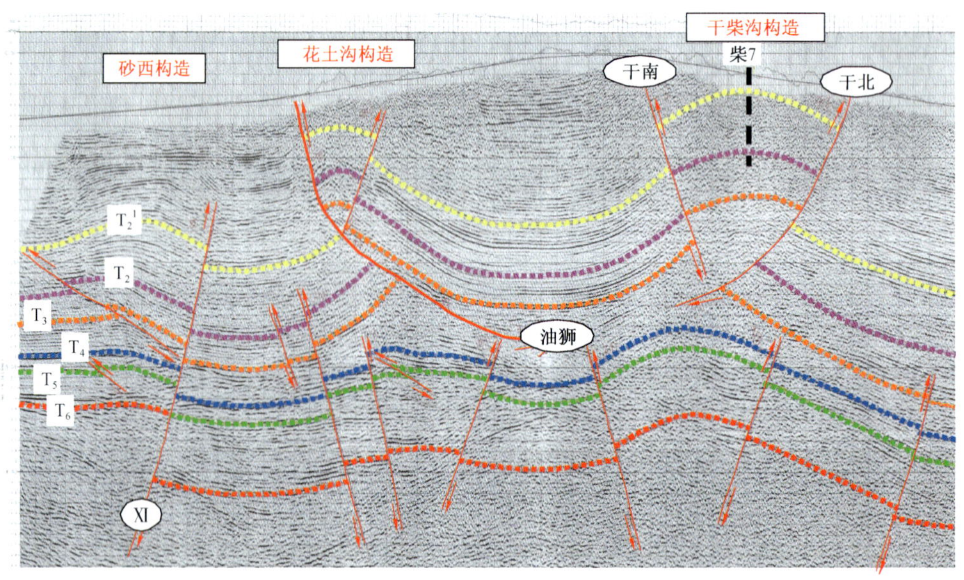

图4-14　干柴沟06025测线地震剖面

柴西南区早期和中期同沉积走滑—逆冲断层停止活动，为典型的聚集断层，如柴西断裂南段、柴南断裂以及阿拉尔断裂与XⅢ号断裂之间的三级断裂，但在这些断层附近没有形成明显的油气聚集，表明该时期油气以沿断裂垂向运移的特征明显，并且在后期的构造运动中遭到了破坏（庚琪，2010）。典型的破坏型断裂有柴西断裂和油狮断裂，前者是由于阿尔金山后期的强烈走滑运动，破坏了早期形成的侧向和盖层的封堵条件，使早期形成的油气藏被破坏，形成大量地表油气苗。而后者自更新世七个泉组沉积时期开始发生强烈背冲，使得其间的英雄岭地区被整体快速抬升，局部地区盖层也被断裂断开（吴光大，2007；巩庆霖，2009；李仕远等，2010；赵凡等，2012），早期形成的油气藏遭到破坏，油气沿油砂山—狮子沟向断裂向大气中散失，形成油砂山的油气苗和油砂（图 4－15）（表 4－6）。

表 4－6　柴西南区地面油气显示统计表（刘卫红等 2006）

构造名称	构造面积（km^2）	闭合面积（km^2）	轴部出露地层	主要断裂	油气显示
红沟子	300	1.5	J	西部正、逆、平移断层发育	N_2^1 出露油砂
咸水泉	288	61	N_2^1	正断层	N_2^1 出露油砂
干柴沟	490		E_3	西端为大逆断层切割	E_3—N_1 较多油砂出露
狮子沟	164.3	33.5	N_2^2	斜向正断层	N_2^1 出露油砂
油砂山	375	200	N_2^1	横向逆断层，将背斜一分为二	N_2^1 完全暴露，N_1 部分暴露

(a) 油砂山出露油砂

(b) 油泉子断裂带中的沥青与石蜡

图 4－15　柴西南区地面油气出露点照片（据刘卫红）

第四节　青藏高原隆升对油气运聚的影响

青藏高原隆升的远程效应所产生的一系列构造活动为柴西南区的油气运聚提供了动力、通道和聚集空间。

一、油气运聚特征

通过大量的地球化学指标分析及油源对比发现，七个泉组和红柳泉组原油（I_A 类）来源于高盐度—强还原性的沉积体系；结合本区优质烃源岩的分布特点，以及陆相油气成藏的源控观点，其原油应来自邻近的红狮凹陷；分布于狮子沟、花土沟的 I_B 类原油主要源于邻近北区的茫崖凹陷；跃进一号构造区深层（E_3^1）和浅层（N_1—N_2^1）的油气均是Ⅰ$_C$类原油，深层的原油主要源于茫崖凹陷下干柴沟组上段（E_3^2）烃源岩，但也可能有红狮凹陷的贡献，浅层的低成熟度原油可能主要源于茫崖凹陷；乌南浅层（N_2^1）油藏原油属Ⅱ$_A$类，主要源于扎哈泉凹陷下干柴沟组上段（E_3^2）烃源岩；绿参1井深层（E_3^1）的原油，源于本区下干柴沟组下段（E_3^1）的烃源岩；跃进二号浅层（N_1—N_2^1）和深层（E_3^1）油藏和跃东深层（E_3^1）原油都是来源于扎哈泉凹陷的烃源岩；跃西深层（E_3^2）油藏和跃进四号构造（跃73井）的原油属于Ⅱ$_B$类，主要是来自于扎哈泉凹陷下干柴沟组下段（E_3^1）上部的烃源岩（表4－7、图4－16）。

表4－7　柴西南区原油成因类型及分布特征

<table>
<tr><th>原油类型</th><th>亚类</th><th>地球化学特征</th><th>地质背景</th><th>分布区域</th></tr>
<tr><td rowspan="3">Ⅰ类</td><td>Ⅰ$_A$</td><td>最高伽马蜡烷—极强翘尾巴</td><td>强还原—高咸水环境的原油</td><td>红柳泉、七个泉</td></tr>
<tr><td>Ⅰ$_B$</td><td>高伽马蜡烷—强翘尾巴—成熟度较高</td><td>较强还原—中咸水环境的成熟原油</td><td>狮子沟、花土沟</td></tr>
<tr><td>Ⅰ$_C$</td><td>高伽马蜡烷—强翘尾巴—成熟度较低</td><td>较强还原—中咸水环境的低成熟原油</td><td>跃进1号</td></tr>
<tr><td rowspan="5">Ⅱ类</td><td>Ⅱ$_{IA}$</td><td>C_{27}甾烷>C_{29}甾烷</td><td>以水生生物为主的原油</td><td>乌南地区浅层油藏</td></tr>
<tr><td rowspan="2">Ⅱ$_{IB}$</td><td rowspan="2">C_{27}甾烷<C_{29}甾烷</td><td rowspan="2">以陆源生物为主的原油</td><td>跃西、跃进Ⅳ号</td></tr>
<tr><td>深层油藏</td></tr>
<tr><td rowspan="2">Ⅱ$_{IA}$—Ⅱ$_{IB}$
之间</td><td rowspan="2">C_{27}甾烷与C_{29}甾烷
相当</td><td rowspan="2">以水生生物与陆源生物来源为主的原油</td><td>跃Ⅱ构造</td></tr>
<tr><td>跃东原油</td></tr>
</table>

二、构造活动控制了油气的运聚

柴西南区在青藏高原隆升运动所产生的远程效应影响下，控制了区内油气的运聚，主要表现在动力、通道和空间这三个方面上。

1. 构造活动为油气的运聚提供了充足的动力

在动态方面，伴随昆仑造山带的强烈隆升和挤压逆冲作用，柴达木盆地快速沉降和充填，随着生油层系埋藏深度增大，温度和流体压力增大，不仅加快了油气充注的时期，同时也为流体和油气的运移提供了源源不断的动力。

综合圈闭形成时期，烃源岩生排烃期及包裹体均一温度分析可以看出，柴西南区油气成藏具有明显的长期性和阶段性，主要有以下两个成藏期：第一期是下油砂山组成藏期，在下干柴沟组上段沉积时期的挤压作用下，柴西南区发育了红柳泉、Ⅲ号断层及伴生的背斜构造，后期继承性发育，下油砂山组已具有一定的幅度，下干柴沟组烃源岩开始大量生烃，为油气的聚集创造了良好条件，为油气成藏的第一阶段；第二期是N_2^3—Q成藏期，处于强烈构造活动时期，发育了一系列后生断层及褶皱构造，先期构造最终定型，上干柴沟组大部分烃源岩已处于成熟—过成熟阶段，为油气大规模聚集成藏阶段，跃进二号、跃东、七个泉、狮子沟、油砂山油藏均形成于此阶段（表4－8）。由此可见，从青藏高原隆升的时间与成藏期的耦合关系来看，两者是大致相当（党玉琪等，2004），这充分说明青藏高原隆升产生的构造应力是研究区内油气成藏的重要动力。

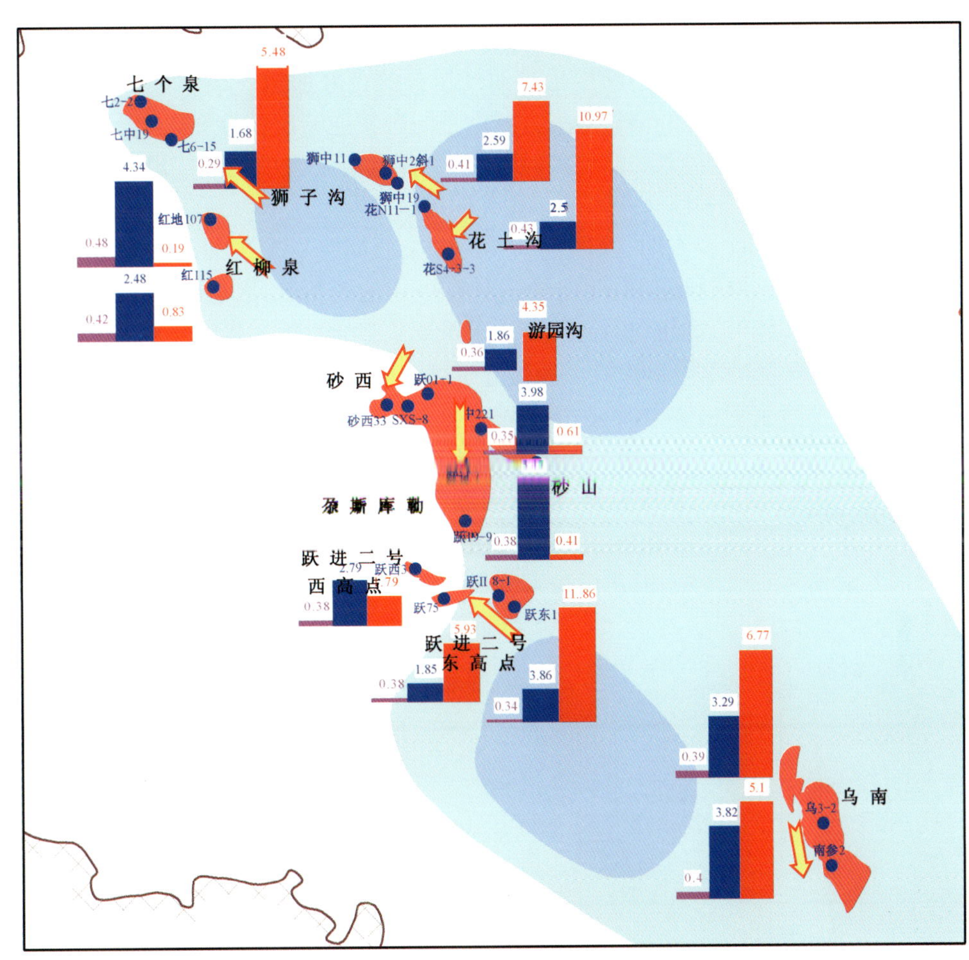

图4-16　柴西南区油气运移路径示意图

表4-8　柴西南区不同地区不同层段油气充注时期表(据青海油田,2004)

地区	跃进地区			狮子沟		南翼山	红柳泉	
地层	N_1	E_3^2	E_3^1	E_3^2		E_3^2	E_3^2	E_3^1
油气充注时间(Ma)	1—现今	5.9—1.7	5.8—2.5	17.2—6.8	4—现今	15.2—9	2.3—现今	2.1—1.5
油气充注时期	Q—现今	N_2^2末期—Q中期	N_2^2末期—Q早期	N_2^1末期—N_2^2	N_2^3—现今	N_2^1末期—N_2^3	Q—现今	Q

经研究发现,柴西南地区古近—新近系普遍具有异常压力的存在,总体上深层油气藏位于异常高压带中,其构造压力系数约为1.6,最高可达2.16(华保钦,林锡祥,1983;黄立功等,2004;郭泽清等,2005;李鹤永等,2006;曹海防等,2007)。而对于构造活动强烈的柴西南地区来说,异常高压产生的原因极有可能来自于周期性的强烈的挤压运动。柴西南区发育沸腾包裹体,说明研究区在地质历史时期异常高压导致天然水力破裂或断层开启,分布于异常高压区的原生油藏由于温压条件的突变,呈现"脉冲式"向正常压力带聚集(邱楠生,金之钧,2000;邱楠生,2001;陈艳鹏等,2008;陈艳鹏等,2008)。这种强烈的油气运聚方式充分说明青藏高原的阶段性隆升能够产生充足的动力以驱使油气运移和成藏。

2. 构造活动为油气的运移提供了通道

柴西南区普遍发育的同沉积逆断层也是油气运移的良好通道。20 世纪 80 年代开始，地质学者们一致认为柴达木盆地的油气聚集方式由于同沉积逆断层的存在以“新生古储”为主，下降盘烃源岩直接与上升盘较老的储层接触，或是上升盘烃源岩中的油气沿水平方向运移至下面的储层（吴庆福，1987；宋廷光，1997）。翟光明等也指出柴达木盆地深部北北西向“断隆”是油气最为集中的聚集带（翟光明，徐凤银，1997）。柴西南区所发现油田的分布与其近南北向构造有着密切的关系，原因在于南北向构造具有一定的走滑性质，是南北方向的构造变换带，能够形成高角度裂缝带，对油气的运聚产生了重要的影响（李玉喜等，2002；罗群，庞雄奇，2003；李潍莲等，2007；李鹤永等，2009）。通过分析已知油田的地质特征，主要大油田均与大型断裂，特别是高角度断裂带相伴，大断裂在地质历史上长期活动，不但控制了生油断陷和构造的形成，而且对油气的输导也起作用。如跃进一号油藏，在断裂构造活动期，油气分别从北侧断裂（Ⅺ号断裂）和西侧断裂（Ⅲ号断裂）向该构造中输送油气；跃进二号油藏东高点，北侧为阿拉尔大断裂，东北侧为Ⅶ号大断裂，并且都是高角度的走滑断裂，它们对该构造的形成起控制作用，对油气运聚起通道作用，因而储量丰度很高（图 4－17）。

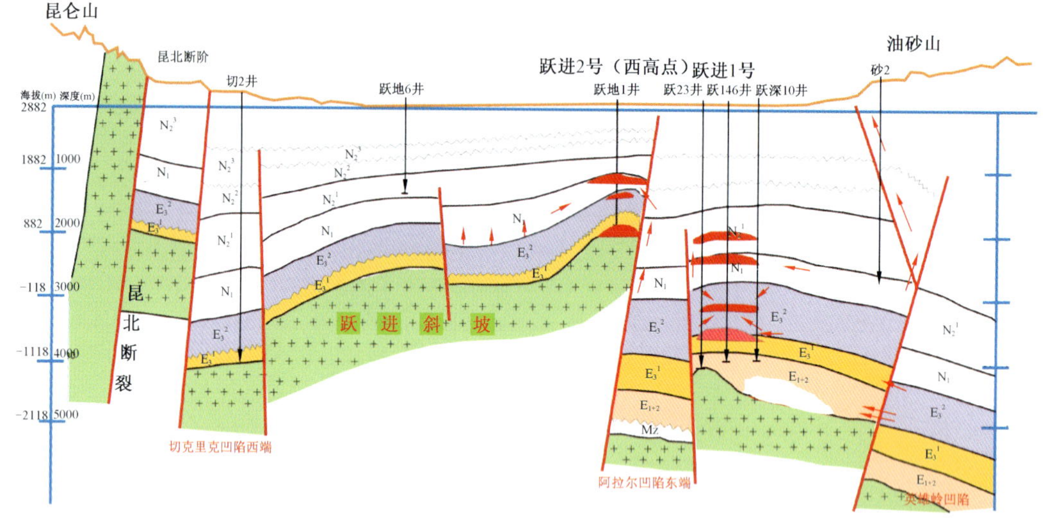

图 4－17　柴西南区跃进 1 号和跃进 2 号油藏剖面图

与中国东部油田复式输导体系相比，柴西南区以近距离垂向输导为主，侧向输导能力却比较弱。前人对跃进一号、跃进二号、油砂山、花土沟和乌南油气藏的输导体系进行对比研究发现，研究区内断层输导体系主要可以分成“鹿角式”、“T 式”、“阶梯式”和“裂隙式”四种模型，不同层位、不同构造类型和不同沉积格架决定了区内不同输导体系的类型。如英雄岭断褶带以“裂隙式”输导体系为主，断褶带以西的阿拉尔和红柳泉地区以“阶梯式”和“鹿角式”输导体系为主，而阿尔金山前和昆仑山前带发育断阶形状的“T 式”输导体系（曹海防，2007）。李鹤永等在前人研究的基础上提出了生长逆断层“F”形输导系统的概念，主要由垂向上主输导断层和侧向展布的砂体构成，砂体位于逆断层的上盘，紧靠断层发育，一般存在深浅两套主要的砂岩输导体：深层下干柴沟组下段砂体和浅部上干柴沟组下油砂山组砂体（李鹤永等，2009）（图 4－18）。

柴西南区平面上油气藏分布相对集中，纵向上油气分布比较分散，含油气层段长、多，反映

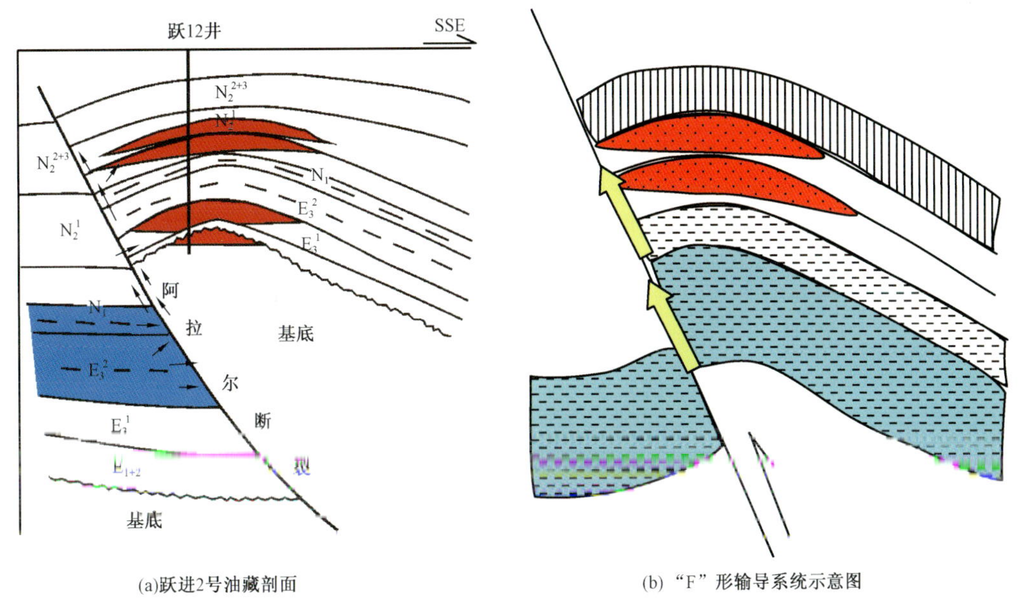

(a)跃进2号油藏剖面　　(b)“F”形输导系统示意图

图4－18　柴西南区“F”形输导系统

了油气是沿断裂和裂缝近源、短距离运移的特征。青藏高原隆升的早期阶段，柴西南区在早期走滑构造作用控制下，以整体的块断沉降为主，裂缝主要发育在走滑断裂带；隆升的中期，柴西南区的构造抬升产生了大量的区域性裂缝；隆升的后期，强烈的挤压作用不仅重新激活了早、中期产生的构造裂缝，而且更产生了一批新的断裂和褶皱相关构造缝（图4－19），新旧裂缝的叠加可以形成良好的输导系统。

(a)跃检1井，3252.56m

(b)狮32井，4156m

(c)乌15井，1358.68m

图4－19　柴西南区典型的含油裂缝

3. 构造活动为油气的运聚提供了聚集的空间

断裂不仅控制了柴西地区生烃凹陷的发育及构造圈闭的形成，在一定程度上也控制了沉积相带的展布及储层物性特征。如阿拉尔断裂控制了柴西南区阿拉尔河流三角洲的展布，Ⅺ

号断裂控制了柴西地区湖泊范围的大小及空间展布,柴西断裂控制了阿尔金山前冲积扇、扇三角洲的展布与发育。对于以石灰岩等为储层的油藏,由于断裂的活动形成大量裂缝,从而改善了储层的物性条件,形成了良好的裂缝性储层(陈新领,2004;童亨茂,曹戴勇,2004;江波,2005;方向等,2006;陈迎宾等,2006)。

综上所述,青藏高原隆升挤压运动使位于有利生油区的地层发生走滑断裂和褶皱等伴生构造,一方面为聚集油气提供了空间圈闭,同时使这些缺乏孔隙储层空间的地层产生大量的裂缝和溶洞,很好地弥补了其储集条件差的缺陷;它们正好发育于背斜褶皱地层中,为裂缝性油气藏的形成提供了有利的储层条件。

第五节　青藏高原隆升与油气晚期成藏

中国大陆自印度板块、欧亚板块碰撞及喜马拉雅运动持续的挤压效应以来,其构造格局于新近—第四纪才最终定型,导致沉积盆地大多数油气藏的最终形成与保存都发生在新近—第四纪期间(龚再升等,2001;曾溅辉等,2001;贾承造等,2004)。鉴于此,贾承造等将"形成于新近纪—第四纪的油气藏"称为"晚期油气藏",主要包括生、排、运、聚均发生在这一时期的油气藏和最终定位于这一时期的油气藏,据统计,中国目前发现的366个大中型油气田中,近68.2%的油气田都是"晚期成藏"(贾承造等,2006)。现有的油气成藏研究也表明,新构造运动是整个中西部前陆盆地(冲断带)的主要油气成藏期(赵孟军等,2005;宋岩等,2006)。

现有的油气成藏研究表明,新构造运动以来是整个中西部前陆盆地(冲断带)的主要油气成藏期(赵孟军等,2005;宋岩等,2006),柴南区的油气成藏期也不例外。晚期成藏现象的发现丰富了对柴达木盆地尤其是对柴西南区的地质认识,同时也为柴达木盆地寻找有利的勘探目标指明了方向。研究区油气晚期成藏主要体现在滞后生烃、圈闭定型晚和油气充注晚这三个重要的方面。

一、滞后生烃

柴西南区古近—新近系烃源岩时代较新,抬升剥蚀作用相对较小,地温梯度变化也小,其烃源岩埋藏史和生烃史比较简单。区内(七个泉、狮子沟、跃进和绿草滩)的一些构造作出的埋藏史和生烃史曲线(图4-3)表明,古近—新近系烃源岩仅在上新世有过一次抬升作用,但是新近系剥蚀幅度一般在800m以下,油气生成作用影响并不是很大。下干柴沟组和上干柴沟组烃源岩基本在中新世晚期才进入生烃门限,第四纪以来只有埋藏深度超过4200m的局部深洼陷到达生油高峰,大部分还处于生油门限至生油高峰之间。另外,第四纪全区有剥蚀作用,但是一般剥蚀厚度小于300m,对柴西南区古近—新近系烃源岩的生烃作用影响不大。总体上来说,研究区古近—新近系烃源岩生烃期较晚(刘震等,2007),油气的成熟度较低。

如前所述,烃源岩形成的时代较新、沉积速率晚期加快和地温梯度逐渐减小是柴西南区烃源岩具有"滞后生烃"特点的主要原因。而这些原因最根本是因为青藏高原阶段性隆升运动具有"早弱晚强"的特点。

二、圈闭定型晚

尽管柴西南区的构造圈闭和岩性圈闭形成的时间均较早,并且都具有多期性,但是,圈闭最终定型的时间却相对较晚。研究区圈闭早在古新世，即受青藏高原隆升早期运动的影响时就开始形成了，上新世—第四纪期间受隆升晚期运动的强烈改造，各圈闭才逐渐发展并最终定型的，与此同时，也形成了一批新的圈闭。由此可见，柴西南区的大地构造背景是从弱变强的过程，青藏高原后期的强烈隆升对研究区圈闭的形成和发育具有非常重要的控制作用，导致圈闭的最终定型期较晚。

三、油气晚期充注

根据前面章节的分析，柴西南区油气成藏特征及成藏时间与晚期构造变形关系密切，油气成藏的期次与青藏高原隆升中晚期的阶段性活动具有良好的对应关系。从下干柴沟组上段—上干柴沟组开始，直到狮子沟组末，在这长达 40Ma 的地质历史过程中，油气成藏过程是分阶段进行的，柴达木盆地形成演化的周期性，造就了柴达木盆地内发育多套生油层系，多次排烃以及多期次油气聚集成藏。而柴达木盆地内多次构造运动又导致已形成的油气藏重新调整或破坏，晚期对成藏起决定作用，这种晚期成藏的特征是由成烃期比较晚、构造圈闭形成期晚以及油气充注期比较晚所决定的。

根据前人资料可以发现，柴西南区油气成藏的过程中有两个关键的时刻是非常重要的，分别是下油砂山组末期和狮子沟组末期（图 4－20）。首先是下油砂山组末期，此时下干柴沟组上段的有效烃源岩已经进入低成熟—成熟阶段，区内的构造格局也大体形成，青藏高原的第三次隆升活动为此提供了充足的动力，使得生成的油气沿着开启的断裂进行运移和聚集，该阶段是柴西南区原生油气藏形成的主要时期。第二个关键时刻是狮子沟组末期，此时区内有效烃源岩大部分已经进入到低熟—成熟阶段，局部甚至进入到了高成熟阶段，青藏高原的第四次隆升活动使得原生的构造圈闭和岩性圈闭最后得以定型，生成的油气沿着大量的构造裂缝运移至定型的圈闭之中。与此同时，原生圈闭经过改造和油气的再分配，也能形成一定数量的次生油气藏，该时刻可以说是柴西南区油气成藏最重要的时刻。

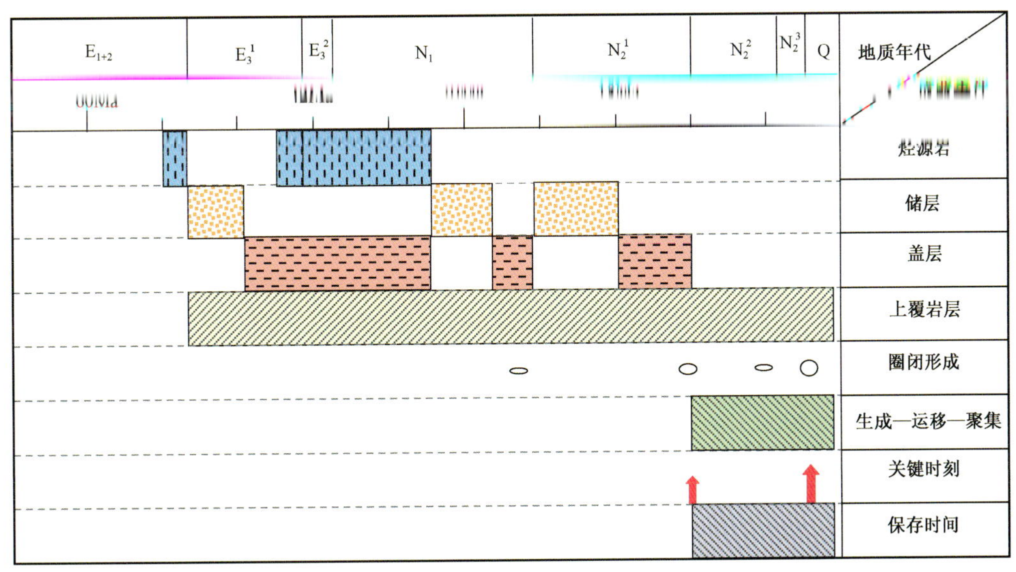

图 4－20　柴西南区油气成藏事件图

第六节　成藏新模式及富集条件

一、粗粒三角洲储层油气富集规律

根据昆北断阶带各种成藏要素和成藏过程之间的关系，可以将其划分为源外—不整合及断裂输导—粗粒三角洲及基岩复合成藏模式，该类模式具有以下6个方面的基本特点。

1. 紧邻主力生烃凹陷

从昆北断阶带已钻探的钻井来看，昆北断阶带自身生烃潜力相对有限。前人的研究认为，柴西南区现今存在的主力生烃凹陷包括红沟子—狮子沟凹陷以及扎哈泉—切克里克凹陷。其中扎哈泉凹陷在下干柴沟组下段沉积前开始发育，一直持续到下油砂山组沉积之前，到后期由于强烈的构造运动形成一斜坡，直到 Q_{1+2} 以后受后期构造的挤压形成现在的凹陷区；另外，切克里克凹陷一直和扎哈泉凹陷处于持续沉积，连为一体，形成了切克里克—扎哈泉凹陷，该凹陷紧邻昆北断阶带，为昆北油田的形成奠定了良好基础。

从柴西南区下干柴沟组下段有机碳含量和烃源岩厚度平面分布特征来看（图4－21），昆北断阶带以东的切克里克凹—扎哈泉陷烃源岩厚度大，有机碳丰度高，是整个柴西南区最为重要的主力生烃凹陷之一。切克里克—扎哈泉凹陷的有效面积达到440km^2，根据成因评价的残烃法，对扎哈泉—切克里克凹陷资源量进行了评价，资源量达到5.03×10^{8}t，比预算的资源量增加了1.79×10^{8}t，为昆北断阶带的勘探突破奠定了油源基础。

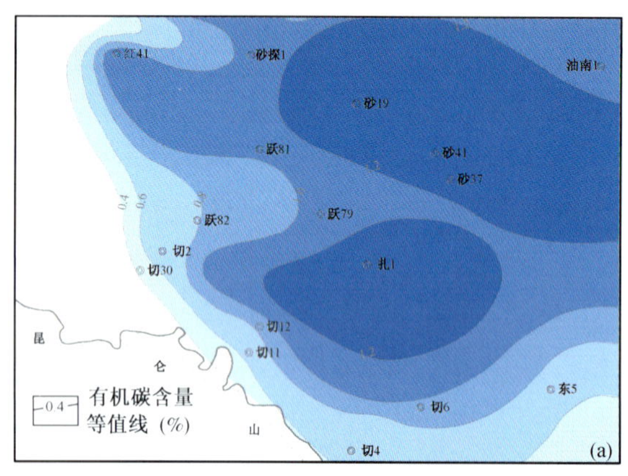

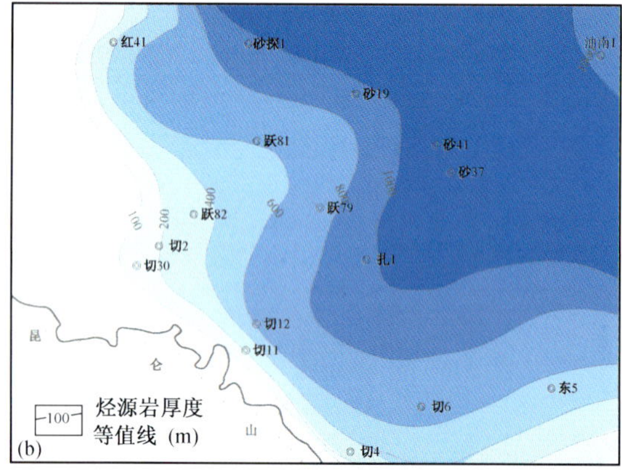

图4－21　柴西南区下干柴沟组下段有机碳含量（a）和烃源岩厚度（b）平面分布图

综上所述，昆北断阶带紧邻生烃凹陷，且剩余资源潜力丰富，是环扎哈泉—切克里克凹陷外围油气勘探的重点领域。

2. 持续隆起的古构造背景

昆北断阶带基底为古生代变质岩和海西期花岗岩的复合基底，其上直接沉积新生界。受古生代变质岩和海西期花岗岩的复合刚性基底稳定抬升的控制，古近纪以来昆北断阶带长期处于持续隆起的古凸起带（图4－22），有利于油气规模聚集成藏。

新生代早期路乐河组沉积时期，沉积特征表现为填平补齐，地层仅分布在昆北断阶带东

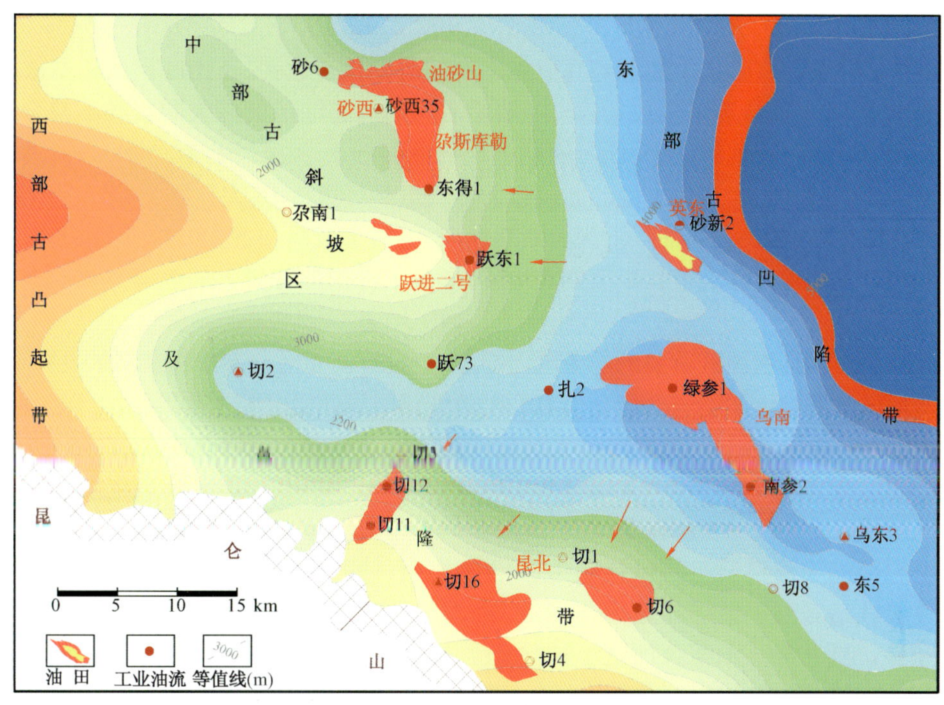

图 4 - 22　昆北断阶带 $N_2{}^1$ 沉积末期 $E_3{}^1$ 古构造格架油气运聚特征图

部，向西超覆尖灭在切 12 井以东，西端的切 12 井周缘及以西地区，仍然为变质岩区或花岗岩出露的古隆起区，向东端地层逐渐增厚，切 6 井以东厚度为 220～400m 之间，说明了昆北地区基底地貌具有西高东低的古斜坡地形特征（图 4 - 23）。

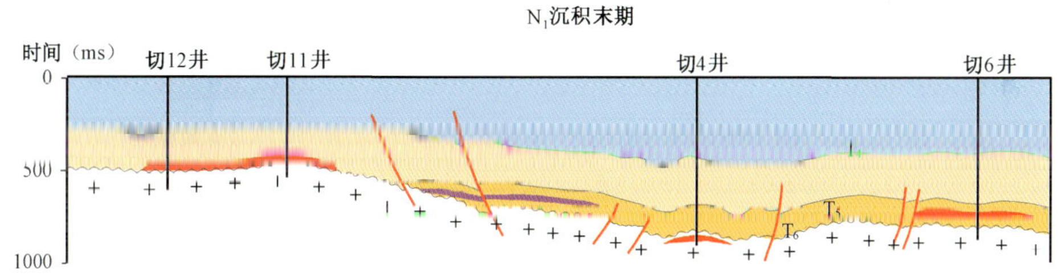

图 4 - 23　昆北断阶带上干柴沟组（N_1）沉积末期古构造剖面图

由于上干柴沟组—下油砂山组沉积时期是昆北地区主要生、排烃的高峰期，研究成藏期上干柴沟组沉积早期的古构造发育特征，对昆北油气成藏规律有重要的现实意义。通过古构造恢复技术对昆北断阶带进行分析发现，在上干柴沟组沉积时期末期，昆北地区整体是西高东低的斜坡构造格局，路乐河组底界表现的地貌特征是单一的斜坡构造格局，油藏基本通过昆北断裂沟通、长距离沿斜坡运移成藏的。下干柴沟组下段底界继承了基岩顶界面西高东低的地貌特征，只是局部有所变化。路乐河组在工区西段未接受沉积，在切 12 井周缘下干柴沟组下段直接覆盖在基底变质岩或花岗岩之上，在此背景下，路乐河组和下干柴沟组下段沉积地层自东向西存在大量地层超覆现象。下干柴沟组上段底界呈现的地貌特征继续保持西高东低继承性古地形特征，超覆线继续向西推进，高点向西偏高，下干柴沟组上段（$E_3{}^2$）为昆北油藏的形成提供了一套稳定分布的盖层。

3. 断裂—不整合为良好输导体系

柴西地区主要存在燕山末期和喜马拉雅运动期两期构造改造，燕山晚期的构造改造形成了昆北断阶带，喜马拉雅晚期生成的油气主要沿着早期沟通油源的深大断裂和不整合形成了横向的输导体系控制油气的运聚，此时晚期形成的断裂和 E_{1+2}、E_3 时期沉积的高渗透河道砂控制了油气的横向和垂向运聚。昆北断阶带的油气运移可概括为：大型断裂、不整合与高渗砂体组成复合输导体系，一方面油气沿深大断裂纵向运移，形成纵向源上含油气体系；另一方面油气沿不整合及河道砂体进行长距离侧向运移，形成了古构造背景上的侧向源外复合含油气体系。

昆北断裂作为柴西地区重要的一条深大断裂，上盘控制着昆北断阶构造带的发育，下盘控制着柴西地区主要生烃凹陷——切克里克凹陷的形成。因此昆北断裂是凹陷油气运移到昆北断阶构造带主要纵向导通道，其在空间上的延伸控制着油气向上运移的最大距离，在一定程度上决定了油气在空间成藏的范围。同时断裂也改善了基岩储层物性条件，裂缝沟通了基岩内的风化溶洞并成为油气的有利储集空间，成藏条件也相当优越，是油气的富集的有利地带。

不整合面由于受到长期的风化剥蚀和淋滤作用，使孔隙的连通性增强，原来的沉积物通过物性再改造增大了地层孔隙的连通性，提高了孔隙度和渗透率，为油气的运移和储集创造了条件。昆北地区不整合面之上的底砾岩是风化带粗碎屑残积物在发生水进时接近原地沉积的产物，以粗碎屑含砾砂岩为主，成分复杂，分布连续，厚度适中，孔渗性较好，为"畅通型"残积层，是油气运移的优势通道。风化黏土层在上覆沉积物压实作用下岩性较致密，是一套阻止油气穿层运移的有效封盖层。底砾岩和风化淋滤带在风化黏土层的分割作用下，构成油气运移的双重通道。在不整合的形成过程中，断裂作用形成大量的裂缝，提高了岩层孔隙的连通性。不整合形成后，大气淡水沿裂隙下渗，使下伏岩层发生溶蚀风化，造成风化淋滤带次生孔隙发育，形成良好的储集空间，不整合面既是运移油气的主要通道，又是油气聚集的主要场所。

4. 优质储层广泛发育

昆北断阶带受昆仑山物源影响发育河流—三角洲沉积体系，存在多种类型的碎屑岩储层，该类储层岩性较为均一，主要为细—中粒砾状砂岩，胶结物含量低，疏松且物性较好；其中分流河道、河口坝砂体厚度大、连片分布是油气储集的主要场所（付玲等，2010；王海琦等，2011；李乐等，2011）。另外昆北断阶带基岩受风化作用影响发育裂缝—溶孔型储层（管俊亚等，2012），也是油气聚集的有利场所。

5. 储盖组合配置良好

昆北断阶带由于喜马拉雅运动及晚期遭受昆仑山抬升的剧烈影响，导致了该地区广泛发育不整合面，局部缺失地层；又由于昆北断阶带受昆北断裂和山前断裂所夹持，强烈活动的构造背景又导致了断阶带上发育大量次级断层和派生断层。这样的构造背景一方面导致了昆北断阶带发育各类的地层圈闭和构造圈闭，另一方面也对成藏所必需的保存条件提出了挑战，因此昆北断阶带的盖层对各类圈闭成藏有重要作用。

6. 圈闭类型多样

受盆地构造演化、盆—山关系、区域构造背景、构造应力作用机制等的影响，昆北断阶带构造主体以近东西向延伸的大规模逆冲断裂和线状排列的褶皱为主要特征（汤良杰等，2000；罗群，庞雄奇，2003；党玉琪等，2004），因此发育断裂与褶皱变形相关的构造圈闭。切 3 井区表现为压扭性的沿山前分布且断裂分割的断鼻型圈闭；切 4 井区块体靠近山前高点圈闭就属于多条断层交切围限而成的断块型圈闭；切 6 号构造与东柴山构造带东 12 井区是在区域断层的调节与控制下所形成的背斜型圈闭（陈国民等，2010）。同时受古凸起构造背景及近源三角洲的控制，容易形成储集体岩性、岩相、物性的纵、横向变化或由于纵向沉积连续性中断而形成各类岩性圈闭。另外，昆北断阶带为一个古隆起，受风化作用的影响，基岩隆起极易形成风化壳圈闭；不整合面的几何形态可以提供走向闭合，进而形成了地层圈闭（图 4－24）。

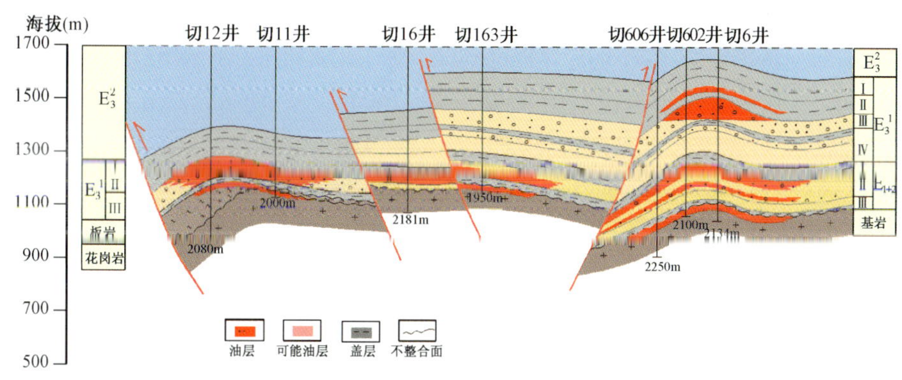

图 4－24　柴西南区昆北断阶带油藏剖面图

总之，昆北断阶带具有各种类型圈闭共存、纵向上相互叠加分布的特征，包括构造圈闭、构造—岩性复合圈闭（上倾尖灭型岩性圈闭、岩性地层—断层型圈闭）、地层圈闭（基岩风化壳—裂缝圈闭、地层超覆圈闭）等，为油气成藏提供了众多良好场所。

二、油气成藏模式

胡朝元等学者统计了全球 200 个大中型油气田和油区的油气藏分布数据，提出“绝大多数盆地（凹陷）成油系统属短距离或超短距离运移”形成的。可见与烃源区的距离是油气富集的重要条件（胡朝元等，2002）。以往的大量勘探成果也表明，大型油气藏多属于近成烃期—近源油气藏。近成烃期—近源油气藏是指与烃源岩在时间、空间的间隔跨度较小的油气聚集，即成藏期与成烃期相近、平面上邻近烃灶区形成的油气藏（周兴熙，2005；郝蜀民等，2007；赵文智等，2011）。就运移和成藏条件来说，岩性油气藏的形成更具有优势条件，仅靠油气初次运移和短距离的二次运移就可以成藏，不需要长距离二次运移（刘震等，2006）。尽管近源油气田的勘探成效一般是非常显著的，但是，许多地区源内或近源油气藏分布在勘探难度比较大的构造带、复杂成藏带或探区的深部、超深部，例如昆北地区青藏高原隆升发育的昆北断层，由于其活动的复杂性加深了该区油气勘探的难度，并且后期强烈构造运动对原生油气藏进行了多期改造，因此，仍然还沿用源内或近源油气成藏模式的思路肯定是有局限性的。

通过断裂的结构特征及活动性分析，昆北断裂经历了三个演化阶段：(1)路乐河组—上干柴沟组时期的右旋走滑伸展阶段（即 E_{1+2}—N_1 时期），这一时期主要表现为昆北断裂活动逐渐增强，具有明显的右旋走滑位移特征，并演化成为控制切克里克凹陷的主要边界断裂；(2)上干柴沟组—下油砂山组时期的弱挤压阶段（即 N_1—N_2^1 时期），这一阶段昆北断裂上盘受挤压开始逆冲抬升；(3)下油砂山组时期以后的强烈挤压阶段（即 N_2^1 及以后时期），这一阶段在喜马拉雅运动晚期区域构造运动的控制下，昆北断裂受到强烈挤压逆冲，上盘地层急剧抬升，从而后期遭到大量剥蚀，奠定了现今构造格局的分布。

昆北地区主要经历了两次主要流体充注：第一期充注（N_1 早期）已经在昆北形成了较大规模的工业性聚集，第二期的持续充注（N_2^1—Q）与晚期构造调整相结合，形成了较厚油层（20～32m），可能是早期成藏、大规模成藏。切 609 井和切 610 井路乐河组（E_{1+2}）储层在镜下显示存在两种不同颜色的荧光，一种是沥青的褐色荧光，另一种是后期聚集石油所发的浅黄色或绿色荧光，说明该区具有两期油气成藏过程（图 4－25）。通过与昆北断裂演化期次耦合分析发现，昆北断裂的两个强挤压期上干柴沟组（N_1）早期及 N_2^1 末期（断裂主要活动期）基本对应于两期关键成藏期。从动态成藏的角度分析，昆北断裂具有纵向沟通油源的作用。

另一方面，不整合在油气运移和聚集过程中也具有一定的重要性。Levorsen 早已指出不整合对油气聚集有密切的关系（Levorsen，1967）。不整合面的存在可使烃源岩二次生烃，改善储集空间和性能，可以作为油气的侧向运移通道（潘钟祥，1983；付广，杨勉，2000）。不整合面具有三层结构，顶部的风化黏土岩是下伏油气藏良好的封盖层，底部半风化岩层不仅可以作为油气运移的有效输导层，还具有侧向的封堵性，层间的断层则沟通了不整合底部和上部的储层，构建起了油气充注的三维立体输导网络（陈中红等，2003；王建功等，2005；刘海涛，史建南，2008）。不整合面之上可形成地层超覆圈闭，不整合面以下可形成潜伏剥蚀构造和潜伏剥蚀凸起圈闭等构造、岩性和物性配合的复杂油气藏（赵卫军等，2007；夏近杰等，2012）。

(a)切609井，2091.05m，E_{1+2}

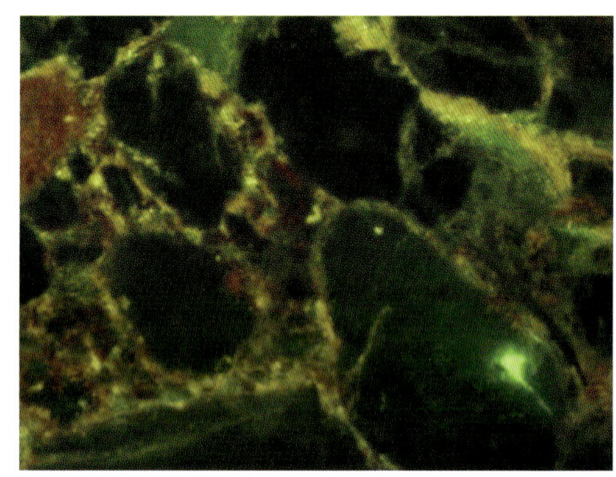

(b)切610井，2084.96m，E_{1+2}

图 4－25　柴西南区昆北油田储层荧光照片

通过对昆北断阶带 2007 年发现的切 6 号油藏类型的分析，认为昆北断阶带的油藏类型总体上属于源外次生油藏。油源对比研究表明，昆北断阶带与乌南地区具有相同油气源，都是来自昆北断裂下盘深部的扎哈泉—切克里克生烃凹陷，其下干柴沟组下段有效烃源岩面积近 2000km^2，可为昆北断阶带提供充足的油气。综合以上的研究结果，昆北断阶带源外控藏的成藏理论模式的重要特征是深大断裂纵向沟通深部生烃凹陷油源，不整合面作为油气横向远距运移主要通道，在主力生烃凹陷以外富集成藏（图 4－26）。

受喜马拉雅运动晚期成藏动力的影响，油气通过深大断裂纵向运移、基岩风化壳—不整合面的横向输导形成规模性油气聚集。因此，昆北断阶带油气成藏 6 大主控因素主要为：（1）紧邻切克里克—扎哈泉生烃凹陷，油源供给充足；（2）持续隆起的古构造背景，便于

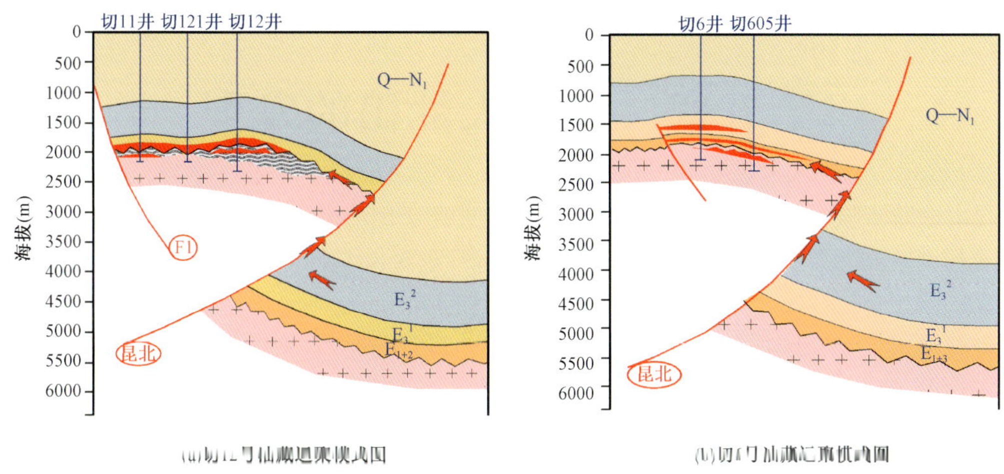

图4－26　昆北断阶带源外控藏模式图

油气长期富集;(3)断裂—不整合复合输导体系控制着油气的运移;(4)优质储层广泛发育利于形成规模油藏;(5)区域盖层发育,储—盖组合配置良好;(6)发育多种类型圈闭,具有叠加连片的特征。

第五章　昆北大油田的发现

昆北断阶带位于昆仑山前，隶属于柴西南区，夹持于山前断裂和昆北断裂之间，为一受昆北断裂控制的北北西展布、西窄东宽的大型断阶带，东西长120km，南北宽10～30km，北与切克里克凹陷相临，东侧与乌南斜坡相接，勘探面积约3000km^2。

勘探早期，该区切1井、切2井、切3井、切5井、切4井一系列钻井相继失利，勘探受阻，导致勘探家对昆北断阶带石油地质综合评价较低，当时普遍认为昆北断阶带构造活动强烈，距油源较远，砂砾岩沉积发育，非均质性强，物性差，油气难以规模成藏。再加上该区地理环境恶劣，地震资料品质较低，一直以来成了柴西南区勘探上的难点和禁区。

2007年，切6井试油获高产工业油流，首次实现了昆北断阶带的重大突破；2009年以后，切12井、切401井、切163井相继获得成功，并发现了昆北亿吨级大油田。

第一节　调整勘探战略

昆北断阶带油气勘探的重大突破，在于调整勘探战略谋划全局。柴达木勘探界敢于解放思想，转变观念，通过“否定之否定”深化认识，在“认识→实践→再认识→再实践”的过程中优选有利地区，选准突破口，不断探索，周密组织，科学管理，为昆北大油田的勘探落实提供了有力保障。

一、解放思想，转变观念

解放思想是勘探工作永恒的主题，是不断在新区、新领域取得成功的关键。解放思想，创新思维，转变勘探观念，创新思路，针对盆地复杂的地质特点，提出了“四个重新认识”，即重新认识资源潜力、重新认识勘探领域、重新认识勘探区带、重新认识地震资料，并由此针对性地作出了四个转变，为优选有利区带、选准突破口指明了方向。

1. 四个重新认识

1）重新认识资源潜力

扎哈泉凹陷发育E_3^2、E_3^1、N_1等多套烃源岩，烃源岩有机质丰度高、生烃潜力大，油气不仅在乌南、跃进斜坡聚集成藏，而且在南侧的昆北地区也可能是重要的聚集区。

2）重新认识勘探领域

“九五”、“十五”期间，受储—盖组合认识所限，长期把深层作为主要勘探目的层系，先后钻探了沟4井、油南1井、冷七1井等54口深井，成功率仅为16%。1984年，狮20井在深层裂缝段获得高产工业油流后，长期把狮子沟裂缝性油气藏作为勘探重点，在山地地震攻关和深井钻探中投入了大量的人力、物力、财力，勘探成本高、效益差，但没有实质性突破，油气勘探持续低迷；由于对勘探对象的复杂性认识不足，错把难点当重点，勘探领域应转向中—浅层碎屑岩储层。

3）重新认识勘探区带

通过综合评价，重新梳理出“三区三带”（七个泉—砂西斜坡区、跃进斜坡区、乌南斜坡区；昆北断阶带、狮子沟—油砂山构造带、油泉子—咸水泉构造带）是柴西地区近期实现勘探突破的重点目标区，其中昆北地区勘探程度低、潜力大，是可实现突破的现实区。

4）重新认识地震资料

地震资料是地质家认识地下的第一手段，是勘探实现突破的关键，三维地震重新采集资料和老资料挖潜是提高认识的重要途径。根据勘探生产分公司安排，在柴西南区进行三维地震整体部署，有针对性地进行二次采集。2006—2007 年，先后完成跃进、乌南、红柳泉、扎哈泉等地区二次三维地震（1189km^2），并开展了柴西南区 13 块新、老三维地震（1955km^2）连片处理。

2. 四个转变

在四大重新认识的基础上，通过对柴达木盆地历年预探失利井的分析表明，以往探井井深较大，总体部署的探井数量较少，并仅以构造圈闭、深部成藏组合为主要对象，部分钻探的圈闭位于晚期构造强烈活动区，探井成功率低、勘探成效差、难以为续，因此转变勘探思路势在必行，通过分析讨论相应作出了四个转变：（1）由于深层储层物性较差，且钻井周期长，效益较低，因此在勘探层系上必须由“深层”转向“浅层”；（2）由于构造活动区油藏受晚期活动破坏，保存条件相对较差，勘探区域上由“不太考虑构造活动性”转向了“构造稳定区”；（3）由于非常规储层一般产量较低，且横向非均质性明显，预测难度大，勘探类型上由“碎屑岩、非常规储层兼顾”转向了“主攻碎屑岩储层”；（4）由于一些高勘探程度区构造发现难、岩性勘探程度低，勘探圈闭上由“单一构造”圈闭勘探转向了“构造—岩性复合”圈闭。

二、选准突破口，构建新的成藏模式

在新的勘探思路指导下，通过对现有资料的消化和认识，重新对油气成藏条件进行系统研究，并利用源外成藏模拟实验，构建了源外大型斜坡复合控藏新模式，认为大型断裂—不整合能够控制油气大面积聚集成藏。古近纪以来昆北断阶带持续稳定抬升的古构造背景、深大断裂纵向沟通油源、基岩风化壳横向输导，为源外成藏创造了优越的条件。

新的勘探理论带来了创新性的认识，在昆北断阶带体现在：（1）应用源外成藏理论认为昆北具备优良的油源条件。以往对昆北断阶带评价较低，主要是由于早期钻井效果不佳，于是认为该区油源条件较差，三次资评该带石油资源量仅 2350×10^4t，按照过去的传统认识认为其勘探潜力极为有限。但考虑到切 4 井取心见油斑花岗岩，表明该区有过油气运移，通过对柴西南区烃源岩进一步研究确认了切克里克—扎哈泉富烃凹陷的存在，该凹陷发育 E_3^1、E_3^2、$N_1$3 套优质烃源岩，目前正处于生烃高峰，而昆北断阶带与切克里克富烃凹陷紧密相邻。源外成藏理论认为，来自断裂下盘切克里克—扎哈泉生烃凹陷的油气可通过昆北断裂运移到昆北上盘，然后沿断裂、不整合、风化壳一起构成的输导网络充注到各类圈闭中，具备优良的油源条件。（2）良好的古构造背景有利于油气成藏。古构造研究表明，昆北断阶带长期具有西高东低的古斜坡背景，控制上覆地层的分布，昆仑山的隆升同时形成北低南高的古构造背景，影响断裂和基底形态，区域古斜坡是油气运移的长期指向区，同时控制了地层岩性圈闭的形成，局部的基岩隆起背斜易于形成高丰度油藏。（3）E_{1+2} 物性相对较差的储层有可能形成大面积的地层—岩性油藏。昆北断阶带干柴沟组下段 E_3^1 发育大型近源三角洲沉积体系，前缘亚相砂体单层厚度大，物性好，是主要的储层。除 E_3^1 外，路乐河组（E_{1+2}）辫状河三角洲平原亚相砂体广泛发育，物性相对较差，分析认为尽管砂体单层薄，但层数多、纵向上相互叠置，可以形成连片分布的规模油藏。（4）位于构造相对稳定区，利于油气保存。柴达木盆地位于青藏高原东北缘，是晚喜马拉雅—新构造运动活跃和影响强烈的地区。相比较而言，尽管喜马拉雅运动晚期，昆北断阶带构造活动仍然较强，也存在地层的剥蚀，但现今地表覆盖有较厚的第四系，表明新构造运动期间处于构造相对稳定区，有利于油气保存，地表也未见油苗。

综上所述，由此确定了昆北断阶带为近期勘探主战场的勘探战略思想。

三、总揽全局分步实施

在新的成藏模式的指导下，总揽全局，通过地质评价寻找有利区带落实有利目标，分步实施，边实施，边调整，大胆甩开勘探，最终实现了规模扩展。

1. 地质评价落实目标，实现突破

昆北断阶带早期勘探一波三折。通过少量的二维地震，在20世纪80年代钻探了切1井、切2井、切3井、切4井，未获成功，切2井在切西地区新近系见到油气显示同时落实了存在暗色泥岩，切4井在花岗岩风化壳中见到油迹，分析认为除圈闭不落实外，可能缺乏有效的储—盖组合，勘探有潜力但目标不明确，勘探陷入停顿。

2006年，随着柴西地区三维地震二次采集的全面展开，为解剖切克里克凹陷，乌南三维地震部署兼顾了昆北上盘部分地区，三维成果除了满足乌南勘探以外，也为昆北勘探目标评价提供了条件。2007年，重新梳理勘探目标，在古近系发现一个背斜圈闭，目的层（E_3^1）顶面圈闭面积7.41km^2，在切六号构造顶部部署钻探切6井并获得成功，实现了昆北断阶带的勘探突破。

随后通过对该区构造变化、储层调整、油藏特征进行分析，转变思路，重新研究，获得两个重要的认识。一是 E_3^1 油藏应是厚层块状构造油藏，通过深化构造研究，进一步落实了圈闭形态和构造高点；二是切602井在 E_{1+2} 试油获得成功，让勘探工作者意识到路乐河组可能为岩性控制油藏；而 E_{1+2} 是一个柴达木盆地首次获工业油流的勘探新领域，值得重视和评价。

针对 E_{1+2} 油藏重点开展了以下工作：（1）深化沉积研究，明确油藏控制因素：切六区 E_{1+2} 以辫状河三角洲前缘亚相为主，属弱压实孔隙型储层；整体物性较好，但受沉积微相影响，平面有一定非均质性，油藏的平面展布主要受物性控制。沿切605井—切603井以北，水下分流河道砂发育，储层物性好，是岩性油藏扩展勘探的主要方向。（2）井—震结合储层反演，进一步明确有利砂体分布：利用三维地震，结合探井成果，精细标定主力油层，开展了多属性的储层反演，进一步确定了有利储层发育区。（3）地震、地质结合，通过评价钻探确定油藏边界，控制 E_{1+2} 岩性油藏含油边界。（4）强化“四性关系”和储层参数研究，准确落实了油藏的储量参数，为探明储量奠定了坚实的基础。

2. 加强技术攻关实现新发现

切六号构造发现后，加强了三维地震勘探，并加大目标评价，采用新技术、新方法，克服地上、地下的困难条件，提高地震资料品质。

昆北断阶带地表条件复杂，包括砾石、戈壁、平缓沙漠、起伏沙丘和零星沙梁等，地震激发接收条件差。为了满足勘探需求，通过试验攻关，形成了一套适合昆北地区的个性化三维地震采集技术。三维地震资料品质得到大幅度提高，信噪比较高，主频达35Hz。初步解释发现和

落实了中段切四号背斜构造、西段切12号断鼻构造等一批构造。通过地震、地质条件综合分析，优选切十二号构造进行钻探。

切12号断鼻构造位于昆北断裂上盘，具有圈闭面积大、埋藏较浅的特点。该构造紧邻扎哈泉富烃凹陷，是在古隆起背景上形成的大型鼻状构造，长期处于油气运移指向区。可能发育构造和岩性两种类型的圈闭，其中高部位是古隆起背景上形成的背斜圈闭，圈闭完整，形成时间早；沿鼻隆构造轴线下倾方向平缓斜坡区具有继承性古隆起背景，紧邻富烃凹陷，具有优先捕获油气的条件。

针对切十二号构造、岩性两种类型圈闭，分别部署钻探切11井、切12井。切12井、切11井在 E_3^1 和基岩风化壳中获得高产工业油流，发现了新的含油层系，实现了昆北断阶带西段勘探的新突破。

3. 重视岩性油藏，实现规模扩展

切6井、切12井发现后，研究认为昆北断阶带油源充足，斜坡背景上三角洲、河流相砂体发育，是岩性油藏勘探的有利区带，有针对性地加大该区岩性油藏的勘探，按照"突破中段、两边甩开"的思路先后在中段斜坡部署钻探，在多口井失利情况下反复认识、反复实践，最终实现岩性油藏勘探新扩展。

多口井钻探失利提出了新课题，切4井含油表明油气可以长距离运移，斜坡带有没有聚集区？聚集的要素是什么？分析认为古构造背景、断层或物性的遮挡条件、有利储集相带可能是控制有效圈闭和油气成藏的关键因素。

古构造研究明确了昆北地区古近纪沉积时期为西高东低的古斜坡，路乐河组具有西薄东厚的特征，中段的切16区 E_{1+2} 底部砾岩发育，具有厚度较大、连片分布的特点。通过开展大量卓有成效的对比工作，进一步明确了地层的分布和砂体展布，E_{1+2} 地层自东向西逐层超覆尖灭，可能发育地层、岩性多类圈闭。

在上述研究认识基础上，按照深大断裂、不整合面控制油气成藏的思路，优选同类斜坡带有断层遮挡的地层、岩性油藏为目的层，在昆北断阶带中段6号断层下盘部署钻探切16井获得成功。

切16井的成功发现证实了中段斜坡区具有良好成藏条件，勘探方向开始转向规模较大的切四号构造斜坡带。通过重新认识岩性油藏成藏规律，对20世纪80年代在切四号构造高部位钻探的切4井进行老井复查。

切4井 E_{1+2} 储层物性好不含油，基岩含油。说明斜坡区存在油气大面积运聚，构造高部位不含油，那么在斜坡物性条件适中部位有可能形成岩性油藏。按照岩性油藏的勘探思路，强化沉积微相和有利储层分布的研究，结合波阻抗反演成果，明确了切4井区—切16井区斜坡区岩性油藏有利目标区，部署的切163井喜获成功。

切16井、切163井的成功钻探，揭开了昆北断阶带中段岩性油藏勘探的序幕，制定了"沿构造斜坡，顺有利相带，以 E_{1+2} 为主，兼顾风化壳"的勘探思路。通过认识→实践→再认识→再实践的不断探索，明确了切163井区油藏的主控因素和成藏特点，随后井—震结合进行了精细层序地层学和沉积微相研究，结合属性反演技术，打开了切4井区—切16井区的勘探局面。

第二节　昆仑山前存在优质生烃凹陷

切6井的成功证实了昆仑山前生烃凹陷和优质烃源岩的存在，下面在油源分析的基础上，结合其他地质资料，论述昆仑山前切克里克—扎哈泉生烃凹陷及其优质烃源岩发育特征，说明昆北断阶带具备丰富的油源条件，为昆北断阶带油气成藏打下了坚实的物质基础。

一、昆北地区原油特征

1. 原油物性特征

1）原油基本性质

昆北地区多个区块试油所获原油均为轻质油，其物性参数为：据切16、切163区块E_{1+2}油藏地面原油样品分析结果，密度为0.846～0.883t/m^3，平均值为0.858t/m^3，黏度为7.2～106.82mPa·s，属于轻质原油；据切4井区基岩地面原油样品分析结果，密度为0.8548～0.8606t/m^3，平均值为0.858t/m^3，黏度为14.91～54.84mPa·s，属于轻质原油；据切12井区、切6井区E_3^1地面原油样品分析结果，密度为0.8456～0.8797t/m^3，平均值为0.8599t/m^3，黏度为11.6～46.81mPa·s，属于轻质原油（表5－1）。

表5－1　昆北地区原油物性数据表

井号	试油井段（m）	层位	密度（t/m^3）	含汽油量（%）	含煤柴油量（%）	黏度（20℃）（mPa·s）	初沸点（℃）
切161	2142～2144	E_{1+2}	0.8515	20	17	7.54	63
			0.8508	20	17.5	7.21	67
			0.8528	19	17	8.03	69
			0.8531	19	17	8.17	71
			0.8532	19	17.5	8.28	73
	2111～2114		0.8632	13	18	18.17	76
			0.8489	18	19.5	8.06	60
			0.8486	18.5	19.5	8.00	64
			0.8481	19.5	18.5	7.40	62
			0.8461	18.5	19.5	7.22	48
切163	1892～1896	E_{1+2}	0.8575	5	21	14.82	120
			0.8586	4	21.5	15.02	118
			0.8579	7	24	14.90	130
			0.8569	5.5	25	14.55	136
			0.8572	6	24	14.71	134
切401	1456～1465	基岩	0.8570	11	17	17.05	73
			0.8590	10	17.5	19.08	77
			0.8558	11.5	17	15.94	75
			0.8606	15	17	15.42	79
			0.8571	14	19	15.43	83
			0.8548	15.5	17.5	14.91	74

续表

井号	试油井段(m)	层位	密度(t/m^3)	含汽油量(%)	含煤柴油量(%)	黏度(20℃)(mPa·s)	初沸点(℃)
切402	1653~1659	基岩	0.8584	13	14.5	53.32	73
			0.8591	14	15	54.84	79
			0.8571	13	15	52.68	77
切20	2550~2561		0.8547	13.8	24.2	12.43	99
切11	1953~1974		0.8779	2.6	19.4	62.66	171
			0.8804	2.6	19	59.10	169
切12	1817~1835	E_3^1	0.8687	2.9	22.3	23.50	130
			0.8605	14.5	19.50	13.50	79
			0.8498	16	17	11.71	64
			0.8556	15.5	18.5	12.22	73
			0.8573	15.1	19.4	12.03	73
			0.8538	15.1	17.9	11.98	71

2)原油族组成

昆北地区原油饱和烃含量分布在40%~70%之间,芳香烃含量多低于或接近10%,非烃含量小于40%(表5-2),与柴西地区其他原油族组成基本相似(图5-1)。

表5-2　昆北地区原油族组成数据表

井号	层位	样品类型	饱和烃(%)	芳香烃(%)	非烃(%)	沥青质(%)
切6	E_3^1	原油	64.09	10.24	17.79	7.88
切601	E_3^1	原油	64.49	9.44	19.32	6.75
切	E_3^1	原油	59.63	8.82	20.64	10.91
切	E_3^1	原油	60.90	8.35	20.65	10.10
切	E_3^1	原油	63.85	8.19	19.08	8.88
切12	E_3^1	原油	53.60	7.60	33.45	5.26
切11	E_3^1	原油	51.03	9.35	34.31	5.31
切4	E_3^1	原油	42.70	6.70	35.00	13.00
切602	E_{1+2}	原油	63.59	10.45	20.17	5.79
切602	E_{1+2}	原油	59.83	8.26	18.70	13.21

2. 原油地球化学特征

1)柴西南区原油分类

对柴西南区原油特征分析表明,其最显著的特征表现在伽马蜡烷丰度和升藿烷的翘尾巴特性上。图5-2为伽马蜡烷/C_{30}藿烷、藿烷C_{35}/C_{34}这两参数的相关图。从图中可以看出,柴西南区的原油总体可分为两大类:Ⅰ类为具有高伽马蜡烷—强翘尾巴特征,这类原油主要来于高盐度—强还原沉积体系。Ⅱ类为低(中)伽马蜡烷—弱(非)"翘尾巴"特征,这类原油可能来于相对较低盐度—较弱还原性的沉积体系。两类原油具有明显的区域分布特征。Ⅰ类原油主要分布于七个泉、红柳泉、狮子沟、花土沟和跃进一号等地区;Ⅱ类原油主要分布于跃进二号、跃进四号、跃东和乌南绿草滩等地区,昆北地区原油均属于Ⅱ类原油(图5-2)。

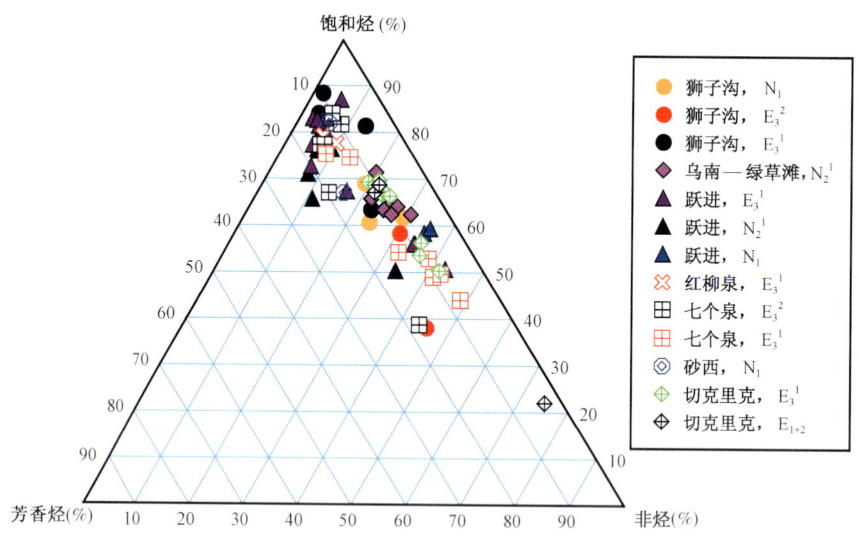

图5-1　柴西地区原油族组成三角图

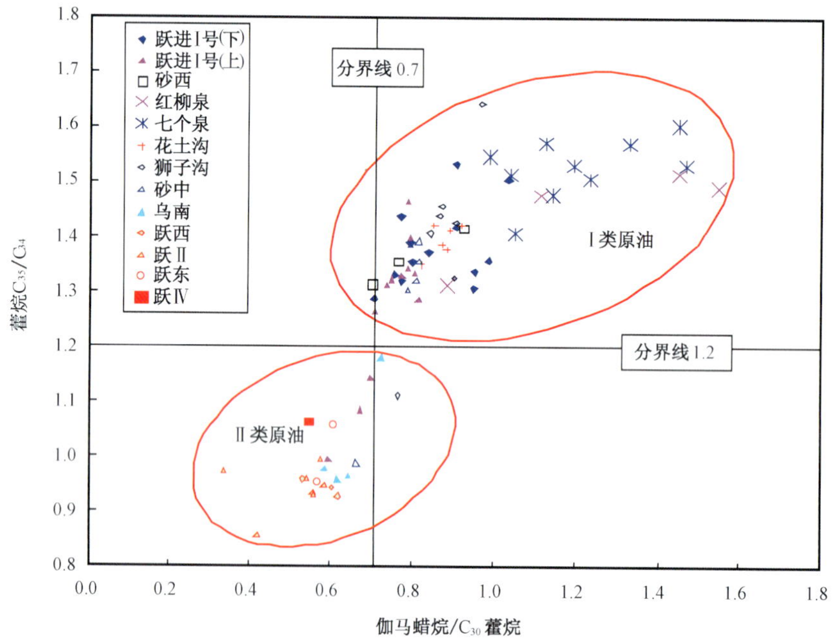

图5-2　柴西南区原油分类图

2)正构烷烃分布特征

原油中正构烷烃系列普遍十分丰富，就其正构烷碳数分布范围来看，大多数原油样品分布范围较宽，一般分布在C_{11}—C_{36}范围，主峰碳为C_{22}(图5-3)。原油的OEP值基本分布在0.7~1，说明该区原油处于中等成熟阶段(表5-3)。

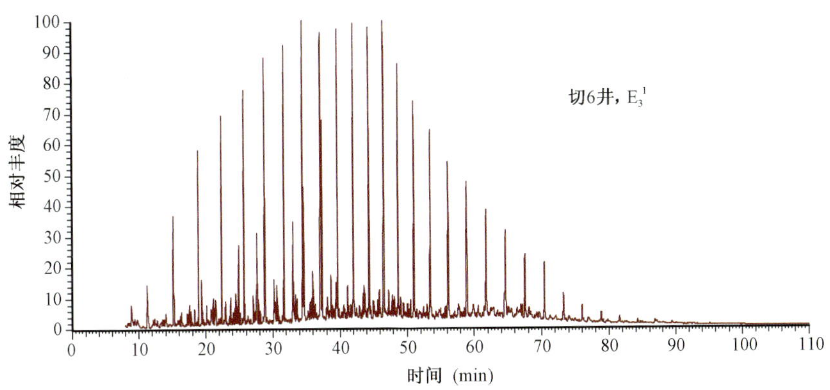

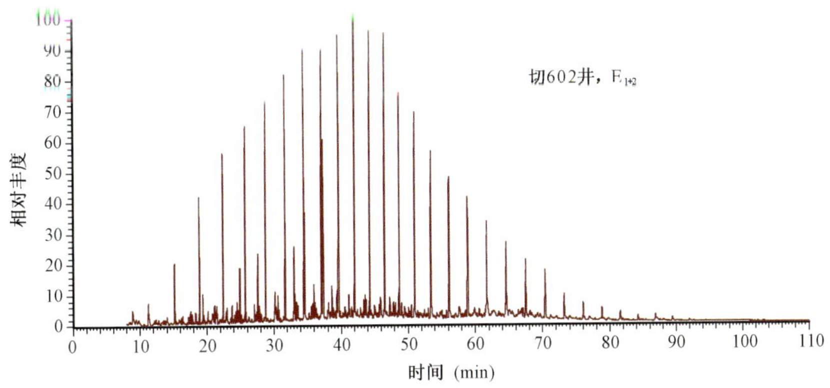

图 5-3　昆北地区原油总离子流图

表 5-3　昆北地区原油饱和参数表

井号	层位	OEP	Pr/nC_{17}	Ph/nC_{18}	Pr/Ph
切 6	E_3^1	1	0.31	0.87	0.34
切 6-201	E_3^1	1	0.34	0.64	0.56
切 601	E_3^1	[illegible]	0.15	0.71	[illegible]
切 12 井	E_3^1	0.94	0.2	0.81	0.13
切 6-211	E_{1+2}	0.98	0.76	1.05	0.64

3) 类异戊二烯烷烃分布特征

Pr/nC_{17}、Ph/nC_{18}和 Pr/Ph 值主要与母质输入类型和沉积环境有关，也与成熟度有关。随着成熟度增高，Pr/nC_{17}和 Ph/nC_{18}值会降低，而 Pr/Ph 值会增高。Pr/Ph 值也是有机质的氧化还原程度参数，同时又能指示成烃环境的水体深浅程度。

从姥鲛烷和植烷的分布特征（表 5-3）来看，所有原油样品均具较强植烷优势，总体来看，Pr/Ph 值均较低，分布在 0.13～0.64 之间，显示了其强还原的沉积环境。

昆北地区原油 Pr/nC_{17}值分布于 0.2～0.76 之间，Ph/nC_{18}值分布于 0.64～1.05 之间，Pr/nC_{17}和 Ph/nC_{18}值较低（表 5-3），说明了本区原油成熟度可能总体较低。

4) 甾、萜烷分布特征

从规则甾烷 C_{27}、C_{28}、C_{29} αααR 的峰高分布来看，切克里克凹陷 E_3^1 原油具有以 C_{27}为主峰的对称“V”字形分布模型：$C_{27}=C_{29}>C_{28}$，其特点是同时有水生生物和陆源物质的输入。从甾烷的质量色谱图（图5-4）上可以明显看出，切克里克E_3^1原油的C_{27}、C_{28}、C_{29}甾烷的ββ峰较高，由此说明这些原油处于成熟阶段。

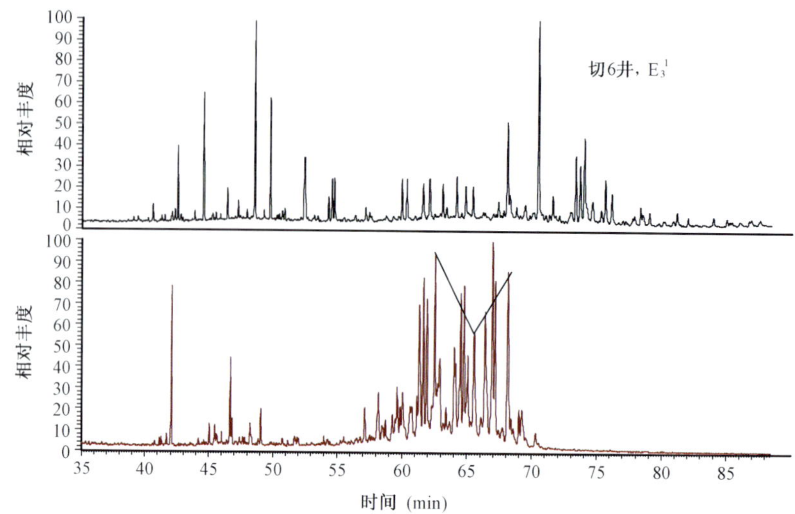

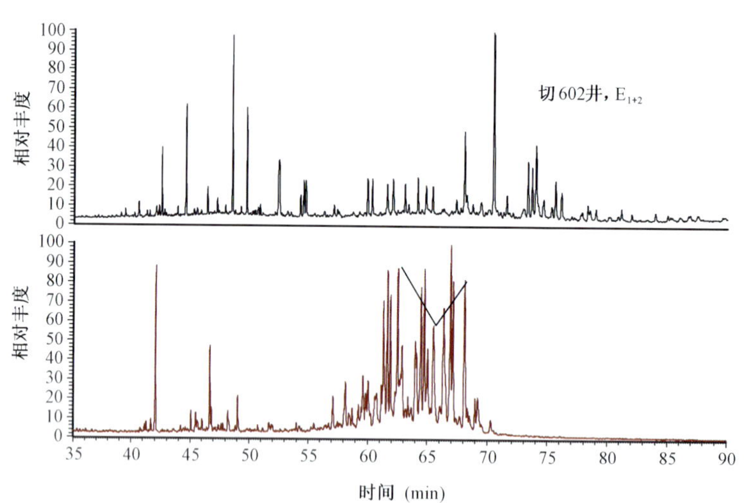

图5-4 昆北地区原油甾、萜烷分布特征图

昆北地区原油的C_{29}甾烷20S/(20R+20S)值和C_{29}甾烷ββ/(ββ+αα)值均分布在0.3~0.6之间，属于低成熟—成熟阶段（表5-4）。从图5-5上可以明显看出，切克里克地区原油处于成熟阶段。

表5-4 昆北地区原油甾、萜烷参数表

井号	层位	1	2	3	4	5	6	7	8	9
切6	E_3	0.14	0.49	0.50	0.52	0.47	38	27	35	0.68
切601	E_3	0.07	0.48	0.50	0.50	0.48	37	27	36	0.67
切6-201	E_3	0.12	0.48	0.50	0.52	0.46	32	29	38	1.27
切6-h203	E_3	0.22	0.50	0.50	0.49	0.47	39	27	34	0.68

续表

井号	层位	1	2	3	4	5	6	7	8	9
切 6 - h204	E_3	0. 09	0. 47	0. 50	0. 51	0. 47	39	27	34	0. 69
切 6 - h206	E_3	0. 16	0. 46	0. 51	0. 53	0. 47	39	27	34	0. 63
切 11	E_3	0. 42	0. 57	0. 44	0. 51	0. 38	38	28	34	0. 85
切 11	E_3	0. 42	0. 58	0. 44	0. 50	0. 39	37	28	35	0. 88
切 12	E_3	0. 51	0. 52	0. 46	0. 48	0. 44	37	27	36	0. 92
切 602	E_1	0. 08	0. 47	0. 52	0. 51	0. 48	32	31	37	0. 73
切 603	基岩	0. 17	0. 48	0. 50	0. 50	0. 50	35	28	37	0. 64

1—Ts/Tm;2—伽马蜡烷/C_{30}藿烷;3—C_{29}甾烷 20S/(20R + 20S);4—C_{31}藿烷 22S/(22R + 22S);5—C_{29}甾烷 ββ/(ββ + αα);6:% C_{27}ααα 20 R 甾烷;7:% C_{28}ααα 20 R 甾烷;8:% C_{29}ααα 20 R 甾烷;9:C_{35}/C_{34}升藿烷

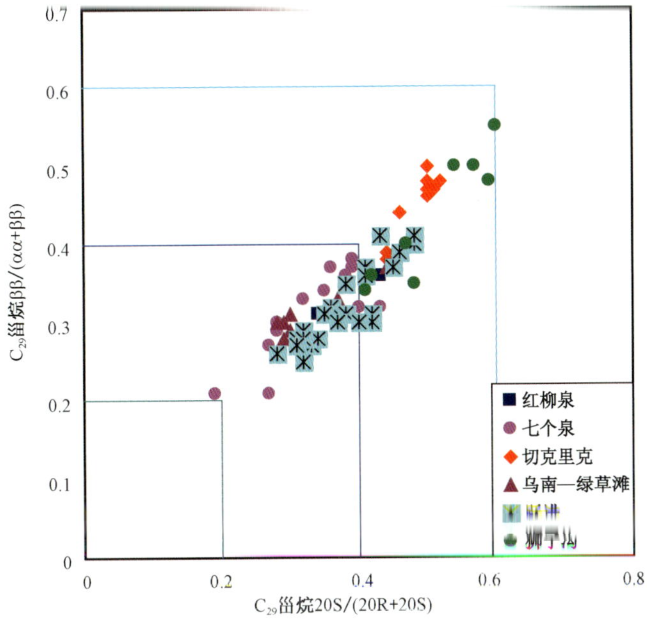

图 5 - 5　柴西地区原油样品 C_{29} 规则甾烷成熟度图

切克里克地区原油伽马蜡烷/C_{30}藿烷比值分布在 0. 4 ~ 0. 58 之间;C_{35}/C_{34}升藿烷比值分布在 0. 63 ~ 0. 92 之间,伽马蜡烷含量相对较低,Ts/Tm 值相对较低。属于Ⅱ类原油。

二、油源对比

1. 切 6 井油藏

从切 6 井 E_3^1 原油全烃色谱图上看,轻组分散失较为严重,与乌南油田 N_1—N_2^1 储层原油相比,切 6 井原油轻组分几乎全部遭散失。从原油的 Pr/Ph 值对比看,切 6 井的原油 Pr/Ph 值较低(图 5 - 6),与扎哈泉周缘的原油一致,属于Ⅱ类原油,说明切 6 井油源均来自强还原环境。

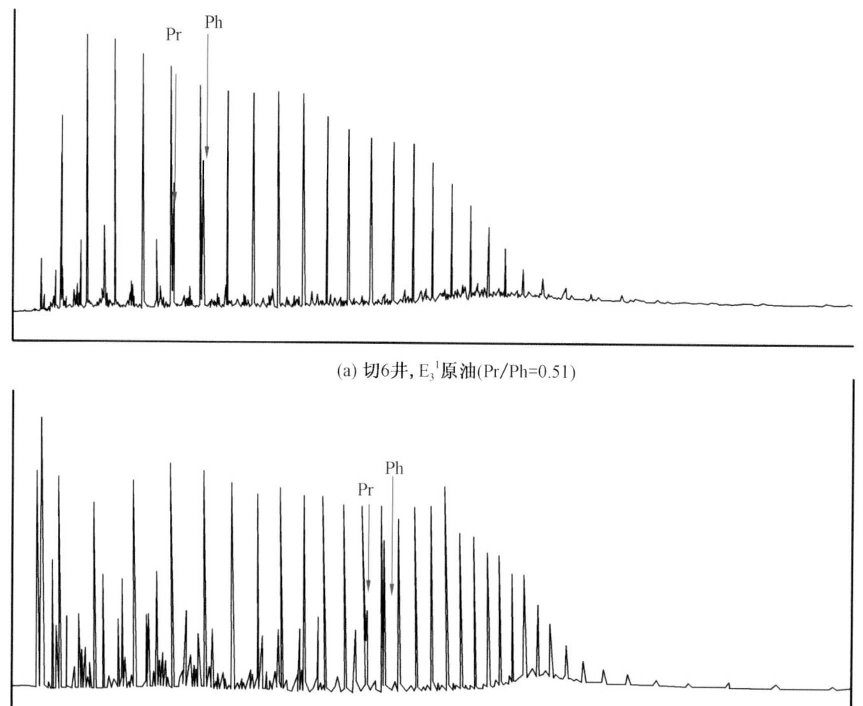

(a) 切6井，E_3^1原油(Pr/Ph=0.51)

(b) 乌南4-01井，N_1—N_2^1原油(Pr/Ph=0.55)

图5-6 切6井与乌南原油全烃色谱对比图

切6井储层抽提物(1704～1708m)C_{27}和C_{29}甾烷几乎相同，呈V字形分布，而扎哈泉地区乌南和跃进二号原油以C_{27}甾烷为主(图5-7)。

对比发现，切6井的原油和储层抽提物与切4井E_3^2烃源岩可对比性较好，而与扎西1井E_3^2烃源岩不同，但考虑到原油成熟度较高，因此可能是来自凹陷弱还原环境的烃源岩。切6井原油和储层抽提物(1704～1708m)C_{27}和C_{29}甾烷含量几乎相同，呈"V"字形分布，C_{27}对C_{29}甾烷略占优势，而扎哈泉地区乌南和跃进二号原油是以C_{27}甾烷为主。从成熟度指标看，切6井E_3^1原油也是扎哈泉地区成熟度最高的原油，C_{29}甾烷$\beta\beta/(\beta\beta+\alpha\alpha)$比值为0.51，Ts/Tm为0.76，高于整个扎哈泉地区的原油(图5-8)。

切6井的原油和储层抽提物伽马蜡烷/C_{30}藿烷值为0.472，低于0.60，跟乌南地区相同，并且原油的Pr/Ph相同，考虑到C_{27}比C_{29}甾烷与扎哈泉凹陷烃源岩略有不同，且与切6井本地的烃源岩比较，明显有很大的不同，说明并不是来自本地的烃源岩，而是来自还原环境较弱的扎哈泉凹陷烃源岩。

综合分析认为，切6井原油来自切克里克—扎哈泉凹陷还原环境相对较弱的烃源岩。

2. 切12油藏

对于切12井区来说，无论从饱和烃还是甾烷对比来说，切9井、切11井、乌26井和砂西35井烃源岩各项生物标志物特征与切6井、切11井和切12井原油差异甚大，无亲缘关系，因此排除了来自本地的烃源岩(图5-9至图5-11)。

从甾烷的分布特征看出，乌26井烃源岩和切12井、切11井原油均以C_{27}甾烷为主，C_{29}甾烷丰度相对较低。烷基环己烷分布表明乌26井烃源岩和切12井、切11井原油也比较相似，均呈现双峰特征，后面的峰值高于前面，说明切12井区原油更可能来自切克里克—扎哈泉凹陷。

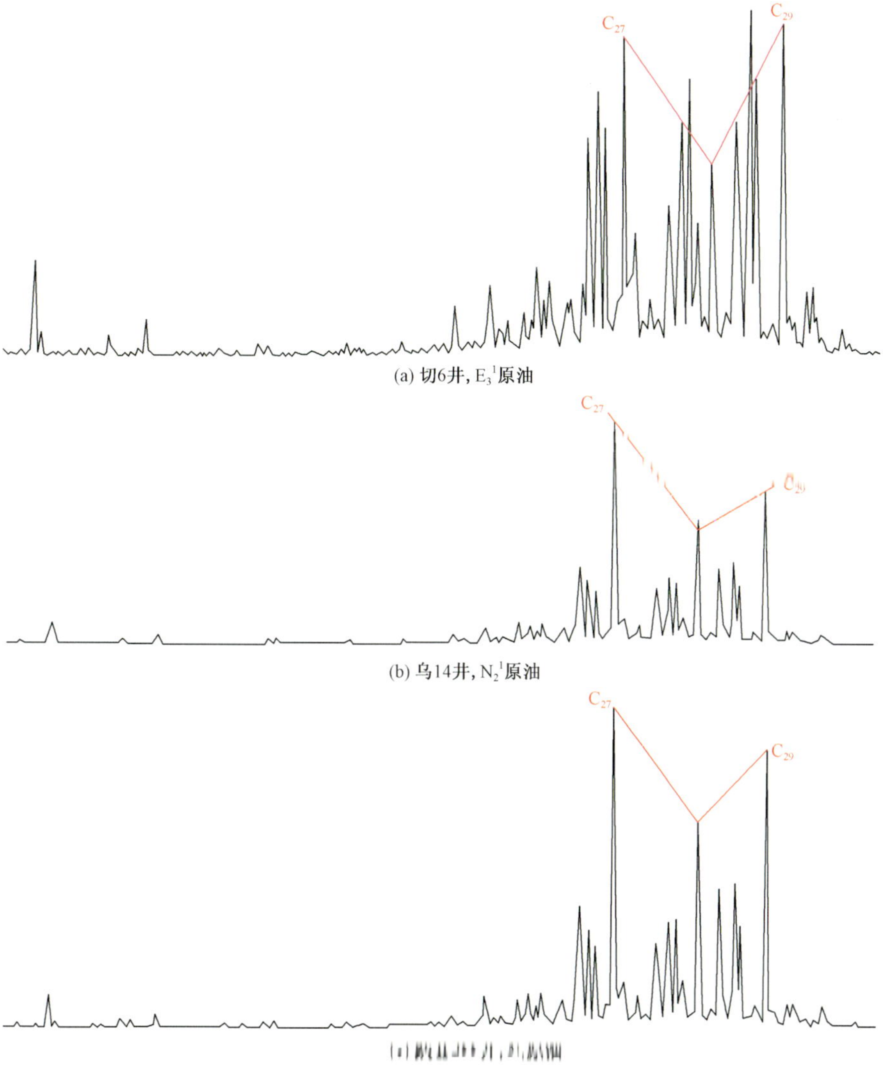

(a) 切6井, E_3^1原油

(b) 乌14井, N_2^1原油

图 5－7　切 6 井原油与乌南和跃进Ⅱ号原油甾烷对比图

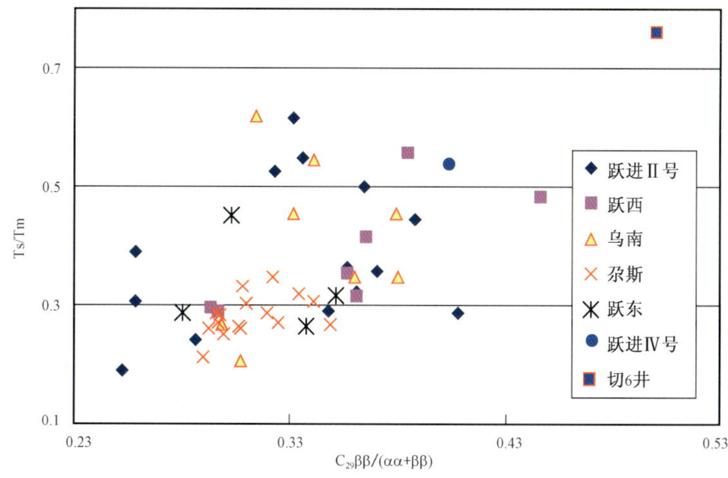

图 5－8　切 6 井与切克里克—扎哈泉凹陷周缘原油甾烷成熟度对比图

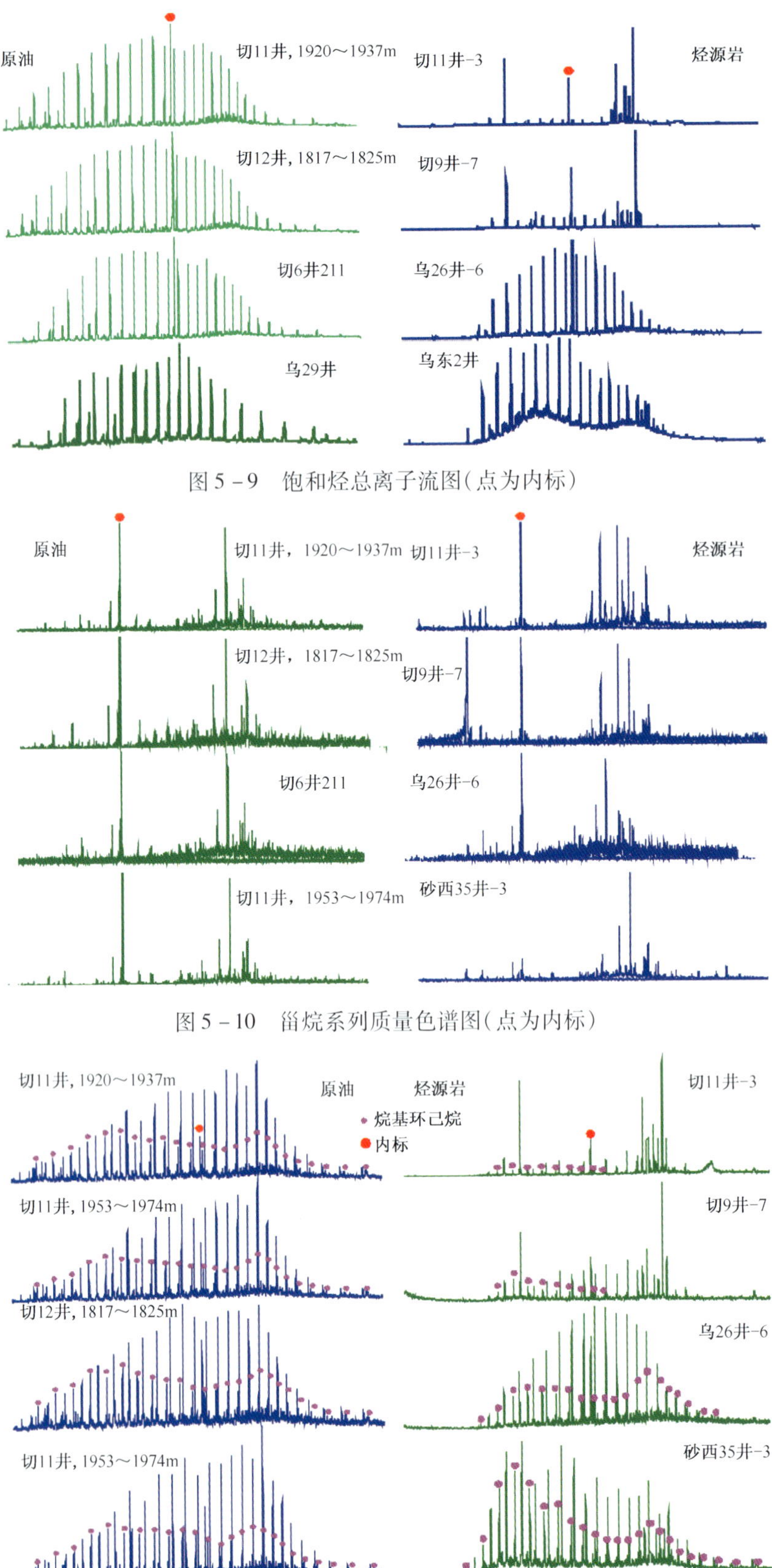

图5－9　饱和烃总离子流图（点为内标）

图5－10　甾烷系列质量色谱图（点为内标）

图5－11　烷基环己烷系列质量色谱图（点为内标）

3. 切 4 油藏

对于切 4 井基岩油藏来说，原油伽马蜡烷丰度低，与切 6 井 E_3^1 原油和乌 26 井原油相似，切 4 井 C_{27} 与 C_{29} 甾烷丰度几乎相当，甾烷的分布形态与切 6 井相当，与乌南地区有所不同，可能受陆源物质影响更多，甾烷成熟度 C_{29}20S/(20S + 20R) 为 0.463，C_{29} 甾烷 ββ/(ββ + αα) 为 0.481，略低于切 6 井原油成熟度，但高于乌南油田的原油成熟度，应是来自成熟度较高的烃源岩(图 5 - 12)。

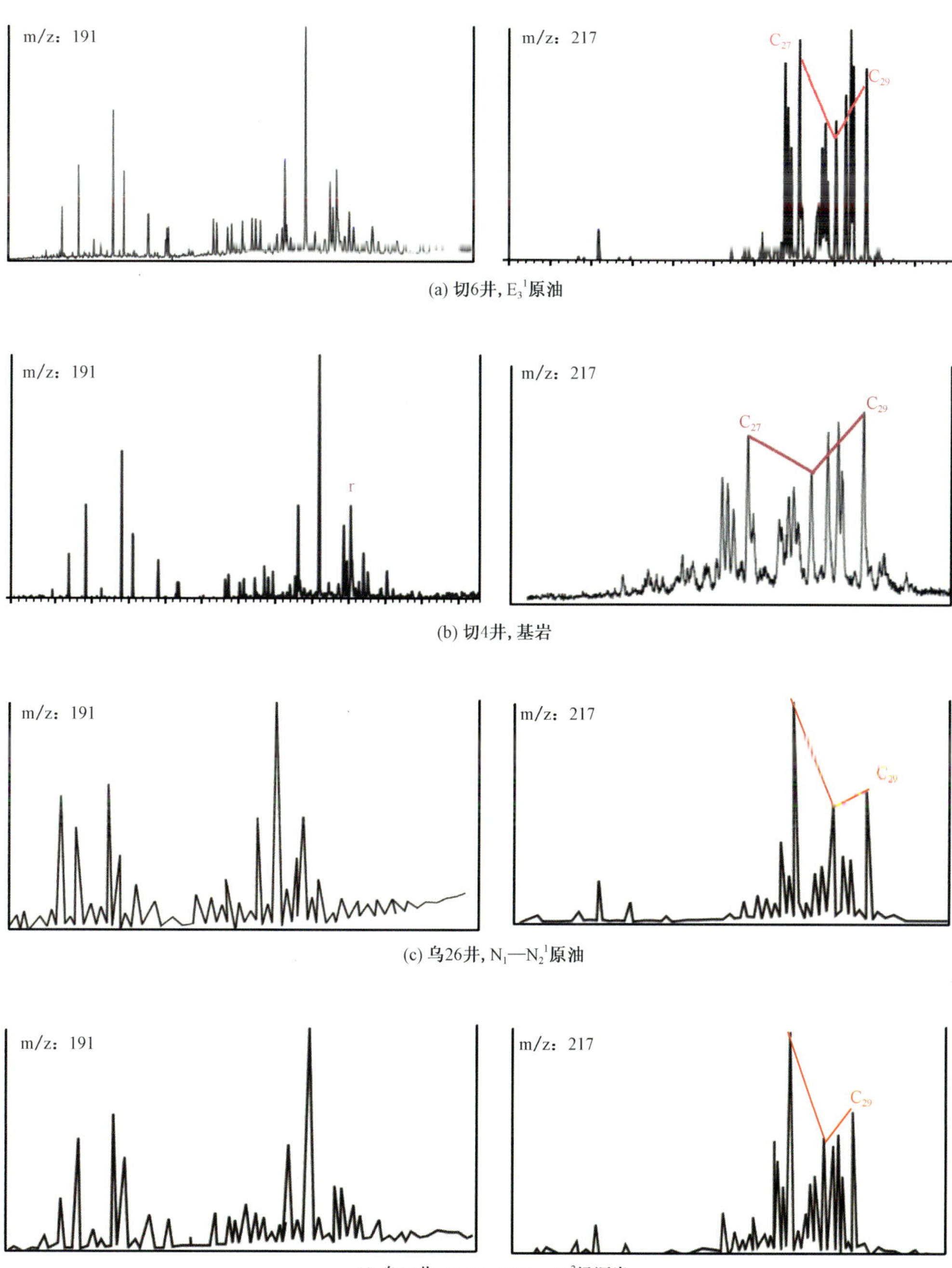

图 5 - 12　切 4 井色谱—质谱对比图

三、山前主力生烃凹陷及其烃源岩

经油源对比确认了昆北断阶带油气来源于山前凹陷烃源岩，从而证实了昆北断阶带紧邻生烃凹陷，具备丰富的油源条件，明确生烃凹陷的分布及其生烃潜力对于昆北断阶带油气勘探具有重要意义。

1. 凹陷分布及其演化

三维地震资料的大连片对于整体认识柴西南区凹陷结构、坡隆凹关系，明确凹陷分布，全面评价柴西南区古凸起及斜坡区岩性油气藏的勘探潜力有重要意义。

三维地震大连片数据时间切片清晰地展示了柴西南区现今存在3个斜坡、3个凹陷和1个断阶带。其中七个泉—砂西、跃进和乌南三大斜坡为长期持续性发育的古斜坡，而现今存在的凹陷则主要有红狮凹陷、切克里克—扎哈泉凹陷、阿拉尔次凹（图5-13）。

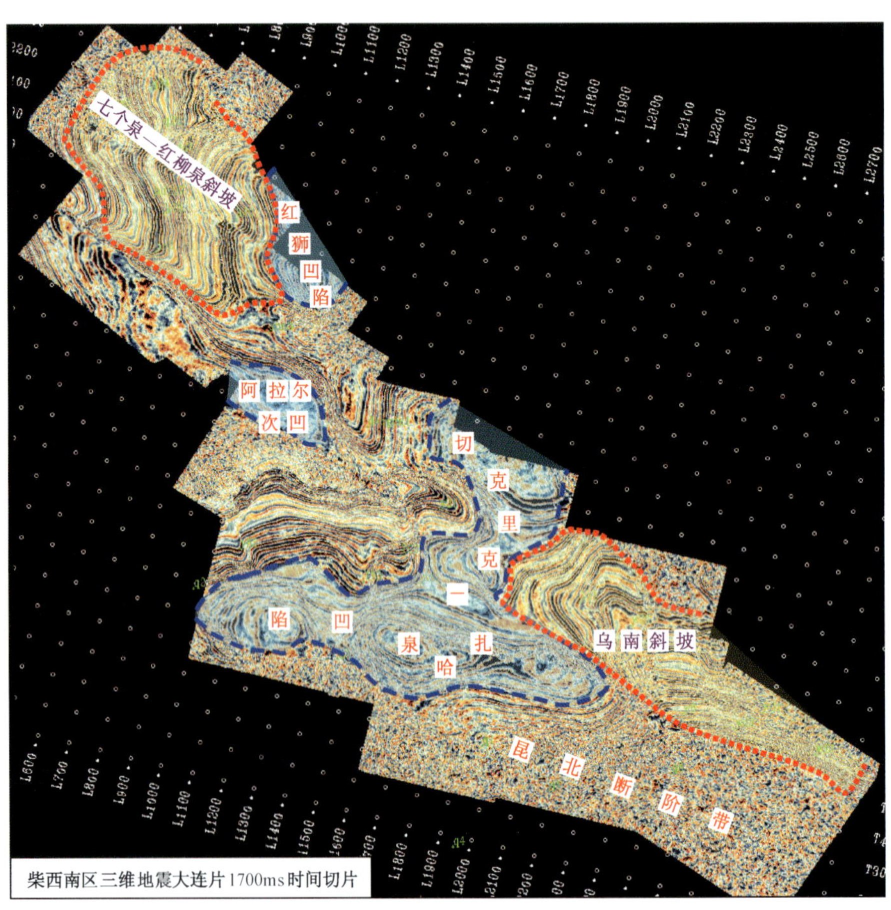

图5-13 柴西南区凹陷和斜坡分布图

红狮、阿拉尔、切克里克—扎哈泉凹陷构造演化分析表明，3个凹陷演化特征明显不同。红狮凹陷在E_{1+2}沉积之前就已经开始出现，并且一直到新近系持续发育；阿拉尔次凹是在Q_{1+2}沉积后才开始出现，明显是后期构造运动所致；扎哈泉凹陷在E_3^1沉积前开始发育，一直持续到N_2^1沉积之前，到后期由于强烈的构造运动形成一斜坡，直到Q_{1+2}以后受后期构造的挤压形成现在的凹陷区；另外切克里克凹陷一直和扎哈泉凹陷处于持续沉积，连为一体，形成了切克里克—扎哈泉凹陷。

另外通过切克里克凹陷演化剖面的分析，证明是切克里克凹陷东、西部为演化过程略有不同，切克里克凹陷东部在 E_3^1 沉积前开始出现，并且持续发育，而凹陷西部在 N_2^1 以后由于构造运动的挤压才开始出现，为后期形成的形态。演化剖面显示红狮凹陷、切克里克—扎哈泉凹陷为持续沉降特征，切克里克—扎哈泉凹陷则为一整体凹陷（图 5 - 14）。据此认为切克里克—扎哈泉为同一生烃凹陷，相对以往对于扎哈泉生烃凹陷范围的认识，范围上有了很大的扩展，其紧邻昆北断阶带，为昆北油田的形成奠定了良好基础。

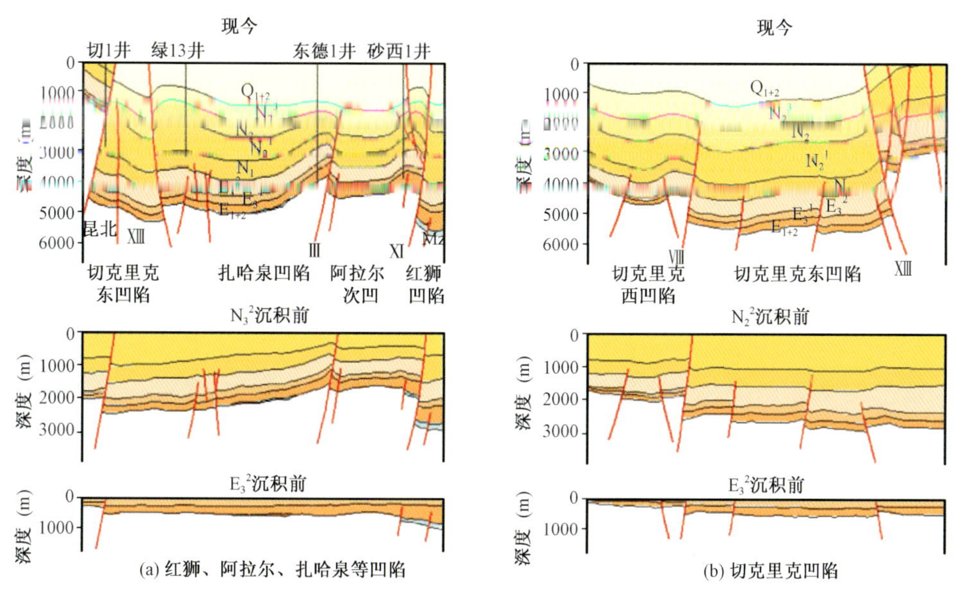

图 5 - 14　柴西南区各凹陷构造演化剖面

2. 凹陷生烃潜力分析

1）烃源岩特征

柴西南区发育古近系 E_3^2、E_3^1、E_{1+2}和新近系 N_1 四个层位的烃源岩。主要层位烃源岩有机碳含量和氯仿沥青“A”含量频率分布以及平均值统计显示不同层位烃源岩的分布范围有一定区别，烃源岩质量也有所不同。E_3^2、E_3^1 烃源岩有机碳含量在 0.4% ~0.8% 之间分布频率较大，氯仿沥青“A”含量在 0.05% ~0.15% 之间分布频率较大。E_{1+2}烃源岩有机碳含量在大于 0.8% 的范围内分布频率较大，氯仿沥青“A”含量在大于 0.2% 的范围内分布频率较大（图 5 - 15）。主要层位 E_3^2、E_3^1 和 E_{1+2}烃源岩有机碳含量平均值分别为 0.48%（991 个样品）、0.48%（348 个样品）和 0.63%（130 个样品），E_3^2、E_3^1 和 E_{1+2}各层位烃源岩氯仿沥青“A”含量平均值分别为 0.13%（360 个样品）、0.12%（152 个样品）和 0.21%（59 个样品）（表 5 - 5）。如果有效烃源岩有机碳含量下限值取 0.4%，主要层位烃源岩有机碳含量平均值也显示其达到了有效烃源岩的范围。

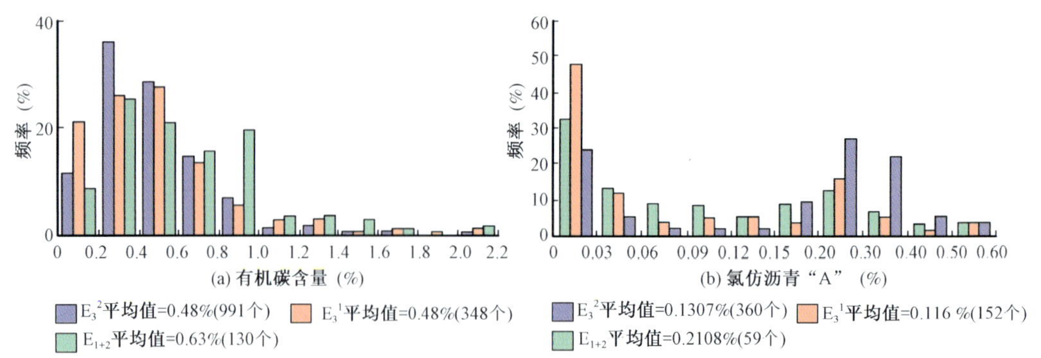

图 5－15　柴西南区烃源岩有机碳含量和氯仿沥青"A"含量频率分布特征图

表 5－5　柴西南区不同层位烃源岩评价参数统计对比表

层位	有机碳含量(%)	氯仿沥青"A"(%)	总烃($\times10^{-4}$)	生烃潜量(mg/g)	R_o(%)
N_1	0.4(1305)	0.09(566)	522.9(50)	1.57(236)	0.72(62)
E_3^2	0.48(991)	0.13(360)	725.3(58)	1.88(425)	0.77(156)
E_3^1	0.48(348)	0.12(152)	346.8(7)	3.69(60)	0.93(34)
E_{1+2}	0.63(130)	0.21(59)	485(1)	0.84(23)	1.00(19)

注：括号内为样品数。

对柴西南区不同层位烃源岩进行了综合评价，结果显示，N_1 烃源岩基本都达到了生油门限，属于低成熟阶段，有机质类型以Ⅱ$_2$ 型为主，有效烃源岩（TOC > 0.4%、氯仿沥青"A" > 0.05% 的烃源岩）主要分布在柴西南区红狮凹陷。E_3^2 烃源岩在柴西南区分布广泛，分布范围和厚度相对较大，为柴西南区的主力烃源岩（图 5－16、图 5－17）。其热演化程度 R_o 平均值为 0.77%，有机质类型较好，以Ⅱ$_1$ 型和Ⅱ$_2$ 型为主，E_3^2 烃源岩中厚度较大的优质烃源岩主要分布在柴西南区红狮凹陷、切克里克—扎哈泉凹陷一带，有效烃源岩分布范围广，波及到了整个

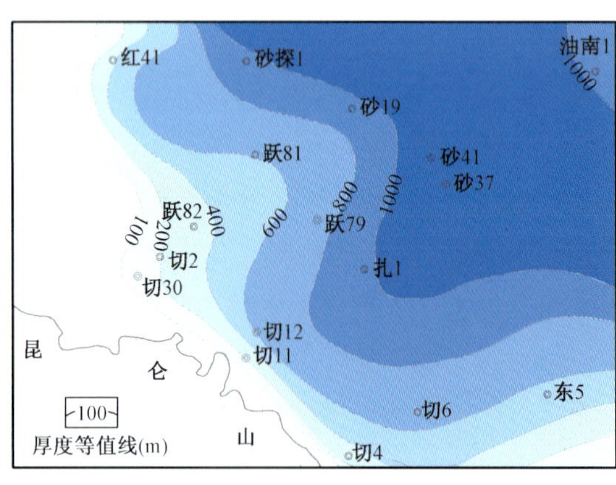

图 5－16　柴西南区下干柴沟组上段 E_3^2 烃源岩厚度图

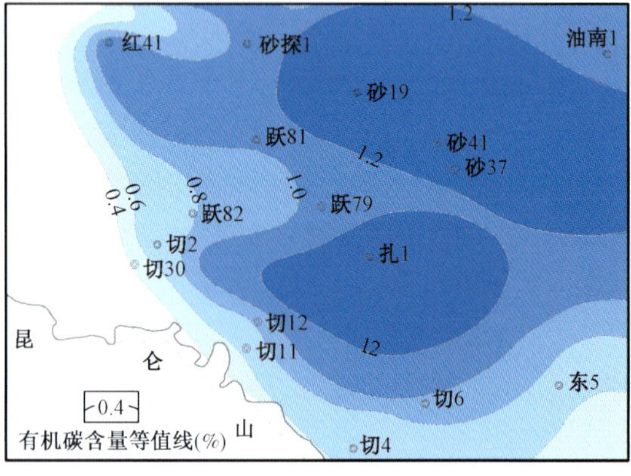

图 5－17　柴西南区下干柴沟组上段 E_3^2 烃源岩有机碳含量等值线图

柴西南区现有的油田和油气显示。E_3^1 烃源岩正处于成烃的高峰阶段，有机质类型以 $Ⅱ_1—Ⅱ_2$ 型为主，该层位烃源岩主要集中在 E_3^1 上部层段，分布范围和厚度较小。其优质烃源岩也主要分布在柴西南区红狮凹陷、扎哈泉凹陷及南乌斯一带。E_{1+2}烃源岩分布范围更小，其优质烃源岩只在柴西南区的红狮凹陷局部分布。

总之，红狮凹陷和切克里克—扎哈泉凹陷烃源岩厚度大，有机碳含量丰度高，是整个柴西南区最为重要的两大主力生烃凹陷。扎西 1 井—绿参 1 井—乌 26 井烃源岩有机碳含量连井剖面也显示（图 5－18），切克里克—扎哈泉凹陷 E_3^2 层和 E_3^1 上部烃源岩分布比较稳定，有机碳含量丰度高，凹陷生烃潜力大。

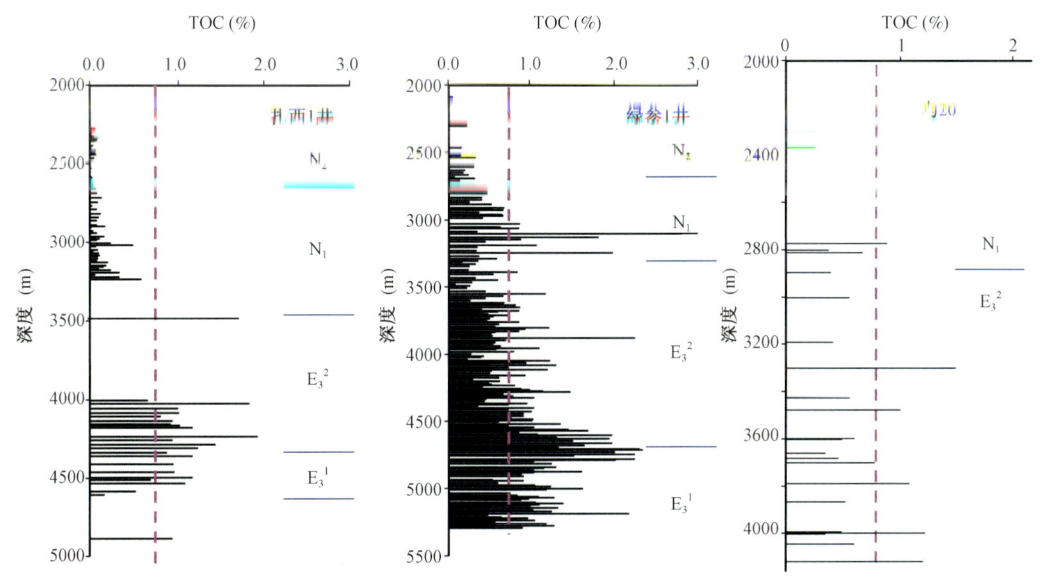

图 5－18 扎西 1 井—绿参 1 井—乌 26 井烃源岩有机碳含量（TOC）分布特征

2）生烃潜力分析

通过柴西南区凹陷分布和构造演化研究，并结合柴西南古近—新近系不同层位烃源岩的分布特征及综合评价表明，红狮凹陷、切克里克—扎哈泉凹陷是持续发展的沉积凹陷，E_3^2、E_3^1、和 E_{1+2} 等主要层位厚度较大的优质烃源岩主要叠置在红狮凹陷和切克里克—扎哈泉凹陷，生烃潜力大，油源对比也显示这两个凹陷原油存在明显差异，狮子沟、七个泉、红柳泉和跃进一号的原油主要来自红狮凹陷，乌南和切克里克的原油主要自来切克里克—扎哈泉凹陷。因此可见，在柴西南区明显存在着红狮和切克里克—扎哈泉凹陷两个生烃中心，显示出大凹陷局部生烃中心的特征。

利用残烃法中常用的氯仿沥青“A”对柴西南区红狮凹陷和切克里克—扎哈泉凹陷两个生烃凹陷的资源量进行了估算，预测总计原油资源量为 8.86×10^8t。根据柴达木盆地第三次资源评价结果，柴西南区石油资源量为 9.8×10^8t，两个生烃中心资源量占整个资源量的 90%。其中，红狮凹陷和切克里克—扎哈泉凹陷的资源量达 5.03×10^8t，规模很大，相邻昆北断阶带的勘探潜力亦非常大（表 5－6）。

表 5-6 柴西南区红狮和切克里克—扎哈泉生烃中心资源量估算结果表

凹陷	层位	凹陷面积(km²)	氯仿沥青"A"(%)	烃源岩平均厚度(m)	生油量(10^8t)	排烃系数k_1	排油量(10^8t)	聚集系数k_2	油资源量(10^8t)	油资源量总计(10^8m^3)	凹陷特征
红狮	N_1	326	0.0588	400	5	40	2.249	25	0.449	3.84	E_{1+2}沉积前已开始发育，发育E_{1+2}、E_3^1、E_3^2、N_1四套叠置的烃源岩；其生成原油的C_{35}/C_{34}藿烷>1、γ(伽马蜡烷)/C_{30}^H>1、Pr/Ph(姥植比)介于0.4~0.2之间。表现出盐度高、强还原环境、演化程度高、水体深等特征
	E_3^2		0.1713	820	25.493	40	11.472	25	2.294		
	E_3^1		0.178	220	5.496	40	2.474	25	0.495		
	E_{1+2}		0.1346	400	6.665	40	2.999	25	0.599		
切克里克—扎哈泉	E_3^2	440	0.175	830	42.054	40	18.924	25	3.785	5.03	E_3^1沉积前开始发育，发育E_3^1、E_3^2、N_1三套叠置的烃源岩；其生成原油的C_{35}/C_{34}藿烷比值介于1~0.7之间，γ/C_{30}^H介于0.8~0.5之间，Pr/Ph介于0.6~0.3之间。表现出盐度较高、较强还原环境等特征

第三节　多具特色的油藏分布

在构造、沉积储层、油藏特征等综合评价基础上，强化了综合评价与目标论证工作。2007年9月，利用乌南二次三维地震资料解释成果，在新发现的切六号构造部署钻探切6井。切6井于9月27日开钻，10月22日钻至井深2134m完钻，钻探过程中见到良好油气显示，在1743.5~1749.5m井段(E_3^1)进行试油，获得32.24m³/d的工业油流，从而发现了昆北油田。在切6井E_3^1油藏发现的基础上，通过不断地探索和认识，甩开钻探的切601井、切602井、切603井等井在进一步落实E_3^1油藏的同时，在路乐河组首次发现新的含油层系，随后钻探的切605井、切606井、切608井、切609井、切610井等试油均获得工业油流，揭开了柴西南区路乐河组油藏勘探新的一页。

2009年，在昆北三维地震综合解释基础上，结合地质认识，在新发现的切十二号构造部署钻探切11井、切12井，经试油均获得高产工业油流，从而发现了切12井区E_3^1油藏。其中，切12井于2009年6月7日开钻，7月10日完钻，完钻井深2080m。钻井过程中油气显示活跃，在1817.1~1833.6m处取心，进尺16.5m，心长8.70m，含油岩心长8.70m。测井解释出油层32.6m/层。2009年7月23日，对1817.0～1825.0m井段进行试油，日产油33.46m^3。对1832.5～1836.5m低电阻率井段进行补孔与上段进行合试，日产油40.32m^3。

切11井、切12井的成功钻探快速推进了昆北断阶带勘探进程。随后进一步深化了昆北断阶带地质条件和成藏特征的研究，认为扎哈泉生烃凹陷油源充足，昆北断阶带具有整体含油的可能。在构造圈闭缺乏的情况下，从切6井区勘探实践分析，岩性油藏是一个重要的勘探领域，为了深化整个区带的地质认识，沿斜坡区部署钻探了一轮剖面井（切13井、切14井、切15井、切16井），在切16井发现油层7.2m。剖面井的钻探认识到昆北断阶带E_{1+2}并非早期认为的山前冲积扇沉积体系，而是三角洲平原沉积体系，平面上分布范围较广，纵向上底部砂砾岩储层和上覆的泥岩形成良好的储—盖组合；扎哈泉凹陷生成的油气通过断裂和不整合能够长距离运移至优质储层中，有可能形成大面积分布的岩性油藏。在此基础上重点进行了岩相古地理和优质储层分布研究，井—震结合开展储层预测，寻找"甜点"，甩开部署的切163井获得成功，获含油岩心14m，测井解释油层41m，对井段1842～1850m处常规试油，日产油38m^3，实现了斜坡区岩性油藏的实质性突破，发现切163井区E_{1+2}岩性油藏。

昆北断阶带的油藏从类型上来说主要发育构造、构造—岩性、岩性三类油藏，从储集岩类型来看有砂岩、厚层砂砾岩、砾岩、基岩风化壳油藏，油藏主要受构造、岩性控制；其中沉积相和储层类型对油藏具有明显的控制作用。

一、沉积相分布及演化特征

昆北断阶带古近系整体上沉积了一套远源缓坡型的冲积扇—河流—辫状河三角洲—湖泊沉积体系。路乐河组沉积前的很长时期，柴西南区一直处于抬升状态，基岩大面积出露，遭受剥蚀，因此，在昆北断阶带形成了大面积的基岩风化壳油藏。

路乐河组沉积时期，整体上沉积特征为一套远源缓坡型的冲积扇—河流—辫状河三角洲—湖泊沉积体系（图5－19）。沉积特征表现为填平补齐，地层仅分布在昆北断阶带东部，向西超覆尖灭在切12井以东，西端的切12井周缘及以西地区仍然为古隆起区，向东端地层逐渐增厚，于是，切6井区已开始接受沉积，辫状河十分发育，在南缘山前带主要发育辫状河三角洲平原沉积，在切4井区—切9井区为一主物源供给区（受控于祁漫塔格水系），物源方向由西南指向东北，平原相可达切13与切20井区，而位于盆地边缘山前靠近切4井的切401井为扇体相沉积。路乐河组沉积在纵向上可分出3个砂层组，下部的Ⅱ砂层组、Ⅲ砂层组为辫状河三角洲平原的分流河道、泛滥平原微相沉积，上部Ⅰ砂层组为辫状河三角前缘的水下分流河道、河口坝、席状砂及分流间湾微相沉积。E_{1+2}整体上为水进环境，平原相带逐渐收窄，从Ⅱ砂层组到Ⅰ砂层组三角洲前缘逐渐向山前带扩展。切16井区由于地层整体上自东向西呈超覆尖灭关系，地层自东往西厚度逐渐变薄，Ⅲ砂层组全部、Ⅱ砂层组部分地层逐渐尖灭。辫状河三角洲平原亚相为这一时期主要的沉积相，相带展布范围较宽，分流河道多期次叠置摆动，砾岩、砂砾岩较为发育，前缘相带相对较窄，泥岩颜色均为反映地表环境下沉积的棕红色、棕褐色。

下干柴沟组下段沉积早期经历了一次区域性的构造运动，以底部砾岩段为典型的标志层，大的沉积体系继承了E_{1+2}时期西高东低的沉积格局，同样为冲积扇—河流—辫状三角洲—湖泊沉积体系（图5－20）。切12井区继承古构造特征明显，在切12井周缘E_3^1地层直接覆盖在基底变质岩或花岗岩之上，在切12井与切6井之间，为E_3^1下部地层向西超覆尖灭区，向东地层逐渐加厚，地层分布范围向西扩大，至切8井附近厚度达400m。主要为辫状河三角洲平原与前缘相沉积，主物源位于切10井区，物源方向仍为由西向东。这时的切4井区—切9井区主物源仍然存在，祁漫塔格水系继续为盆地提供物源，只是平原相前缘稍有后撤，但前缘相

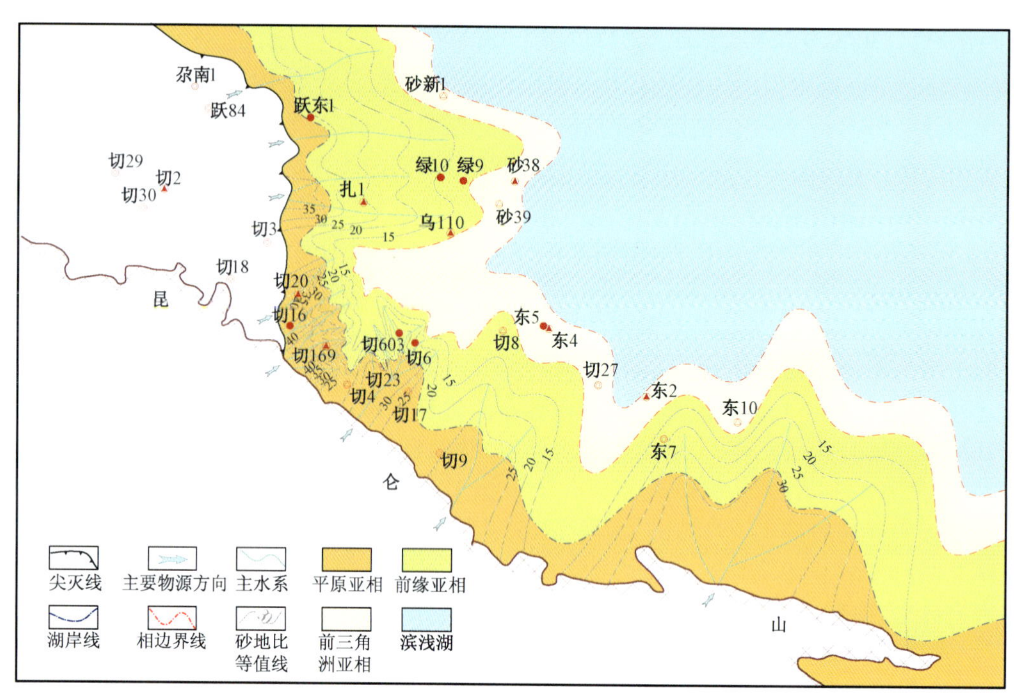

图 5－19　昆北断阶带路乐河组主力油层段Ⅰ砂层组沉积相平面图

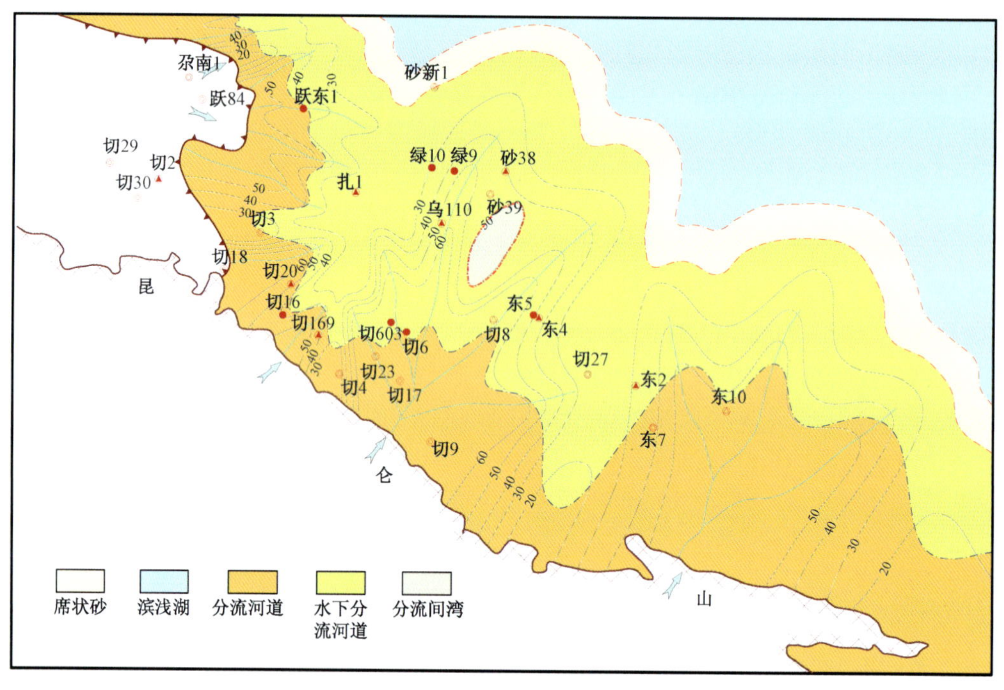

图 5－20　昆北断阶带下干柴沟组下段主力油层段Ⅳ砂层组沉积相平面图

继续向盆地推进，反映粗碎屑的供应量较大，水动力仍较强，物源方向具继承性。下干柴沟组下段在纵向上可分出 4 个砂层组，$E_3^{\ 1}$ 的底部Ⅳ砂层组主要为辫状河三角洲平原亚相分流河道沉积，Ⅱ—Ⅲ砂层组主要是辫状河三角洲前缘水下分流河道沉积的灰色细砂岩，中间夹分流间湾沉积，Ⅰ砂层组主要为分流间湾沉积，总体来看从 $E_3^{\ 1}$ 的早期到晚期垂向上相序以辫状河三角洲平原、前缘—前三角洲—滨浅湖相的组合特征。该时期辫状河三角洲平原相带展布面积大于路乐河组沉积时期，分流河道厚层底部砾岩段与上覆的泛滥平原沉积的棕褐色、棕红色泥岩段储盖配置好。前缘相带十分发育，水下分流河道延伸较远，多期次叠置摆动，沉积了大套的含砾砂岩、砂岩，砂岩粒级较粗，储层物性较好，反映水下沉积环境下分流间湾以及湖相沉积的暗色，灰绿色泥岩较为常见，与砂岩段互层，具备了良好的生—储—盖配置，既可以形成构造圈闭，也可以形成构造—岩性复合圈闭。滨浅湖相的滩坝砂也是岩性圈闭形成的有利条件。

二、储层特征

1. 储层岩石学特征

基岩风化壳储层岩性主要为蚀变花岗岩，在切 12 区为变质岩(图 5－21)。花岗岩岩心为块状构造，全晶质结构，主要矿物成分为石英(35%)、钾长石(35%)、斜长石(20%)组成，暗色矿物主要为黑云母(5%)，次生矿物为角闪石、白云母等，岩石中见多种蚀变现象。变质岩有板岩、片麻岩等。板岩岩石为板状构造，其主体与盐酸反应起微泡，可见多期次裂缝发育。镜下显示具变余泥质结构，主要矿物成分为绢云母、绿泥石、石英碎屑、长石碎屑、铁方解石、铁白云石等，绢云母、绿泥石具有明显的定向排列。片麻岩在镜下观察主要矿物有石英、长石，石英具变晶结构，长石风化程度深，少量黑云母呈定向排列，黑云母具绿泥石化特征，岩石中方解石脉体发育。

(a) 切401井，1460.7m，蚀变花岗岩；(+)20×

(b) 切12井，1859～1863m，板岩；(−)10×

(c) 切11井，$E_3^1$1918.05m，中粗砂岩，粒间孔发育，粒内缝，溶蚀扩大；(−)40×

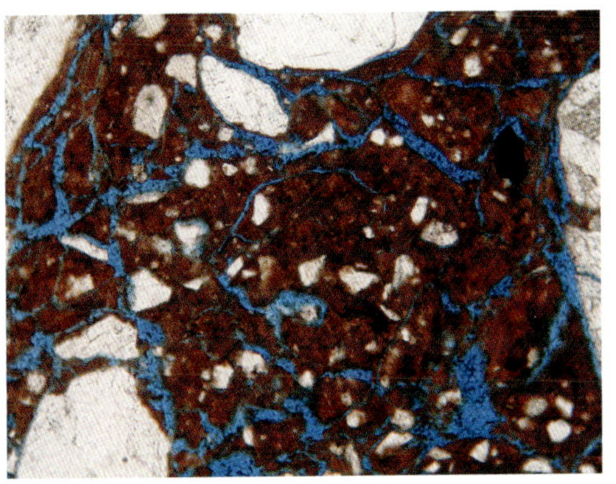

(d) 切12井，$E_3^1$1827.2m，不等粒砂岩，收缩缝；(−)100×

图 5－21　昆北油田储集岩岩性照片

切6井区E_{1+2}储层岩性以粗砂岩、中砂岩、细砂岩、极细砂岩、细粉砂岩为主。储层具有成分成熟度中等—低、结构成熟度中—差。镜下薄片分析，整体上为一套岩屑长石砂岩和长石砂岩，少量的长石岩屑砂岩。储层砂岩中杂基和胶结物含量较低，黏土矿物含量相对较低，整体对储层物性影响不大。

切16井区E_{1+2}储层岩性粒度较粗，主要为不等粒砂岩、砾状中—粗砂岩为主，碎屑颗粒直径主要区间为巨砂—极细砂，相对分散。储层具有成分成熟度中—低、结构成熟度差、颗粒粒度粗、成岩作用整体较弱等基本特征。整体上为岩屑长石砂岩和长石岩屑砂岩，岩石胶结类型以孔隙型为主。该区油层碎屑岩储层中杂基含量相对较高、胶结物含量相对较低；填隙物的分布会影响储层物性。

切6井区E_3^1储层岩性较细，主要为细砂岩、极细砂岩，成分成熟度中等—低、结构成熟度中等，岩石胶结类型以孔隙型为主，杂基和胶结物含量总体上较低，有利于储层物性的发育。

切12井区E_3^1储层岩性粒度较粗，主要为砾状中—粗砂岩、不等粒砂岩、砂砾岩、细砾岩，碎屑颗粒直径主要区间为中砾—极细砂。岩石类型分布相对稳定，成分成熟度较低，主结构成熟度较差，岩石胶结类型为孔隙型和基底型，杂基含量较高、胶结物含量较低，不利于储层物性的发育。

就路乐河组而言，从切6井区和切16井区的粒度分布来看，切16井区中砂级别以上比例较大，其他特征对比见表5-7，切16井区杂基含量较切6井区高。下干柴沟组下段切12井区较切6井区粒度要粗，杂基含量高。

表5-7　昆北油田储层岩性特征表

区块	层位	岩性	成分成熟度	结构成熟度	杂基含量
切6井区	E_{1+2}	极细砂—粗砂岩	中等—低	中	较低
	E_3^1	细砂岩、极细砂岩	中等—低	中等	较低
切16井区	E_{1+2}	砾状中—粗砂岩	中等—低	差	中等
切12井区	E_3^1	砾状中—粗砂岩、砂砾岩	低	差	高

2. 储层成岩作用及其成岩演化

路乐河组成岩作用相对简单，具压实成岩中等、溶蚀和胶结成岩较弱的特征。成岩演化序列为：黏土膜形成→压实作用→压溶作用→弱胶结作用→弱溶蚀作用→高岭石析出→粒内缝形成，压实作用贯穿整个成岩过程，是储层物性主控因素。根据SY/T5477—2003《碎屑岩成岩阶段划分规范》，切6井区碎屑岩储层为中成岩阶段A早期，早成岩初期黏土膜的形成对储层砂岩孔隙具有一定的保护作用但仅局限于早成岩A亚期，随着储层埋藏深度的增加而逐渐失去其作用并多被破坏。胶结作用和溶蚀作用在此时期表现较弱，主要以压实作用以及压溶作用为主，损失较多的原生孔隙。进入早成岩B亚期这种局面有所缓解，原生孔隙损失速率减缓，同时出现少量的方解石胶结物。至早成岩B末期，随着有机酸的逐渐进入出现弱溶蚀作用形成粒间孔的溶蚀扩大以及粒内孔，成岩进入中成岩A初期则出现极少量的高岭石黏土沉淀至今。切16井区储层的成岩阶段为早成岩阶段B末期—晚成岩A初期。早成岩初期泥晶白云石化现象在局部较发育，同时析出少量的硬石膏，黏土层则开始出现伊/蒙混层，压实作用早期较强，是主要的减孔期，胶结物的析出数量较少，有利于储层砂岩孔隙的保护作用。随着储层埋藏深度的增加进入早成岩 B 期出现溶蚀作用,进而方解石胶结物的沉淀损失部分粒间孔;成岩末期随着油气的进入又一次形成溶蚀作用,保护了储层孔隙;晚成岩 A 初期少量的压实减孔。

下干柴沟组下段成岩作用具有压实作用中等、胶结作用较弱、溶蚀作用较弱、交代作用较弱、泥晶白云化作用较弱、破裂作用相对较强的特点。切 12 井区底部砾岩储层岩石学特征及成岩作用类型等研究分析,该区成岩作用简单,具压实作用中等、溶蚀作用较弱、胶结作用较弱的特征。本区 E_3^1 储层的成岩阶段为早成岩阶段 B 末期。早成岩初期泥晶白云石化现象在局部较发育,同时析出少量的硬石膏胶结物,黏土层则开始出现伊/蒙混层,压实作用早期较强,是主要的减孔期,由于泥质杂基含量相对较高,早期流体连通不畅,析出的胶结物数量较少,有利于储层砂岩孔隙的保护作用。随着储层埋藏深度的增加进入早成岩 B 期出现溶蚀作用,进而方解石胶结物的沉淀损失部分粒间孔,末期随着油气的进入又一次形成溶蚀作用,保护了储层孔隙。

切1井区块基岩风化壳储层成岩后生作用包括:(1)较强的溶蚀作用,花岗岩中不稳定的暗色矿物以及铝硅酸盐的长石类矿物等受地层水的溶解作用形成基质孔,是基岩最有利的成岩后生作用;(2)风化作用,受干旱古气候条件的控制,在地表各种地质营力的作用下,基岩形成风化壳,裂缝系统十分发育;(3)碎裂作用,主要形成长石类晶体的解理缝、剪切或拉张缝;(4)充填作用,为方解石、白云石和泥质等胶结物形成的填充作用。

3. 储层储集空间及孔隙结构特征

1)储集空间类型特征

切 6 井区 E_{1+2}砂岩孔隙类型主要以剩余原生粒间孔为主,见有少量粒内溶孔、粒内微缝,极少量铸模孔、长石解理缝、成岩粒内缝以及杂基内微孔等。储集空间组合类型以原生粒间孔—溶蚀扩大粒间孔—溶蚀粒内孔—晶间孔—成岩缝为主,主要为残余原生孔隙,少量次生孔隙。切 16 井区储层孔隙较发育且分布相对较均匀,孔隙连通性较好。砂岩孔隙类型主要以剩余原生粒间孔为主,除溶蚀孔占一定比例,此外还有裂缝孔隙,包括粒内缝、压裂缝以及溶蚀缝。

切 12 井区 E_3^1 砂岩孔隙类型主要以剩余原生粒间孔为主,少量溶蚀扩大粒间孔、粒内溶孔、粒内缝、杂基内微孔以及泥质收缩缝,少量长石解理缝和成岩压裂缝。切 6 井区 E_3^1 储层砂岩孔隙发育且分布比较均匀,孔隙连通性较好。储层砂岩孔隙类型主要以剩余原生粒间孔为主,所占比例均大于 85%,少量粒内溶孔、粒内微缝,极少量铸模孔、长石解理缝、成岩粒内缝,以及杂基内微孔等。

2)孔隙结构

切 6 井区 E_{1+2} 排驱压力在 0.02 ~ 70.7MPa 之间,平均 3.7MPa;饱和度中值压力 0.2 ~ 145MPa,平均 26.1MPa;最大连通半径在 0.03 ~ 35.5μm 之间,平均 6.8μm;中值半径 0.006 ~ 3.6μm 之间,平均 0.3μm;退汞效率 9.8% ~ 49.9%,平均 30.7%。整体上反映了孔隙以微细喉道为主,退汞效率中等偏低。切 16 井区 E_{1+2} 排驱压力在 0.02 ~ 12.3MPa 之间,平均 0.81MPa;饱和度中值压力 1.03 ~ 252MPa,平均 72.5MPa;最大连通半径在 0.06 ~ 32.3μm 之间,平均 4.7μm;中值半径在 0.004 ~ 0.71μm 之间,平均 0.05μm;退汞效率 10.6% ~ 52.1%,平均 33.7%。整体上反映了孔隙喉道以微细、细喉道为主,退汞效率中等。

切 12 井区 E_3^1 排驱压力在 0.02 ~ 32.4MPa 之间，平均 2.3MPa；饱和度中值压力 0.15 ~ 106MPa，平均 29.9MPa；最大连通半径在 0.02 ~ 44.4μm 之间，平均 10.3μm；中值半径在 0.01 ~ 4.84μm 之间，平均 0.29μm；退汞效率 9.1% ~ 61.3%，平均 29.1%。整体上反映了孔隙喉道以微细、细喉道为主，退汞效率中等。

切 6 井区 E_3^1 排驱压力在 0.083 ~ 2.897MPa 之间，平均 0.28MPa；饱和度中值压力 0.141 ~ 21.034MPa，平均 2.074MPa；最大连通半径在 0.254 ~ 8.881μm 之间，平均 4.456μm；中值半径在 0.035 ~ 5.224μm 之间，平均 1.326μm；退汞效率 14.41% ~ 38.07%，平均 20.71%。整体上反映了孔隙喉道以微细、细喉道为主，退汞效率中等。

4. 物性特征

切 6 井区 E_{1+2} 油藏储层孔隙度变化范围 1.9% ~ 22.0%，峰值集中在 9.0% ~ 15%，平均为 12.8%；渗透率样品 439 块，变化范围 0.01 ~ 501.5mD。峰值集中在 1 ~ 10mD，平均为 7.6mD（图 5 - 22）。

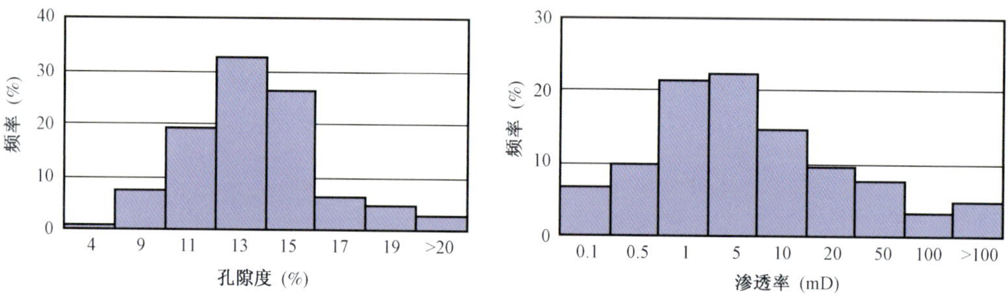

图 5 - 22　切 6 井区 E_{1+2} 储层孔隙度和渗透率分布直方图

切 16 井区 E_{1+2} 油藏储层孔隙度变化范围 4.1% ~ 24.6%，峰值集中在 9.0% ~ 14.0%，平均为 12.6%；渗透率变化范围 0.03 ~ 151.1mD，峰值集中在 0.5 ~ 10mD，平均为 2.6mD。有效储层孔隙度平均值为 13.4%，渗透率平均值为 7.2mD（图 5 - 23）。

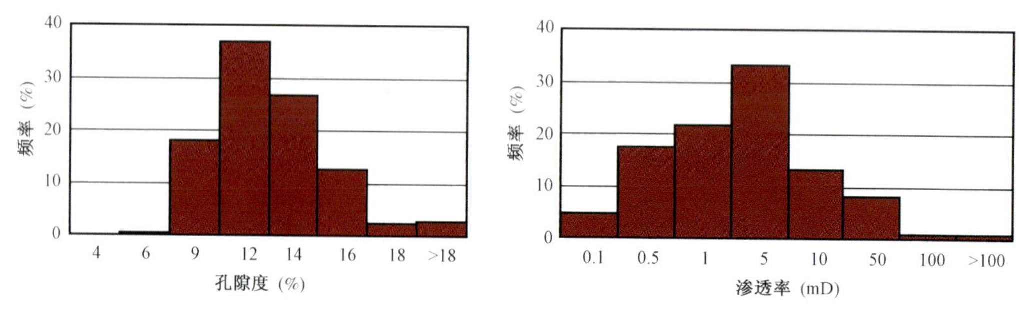

图 5 - 23　切 16 井区 E_{1+2} 储层孔隙度和渗透率分布直方图

切 6 井区 E_3^1 油藏储层孔隙度变化范围 5% ~ 19.4%，峰值集中在 14% ~ 18%，平均为 16.1%；渗透率变化范围 0.01 ~ 230.0mD，峰值集中在 10 ~ 100mD，平均为 27mD（图 5 - 24）。

从切 12 井区 E_3^1 油藏孔隙度和渗透率分布直方图中可以看出，孔隙度变化范围 2.1% ~ 25.8%，峰值集中在 8% ~ 12%，平均为 12.0%；渗透率变化范围 0.01 ~ 428.8mD，峰值集中在 10 ~ 100mD，平均为 2.1mD（图 5 - 25）。

切 4 井区基岩岩心分析孔隙度范围 2.0% ~ 12.3%，平均 7.5%；岩心分析渗透率范围 0.05 ~ 33.1mD，平均 2.3mD。总体上，本区储层属中—低孔隙度、中—低渗透率储层。

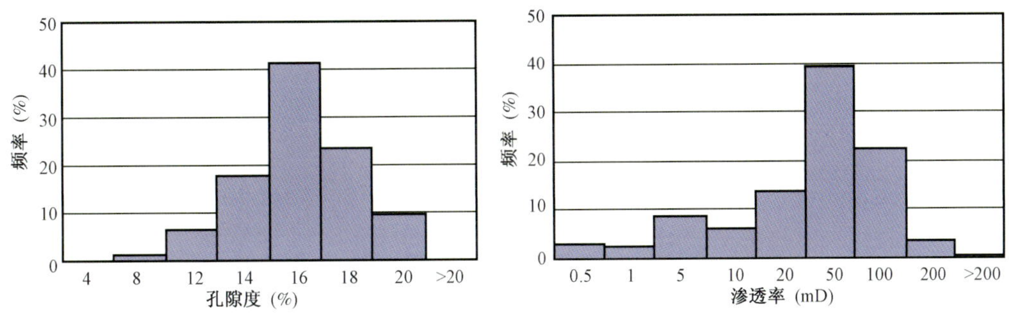

图 5－24　切 6 井区 E_3^1 储层孔隙度和渗透率分布直方图

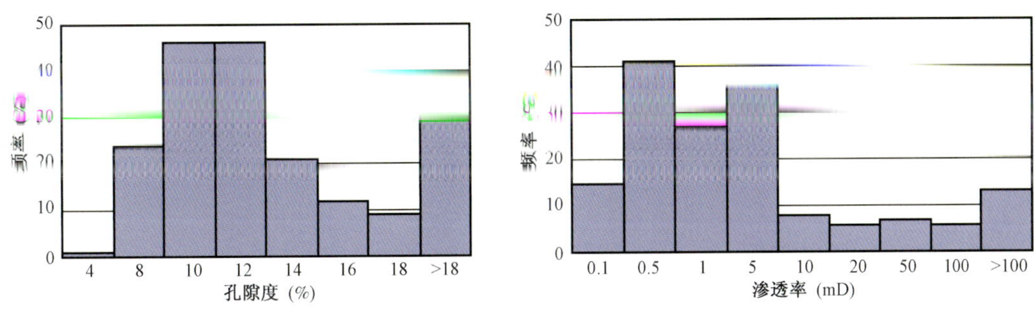

图 5－25　切 12 井区 E_3^1 储层孔隙度和渗透率分布直方图

三、油藏特征

目前勘探已证实昆北油田存在 3 套含油层系：E_3^1 中下部细砂岩、底砾岩，单油层厚度 30～35m；E_{1+2}中下部细砂岩、含砾砂岩，单油层厚度 30～45m；及基岩。在切 6 井区三套含油层系均存在，而切 12 井区缺失 E_{1+2}油层，只有 E_3^1 和基岩油层，切 4 井区以基岩油层为主。

1. 基岩油藏特征

昆北断阶带切克里克地区各构造目前所钻探井基本上在基岩都见到不同程度油气显示。油气成藏研究表明，昆北断阶带的石油来源于昆北断裂下盘，以基岩与上覆古近系间的不整合面作为主要的侧向运移通道。由于本区靠近昆仑山前带，受昆仑山由南向北推覆作用构造应力影响，基岩裂缝异常发育，并遭受溶蚀作用形成次生孔洞，成为有利储层。油气沿基岩不整合面运移，极易在具备储集条件的基岩储层中聚集成藏。

昆北油田基岩油藏埋深在 2000～2100m，油层位于基岩顶部，一般厚约 30 余米，平面上分布于切六号构造及切十二号构造。

切 6 井区切 603 井基岩试油获工业油流，在切 6 号构造圈闭之外北、西斜坡部位所钻评价井（如切 605 井、切 606 井）基岩油层仍然发育，且厚度与构造高部位的井相当。综合分析认为切 6 井区基岩油藏为受储层发育程度及构造多重因素控制的构造—岩性复合油藏，目前未见边底水（图 5－26）。

切十二号构造基岩储层裂缝极其发育，从目前钻井情况来看，其构造高部位的切 11 井基岩试油获高产工业油流，构造低部位的切 122 井基岩见较好油气显示，取心为油斑变质岩，而构造位置处于切 11 井及切 122 井之间的切 121 井基岩试油为干层（图 5－27）。综合分析认为切 12 井区基岩油藏为构造背景上发育的岩性油藏，主要分布于切 12 井一带及切 11 井周围，目前未见边底水。

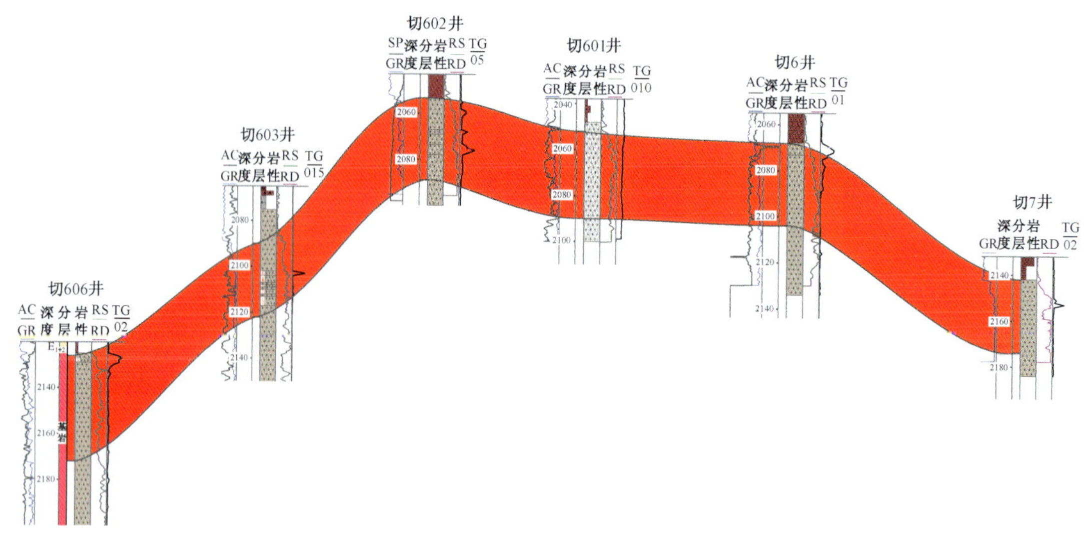

图 5-26　切 606 井—切 603 井—切 602 井—切 601 井—切 6 井—切 7 井基岩油藏剖面图

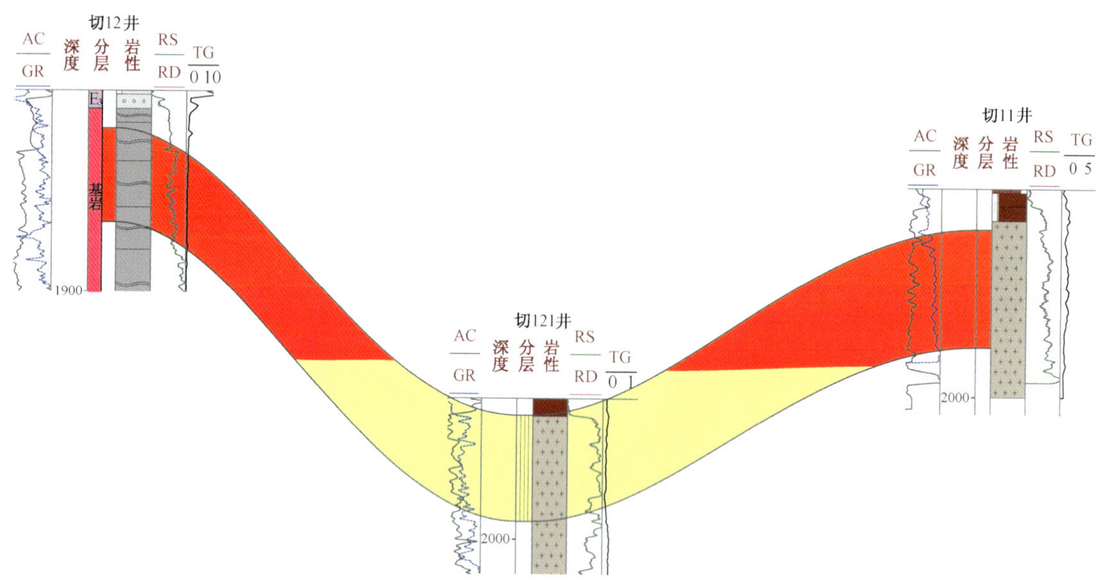

图 5-27　切 12 井—切 121 井—切 11 井基岩油藏剖面图

2. E_{1+2}油藏特征

切 603 井区所在的切六号构造整体为一个背斜形态，沿构造轴向在背斜南翼发育一条北西西走向、断面北倾的逆断层，由于该断层影响构造呈北缓南陡的特征，切 603 井区 E_{1+2}油藏受构造和岩性双重控制，构造高部位油气较为富集，油层连通性较好，中、低部位油层相对较少，受储层非均质性影响，没有统一的油水界面（图 5-28）。其中 V_{7+8+9}小层在平面上分布较稳定，高部位与低部位海拔高差达 100m，其含油性与构造高低关系不大，主要受储层物性的控制。本次新增储量区位于主体构造外围较低部位，比构造高部位低 100m 左右。

根据本区测井和测试资料分析研究，结合构造和储层特征分析，昆北油田切 603 井区 E_{1+2}是构造背景上的岩性油藏，油藏埋深 1860 ~ 2050m，油藏高度约 100m，油藏中部海拔 1160m。

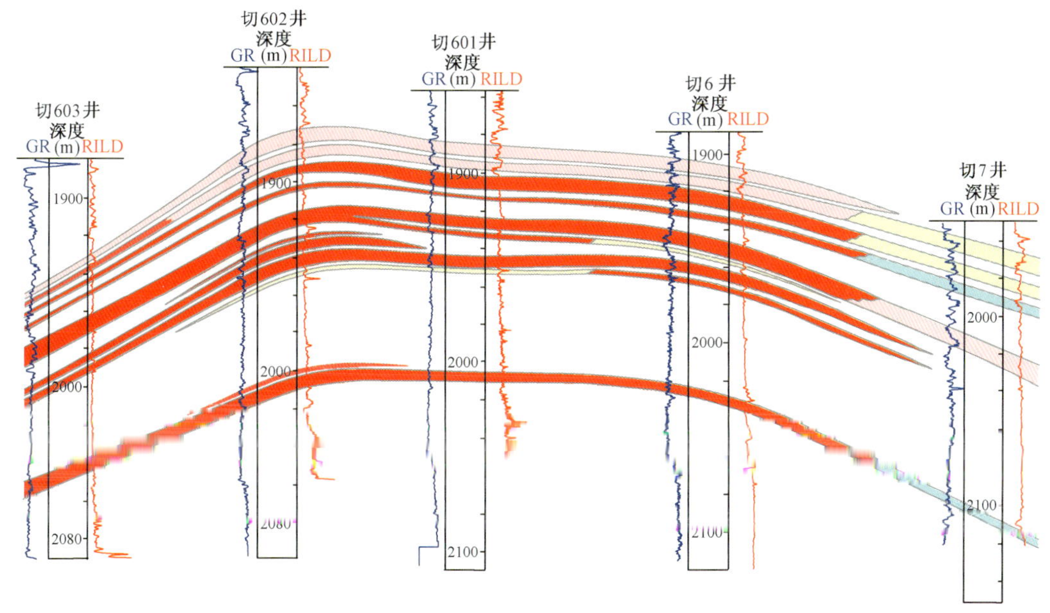

图 5－28　切 603 井—切 7 井 E_{1+2} 油藏剖面图

根据切 602 井高压物性分析结果，油层中深压力 18.13MPa/1945m；油层中深温度 80.0℃，饱和压力为 2.8MPa，地层饱和压差为 15.33。综合分析该油藏驱动类型以弹性驱动为主。

3. E_3^1 油藏特征

切十二号构造主体位于昆北断层及 F1 断层夹持的断鼻高部位，整体为一鼻状构造。主要断裂对圈闭形成有较强的控制作用，同时断层对油气藏的分布具有一定的控制作用，断层既是油气运移的通道，又可对油气起到封堵作用。本区块油藏分布于 E_3^1 底部砾岩储层，为一厚度分布范围为 17.7～38.2m 的单一油层，油层厚度大，连通性好，平面分布稳定，钻探的切 11 井、切 12 井、切 121 井经试油均获得高产油流。根据试油、试采及地层、地震等资料综合分析，油藏类型为受构造、岩性控制的岩性—构造油藏，油藏分布于构造高部位，同时局部的岩性变化控制了油藏的展布（图 5－29）。

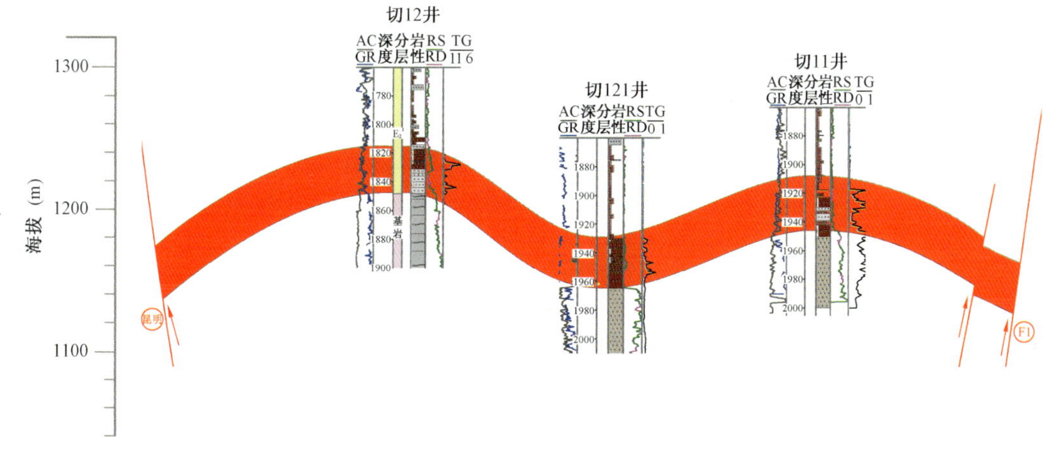

图 5－29　切 12 井—切 11 井连井油藏剖面图

切 6 井区 E_3^1 油藏是构造油气藏，E_3^1 油藏埋深 1669～1765m，油藏高度约 96m，油藏中部海拔 1460.87m；根据切 6 井高压物性分析结果，油层中深压力 16.92MPa/1746.5m。油层中深温度 80.2℃，饱和压力为 2.3MPa，地层饱和压差为 14.62。综合分析该油藏驱动类型以边水驱动为主，弹性驱动为辅。

第四节 发现昆北亿吨级大油田

在石油地质综合研究的基础上，昆北断阶带的勘探取得了重大进展，先后在切 6 号、切 12 号、切 16 号和切 4 号获得重大突破，发现了基岩、E_{1+2}、E_3^1 三套多类型油气藏，从而找到了柴达木盆地第二个亿吨级的整装油田——昆北大油田。

一、大油田形成的关键条件

1. 丰富的油源供给

油源对比分析表明，昆北断阶带油气来源于临近的切克里克—扎哈泉凹陷的下干柴沟组下段（E_3^1）上部和下干柴沟组上段（E_3^2）烃源岩，该凹陷烃源岩面积超过 2000km²，烃源岩有机碳含量主要分布在 0.4%～1.4%，平均值为 0.85%；有机质类型以Ⅰ—Ⅱ型为主；R_o 介于 0.5～1.1 之间，正处于生烃高峰期，为昆北断阶带的油气成藏提供了充足的油源基础。

从柴西南区烃源灶和油藏平面分布图（图 5－30、图 5－31）可以看出，昆北断阶带油藏多源内、近源分布，油源主要来自北部、北西部的成熟生油区。

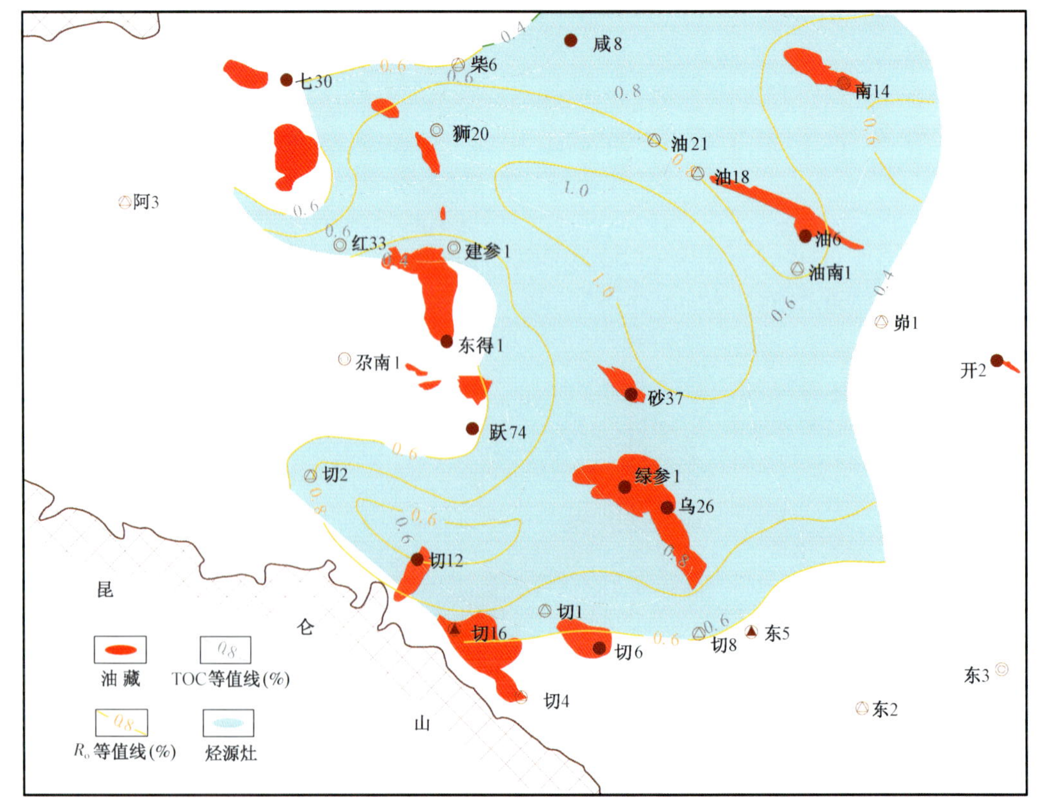

图 5－30 柴西南区下干柴沟组下段烃源灶与油藏平面分布图

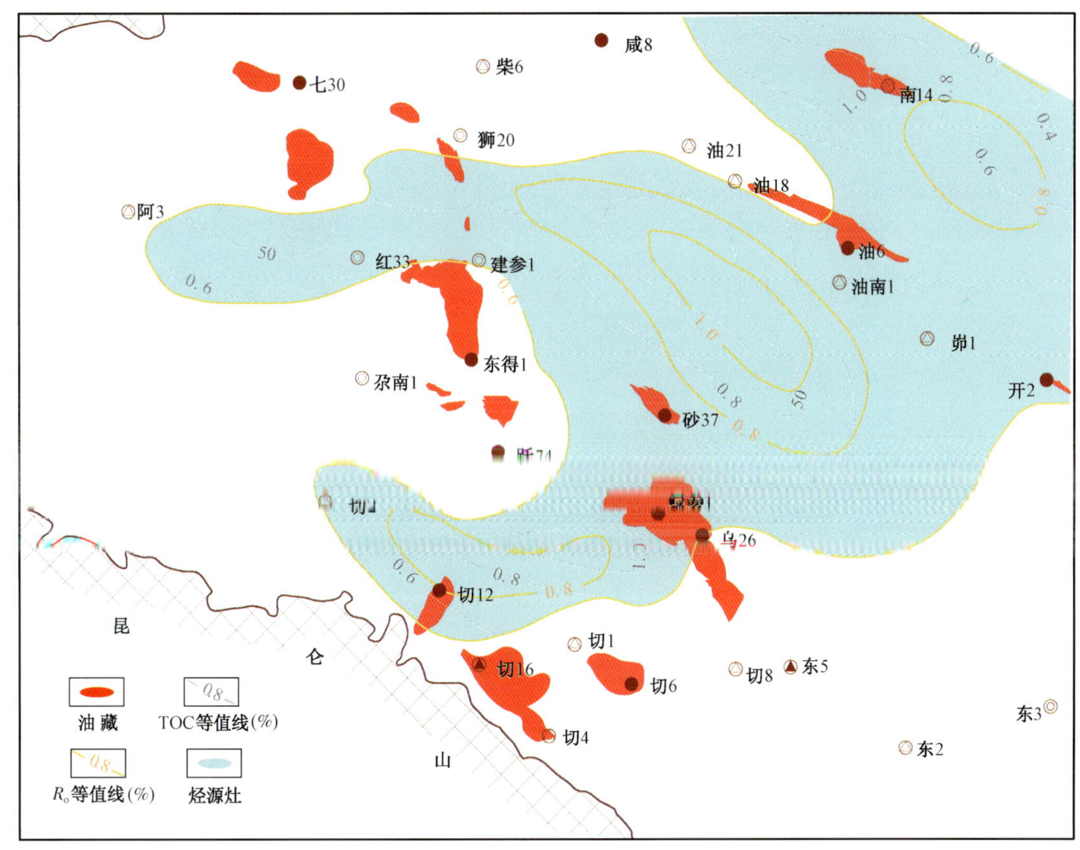

图5－31　柴西南区下干柴沟组上段烃源灶与油藏平面分布图

2. 持续隆起的古构造背景

昆北断阶带基底为古生代变质岩和海西期花岗岩的复合基底，其上直接沉积新生界。受古生代变质岩和海西期花岗岩的复合刚性基底稳定抬升的控制，古近纪以来昆北断阶带长期处于持续隆起的古凸起带（图5－32），有利于油气聚集成藏。

新生代早期E_{1+2}沉积时期，沉积特征表现为填平补齐，地层仅分布在昆北断阶带东部，向西超覆尖灭在切12井以东，西端的切12井周缘及以西地区，仍然为变质岩区或花岗岩出露的古隆起区，向东端地层逐渐增厚，切6井以东厚度在220～400m之间，说明了昆北地区基底地貌具有西高东低的古斜坡地形特征。

研究表明，N_1沉积早期是昆北地区的主要成藏期。因此研究成藏期N_1沉积早期的古构造发育特征，对昆北油气成藏规律有重要的现实意义。在N_1沉积早期，昆北地区主要沉积E_3^{2}、E_3^{1}及E_{1+2}地层，根据目前钻探，只有E_3^{1}与E_{1+2}成藏。成藏规律与各个时期的古构造特征息息相关。

N_1沉积早期E_{1+2}古构造特征：表现的是N_1沉积早期，E_{1+2}地层底界（即基岩顶界）呈现的地貌特征（图5－33）。该时期昆北地区整体是西高东低的斜坡构造格局。切12号构造区在东西向的斜坡带上，经南北向的次级断层封堵，基岩已经成藏，其中切11井、切12井已获工业油流；切6号构造在南北向斜坡区，有微隆特征，也是通过东西向的断层封堵，基岩也已经成藏，切603井、切605井及切606井获工业油流。总之，切16井区、切4井区为一大型古斜坡，基岩和E_{1+2}大面积成藏，N_1沉积早期E_{1+2}底界表现的地貌特征是单一的斜坡构造格局，油藏基本是通过昆北断裂沟通、长距离沿斜坡运移成藏的。

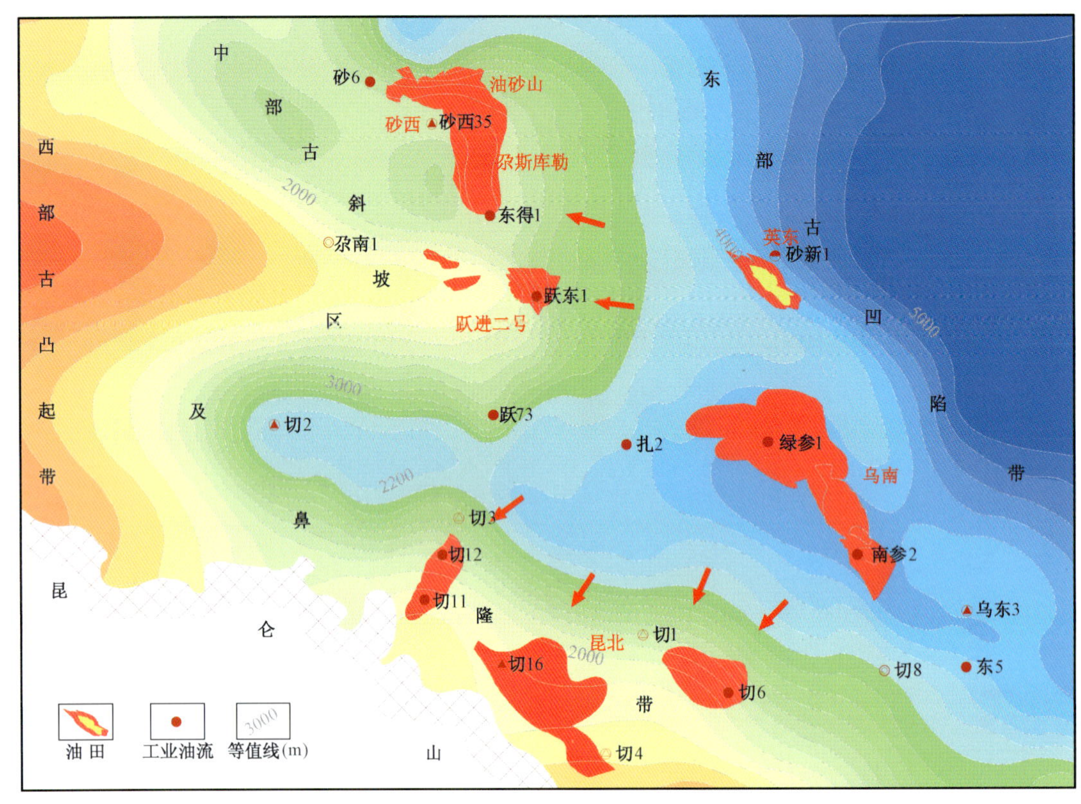

图5-32 昆北断阶带N_2^1沉积末期E_3^1古构造格架与油气运聚特征图

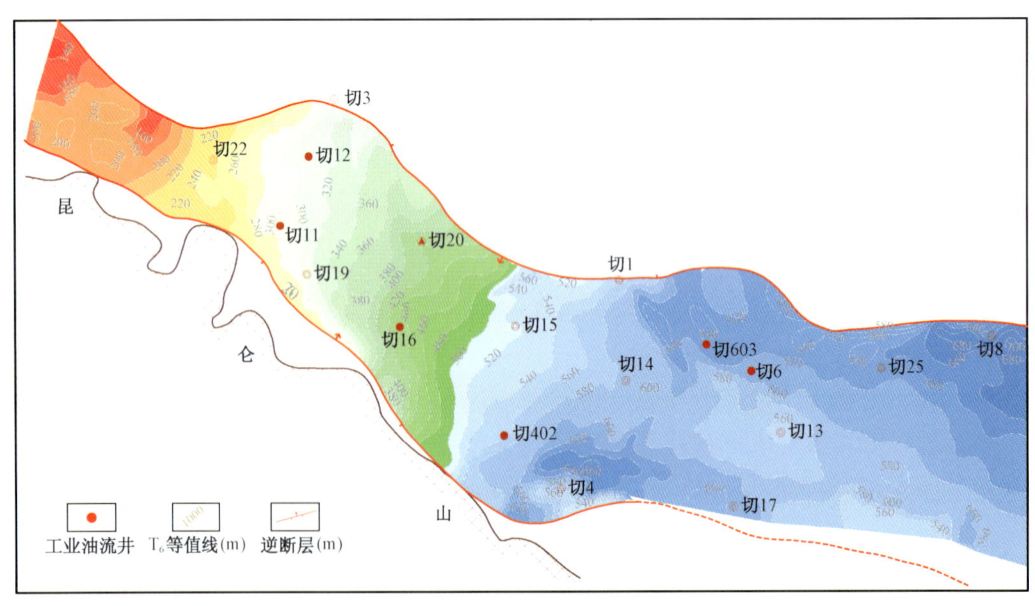

图5-33 昆北断阶带N_1沉积早期E_{1+2}古构造图

N_1沉积早期E_3^1古构造特征：表现的是N_1沉积早期，E_3^1地层底界呈现的地貌特征(图5-34)；继承了基岩顶界面西高东低的地貌特征，只是局部有所变化。E_{1+2}地层在工区西段未接受沉积，在切12井周缘E_3^1地层直接覆盖在基底变质岩或花岗岩之上，因此该段表现的古地貌特征与E_{1+2}底界是一致的；在切12井与切6井之间，为E_3^1下部地层向西超覆尖灭区，向东地层逐渐加厚，地层分布范围向西扩大，至切8井附近厚度达400m。在切6号构造区南部有块隆起，与东西向断层的封堵，形成了切六号构造 E_{1+2} 油藏，受构造—岩性控制，面积较大，约有 $11km^2$；而切十六号构造受地层超覆及断层的双控制，也在 E_{1+2} 地层成藏。总之，古构造格局未发生变化，依然是单一斜坡构造。在此背景下，这一时期的沉积地层自东向西存在大量地层超覆。

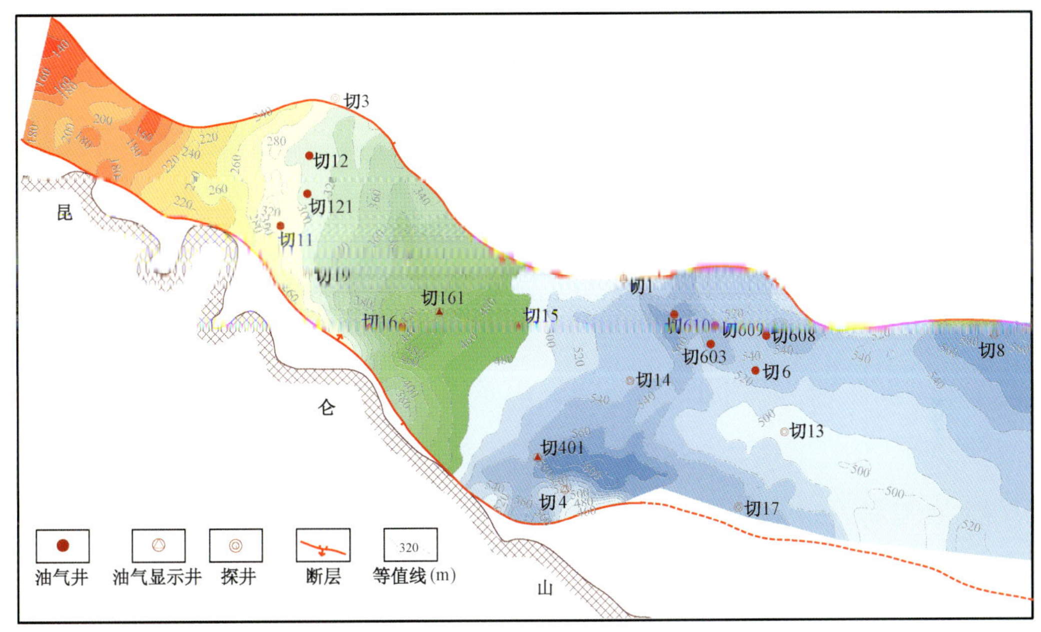

图5-34　昆北断阶带 N_1 沉积早期 E_3^1 古构造图

3. 三套含油层系

昆北断阶带纵向上发育三套含油层系（图5-35）：分别为基岩风化壳含油层，3个井区均含油，储层岩性主要为花岗岩中—浅蚀变作用形成的角砾岩，路乐河组（E_{1+2}）砂砾岩含油层及下干柴沟组下段砂砾岩含油层。切12井区 E_3^1 含油层以砾状砂岩为主，油层为一整体厚砂砾岩层，切6井区 E_3^1 含油层以细砂岩为主；E_{1+2} 划分为3个砂层组，切6井区 E_{1+2} 含油层段主要分布在Ⅰ砂层组，少量在Ⅱ砂层组，为粗—细砂岩，切16井区为 E_{1+2} 砂砾岩层，含油层分布在Ⅰ、Ⅱ砂层组。

4. 断裂—不整合输导体系

切克里克—扎哈泉凹陷生成的油气主要沿着早期沟通油源的深大断裂和不整合运移至昆北断阶带聚集成藏，大型断裂、不整合与高渗砂体组成复合输导体系，一方面油气沿深大断裂纵向运移，形成纵向源上含油气体系；另一方面油气沿不整合面侧向运移，形成了古构造背景上的侧向复合含油气体系。

昆北断裂作为柴西南区最重要的一条深大断裂，上盘控制着昆北断阶构造带的发育，下盘控制着主要生烃凹陷切克里克凹陷的形成。昆北断裂是油气运移到昆北断阶带的主要纵向输导通道，其在空间上的延伸控制着油气向上运移的最大距离，在一定程度上决定了油气在空间成藏的范围。昆北断裂活动主要存在两个强挤压期（昆北断裂主要活动期），分别是 N_1 沉积早期和 N_2^1 沉积末期；此时昆北断裂活动强烈，持续开启，成为油气运移的重要通道。

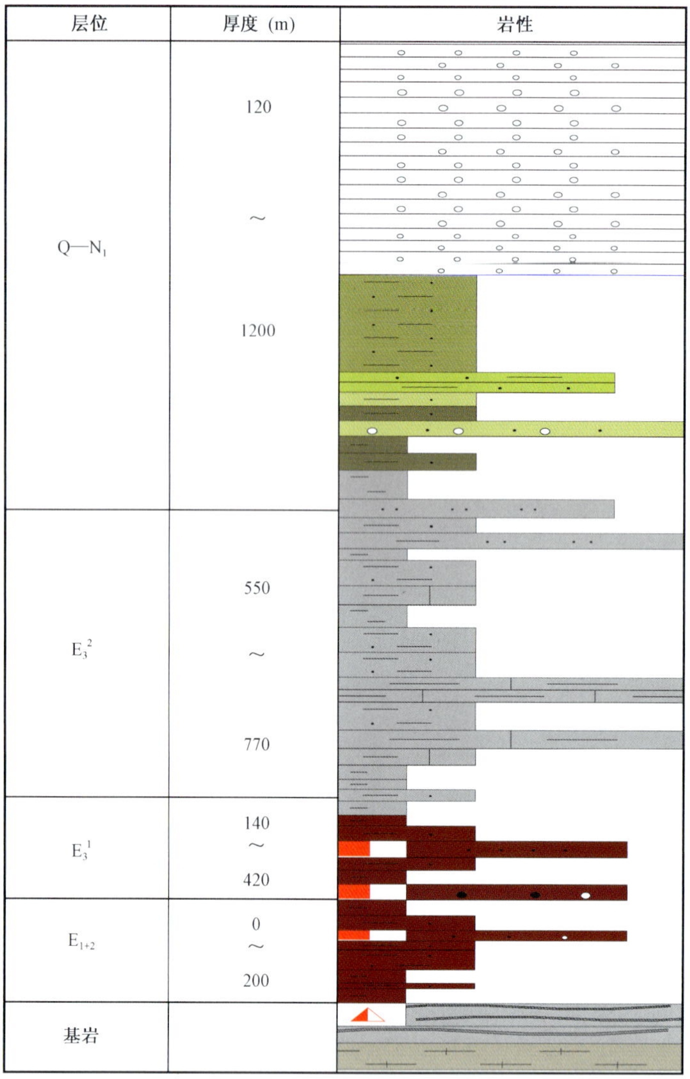

层位	厚度 (m)	岩性
Q—N_1	120 ~ 1200	
E_3^2	550 ~ 770	
E_3^1	140 ~ 420	
E_{1+2}	0 ~ 200	
基岩		

图 5－35　昆北断阶带综合柱状图

此外昆北断阶带处盆地边缘斜坡带，受频繁构造运动作用和长期的继承性古隆起，使得部分地层缺失，早期基岩地貌是东高西低的一斜坡且具古地理特征，在 E_{1+2}、E_3^1 沉积时期，自东向西发育着多期地层超覆，从而造成本区地层两个地层呈超覆不整合接触：分别为 E_3^1 沉积地层与 E_{1+2}沉积地层；E_{1+2}沉积地层与基岩面。

不整合在油气运聚中作用主要由不整合面上、下地层的接触关系及岩性配置所决定。昆北地区不整合面之上的底砾岩是风化带粗碎屑残积物在发生水进时接近原地沉积的产物，以粗碎屑含砾砂岩为主，成分复杂，分布连续，厚度适中，孔渗性较好，为“畅通型”残积层，是油气运移的优势通道。风化黏土层在上覆沉积物压实作用下岩性较致密，是一套阻止油气穿层运移的有效封盖层。底砾岩和风化淋滤带在风化黏土层的分割作用下，是构成油气运移的双重通道。在不整合的形成过程中，断裂作用形成了大量的裂缝，提高了岩层孔隙的连通性。不整合形成后，大气淡水沿裂隙下渗，使下伏岩层发生溶蚀风化，造成风化淋滤带次生孔隙发育，形成良好的储集空间，既是不整合运移油气的主要通道，又是油气聚集的主要场所。

以断裂、不整合组成的油气输导系统，于系统的末端或边缘的有利储集体中运聚成藏，集中分布在昆北断层上盘形成上生下储式油藏。

5. 两期油气充注

油气成藏期次和油气充注时间的确定是沉积盆地油气成藏研究的重要内容。利用流体包裹体,结合埋藏史、热演化史、生烃史、构造演化史、圈闭形成史分析,可以大致确定油气成藏期和油气充注时间。

切 6 井 E_3^1 储层包裹体均一化温度分布范围在 112 ~ 150℃之间(图 5 - 36),形成两个主峰温度,分别是 110 ~ 120℃、140 ~ 150℃,对应两期成藏(图 5 - 37)。

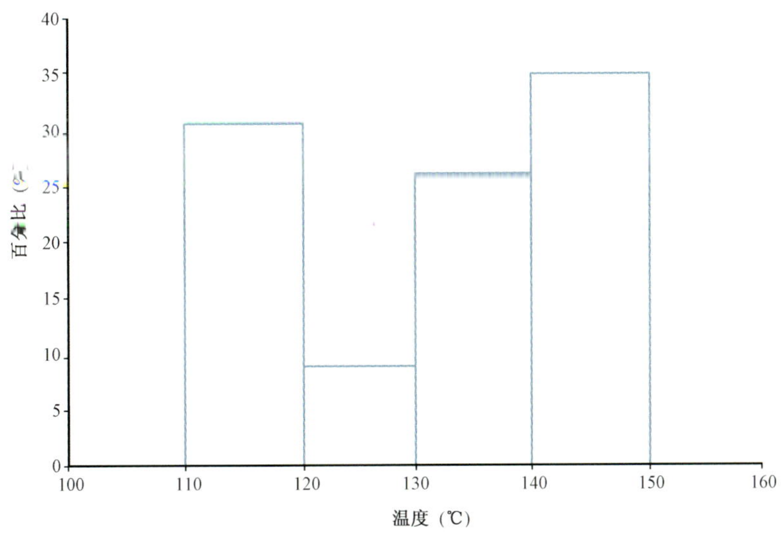

图 5 - 36　切 601 井下干柴沟组下段 E_3^1 储层均一化温度分布图

综合研究表明 N_1 沉积时期是昆北地区主要生、排烃的高峰期,也是第一次生、排烃高峰期。N_1—N_2^1 期的喜马拉雅构造活动,昆北断裂是条持续活动的同沉积断裂,活动性逐渐增强,活动开始剧烈,通过昆北断裂的运移,结合 N_1 沉积早期的古构造分布特征,切十二号、切六号、切四号构造基岩圈闭初次形成了油藏,证实了 N_1 沉积早期是昆北地区的主要成藏期;在 N_2^1 沉积时期以后,柴达木盆地在晚喜马拉雅运动区域构造运动的控制下,昆北断裂受到强烈挤压逆冲,上盘地层急剧抬升,遭到大量剥蚀,奠定了现今构造格局的分布,油气经过二期运移充注,基本形成现今的油藏分布格局。因此,昆北地区主要经历两次主要流体充注:第一期充注(N_1 沉积早期)已经在昆北形成了较大规模的工业性聚集,第二期的持续充注(N_2^1—Q)与晚期构造调整相结合,形成了较厚油层。

6. 发育多类型圈闭

圈闭是油气聚集的地质场所,圈闭类型是划分油气藏类型的主要依据,并可反映油气藏成因,而圈闭形成、发展及平面分布对区域油气富集有重要的控制作用。

昆北断阶带是位于山前挤压带,构造变形强烈,发育多期次断裂,在这些断裂的控制下,发育断块、断鼻、断背斜等构造圈闭,同时受古凸起构造背景及近源三角洲的控制,容易形成储集体岩性、岩相、物性的纵横向变化或由于纵向沉积连续性中断而形成各类岩性圈闭。另外,昆北断阶带为一个古隆起,受风化作用的影响,基岩隆起极易形成基岩潜山圈闭;不整合面的几何形态可以提供走向闭合,进而形成地层圈闭。

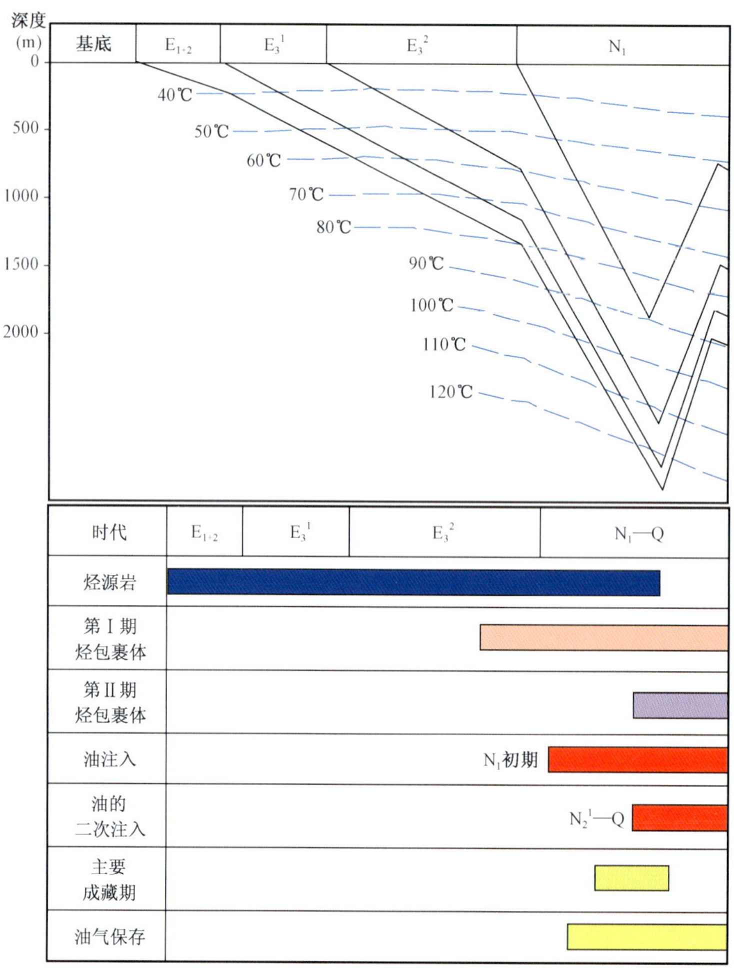

图5－37　昆北断阶带油气成藏演化史图

昆北断阶带不仅圈闭类型多样，而且其圈闭还具有以下特点：(1)平面分布具有分带性。构造高部位和隆起处多发育构造圈闭和基岩圈闭，隆起侧翼主要发育岩性和构造—岩性圈闭。(2)纵向上各种类型圈闭共存、相互叠加。以切12井区为例，下部为基岩潜山圈闭，下干柴沟组下段分布有构造圈闭，切6井区、路乐河组发育具构造背景的岩性圈闭，下干柴沟组下段发育构造圈闭。总体来说，路乐河组以下多为基岩圈闭、不整合圈闭，路乐河组多发育岩性圈闭、构造—岩性圈闭，下干柴沟组下段以构造圈闭为主。(3)构造圈闭形成期次较为集中。昆北断阶带古近—新近纪的整体逆冲挤压作用，特别是喜马拉雅运动的影响，主体构造形成阶段大致为中新世，定型于上新世。受区域地质背景和构造运动影响，昆北断阶带构造圈闭主要形成于中新世(N_1)晚期—上新世晚期(N_3^2)。

总之，昆北断阶带发育多种类型圈闭，包括构造圈闭、岩性圈闭、构造—岩性复合圈闭、地层圈闭(基岩风化壳—裂缝圈闭、地层超覆圈闭)等，为油气成藏提供了众多良好场所。

7. 良好的油气保存条件

昆北断阶带目的层埋藏较浅，油气保存条件至关重要。柴达木盆地位于青藏高原东北缘，是晚喜马拉雅—新构造运动活跃和影响强烈的地区，特别是昆北断阶带北侧的英雄岭地区，大量断裂甚至断至地表。相比较而言，昆北断阶带在喜马拉雅晚期运动作用下整体稳定抬升，后期构造变化相对较小，地表覆盖有较厚的第四系，属于强烈活动区的构造相对稳定区，为油气保存提供了有利的构造背景。

另一方面，昆北断阶带主要目的层之上发育了 E_3^2、E_3^1 上部、E_{1+2}顶部 3 套区域性稳定分布的湖侵体系域泥岩盖层，特别是处于湖泛期的 E_3^2 巨厚区域性泥岩（500～700m）是昆北断阶带油气藏保存的基础（图 5－38 至图 5－40）。此外，切 6 井区 E_3^1 油层被上部泥岩直接封盖，E_{1+2}油层与顶部泥岩直接接触（图 5－41），切 12 井区 E_3^1 油层直接被上覆厚约 30m 的致密泥岩封盖（图 5－42），这都为油气保存提供了良好的条件。

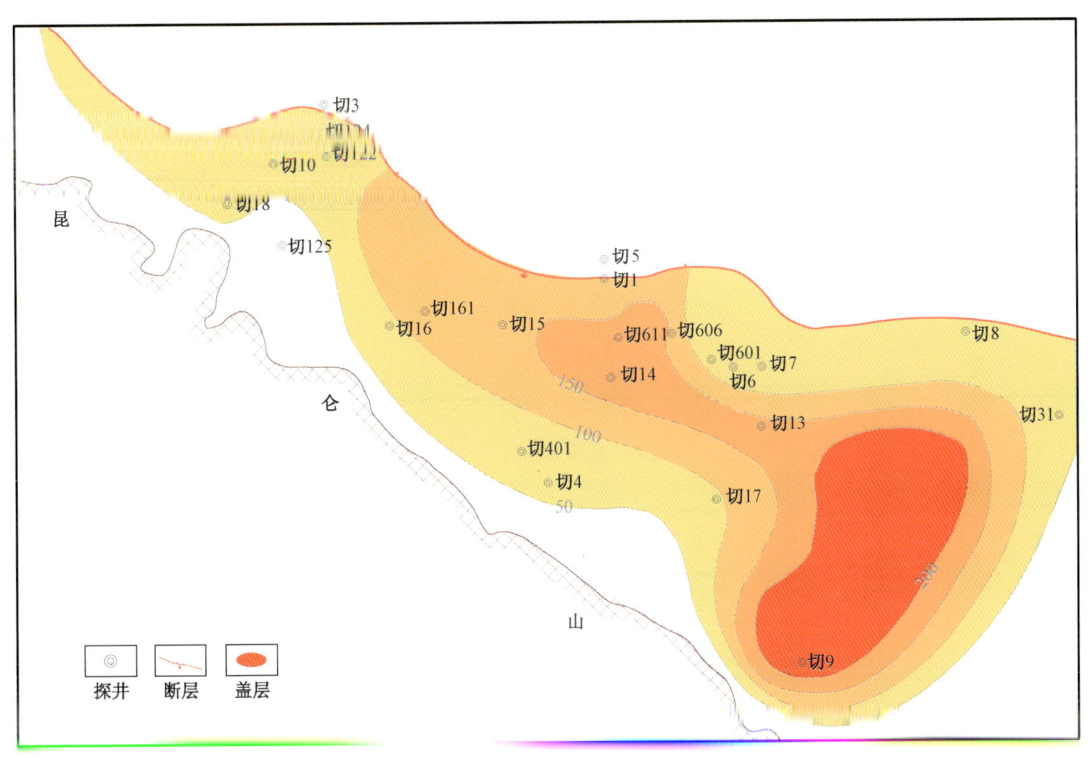

图 5－38　昆北断阶带下干柴沟组下段盖层

二、油田储量规模

经过四年勘探，昆北断阶带切六号、切十二号、切十六号构造累计提交三级石油地质储量 10717×10^4t，形成了亿吨级勘探场面。

1. 切六号构造探明石油地质储量 3502.13×10^4t

切六号构造位于昆北断阶带中段昆北断裂上盘切 6 号断裂北侧，构造整体呈北西西向展布，构造高点位于切 601 井、切 602 井附近，呈断裂控制的背斜形态。地震资料水平切片和各个方向的地震剖面上均能见背斜的形态，构造南侧较陡、北侧较缓，东部缓、西部窄，浅层缓、深层陡，构造南侧深层还有小断裂切割。T_5 构造图上高点埋深 1320m，最大闭合幅度 75m，面积 7.47km^2。

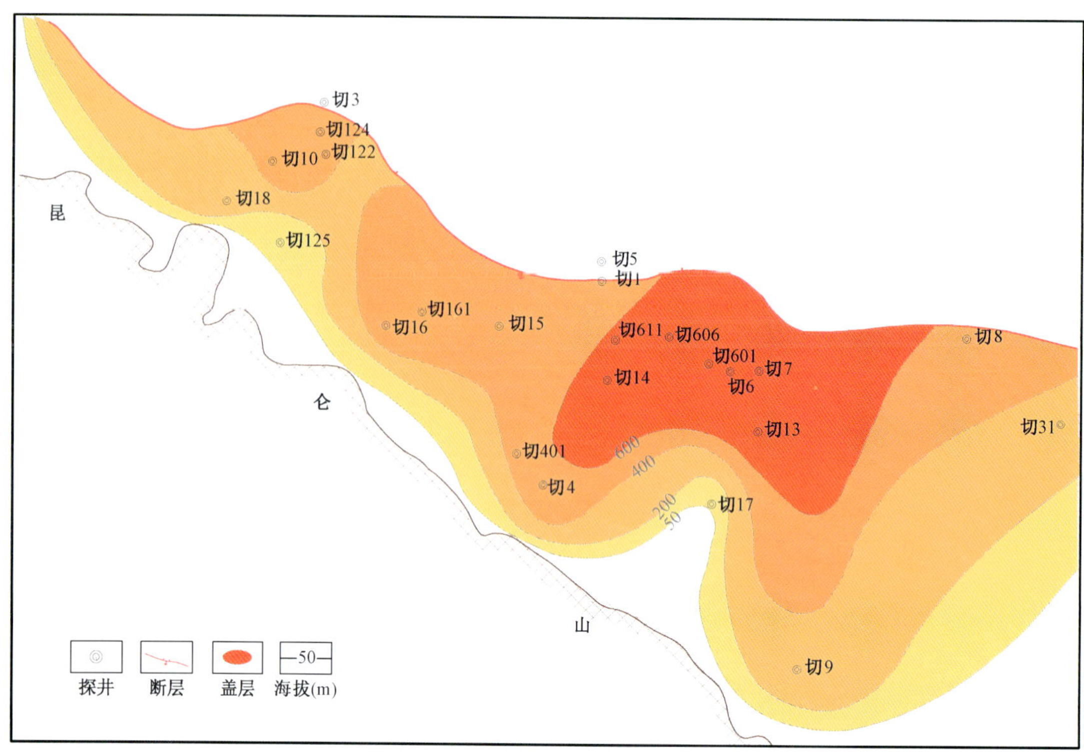

图 5－39　昆北断阶带下干柴沟组上段盖层

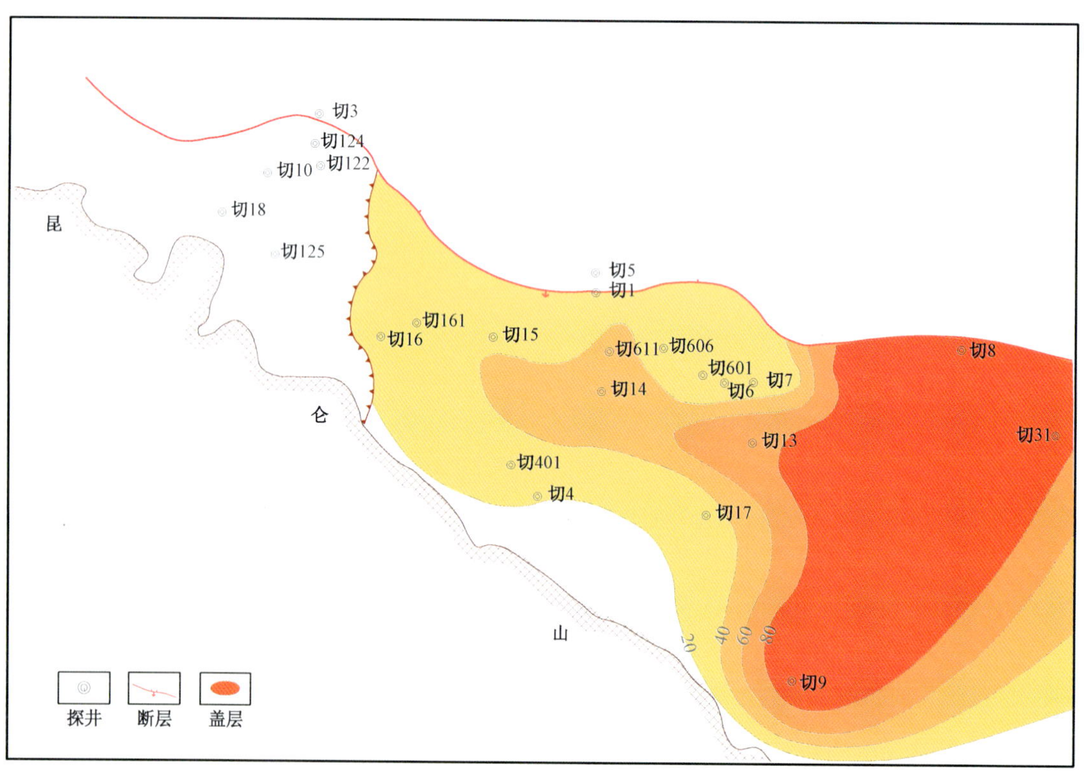

图 5－40　昆北断阶带路乐河组盖层

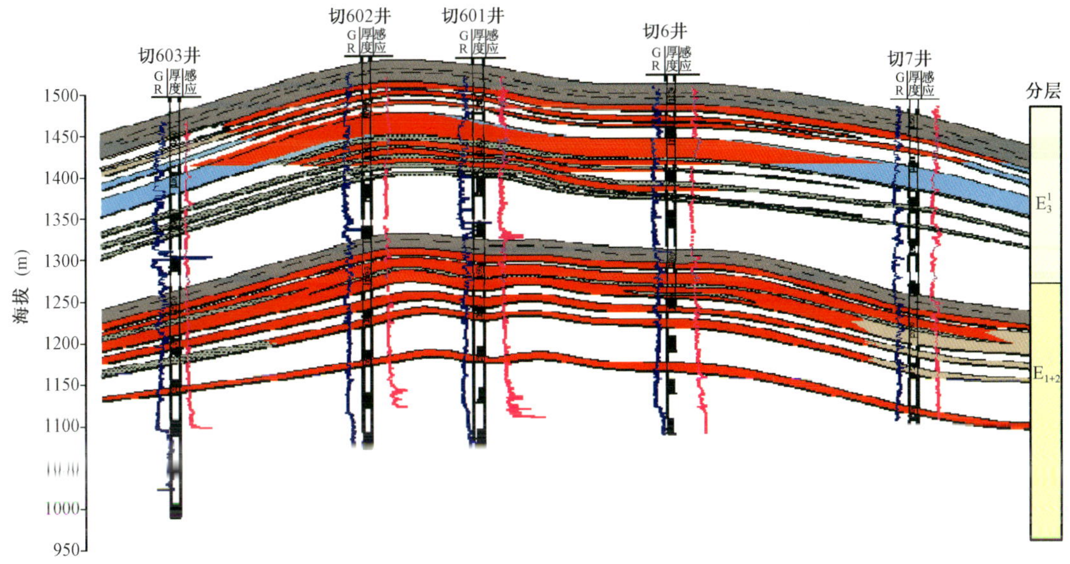

图5－41　切六号油藏直接盖层剖面分布图

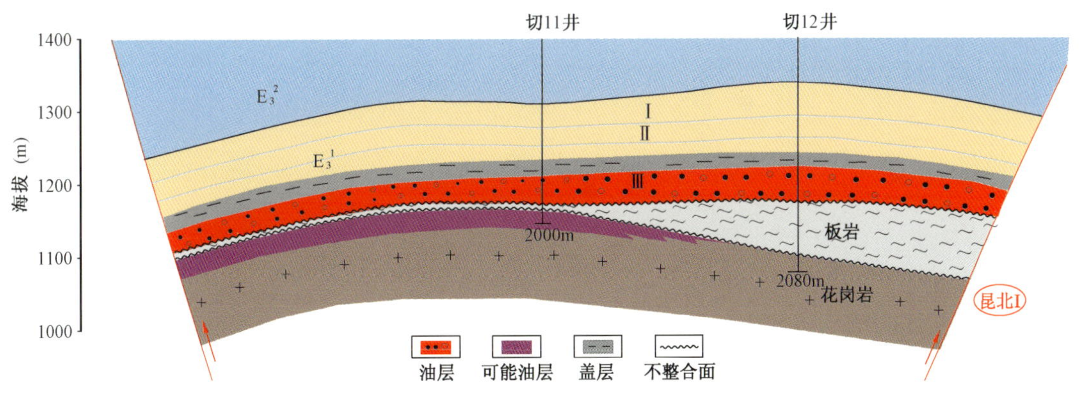

图5－42　切十二号油藏直接盖层剖面分布图

切六号构造 $E_3{}^1$ 油藏受构造控制，油藏埋深1671.8～1841m，含油高度约75m，油藏中部海拔1460m。由于流体的重力分异作用，油气藏分布于切6号断裂上盘的背斜构造，构造高部位油层层数多，累计厚度大，含油气井段长，边部层数少、厚度薄。从纵向分布层位看，油层集中于 $E_3{}^1$ 中部Ⅲ砂层组及Ⅳ砂层组上部，主力油层段为 $Ⅲ_4$、$Ⅲ_5$ 小层，隔夹层较少，分布稳定，一般都带有边水，具有相对统一的的油—水界面（图5－43）。2010年，经过油藏评价综合研究工作，昆北油田切6井区 $E_3{}^1$ 油藏落实新增含油面积 $2.27km^2$，油层厚度29.0m，新增石油探明地质储量 779.02×10^4t（$914.34\times10^4m^3$）（图5－44）。

E_{1+2} 油藏是受岩性、物性控制的构造背景上的岩性油藏，油藏埋深1888.3～2069.4m，含油高度约380m，油藏中部海拔1200m。由于储层物性的横向差异，连片分布的砂体在不同部位物性、含油性不同，总体上构造高部位物性较好，油层连通性较好，油气较为富集，$Ⅰ_{7+8+9}$ 小层为本油藏主力油层段（图5－45）。2010年，经过油藏评价综合研究工作，昆北油田切6井区 E_{1+2} 油藏新增含油面积 $18.59km^2$，油层厚度18.2m，新增石油探明地质储量 2432.75×10^4t（$2815.68\times10^4m^3$）（图5－46）。

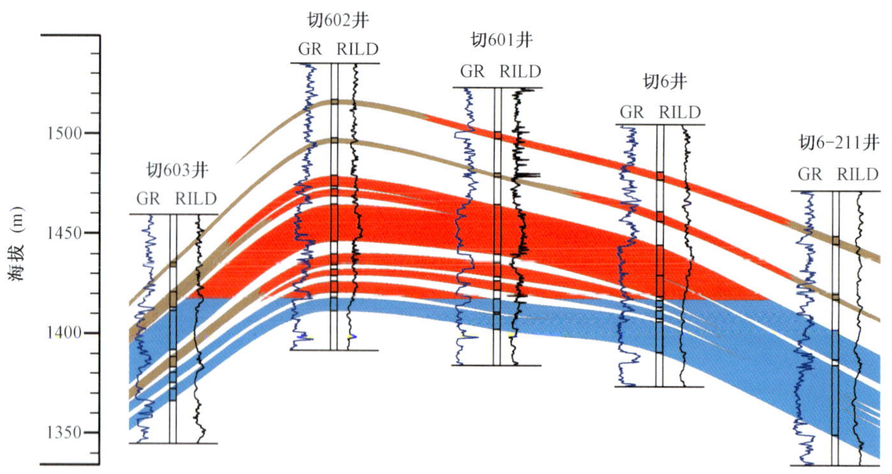

图 5-43 昆北油田切 6 井区下干柴沟组下段 $E_3{}^1$ 油藏切 603 井—切 601 井—切 6-211 井油藏剖面图

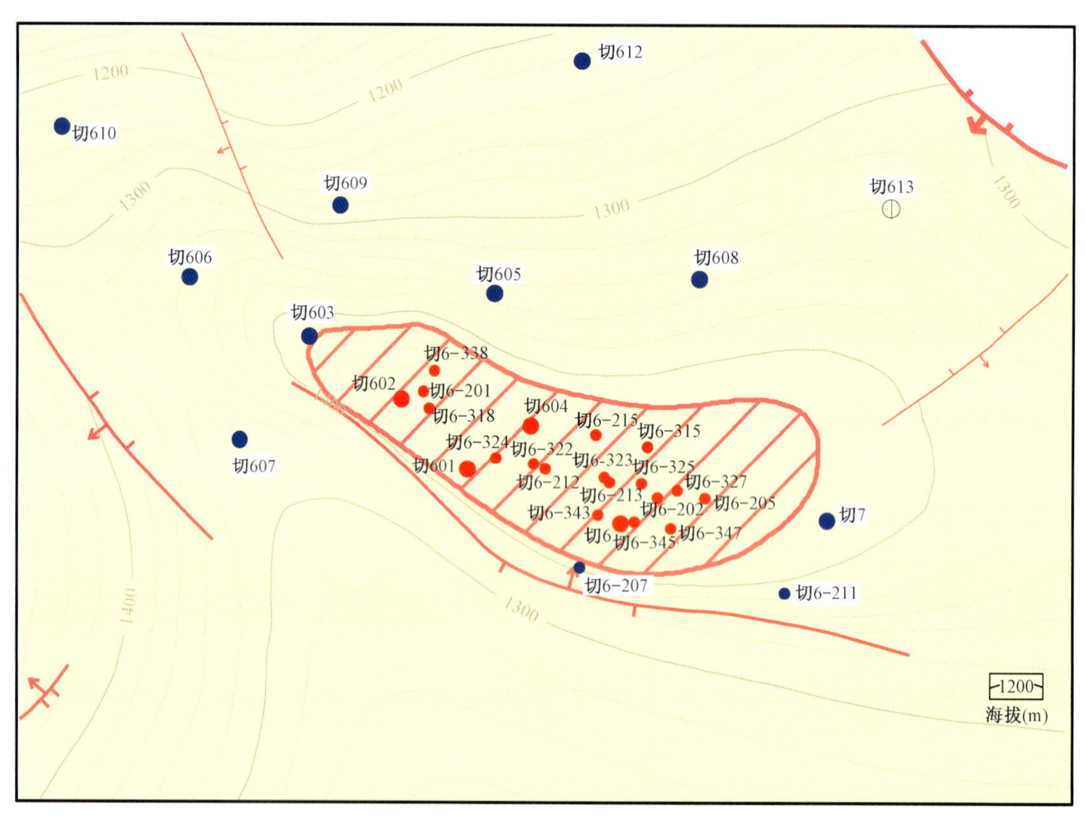

图 5-44 昆北油田切 6 井区下干柴沟组下段 $E_3{}^1$ 油藏含油面积图

切六号构造 $E_3{}^1$ 油藏、E_{1+2} 油藏叠合探明含油面积 18.59km^2，新增探明石油地质储量 3211.27×10^4t。

2. 切十二号构造探明石油地质储量 3032.09×10^4t

切十二号构造位于中段西侧，总体构造形态为受昆北及切 6 号断裂控制形成的断背斜，在

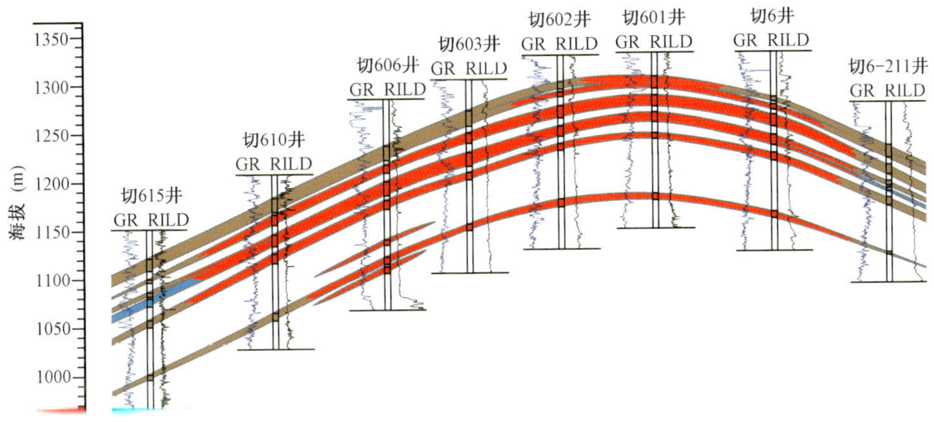

图 5-45 昆北油田切 6 井区路乐河组 E_{1+2} 油藏切 615 井—切 602 井—切 6-211 井油藏剖面图

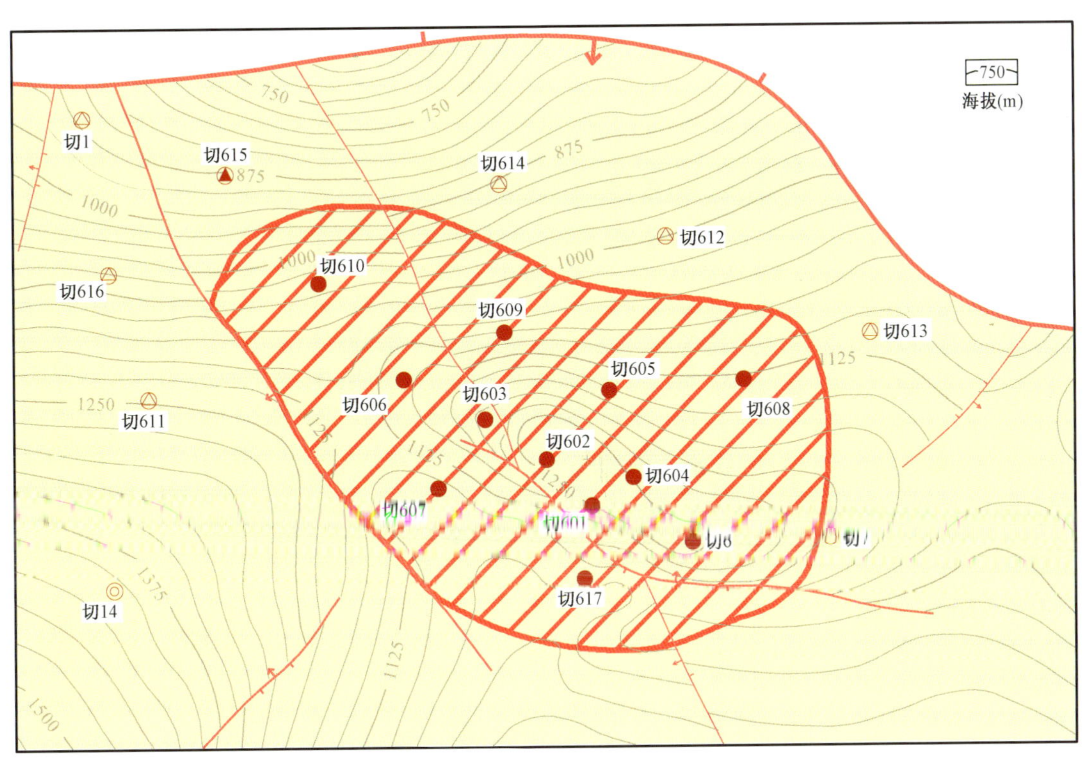

图 5-46 昆北油田切 6 井区路乐河组 E_{1+2} 油藏含油面积图

切 10 井和切 12 井之间发育一条北北东向断裂，将构造分割成东、西两块，切 12 井位于东块的较高部位。切十二号断背斜构造轴向南北向，构造西翼地层倾角较大，东翼地层倾角相对较小。在 E_3^1 油层顶面构造图上，高点埋深 1815m，闭合度 180m，圈闭面积 12.78km^2。

切 12 井区 E_3^1 油藏分布于 E_3^1 底砾岩储层中，为一平均厚度 35m 的单一油层，油层厚度大，连通性好，平面分布稳定，油藏属于受构造控制的断背斜油藏，西侧及南侧被断裂切割封闭，局部受岩性因素影响，油藏埋深 1815.1 ~ 1958.1m，含油高度约 180m，油藏中部海拔

1150m(图 5-47)。经过 2010 年的储量升级工作,昆北油田切 12 井区 E_3^1 油藏新增含油面积 12.49km²,新增石油探明地质储量 2997.84 ×10⁴t(3477.78 ×10⁴m³)(图 5-48)。

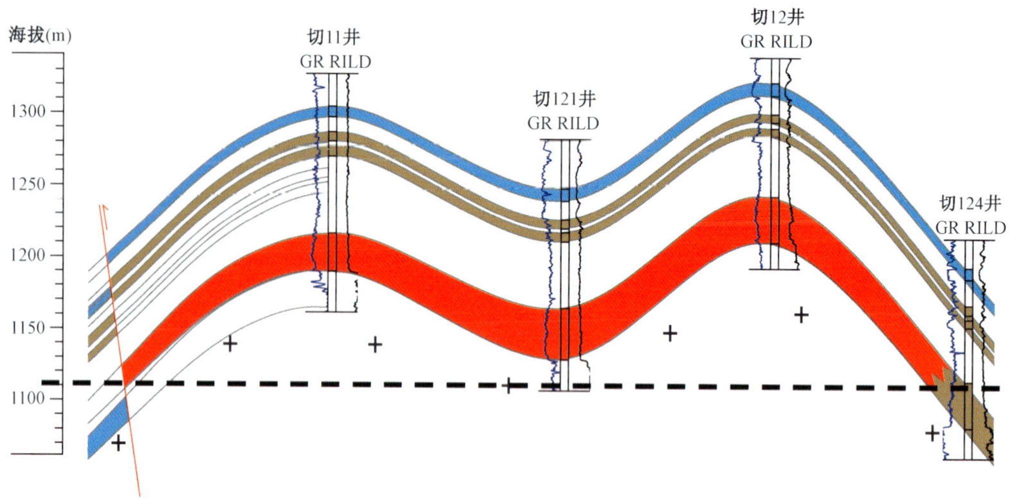

图 5-47　昆北油田切 12 井区下干柴沟组下段 E_3^1 油藏切 11 井—切 12 井—切 124 井油藏剖面图

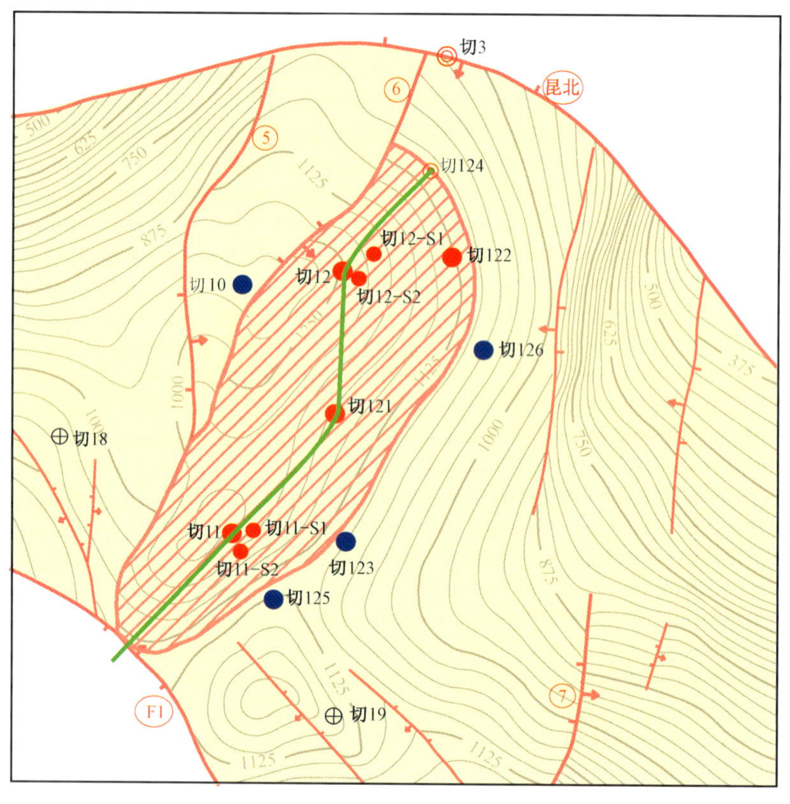

图 5-48　昆北油田切 12 区块 E_3^1 油藏含油面积图

3. 切16井区控制石油地质储量2500×10^4t

切十六号构造位于位于切昆北三维地震区中部、切十二号构造和切四号构造之间，总体为受其南侧断裂和切16井东断裂控制的断块，高点位于切16井以西，呈断背斜特征，浅层断裂不发育，深层基底断裂较发育（主要断开层位为基岩和路乐河组），形成多个局部高点。T_6构造图上，切十六号构造由4个高点组成，高点埋深1275m（海拔），幅度175m，面积12.44km^2；T_4构造图上，切十六号构造主要由3个高点组成，高点埋深1550m（海拔），幅度125m，面积10.77km^2。

切16井区E_{1+2}属于典型的地层—岩性油藏，西侧边界受地层超覆线控制，东、北侧则受岩性、物性影响，从地震属性可大致看出储层发育的有利区（图5－49）。2011年通过评价井的钻探和试油，在E_{1+2}层位落实含油面积39.62km^2，油层厚度25.5m，有望上交控制石油储量4108.10$\times10^4t$（图5－50）。

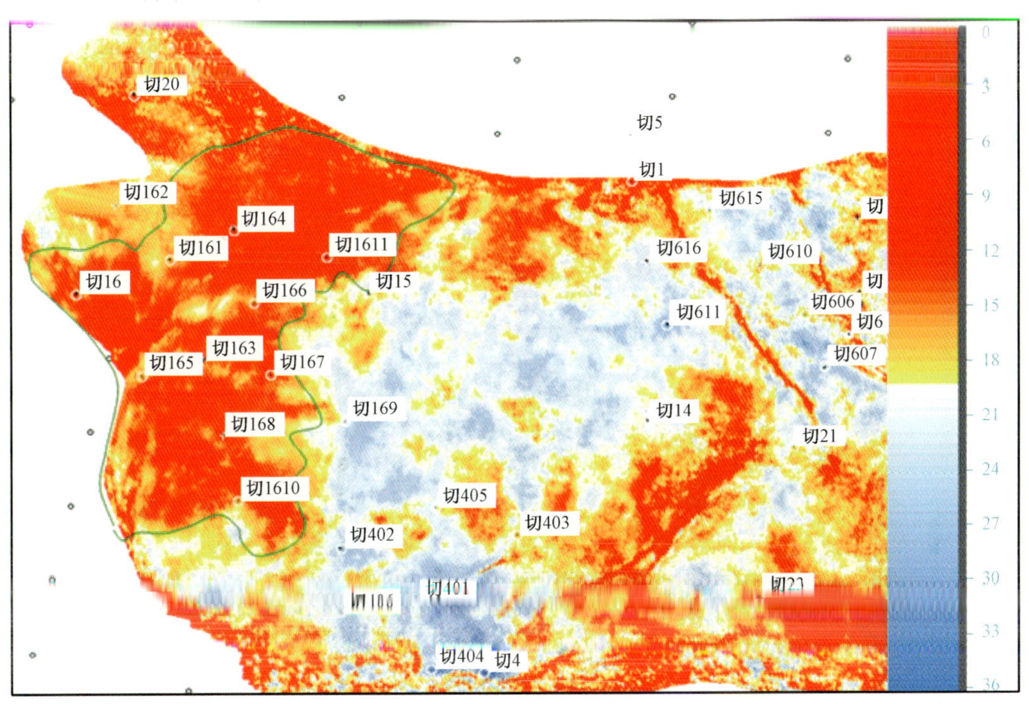

图5－49　切16井区路乐河组E_{1+2}油层地震属性平面图

4. 切4井区有望控制石油地质储量2000×10^4t

切四号构造位于昆北三维地震区的中南部，总体为受山前反冲断裂控制形成的较大型的断背斜，构造形态落实。基底断裂发育，把构造切割形成多个断鼻和断块，地震资料水平切片上小断裂清晰，深层层位断点清楚，相邻各个块的形态具有明显差异。T_6构造图上高点埋深2050m（海拔），幅度675m，面积60.61km^2。

切4井区基岩风化壳为花岗岩风化后形成的残积层，岩石碎裂作用较强，裂缝发育，沿裂缝溶蚀孔发育。32块物性样品分析的孔隙度分布在5%～11%之间，平均为6.5%；渗透率在0.3～50mD，平均3.0mD。利用地震属性分析，可大致看出储层发育的有利区（图5－51）。通过进一步评价，切4井区基岩风化壳油藏有望落实含油面积46km^2，油层平均厚度10m，有望控制石油地质储量2000×10^4t。

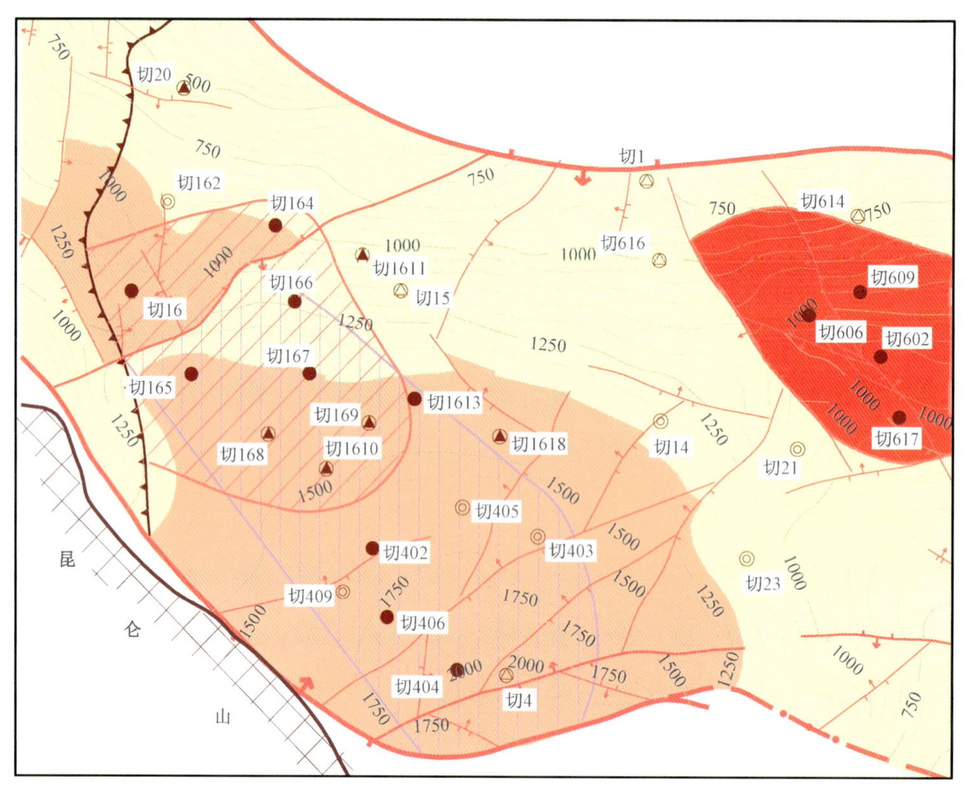

图 5－50　昆北油田切 16 井区—切 4 井区含油面积图

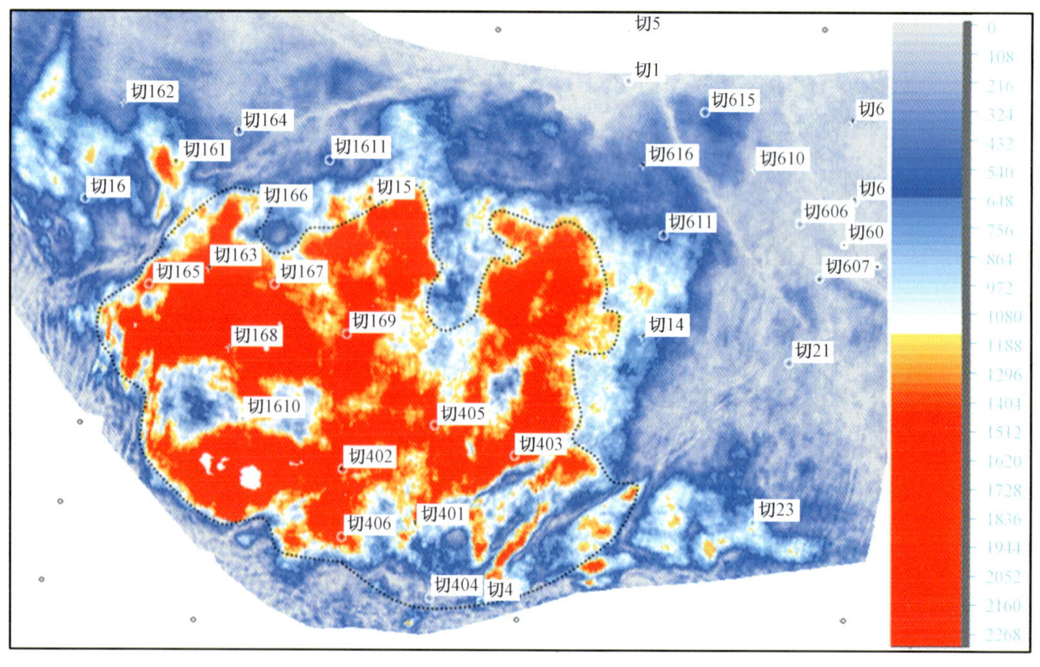

图 5－51　切 4 井区基岩风化壳最大峰值振幅平面图

切 16 井区 E_{1+2}的地层—岩性油藏和切 4 井区基岩风化壳有望形成不同层位、大面积叠合含油的局面(图 5-52)

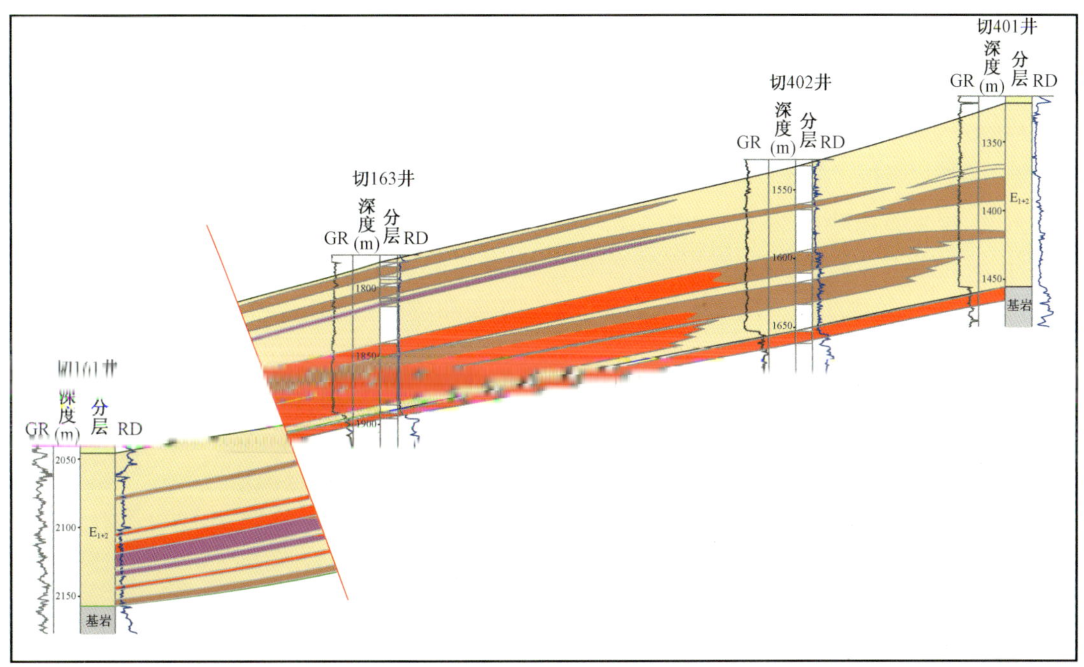

图 5-52　昆北油田切 16 井区切 161 井—切 163 井—切 402 井—切 401 井油藏剖面图

第六章　英东大油田的发现

英雄岭地区位于柴西地区，勘探面积 2000km^2，地面以山地为主，沟壑纵横，高差较大，地表海拔 3000～3900m（图 6－1）。工区具体位于狮子沟—英东构造带东段，油砂山—狮子沟大断裂东段，西北邻油砂山油田，南接乌南油田，行政隶属青海省海西洲茫崖行委花土沟镇。2010 年，在地震老资料重新处理解释的基础上，发现英东一号构造圈闭；2012 年，利用三维地震资料在英东一号圈闭东西两侧发现了英东二号圈闭和英东三号圈闭（图 6－2）。

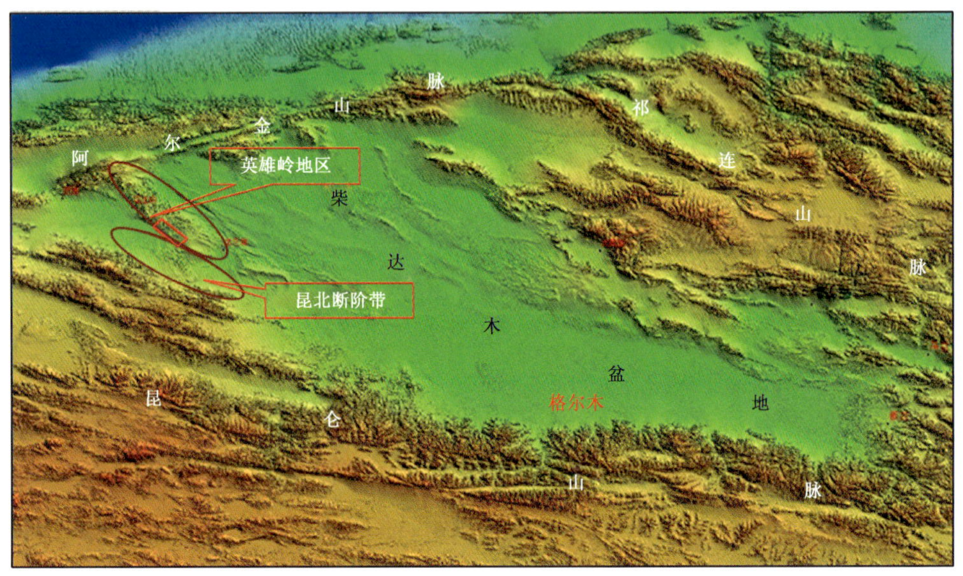

图 6－1　柴达木盆地英雄岭地区地貌图

第一节　石油地质基本条件

一、地层特征

该区新生代地层齐全，从古近系路乐河组至第四系七个泉组均有发育（表 6－1），地层沉积厚度总体上接近万米；总体上形成了湖进、湖退的一个完整的沉积旋回。其中路乐河组、下干柴沟组上段、上干柴沟组是柴西地区主力生烃层系，下干柴沟组下段、油砂山组为优质储层发育层系，在垂向上形成两套生—储—盖组合；其他层系的湖相沉积的碳酸盐岩储层和裂缝性储层可以形成源内的构造、构造—岩性油气藏。现将各钻遇地层岩性分述如下。

狮子沟组（N_2^3）：岩性以棕黄色泥岩、砂质泥岩为主，夹浅黄色泥岩、砂质泥岩、粉砂岩、细砾岩、砾状砂岩及灰黄色泥岩，棕黄色粉砂岩、泥质粉砂岩等。厚度 0～810m。

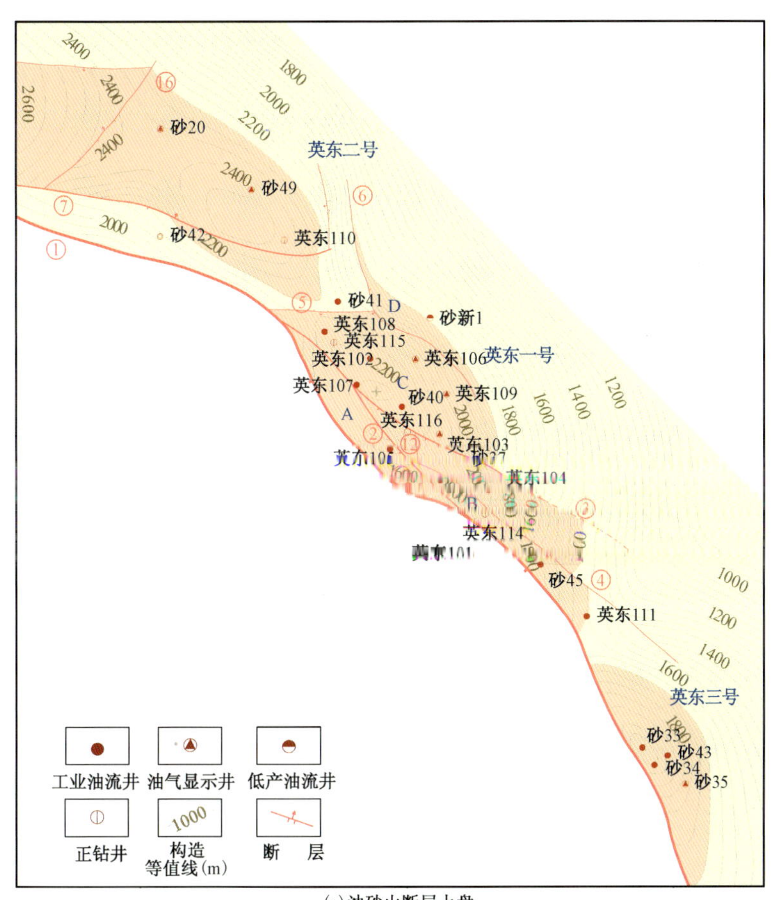

(a)油砂山断层上盘

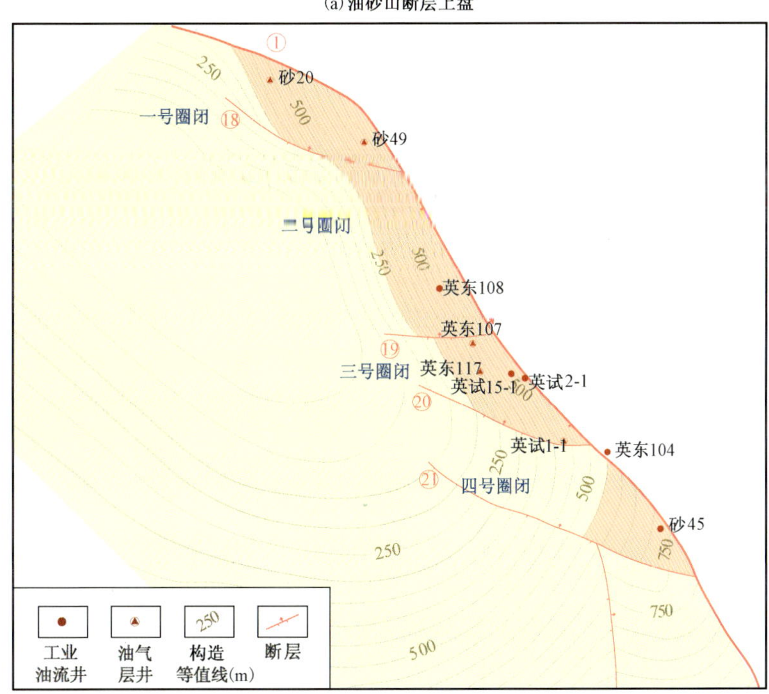

(b)油砂山断层下盘

图6-2 英东地区 K_3 标准层构造图

上油砂山组（N_2^2）：岩性以棕灰色、棕褐色、棕黄色、灰色泥岩、砂质泥岩，棕灰色泥岩和灰色粉砂岩、细砂岩、含砾不等粒砂岩互层为主，夹灰黄色泥岩、砂质泥岩和灰色粗砂岩、含砾粗砂岩、中砂岩、含砾细砂岩、砾状砂岩、泥质粉砂岩、棕黄色砾状砂岩、粉砂岩及棕灰色含砾不等粒砂岩、细砂岩。厚度 600～1200m。

表 6－1　英东地区地层简表（部分）

组	代号	砂层组	顶面标志层	厚度（m）	岩性及岩相简述
上油砂山组	N_2^2	Ⅲ	K_2^3	996	辫状三角洲前缘棕灰色、棕褐色、棕黄色、灰色泥岩、砂质泥岩、粉砂岩、细砂岩、含砾不等粒砂岩互层为主
		Ⅳ	K_2^4		
		Ⅴ	K_2^5		
		Ⅵ	K_2^6		
		Ⅶ	K_2^7		
		Ⅷ	K_2^8		
		Ⅸ	K_2^9		
		Ⅹ	K_2^{10}		
		Ⅺ	K_2^{11}		
		Ⅻ	K_2^{12}		
下油砂山组	N_2^1	Ⅰ	K_3	1000	辫状三角洲前缘和滨浅湖沉积的灰色细砂岩、砂质泥岩、棕褐色砂质泥岩、粉砂岩及棕灰色泥岩、砂质泥岩、泥质粉砂岩互层为主
		Ⅱ	K_3^1		
		Ⅲ	K_3^2		
		Ⅳ	K_3^3		
		Ⅴ	K_3^4		
		Ⅵ	K_3^5		
		Ⅶ	K_3^6		
		Ⅷ	K_3^7		
		Ⅸ	K_4		
		Ⅹ	K_4^3		
		Ⅺ	K_4^5		
		Ⅻ	K_4^7		
上干柴沟组	N_1		K_5	900	滨浅湖的灰色泥岩、棕褐色泥岩、砂质泥岩为主

下油砂山组（N_2^1）：岩性以灰色细砂岩、砂质泥岩、棕褐色砂质泥岩、粉砂岩及棕灰色泥岩、砂质泥岩、泥质粉砂岩互层为主，夹灰色泥岩、泥质粉砂岩、细砂岩、棕褐色泥质粉砂岩及棕灰色含砾不等粒砂岩、含砾细砂岩。一般厚度 1000～1300m。

上干柴沟组（N_1）岩性为深灰色、灰色、褐灰色泥岩、钙质泥岩、砂质泥岩、泥质粉砂岩。厚度 1000～1300m。下干柴沟组上段（E_3^2）岩性为深灰色、灰色泥岩、钙质泥岩、砂质泥岩、泥质粉砂岩，夹少量褐灰色泥岩，一般厚度 1300m。下干柴沟组下段（E_3^1）岩性以灰色、棕褐色泥岩、砂质泥岩、灰白色细砂岩及钙质泥岩为主，夹浅灰色、棕褐色粉砂岩、砂质泥岩、钙质粉砂岩、灰色泥质粉砂岩、钙质粉砂岩、棕灰色泥岩和灰白色粉砂岩等。厚度 400～600m。

二、构造特征

英东地区的构造解释主要利用2011年采集的英东三维地震资料及2012年新采集的部分英中三维地震资料，英东三维地震资料经过多轮处理解释，已取得预期效果，资料品质得到明显提高，波组特征层次分明、断点较清晰，地质产状清楚、构造形态落实，能够满足构造解释的需求。从地震切片分析，总体构造格局清楚，油砂山断层等主要断裂轨迹落实，上、下盘构造形态和局部构造的展布明确（图6－3）。

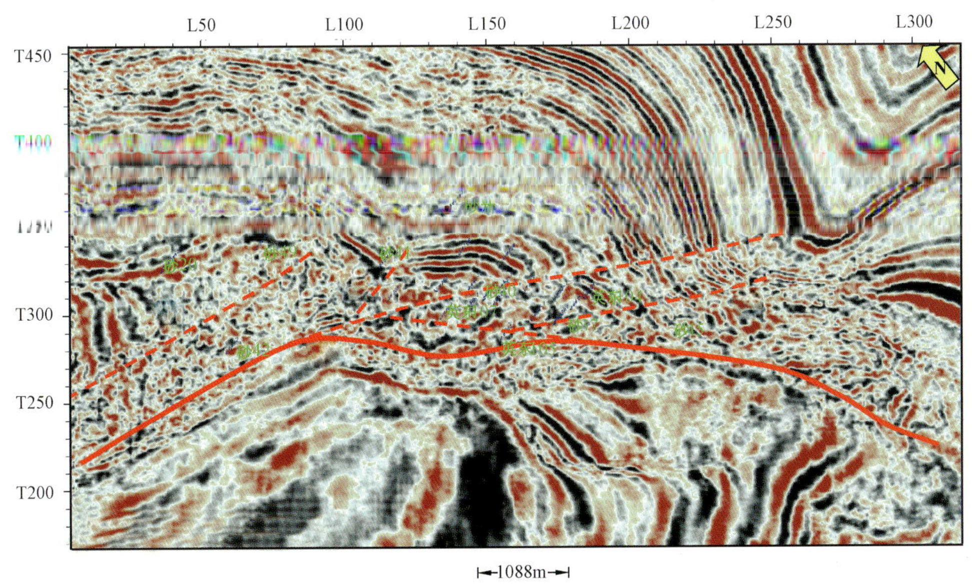

图6－3　英东地区三维地震1000ms水平时间切片图

英东地区构造复杂，地震解释难度大，将解释方法由过去的“模式化解释”转变为“多信息综合解释”，在地面地质资料约束下，应用钻井、测井（地层倾角）、地震波组特征等多信息综合解释技术，明确地层产状、断层位置，结合油—气—水关系，建立合理的构造模型，最终达到井—震的高度统一。

1. 断裂系统

英东地区断裂系统复杂，以油砂山断层为界，存在深、浅两套断裂系统，主要断层均为北西向展布，依附这组断层，发育了近东西向的较次级断层。

浅层断层以北西向的油砂山断层（即英东1号断层）控制了浅层构造带的形成，北部断裂（英东8号断层）为其反向调节断裂，北西西向次级断层与主断层斜交，控制局部构造的发育，断层主要集中于构造主体、油砂山断层附近，依附油砂山断层形成。本次共解释断层22条，其中，油砂山断层上盘17条、下盘断层5条；断层分为三级，一级断层2条：英东1号断层、英东8号断层；二级断层5条：英东2号断层、英东3号断层、英东4号断层、英东6号断层、英东7号断层；其他为三级断层（图6－1）。主要断层描述见表6－2。

表 6-2 英东地区主要断层要素表

断层名称	断层级别	断层性质	断距(m)	走向	倾向	延伸长度(km)
英东 1 号	一级	逆断层	200 ~ 1500	北西	北东	26
英东 2 号	二级	逆断层	40 ~ 850	北西	北东	7.5
英东 3 号	二级	逆断层	60 ~ 500	北西西	北	13.6
英东 4 号	二级	逆断层	20 ~ 200	北西西	南	7.2
英东 5 号	三级	逆断层	20 ~ 80	东西	南	2
英东 6 号	二级	逆断层	60 ~ 280	北西	北东	5 ~ 8
英东 7 号	二级	逆断层	20 ~ 180	北西西	北北东	3.9
英东 8 号	一级	逆断层	220 ~ 600	北西	南西	31.5

2. 构造特征与圈闭描述

在区域上,英东构造带属于英雄岭南缘油砂山—大乌斯构造带,受断层控制,存在浅、中、深 3 套构造层。浅层构造为油砂山断层上盘冲起构造,构造主要发育新近系,断层发育,构造破碎,细节复杂;中层构造为受油砂山断层牵引在其下盘发育的新近系构造,这两套构造均为英东地区截至目前发现的主要含油气构造。

油砂山断层上盘浅层构造形态总体为油砂山构造向东的延伸部分,受应力差异的影响,在局部形成背斜、断背斜及断鼻等构造圈闭,英东地区从西向东依次发育了英东二号、英东一号、英东三号构造,目前均已有油气发现。

1)英东一号构造

位于英东三维地震工区中部,砂新 1 井以南,构造整体呈完整的背斜形态,在英东 1 号断层和英东 8 号断层的共同作用下形成,构造高部位被英东 2 号、英东 3 号、英东 4 号等断层复杂化。从南北向地震剖面看,英东一号构造南、北翼部均较陡,南翼陡带较窄,靠近英东 1 号断层地层陡立(地面能见局部倒转),次级断层发育,地层破碎;北翼分两部分,靠近构造主体地层较陡,延伸至英东 6 号断层,英东 6 号断层—英东 8 号断层之间地层明显变缓。受断层作用,从南向北依次分为 A 块、B 块、C 块和 D 块,各个块的结构和形态存在较大差异,K_3 层各个块构造叠合面积 12.52km^2(图 6-4),K_4 层各个块构造叠合面积 8.73km^2。

英东一号构造 A 块:为构造的西南翼,在 K_3 构造图上,为受英东 1 号断层和英东 2 号断层夹持的断块,被英东 10 号断层分隔成两块,分别为西块和东块。西块钻遇井有英东 107 井、英东 105 井等,呈向西南倾伏的较完整断鼻形态,高点位于英东 107 井以东、英东 105 井以北,埋深 1780m(海拔高,以下圈闭描述均为海拔高度),幅度 120m,面积 2.84km^2;东块钻遇井有英试 1-1 井等,呈向东南倾伏的宽缓断鼻,高点埋深 1340m,闭合幅度 320m,面积 1.19km^2(表 6-3)。

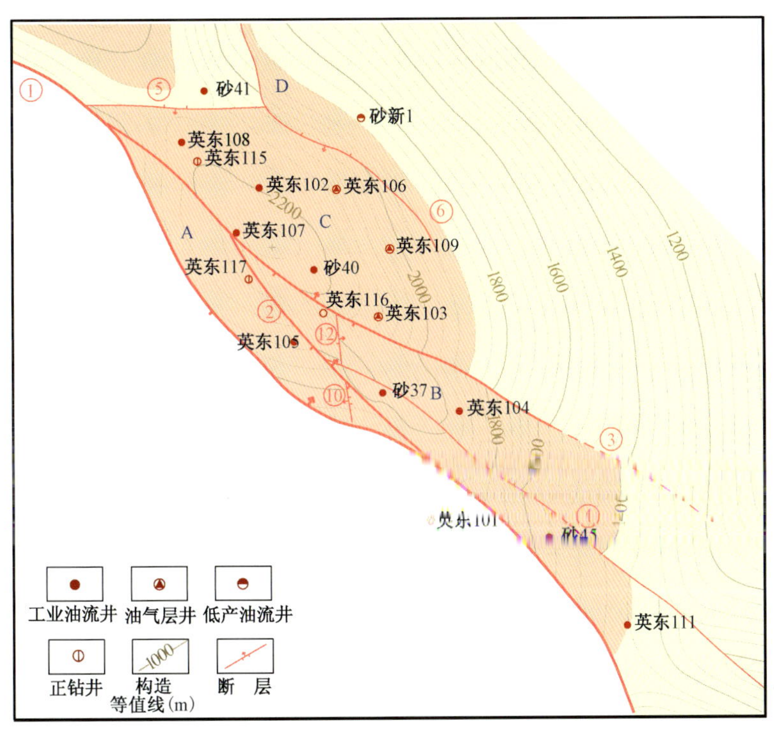

图 6－4　英东一号构造 K_3 标准层构造图

表 6－3　英东地区圈闭要素表

构造名称	圈闭名称		圈闭类型	层位	高点海拔(m)	幅度(m)	圈闭面积(km^2)
英东一号	A	A1	断块	K_3	1780	120	2.84
				K_4	1320	260	1.77
		A2		K_3	1340	320	1.19
				K_4	1320	180	0.67
	B	B1	断块	K_3	1970	140	1.15
				K_4	1480	120	0.91
		B2		K_3	2060	160	1.09
				K_4	1640	160	1.27
		B3		K_3	2040	420	1.34
				K_4	1420	340	2.10
	C		断块	K_3	2240	320	4.77
				K_4	1760	320	1.94
	D		断鼻	K_3	1980	60	0.62
				K_4	1560	200	1.82
英东二号	北块		断背斜	K_3	2430	200	8.90
				K_4	2050	200	6.10
	南块		断鼻	K_3	2240	120	1.70
				K_4	1850	150	1.50

续表

构造名称	圈闭名称	圈闭类型	层位	高点海拔(m)	幅度(m)	圈闭面积(km^2)
英东三号		断背斜	K_3	1940	240	4.30
			K_4	1350	500	3.90
英东下盘	一号圈闭	断块	K_3	700	350	2.78
			K_4	400	450	3.33
	二号圈闭	断块	K_3	700	450	3.82
			K_4	300	500	7.90
	三号圈闭	断块	K3	600	350	2.43
	四号圈闭	断块	K_3	750	200	1.85
			K_4	400	300	2.95

英东一号构造 B 块：位于英东一号构造东南翼，在 K_3 构造图上，表现为被英东 2 号断层和英东 3 号断层夹持的断块，受英东 12 号断层、英东 4 号断层分隔形成 3 个断鼻、断块构造，西块呈向西倾伏的断鼻形态，钻遇井有英东 107 井、英试 7－1 井、英试 2－1 井、英试 8－1 井、英试 15－1 井等，K_3 高点埋深 1920m，幅度 140m，面积 1.15km^2；东块呈向东南倾伏的断鼻形态，钻遇井有英东 103 井、英东 104 井、英试 4－1 井、英试 5－1 井等，K_3 高点埋深 2060m，闭合幅度 160m，面积 1.09km^2；南块呈向东南倾伏的断鼻，钻遇井有砂 37（英试 1－1）井、砂 45 井等，K_3 高点埋深 2040m，闭合幅度 420m，面积 1.34km^2（表 6－3）。

英东一号构造 C 块：为构造主体，位于英东 3 号断层上盘，是整个英东一号构造的最高部位，在 K_3 构造图上，呈断背斜形态，钻遇井较多，有英东 108 井、英东 107 井、砂 40 井、英东 102 井、英东 103 井、英东 106 井、英东 109 井、英试 3－1 井、英试 9－1 井等，K_3 高点埋深 2240m，闭合幅度 320m，面积 4.77km^2（表 6－3）。

英东一号构造 D 块：位于英东 6 号断层以北，为英东构造北翼受 6 号断层控制、在其下盘形成的断鼻构造形态，高点位于砂 41 井—英东 106 井之间，有砂 41 井、英东 106 井、英东 109 井等钻遇该圈闭高部位，钻遇地层主要为 K_4 以下。在 K_4^5 构造图上，高点埋深 1200m，闭合幅度 120m，面积 2.35km^2（表 6－3）。

英东一号构造 A、B、C 三个断块已于 2011 年提交控制储量，本次只在 D 块提交预测储量。

2）英东二号构造

位于英东三维地震区西部，依附于油砂山断层上盘，整体呈从西北向东南倾伏的鼻状形态，地震剖面上南北向背斜形态明确，北西向剖面基本为向西北抬升的单斜，西端受断层封挡，局部具有回倾现象（鞍部位于砂 20 井附近），形成砂 49 断背斜，但幅度较低，受英东 7 号断层分隔形成南北两块。北块为构造主体，存在两个构造高点，西高点呈断鼻形态，东高点呈断背斜形态（即砂 49 断背斜）。K_3 构造图上，圈闭面积 8.9km^2，高点埋深 2430m，闭合幅度 200m；南块呈北高南低的断鼻形态，K_3 反射层构造图上，高点埋深 2240m，闭合幅度 120m，圈闭面积 1.7km^2（图 6－5）。

3）英东三号构造

位于英东一号构造东南方向、砂新 2 井以西，依附油砂山断层发育，具有断背斜形态，南北方向剖面总体表现为北倾单斜，构造南侧、油砂山断层附近，地层具有小幅度回倾现象，北西向剖面背斜形态落实，切片上具有断背斜特征，K_3 反射层构造图上，圈闭面积 4.3km^2，高点埋深 1940m，闭合幅度 240m（图 6－6）。

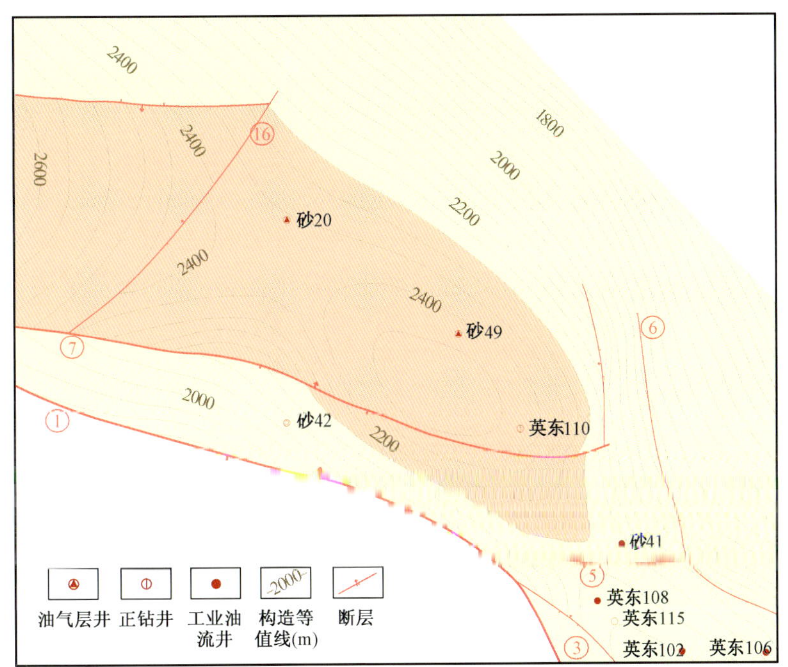

图 6－5　英东二号构造 K_3 构造图

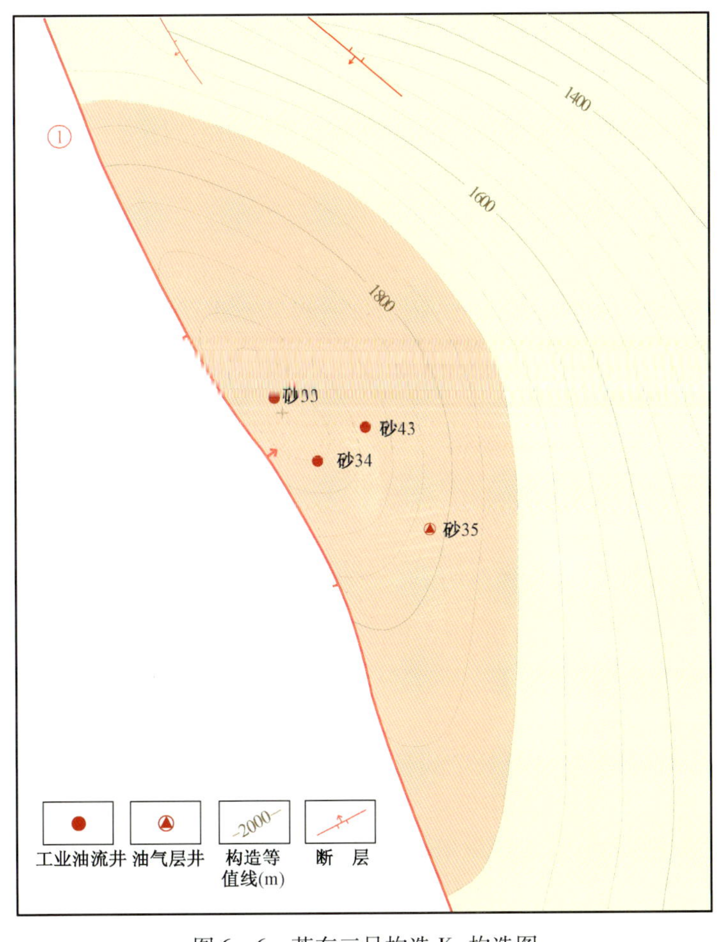

图 6－6　英东三号构造 K_3 构造图

4）英东油田油砂山断层下盘

英东油田油砂山断层下盘中层构造主要发育于新近系，称为英东下盘构造，总体形态为断鼻，最高点位于英东107井—英东108井一线以北，纵向上不同层构造高点位置依次依附油砂山断层分布，从上向下不断往北推进，断鼻受次级断层分隔成4个断块，从西到东依次为英东一号、英东二号、英东三号、英东四号圈闭，K_3 圈闭总面积 10.9km²（图6－1），K_4 圈闭总面积 14.2km²。

英东一号圈闭位于英东三维地震区内油砂山断层下盘最西端，钻遇井有砂20井、砂49井，地层西南倾，高点位于砂20井以西、砂49井附近，K_3 构造图上，高点埋深700m，闭合幅度350m，面积2.78km²。

英东二号圈闭位于英东一号圈闭东南方向，钻遇井有英东108井，地层西倾，高点位于英东108井以东；K_3 构造图上，高点埋深700m，闭合幅度450m，面积3.82km²。

英东三号圈闭位于英东二号圈闭东南方向，钻遇井有英东107井、英试2－1井、英试15－1井等，地层西南倾，高点位于英东107井北东方向、英试2－1井以西；K_3 构造图上，高点埋深600m，闭合幅度350m，面积2.43km²。

英东四号圈闭位于英东三号圈闭东南方向，钻遇井有砂45井、英东111井，地层西倾，高点位于砂45井以东；K_3 构造图上，高点埋深750m，闭合幅度200m，面积1.85km²。

三、沉积特征

根据柴西南区下油砂山组恢复厚度图（图6－7）分析，英东地区下油砂山组沉积时期整体上处于斜坡背景，铁木里克为古隆起区，阿拉尔—尕斯—跃进—大乌斯地区一带均为沉积古斜坡，英东地区地形相对较缓，有利于砂体的堆积而形成有利储集体。

1. 物源方向

结合古地貌、地震属性、重矿物、岩性组合、古水流等多种手段和方法进行分析认为，英东地区主要受北西向阿拉尔物源控制，南西向祁漫塔格物源对其也有一定的影响。

研究区重矿物分析以稳定组分为主，锆石＋石榴石＋白钛矿占80%以上，绿帘石和角闪石等不稳定重矿物含量相对较少，一般小于10%。平面上阿拉尔地区不稳定重矿物含量约60%～80%，跃进地区不稳定重矿物含量约50%～70%，跃东地区含量约30%～40%，由此可见，沉积物源来自于阿拉尔地区，重矿物组合表现出近物源不稳定重矿物含量较高、稳定重矿物含量相对少的特征，英东地区稳定重矿物含量高，反映出其距离物源较远的重矿物组合特征（图6－8）。

2. 沉积相类型及特征

英东地区发育有辫状河三角洲前缘亚相和滨浅湖亚相。N_2^1 沉积时期，该区主要为滨浅湖滩坝沉积，末期过渡为三角洲前缘亚相沉积；N_2^2 沉积时期，以三角洲前缘亚相沉积为主；整体表现为湖退进积的沉积特征。

三角洲前缘沉积岩性组合为棕灰色的含砾中砂岩、细砂岩、粉砂岩等，夹灰色泥岩、粉砂质泥岩，砂地比约0.5～0.8。砂岩单层厚度变化大，最厚可达6m。交错层理较发育，粒序上正韵律发育，也见反韵律发育。粒度积累概率曲线以二段式为主，少量三段式。通过岩心观察并结合各种分析化验资料综合分析表明该区沉积微相类型以水下分流河道为主，次为河口坝、席状砂。

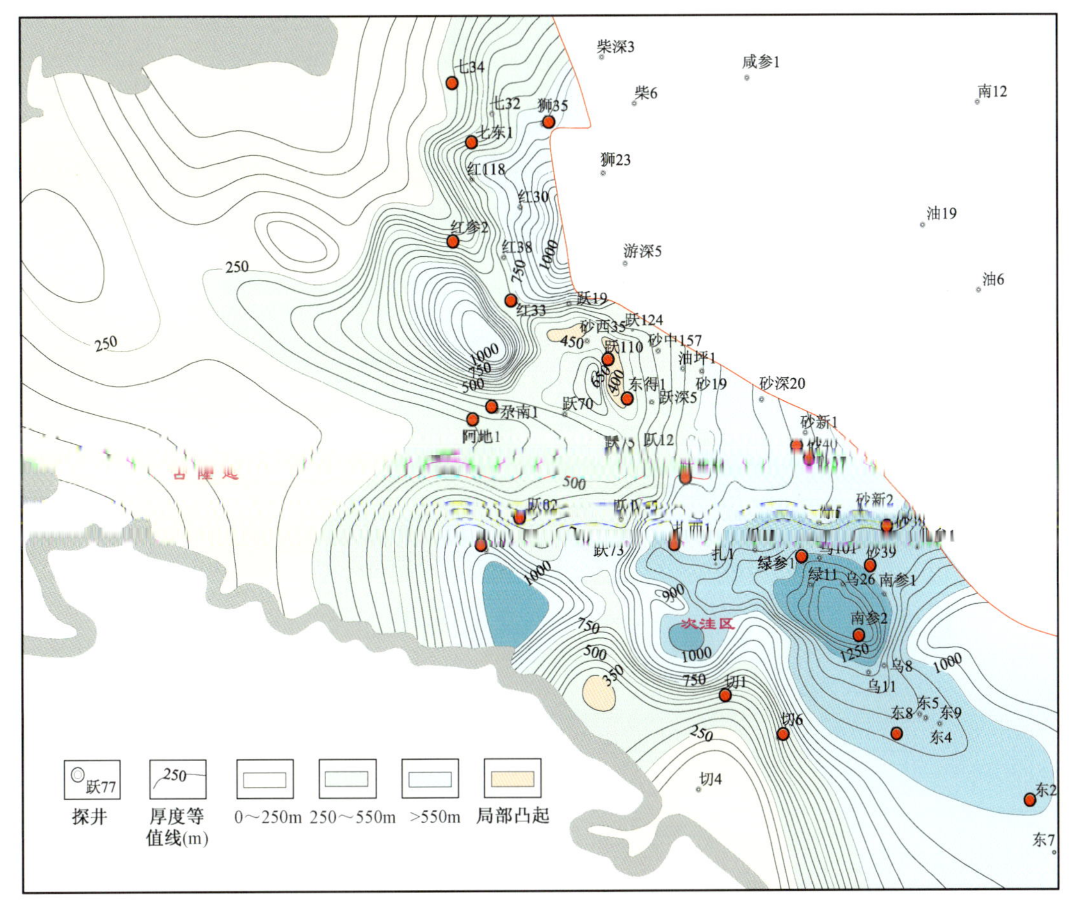

图 6-7　柴西南区下油砂山组恢复厚度图

1）水下分流河道微相

岩性以浅灰色、灰色粗砂岩、中砂岩、细砂岩、粉砂岩为主，常见冲刷面，发育斜层理、交错层理及河道底部滞留沉积，接触关系表现为底部突变式、顶部渐变式，电测曲线表现为钟形、略齿化钟形。

该区水下分流河道沉积发育且多期叠置，是主要的油气储集体之一。岩性组合表现出多期正粒序相互叠置的特征。早期河道沉积被后期河道沉积冲刷，多期冲刷叠置形成较厚的砂体，岩心上见多期的冲刷面及河道底部滞留沉积，测井曲线表现为齿状箱形或钟形叠置的特征，具有单一不完整型水下分流河道和单一完整型水下分流河道两种。

2）河口坝微相

受控于辫状三角洲沉积，河口坝微相砂体分布局限，是该区重要的沉积微相类型。其主要表现为下细上粗的反粒序特征，岩性从下向上为泥质岩—粉砂岩—细砂岩的组合，顶部为突变接触，底部为渐变接触，测井曲线表现为漏斗形。

3）席状砂微相

主要分布于水下分流河道侧缘及河口坝前缘，呈带状、席状展布。本区席状砂岩性主要为棕灰色粉砂岩、泥质粉砂岩，单层厚度较薄，常小于2m，发育波状层理和水平层理，测井曲线表现为指形及舌形特征。

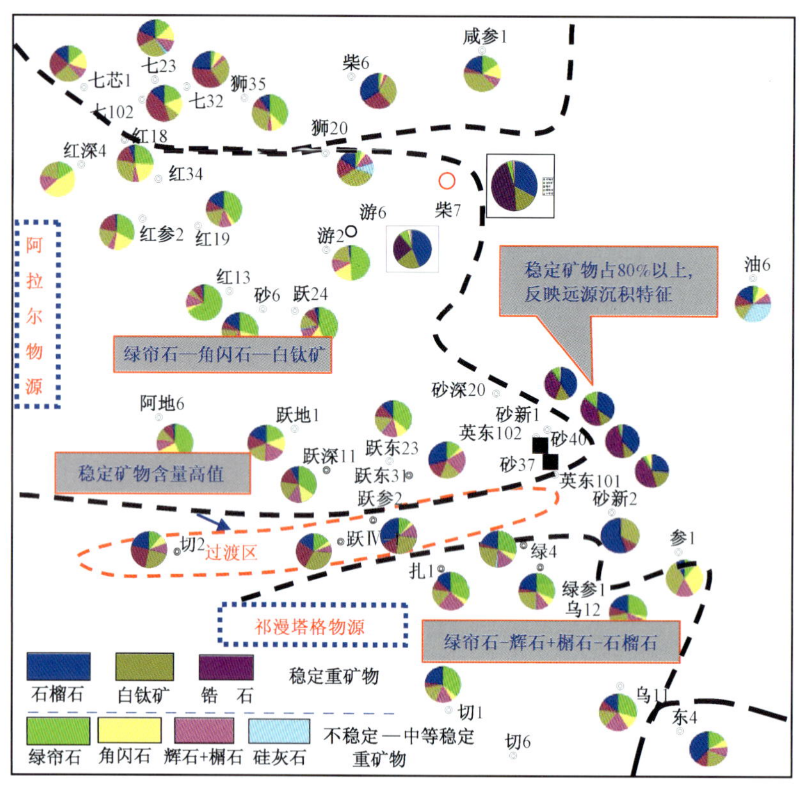

图 6 - 8　柴西南区重矿物特征及物源特征图

4）滨浅湖亚相

岩性组合为灰色泥岩、粉砂质泥岩与灰色、棕灰色、棕黄色细砂岩、粉砂岩、泥质粉砂岩互层沉积。正韵律、反韵律的沉积都比较发育。一般单层砂岩厚度都小于 2m，多数为几十厘米砂岩与泥岩频繁互层，砂地比约 0.3 左右。层理类型以波状、透镜状层理及浪成砂纹交错层理为主，表现为湖浪作用较强的水动力条件。概率积累粒度曲线为两段式，缺失滚动组分，悬浮组分占 50% 以上。其中滩坝砂体是主要的油气储集体。

5）滩坝微相

主要分布于滨浅湖亚相中，多分布于湖泊边缘、湖湾、三角洲前缘的前端或侧翼，远离河流入口处。滩坝微相砂体的组成物质来自附近的三角洲或其他近岸浅水砂体，经湖浪和湖流再搬运作用、反复的淘洗、筛选，砂岩的成熟度较高，砂岩所含泥质杂基少。自然伽马曲线表现为齿化的钟形，垂向上表现为加积的特征。

3. 沉积相分布

1）岩心相分析

通过对 14 口井探井与评价井岩心的详细观察，明确英东地区主要的沉积相及微相类型：下油砂山组早期以滨浅湖相为主，中后期演变为三角洲前缘沉积，主要微相类型包括滩坝、水下分流河道、河口坝、席状砂、分流间湾等；上油砂山组主要以三角洲前缘亚相为主，间互伴随湖水变化，发育滨浅湖相，微相类型亦包含水下分流河道、河口坝、席状砂等。沉积相演化规律反映下油砂山组至上油砂山组沉积时期，整体处于湖退进积的沉积过程，伴随基准面的下降，可容空间减少，物源供应充分，三角洲体系不断往湖盆中心推进，砂体粒度由细到粗，单层厚度由薄变厚。

2)连井剖面相

从 N_2^2 北西—南东向连井剖面来看(图 6－9)，该区整体为三角洲相沉积，建参 2 区块下部为三角洲前缘，上部出现平原亚相沉积，砂 19 井区—砂 20 井区整体为三角洲前缘相沉积；英东 102 井—砂 40 井—砂新 2 井三角洲与滨浅湖互层发育，且从英东 102 井到砂新 2 井滨浅湖沉积明显增多；北参 1 井主要为滨浅湖亚相，从 N_2^1 北西—南东向连井剖面来看(图 6－10)，砂 19 井—砂 20 井—英东 102 井—砂 40 井顶部发育三角洲前缘沉积，下部均为滨浅湖亚相沉积。

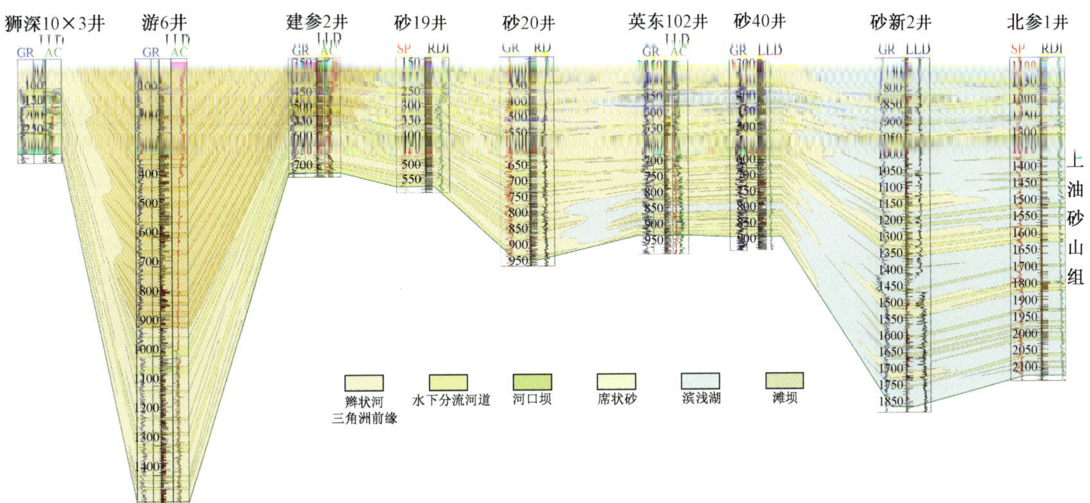

图 6－9　英东油田上油砂山组连井相剖面图

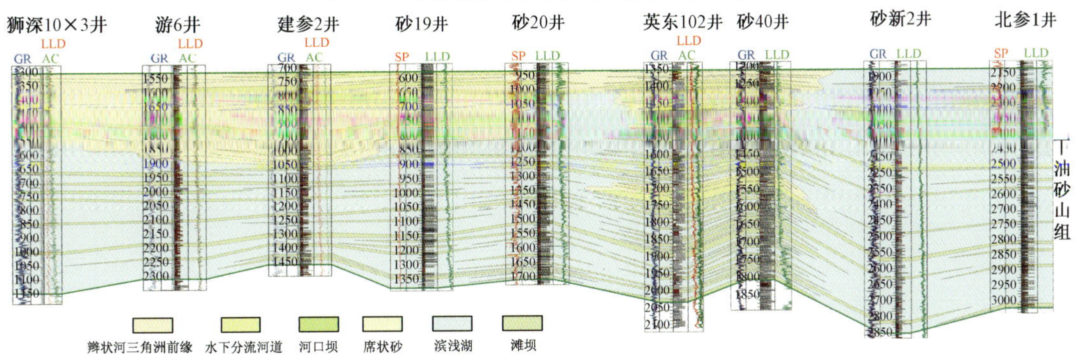

图 6－10　英东油田下油砂山组连井相剖面图

3)平面展布特征

从英东地区下油砂山组Ⅸ—Ⅻ砂层组沉积相平面图(图 6－11)来看，英东地区整体处于滨浅湖滩坝沉积范围内，下油砂山组Ⅰ—Ⅷ砂层组则处于滨浅湖滩坝沉积与辫状河三角洲前缘沉积共同影响的范围内。辫状河三角洲物源来自于阿拉尔物源，部分来自于祁漫塔格物源。以下油砂山组Ⅰ砂层组沉积微相平面展布为例，英东地区为辫状河三角洲前缘末端砂体与河口坝、滨浅湖滩坝间互沉积区。受辫状河三角洲砂体注入影响，砂体侧向摆动明显。

从英东地区上油砂山组沉积相平面图(图 6－12)来看，研究区与红柳泉—尕斯—跃进—

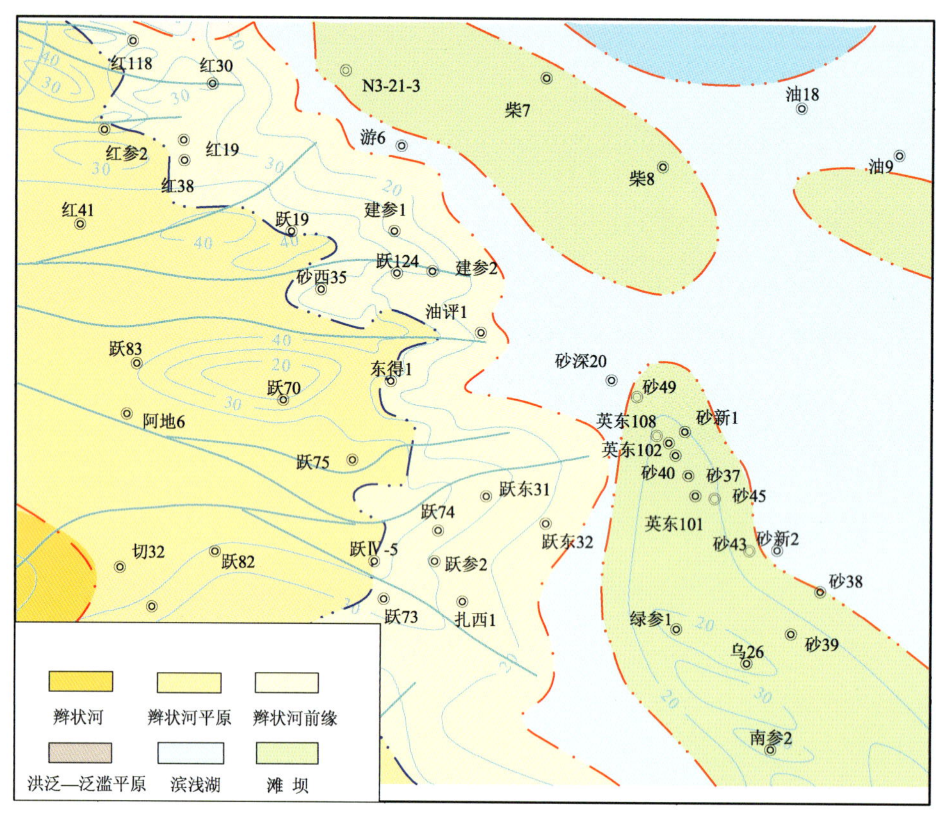

图6－11 英雄岭地区下油砂山组沉积相平面图

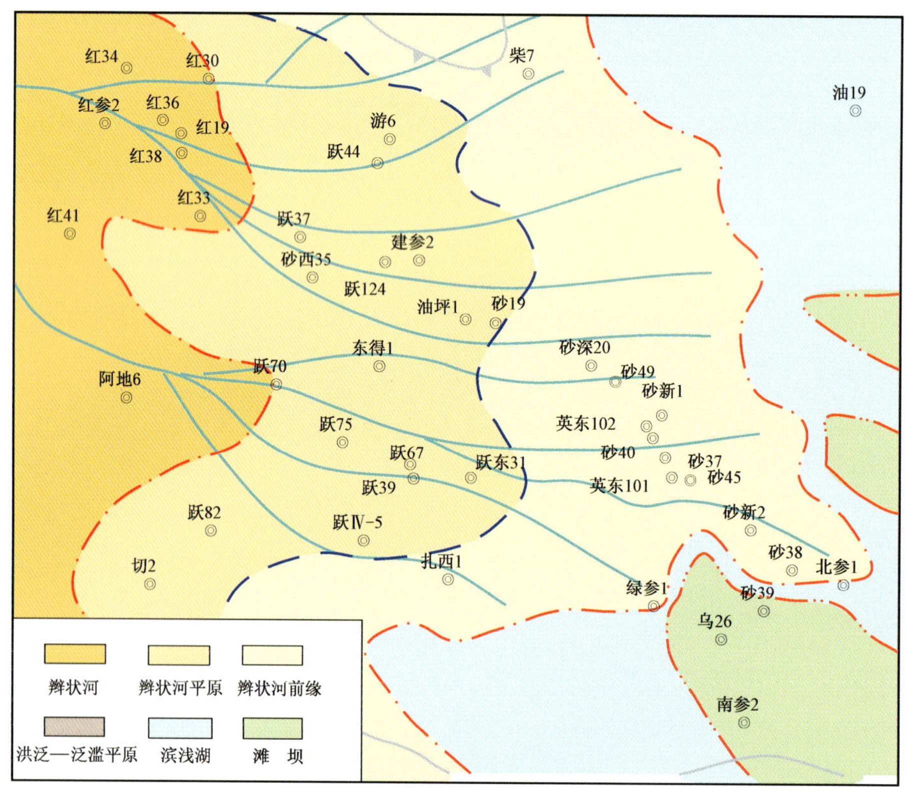

图6－12 英雄岭地区上油砂山组沉积相平面图

油砂山—花土沟—游园沟—大乌斯地区物源一致，整体上受西部远源阿拉尔辫状河三角洲沉积控制，研究区主要为辫状河三角洲前缘亚相沉积，在乌南地区东部及东北部北参 1 井区为滨浅湖滩坝微相沉积区。水下分流河道微相是辫状河三角洲前缘的主体，是主要的含油气储层。

四、储层特征

1. 岩石学特征

英东地区上油砂山组储层具有成分成熟度中等、结构成熟度中—高、杂基含量相对较低、碎屑颗粒粒度细、胶结物含量中等、成岩作用整体较弱等基本特征。上油砂山组砂岩粒度较细，主要为中—细砂岩。岩石胶结类型为孔隙型。

储层孔隙较发育且分布相对较均匀，孔隙连通性较好。砂岩储集空间以原生粒间孔为主，占 81.5%，其次为溶蚀孔占 15.5%，少量的裂隙孔占 2.8%（图 6－13）。

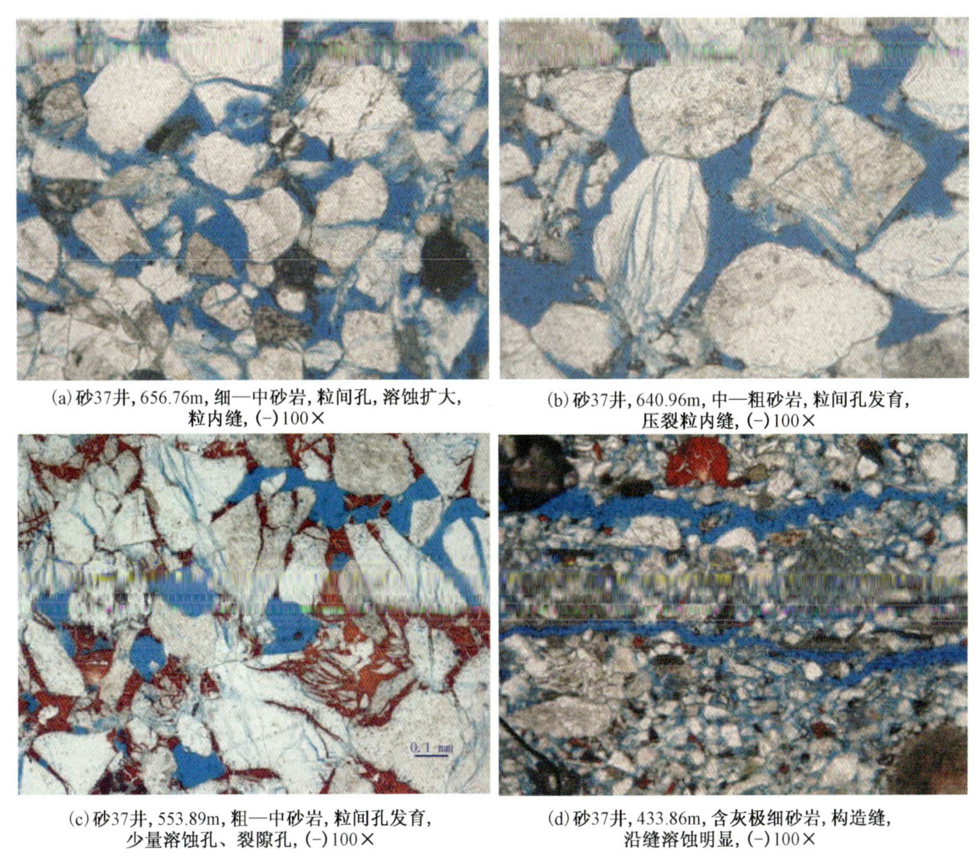

(a)砂37井，656.76m，细—中砂岩，粒间孔，溶蚀扩大，粒内缝，(－)100×

(b)砂37井，640.96m，中—粗砂岩，粒间孔发育，压裂粒内缝，(－)100×

(c)砂37井，553.89m，粗—中砂岩，粒间孔发育，少量溶蚀孔、裂隙孔，(－)100×

(d)砂37井，433.86m，含灰极细砂岩，构造缝，沿缝溶蚀明显，(－)100×

图 6－13　英东地区上油砂山组储层孔隙类型图版

下油砂山组储层整体上具有成分成熟度中等、结构成熟度中等、杂基含量相对较低、碎屑颗粒粒度细、胶结物含量中—低、成岩作用整体较弱等基本特征。下油砂山组Ⅰ—Ⅷ砂层组砂岩粒度较细，主要为细砂—粉砂岩，岩石胶结类型为孔隙型。

储层孔隙较发育且分布相对较均匀，孔隙连通性较好。砂岩储集空间以原生粒间孔为主，占 76.2%，其次为次生溶蚀孔占 22.6%，少量的裂隙孔占 1.2%（图 6－14）。

(a)砂40井，1050.32m，N_2^1；细粒岩屑长石砂岩，裂隙孔发育，沿裂隙孔发生溶蚀扩大，(-)100×

(b)英东104井，1253.57m，N_2^1；细粒岩屑长石砂岩，原生孔为主，少量溶蚀孔，(-)50×

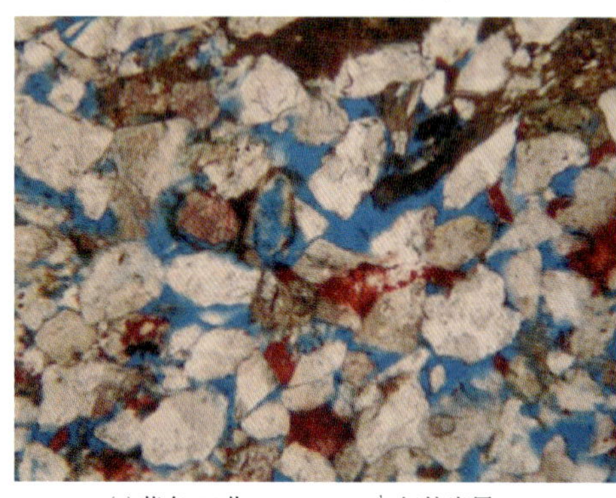

(c)英东102井，1653.8m，N_2^1；细粒岩屑长石砂岩，铸模孔，(-)100×

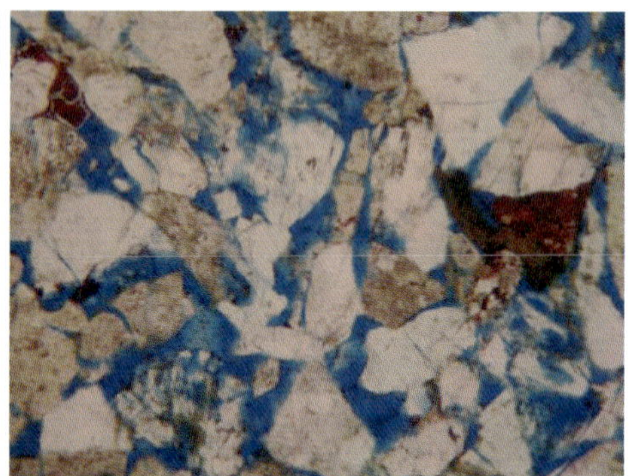

(d)英东102井，1612.05m，N_2^1；细粒岩屑长石砂岩，溶孔相对含量占30%，(-)100×

图6-14　英东地区下油砂山组储层孔隙类型图版

2. 储层孔隙结构与物性特征

根据毛细管压力曲线分布特征参数统计，整体上英东 N_2^2—N_2^1 储层的排驱压力较低，一般小于0.1MPa，饱和度中值压力相对较低—中等，最大连通半径较粗，中值半径中等，退汞效率较好。整体上反映了孔隙喉道以细喉道为主，孔隙结构整体好，分布均匀。

1)上油砂山组(N_2^2)

上油砂山组储层孔隙喉道以中、细喉道为主，孔—喉配置关系好。孔隙结构整体较好，属于优质储层。根据砂岩毛细管压力曲线特征与物性的相关性，将本区 N_2^2 储层孔隙结构分3类(表6-4)。

表6-4　英东地区 N_2^2 储层孔隙结构分类

孔隙结构类型		Ⅰ类	Ⅱ类	Ⅲ类
压汞参数	排驱压力(MPa)	<0.08	0.08~0.6	>0.6
	最大连通孔喉半径(μm)	>9.2	1.2~9.2	<1.2
	饱和度中值压力(MPa)	<0.4	0.4~4.1	>4.1
	饱和度中值半径(μm)	>1.8	1.8~0.18	<0.18
渗透率(mD)		>100	2~100	<2

Ⅰ类孔隙结构：此类曲线形态以偏粗歪度为主，并且出现明显的平台，分选好，以粗孔隙为主，孔喉大小相对集中，具有较低的排驱压力，较低的中值压力，大主流孔喉半径。此种类型曲线反映的储层储渗性能优越。

Ⅱ类孔隙结构：此类曲线以偏粗歪度为主，并且出现一近似的平台，平台角度比Ⅰ类曲线大，曲线形态一般分选相对较好，孔喉大小出现相对集中段，但特征参数为低排驱压力，低—中等中值压力，中等中值半径，主流孔喉半径中等。此种类型曲线反映的储层储渗性能较好。

Ⅲ类孔隙结构：曲线更向右上方靠拢、倾斜，略显平台，为细歪度，分选较一般，曲线特征参数表现为排驱压力相对较大，较小的中值半径，较小的主流孔喉半径。反映的储层储渗性能相对较差。

根据毛细管压力曲线分布特征参数统计，各类储层孔隙结构的分布频率（图6－6）看，各类储层分布均匀，Ⅰ类和Ⅱ类孔隙结构储层共占81.7%，表明英东地区 N_2^2 储层孔隙结构整体较好。

英东地区 N_2^2 储层590块岩心样品孔隙度集中在13%～22%，平均21.7%；岩心分析渗透率集中在0.1～500mD，平均156.6mD（注：平均值统计过程孔隙度去下限16%，渗透率去下限2mD）（图6－15、图6－16），整体评价为中—高孔、中—高渗优质储层。

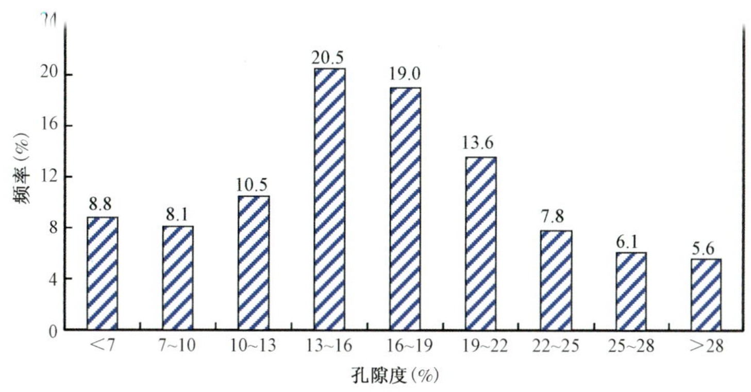

图6－15　英东地区上油砂山组储层岩心孔隙度分布图

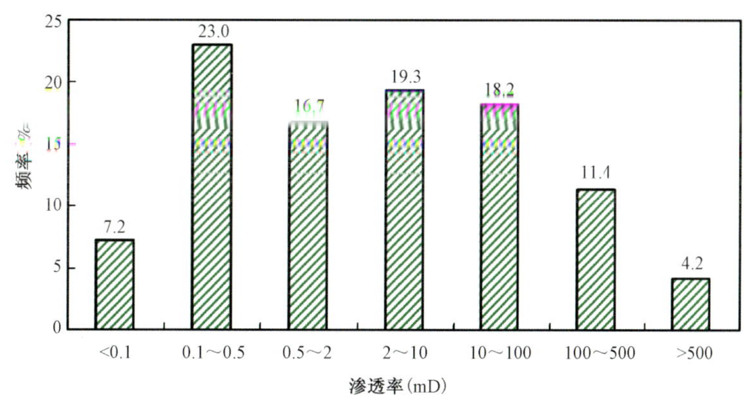

图6－16　英东地区上油砂山组储层岩心渗透率分布图

平面上，储层物性高值主要分布在英东107井—英东106井—英试8－1井区及英试4－1井区和英东二号构造区。总体上本区 N_2^2 储层属中—高孔隙度、中—高渗透率砂岩储层。

2）下油砂山组（N_2^1）

下油砂山组储层孔隙喉道以细喉道为主，孔—喉配置关系好。孔隙结构整体较好，属于优质储层。根据砂岩毛细管压力曲线特征与物性的相关性，将本区 N_2^1 上部储层孔隙结构分3类（表6－5）。

表 6－5　英东地区 N_2^1 储层孔隙结构分类

孔隙结构类型		Ⅰ类	Ⅱ类	Ⅲ类
压汞参数	排驱压力(MPa)	<0.09	0.09～0.8	>0.8
	最大连通孔喉半径(μm)	>8.2	8.2～0.9	<0.9
	饱和度中值压力(MPa)	<0.7	0.7～7.4	>7.4
	饱和度中值半径(μm)	>1	0.1～1	<0.1
渗透率(mD)		>100	100～0.5	<0.5

Ⅰ类孔隙结构：此类曲线形态以偏粗歪度为主，并且出现明显的平台，分选好，以粗孔隙为主，孔喉大小相对集中，具有较低的排驱压力，较低的中值压力，大主流孔喉半径。此种类型曲线反映的储层储渗性能优越。

Ⅱ类孔隙结构：此类曲线以偏粗歪度为主，并且出现一明显的平台，平台角度比Ⅰ类曲线大，曲线形态一般分选相对较好，孔喉大小出现相对集中段，但特征参数为低排驱压力，低—中等中值压力，中等中值半径，主流孔喉半径中等。此种类型曲线反映的储层储渗性能较好。

Ⅲ类孔隙结构：曲线更向右上方靠拢，倾斜，无平台，为细歪度，分选一般，曲线特征参数表现为排驱压力相对较大，较小的中值半径，较小的主流孔隙喉道半径。反映的储层储渗性能相对较差。

从各类储层孔隙结构的分布频率看，各类储层分布均匀，Ⅰ类和Ⅱ类孔隙结构储层共占91.2%，表明英东地区 N_2^1 储层孔隙结构整体好。

英东地区 N_2^1 储层岩心 788 块样品孔隙度范围 9%～21%，平均为 17.6%；渗透率范围集中在 0.1～300mD，平均为 71.6mD（注：平均值统计过程孔隙度去下限 12%，渗透率去下限 0.5mD）（图 6－17、图 6－18）。整体评价为中孔隙度、中渗透率储层。

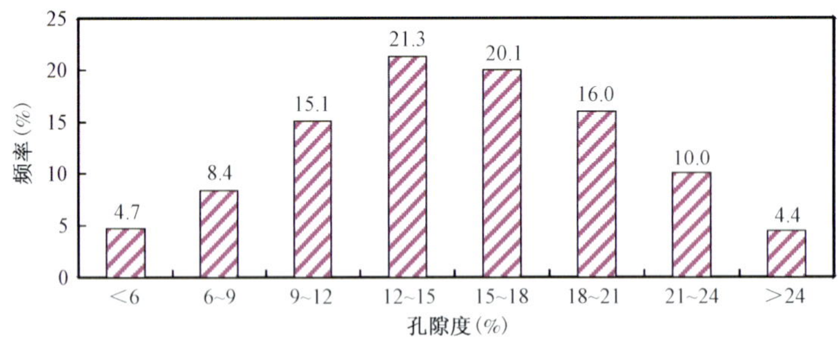

图 6－17　英东地区下油砂山组Ⅰ—Ⅷ砂层组储层孔隙度分布图

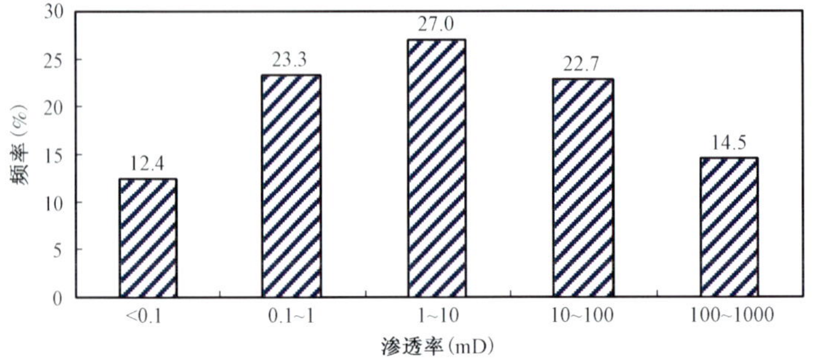

图 6－18　英东地区下油砂山组储层渗透率分布图

平面物性分布与上覆 N_2^2 储层具有继承性，储层物性高值区范围有所缩小。总体上本区 N_2^1 储层属中孔、中渗砂岩储层。

3）油砂山断层下盘

油砂山断层下盘地层早期浅埋藏晚期受断层推覆快速深埋，储层经受压实效应减弱，原生孔保存使物性较好。从油砂山断层上、下盘地层电阻率值比较（图6－19）容易看出英东油田油砂山断层下盘地层较上盘电阻率明显减小，且在断点处出现一个"阶梯"，说明断层下盘地层压实程度减弱。另外，从具体压实率数据分析来看，选取英东108井为例（图6－20），A、B两点均属于下油砂山组Ⅰ砂层组，岩性均为细砂岩，具有可比性。考察两点压实率（RC）：$RC_A=48.9\%$，$RC_B=31.6\%$。可见 $RC_A>RC_B$，亦可证明下盘地层压实程度减弱，孔隙得到保存。

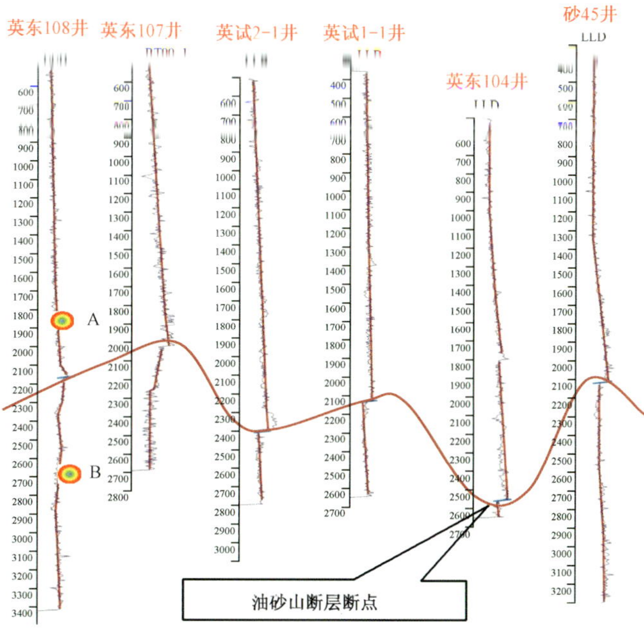

图6－19　油砂山断层上、下盘地层电阻率值比较图

(a) 英东108井1878.61m，上盘N_2^1 Ⅰ 砂层组，中—细粒岩屑长石砂岩，ϕ=13.4%，K=6.04mD

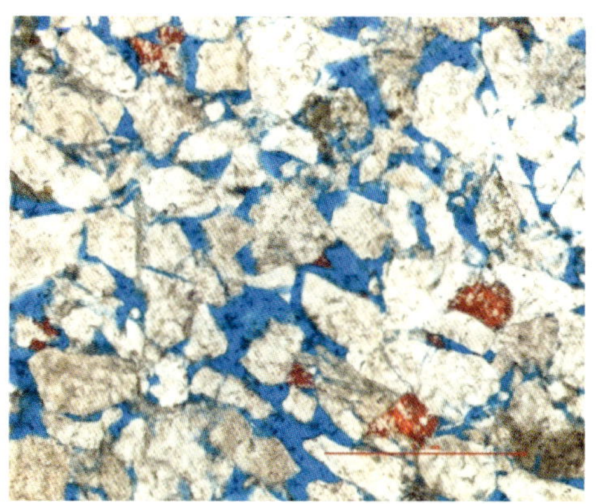

(b) 英东108井2701.84m，下盘N_2^1 Ⅰ 砂层组，细—中粒岩屑长石砂岩，ϕ=24%，K=76.9mD

图6－20　英东108井油砂山断层上、下盘砂岩压实率比较

英东地区油砂山断层下盘储层岩心 246 块样品孔隙度范围 6% ~21%，平均为 15.7%；渗透率范围集中在 0.1 ~100mD，平均为 32.0mD（注：平均值统计过程孔隙度去下限 11%，渗透率去下限 0.3mD）（图 6 -21、图 6 -22）。整体评价为中—低孔隙度、中—低渗透率储层。

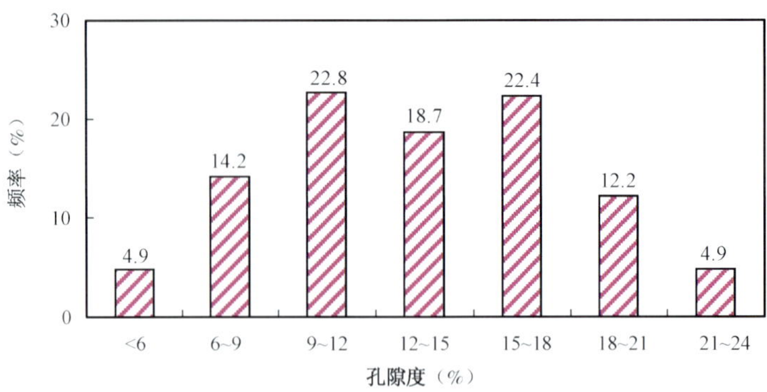

图 6 -21 英东地区油砂山断层下盘储层孔隙度分布图

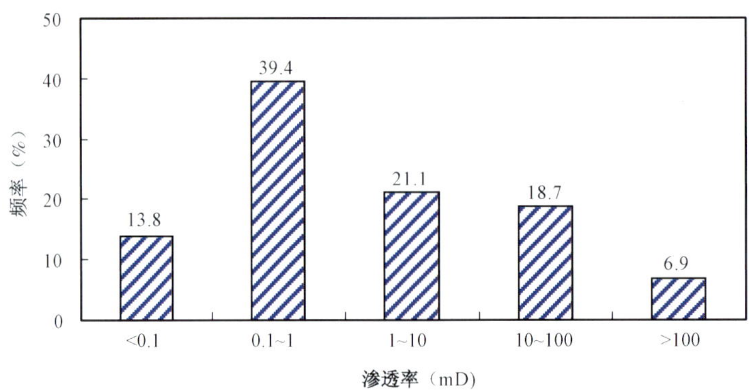

图 6 -22 英东地区油砂山断层下盘储层渗透率分布图

3. 储层评价

1）上油砂山组（N_2^2）

综合分析岩石学特征、成岩作用、物性分布、孔隙结构等多种参数，将储层分为 3 类（表 6 -6），即Ⅰ类、Ⅱ类、Ⅲ类储层。

表 6 -6 英东地区上油砂山组（N_2^2）储层分类评价表

储层类型	Ⅰ类	Ⅱ类	Ⅲ类
单层砂岩厚度（m）	>1.5	>1	<1
砂岩粒度	中—细砂	细砂	粉砂、不等粒
储集空间类型	原生孔隙为主、少量溶孔、缝		残余粒间孔
填隙物含量（%）	<3	3 ~8	>8
压实特征	弱压实		弱—中压实
孔隙度（%）	>25	25 ~16	<16
渗透率（mD）	>100	2 ~100	<2
孔隙结构	Ⅰ类	Ⅰ—Ⅱ类	Ⅲ类
埋藏深度（m）	200 ~1000		

Ⅰ类储层为区内的优质储层，特征为原始组构杂基含量少、分选好、弱胶结作用、压实弱；填隙物含量<3%，孔隙结构Ⅰ类，孔隙度>25%，渗透率>100mD，主要分布于英东构造高点，可获高产油气流。

Ⅱ类储层为区内的较优质储层，特征为原始组构杂基含量少、分选中等、压实较弱，填隙物含量3%～8%，孔隙结构Ⅰ—Ⅱ类，孔隙度16%～25%，渗透率2～100mD，主要分布于英东构造主体的边缘部位，可获工业油气流。

Ⅲ类储层为区相对较差储层，胶结相对较强、压实中等，储层物性相对较差，填隙物含量>8%，孔隙结构Ⅲ类，孔隙度小于16%，渗透率小于2mD。主要为英东地区主体部位中的粉砂岩及英东构造的边缘部位，或沉积微相变化部位，储集性较差。

英东地区 N_2^2 储层孔—喉参数评价为好，其中的含油气层（Ⅶ—Ⅻ油层组）埋深500～1000m，属浅埋藏，成岩较弱，物性好，储层类型为高—中孔隙度、高—中渗透率储层，属于优质储层。储层是否发育基本上取决于砂体的发育程度，沉积微相控制着储层的展布。而研究区砂地比为0.31～0.53，故储层非常发育。

2）下油砂山组（N_2^1）

根据英东地区 N_2^1 储层的物性、孔隙结构、成岩作用等特征，结合英东构造的储层分布特征进行综合分析，将下油砂山组Ⅰ—Ⅷ油层组储层分为3类（表6－7）。

表6－7　英东地区上油砂山组Ⅰ—Ⅷ砂层组储层分类评价表

储层类型	Ⅰ类	Ⅱ类	Ⅲ类
单层砂岩厚度（m）	>1.5	>1	<1
砂岩粒度	中—细砂	细砂	粉砂、不等粒
储集空间类型	原生孔隙为主、少量溶孔、缝		残余粒间孔
填隙物含量（%）	<3	3～8	>8
压实特征	弱压实		弱—中压实
孔隙度（%）	>22	22～12	<12
渗透率（mD）	>100	0.5～100	<0.5
孔隙结构	Ⅰ类	Ⅰ—Ⅱ类	Ⅲ类
埋藏深度（m）	900～1600		

Ⅰ类储层为区内的优质储层，特征为原始组构杂基含量少、分选好、弱胶结作用、压实弱；填隙物含量<3%，孔隙结构Ⅰ类，孔隙度>22%，渗透率>100mD，主要分布于英东构造高点，可获高产油气流。

Ⅱ类储层为区内的较优质储层，特征为原始组构杂基含量少、分选中等、压实较弱，填隙物含量3%～8%，孔隙结构Ⅰ—Ⅱ类，孔隙度12%～22%，渗透率0.5～100mD，主要分布于英东构造主体的边缘部位，可获工业油气流。

Ⅲ类储层为区内相对较差储层，胶结相对较强、压实中等，储层物性相对较差，填隙物含量>8%，孔隙结构Ⅲ类，孔隙度小于12%，渗透率小于0.5mD。主要为英东地区主体部位中的粉砂岩及英东构造的边缘部位，或沉积微相变化部位，储集性较差。

英东构造 N_2^1 Ⅰ—Ⅷ油层组储层孔—喉参数评价为好，油气层埋藏深度900～1600m，属较浅埋藏，成岩较弱，物性较好，储层类型为中孔隙度、中渗透率储层，属于优质储层。储层是否发育基本上取决于砂体的发育程度,沉积微相控制着储层的展布。而研究区Ⅰ—Ⅷ油层组砂地比范围为0.16~0.57,一般为0.2~0.3,故储层较发育。

3)油砂山断层下盘

油砂山断层下盘油气藏主要出现在上油砂山组及下油砂山组上部。根据英东地区油砂山断层下盘储层的物性、孔隙结构、成岩作用等特征,结合英东构造的储层分布特征进行综合分析,将油砂山断层下盘储层分为3类(表6-8)。

表6-8 英东地区油砂山断层下盘储层分类评价表

储层类型	Ⅰ类	Ⅱ类	Ⅲ类
单层砂岩厚度(m)	>1.5	>1	<1
砂岩粒度	中—细砂	细砂	粉砂、含灰砂岩
储集空间类型	原生孔隙为主、少量溶孔、缝		残余粒间孔
填隙物含量(%)	<3	3~8	>8
压实特征	弱—中压实		中等压实
孔隙度(%)	>22	22~12	<12
渗透率(mD)	>100	0.5~100	<0.5
孔隙结构	Ⅰ类	Ⅱ类	Ⅲ类
埋藏深度(m)	2000~3000		

Ⅰ类储层为区内的较优质储层,特征为原始组构杂基含量少、分选好、弱胶结作用、压实一般;填隙物含量<3%,孔隙结构Ⅰ类,孔隙度>22%,渗透率>100mD,主要分布于上油砂山组,可获高产油气流。

Ⅱ类储层为区内的一般储层,特征为原始组构杂基含量少、分选中等、压实较弱—中等,填隙物含量3%~8%,孔隙结构Ⅱ类,孔隙度12%~22%,渗透率0.5~100mD,主要分布于下油砂山组,可获工业油气流。

Ⅲ类储层为区内相对较差储层,胶结相对较强、压实中等,储层物性相对较差,填隙物含量>8%,孔隙结构Ⅲ类,孔隙度小于12%,渗透率小于0.5mD。主要为含灰砂岩、粉砂岩及沉积微相变化部位,储集性较差。

如前所述,英东构造油砂山断层下盘储层早期浅埋藏晚期受断层推覆快速深埋,储层经受压实效应减弱,原生孔保持使物性较好。孔—喉参数评价为好,油气层埋藏深度2000~3000m,成岩较弱—中等,物性较好,储层类型为中—低孔隙度、中—低渗透率储层。总体上储层较上盘 N_2^1 下部储层好。再加上研究区 N_2^2 砂体广泛沉积,储层较为发育。

第二节 英东地区勘探历程及勘探挑战

一、勘探历程

狮子沟—英东构造带在1954年地面细测落实了油砂山地面构造,2000年开始地震勘探,1956年10月油砂山构造首钻浅1井,勘探历程主要分为3个阶段。

1954年,通过1:25000地面细测,落实了油砂山地面构造;1966年,进行1:200000重磁力详查工作,初步查明构造深部存在重力高;2000 年,该区部署了 240. 5km 的 CEMP、473km^2 的高精度重磁及两条山地攻关测线;2006 年,在油砂山构造开展宽线地震攻关,采集完成主测线 8 条,联络测线 4 条,全长 410. 69km,测网密度 4km ×4km;2007 年,在以前工作的基础上,对该区的地震测网进行加密,共采集完成地震测线 15 条,其中主测线 9 条,联络测线 6 条,使油砂山—大乌斯构造带测网密度达到 2km ×3km ~1km ×2km。

1956 年 10 月,在油砂山构造高部位首钻浅 1 井,发现油砂山油田,探明 N_2^2—N_2^1 油气藏含油面积 8. 56km^2,石油地质储量 2365. 6 ×10^{4}t。1974—2001 年先后部署钻探了砂 20 井、砂 33 井、砂 34 井、砂 35 井等井,在钻探过程中均见到不同程度油气显示,其中,砂 33 井、砂 34 井在浅层获得工业气流。

2010 年,以中—浅层为重点,进行了二维地震老资料重新处理解释,解释发现了英东一号构造圈闭,并部署钻探砂 37 井,在钻进过程中油气显示极为活跃,电测解释出 224. 2m 与油气相关的层,经测试于 N_2^1 及 N_2^2 有 8 个层组获得高产工业油气流,揭示英东一号构造具备较好含油气性,拉开了英东地区油气勘探的序幕。同年,在上盘 N_2^1、N_2^2 油藏新增含油气面积 8. 1km^2,石油预测地质储量 10641 ×10^{4}t,天然气预测地质储量 103 ×10^{8}m^3,实现了柴达木盆地石油勘探的又一次重大突破。

2011 年,在总结以往二维地震山地攻关技术基础上,在英东地区部署三维地震 400km^2,采用区域地震超前部署,重点区(英东一号圈闭)评价滚动的实施原则,有效、快速地落实英东一号圈闭,钻探实施 11 口探井、评价井、试采井均获成功。在钻探浅层过程中部分井兼顾了油砂山断层下盘,钻探的英东 104 井、英东 105 井、英东 107 井、英试 2 -1 井在下盘均解释出油层。其中,英东 105 井在断层下盘对解释的 1753. 5 ~1756. 2m 油层试油,8mm 油嘴自喷,日产油 100. 3m^3、天然气 10988m^3,从而在油砂山断层下盘发现新的油气藏,该油气藏为重复浅部 N_2^2、N_2^1 油气藏。当年上交控制含油气面积 9. 5km^2,新增石油控制储量 10818 ×10^{4}t,新增天然气控制储量 122 ×10^{8}m^3。

2012 年,在英东一号油砂山断层上盘评价勘探的同时,利用三维地震资料,在英东一号圈闭东西侧发现了英东二号和英东三号圈闭,部署钻探砂 43 井、砂 45 井、砂 49 井等均解释出油气层,完成试油的砂 43 井、砂 45 井获得工业油气流,发现了油砂山断层上盘英东二号、英东三号油气藏,实现了区域扩展。同时,在英东二号、英东三号钻至下盘的多口井也解释出油层,试油获工业油气流,也实现了下盘油气藏的扩展,目前英东地区已有 11 口井(砂 20 井、砂 45 井、砂 49 井、英东 104 井、英东 105 井、英东 107 井、英东 108 井、英东 111 井、英试 1 -1 井、英试 2 -1 井、英试 15 -1 井)在下盘钻遇油气层,试油最高单井日产油 100. 3m^3(英东 105 井),最高单井日产气 65372m^3(英东 107 井)。同年,在英东油田砂 49 井、砂 43 井、英东 105 井区块 N_2^1—N_2^2 油气藏共申报新增预测叠合含油面积 18. 8km^2,预测石油地质储量 5465 ×10^{4}t,技术可采储量 1073. 6 ×10^{4}t;溶解气地质储量 47. 89 ×10^{8}m^3,技术可采储量 9. 42 ×10^{8}m^3;新增预测叠合含气面积 3. 4km^2,预测天然气地质储量 30. 68 ×10^{8}m^3,天然气技术可采储量 15. 35 ×10^{8}m^3。截至 2012 年年底,英东油田已提交控制和预测石油天然气地质储量当量 1. 8 ×10^{8}t,进一步夯实了亿吨级储量规模。

二、勘探面对的主要挑战

“要找大油田就要上油南”,这句话是柴达木石油人代代相传的“箴言”。什么时候产生的？怎么形成的？是有所依据，还是善意的凭空臆想？个中玄机已无从考证。“油南”就是指柴达木盆地油泉子油田以南的英雄岭地区，是柴达木盆地最具勘探前景的领域之一。

英雄岭地区危崖千尺，常年干旱，地表海拔3000～3900m。蜀道难，英雄岭比蜀道更难，在这里登山犹如登天（图6－23）。地质老前辈在此调查时曾说，这是只有英雄才能够攀登上去的山峰，因而命名为“英雄岭”。英雄岭真不愧为英雄岭，它就像一个顽强的勇士，巍然高耸，守卫宝藏，期待着不畏艰险的真正探宝人，同时考验着探宝人的意志和智慧。

图6－23　复杂的英雄岭地表形态

英雄岭地区的勘探至今已经走过了50多年的历程，可以用“三最”来概括这一地区的勘探难度。一是地面地形最复杂：山高坑深、千沟万壑，风化残积层覆盖严重。二是勘探代价最沉重：高寒缺氧、气候多变、地形起伏、沟壑纵横，施工难度属柴达木之最、中国之最、世界之最。2005年5月13日，正值初夏之际地震工区中午还是艳阳高照，下午却遭遇了特大沙尘暴和暴风雪的突然袭击，15名物探队员的年轻生命永远定格在这片土地上。三是勘探历程最曲折：从20世纪50—60年代，先后经历了地面构造勘探、狮子沟深层碳酸盐岩缝洞油气藏勘探、复杂山地地震攻关3个阶段。其中，1956—1979年，仅发现了油砂山、狮子沟、花土沟3个浅油藏；1984年8月23日，在狮子沟钻探的狮20井，发现深层裂缝性油藏后，历经12年探索，先后钻探深井16口，均未获得大的进展。1996年11月，柴达木油田邀请国内知名专家，召开油气勘探研讨会，曾明确指出：英雄岭地区是实现勘探突破、储量翻番的目标区。当务之急，是开展地震攻关，落实构造，深化地质研究，明确有利目标。但是这一地区情况复杂，大家要有打持久战的信心和决心，青海石油人要发扬“长征精神”，实现勘探大突破。

随后，开始了长期的复杂山地地震攻关，历经“六上五下”3个阶段：2001年以前为常规二维攻关；2002—2004年是小道距、大组合、大药量、较高覆盖次数攻关；2005—2008年实施了宽线采集攻关。期间，利用地震攻关成果，针对深层先后钻探了建参1井、狮35井、狮36井、砂新1井，均未获突破，深层勘探举步维艰。

研究表明，英雄岭地区既有古近—新近系最好的烃源岩，又有成排成带的构造。几十年来，一直是青海石油人寻找大油田的梦想所在。关键的难点在于构造的落实和有利储集层系的认识(确定)难以取得实质性突破。“风沙大我们的决心更大，海拔高我们的目标更高，氧气少我们的决心不小，困难多我们的意志更强”。面对该地区勘探的艰难，青海石油人不但不放弃，反而不断深化研究，并且随着昆北勘探的突破，进一步坚定了在柴西南区找到大油气田的信心。

通过对深化沉积储层研究，认识到柴西地区古近—新近系砂岩储层分布，明显受湖盆向东迁移的控制，湖退砂进，中—浅层形成了“半盆砂”的格局，具有下生上储的有利源—储组合，是最有利的勘探层系。因此，在纵向上锁定目的层，确定了由深层向浅层的重大转变。研究还发现，英雄岭地区发育有成排成带的构造，早期围绕地面构造发现的狮子沟、花土沟等浅油藏位于西段，尤其是处于反“S”形转折部位的花土沟油田，储量达 4052×10^4t，具有丰度高、储层物性好的特点。而油砂山东侧的砂新 1 井转折部位，地形相对平坦，构造应力相对较弱，与花土沟构造背景类似，极有可能形成局部油气富集。同时，老井复查发现，早期钻探的砂 20 井、砂 22 井等，在中—浅层油气显示较好，说明中—浅层具有成藏条件，[illegible]线，虽然品质较差，但在浅层还有进一步提高的可能。由此，又在平面上锁定勘探靶区，确定了由局部复杂区向相对稳定区的转变。两个“锁定”都指向一个新的勘探区域——英东地区。

显然，困扰英东地区油气勘探的主要障碍是两个方面的，一方面是理论挑战，另一个方面是技术挑战。

1. 油气成藏理论的挑战

1)高原咸化湖盆烃源岩丰度低，对形成大油气田可能性持怀疑态度

柴西南区的原油源于盐湖相和咸水湖相源岩，柴西南区烃源岩和原油与中国东部盐湖相和咸水湖相烃源岩相似，未发现淡水湖相烃源岩(图 6－24)。

从中国中西部几十年的勘探实践来看，高原咸化湖盆烃源岩丰度低，形成大油田的可能性不大。当时英雄岭地区及周边勘探发现的油气田大多都比较小，逐渐形成了一种认识，认为英雄岭地区不可能形成大中型油气田。

与国内其他盆地比较，柴达木盆地烃源岩有机质丰度较低，但其转化效率高，且生、排烃较晚，为高丰度油气藏形成提供了充足的物质基础；而构造正演、物理模拟实验成果显示，英东地区伴随晚期滑脱断裂的形成，在其上盘形成牵引背斜，在其下盘形成断层遮挡的断块圈闭，沿油砂山断层走向发育一系列晚期构造圈闭；后来才认识到晚期生烃正好与晚期圈闭匹配，可以形成高丰度的油气藏。

因此，只有跳出高原咸化湖盆烃源岩丰度低难以形成大油气田的传统束缚，认识到烃源岩晚期生烃、高效转化与晚期圈闭匹配可以形成高丰度油气藏的新模式，才能实现勘探大突破。

2)受传统观念影响，认为晚期圈闭充满度低，难以形成大油气田

如前文所述，柴西地区构造圈闭形成总体偏晚，英东地区构造圈闭在喜马拉雅运动晚期形成。鉴于柴达木盆地多个晚期背斜如东柴山、大黄山和鄂博梁等地的钻探相继失利，加剧了对晚期断背斜大规模成藏的怀疑。

在全面分析油气成藏背景的基础上，认识到“持续供烃，断裂输导”的晚期源上复式油气成藏模式，即：英东地区发育深、浅两套断裂系统，互相连通，“接力式”配置，形成良好输导体系，有利于油气运移。深层 E_3^2 烃源岩生成的油气自 N_2^3 沉积时期之后沿断裂持续运移至新构造运动形成的圈闭中，在优质的三角洲砂体中形成高丰度油藏，从而消除了烃源岩较深且储层较浅的成藏不利因素，开阔了勘探视野。

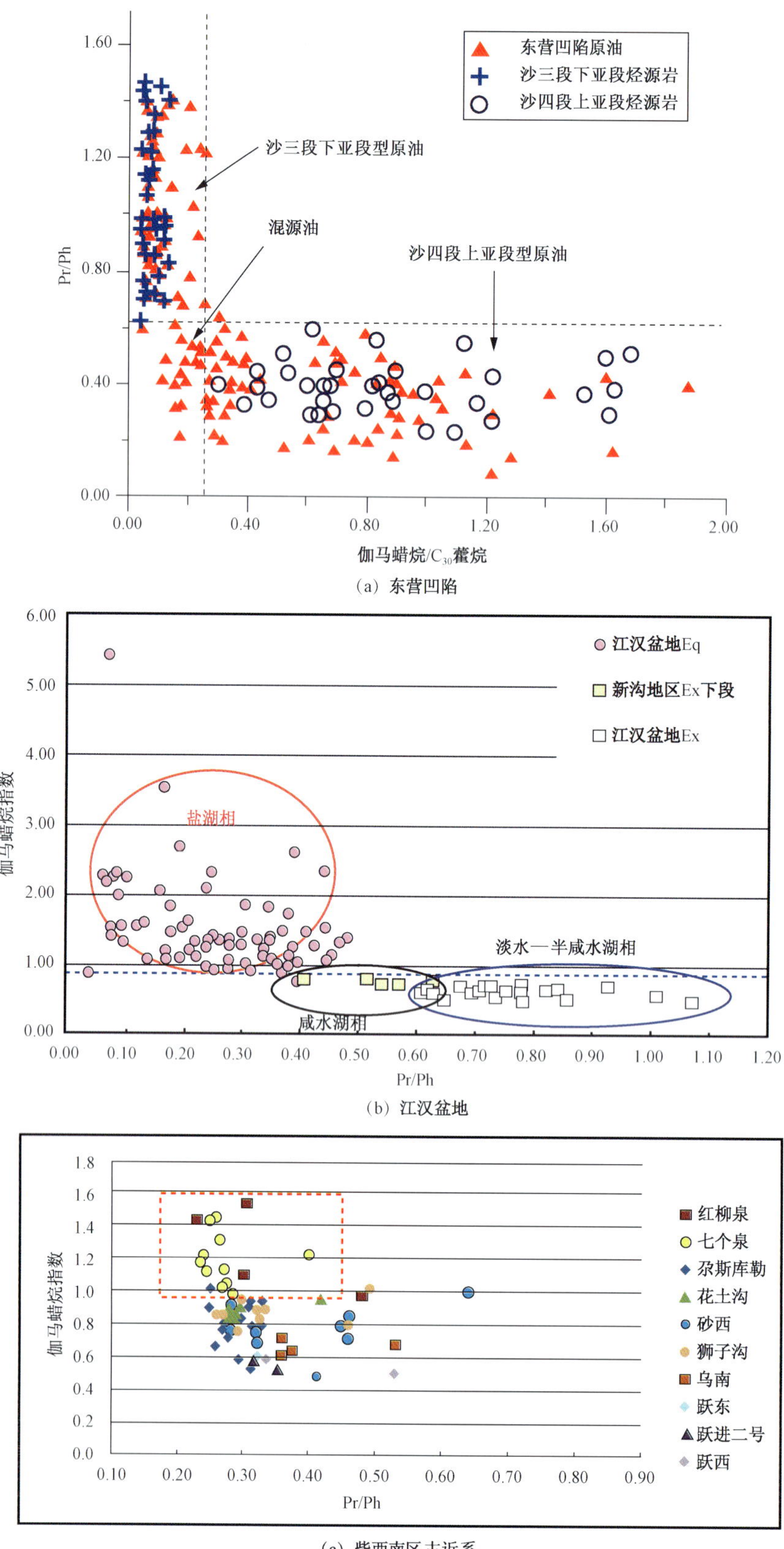

(a) 东营凹陷

(b) 江汉盆地

(c) 柴西南区古近系

图 6-24 柴西地区与我国东部盐湖相和咸水湖泊烃源岩特征对比图

同时，必须打破我国西部盆地古构造控藏的传统模式，深刻领会喜马拉雅运动晚期成藏动力学特点，需要创新多期推覆叠加、深浅断裂纵向“接力式”油气输导、源上成藏的新模式。

2. 勘探技术挑战

英东地区在勘探技术方面遇到四大难题，即：复杂山地地震采集和处理难题、复杂山地地震构造解释难题、复杂多油气水系统油藏建模难题和长井段多油气层的快速评价、判识技术难题。

1）复杂山地地震采集和处理难题

英东地区由于地表条件复杂，地震勘探难度极大，历经“六上五下”，前期利用山地攻关成果先后部署钻探的一批深井，都没有成功。

英东地区地震资料信噪比非常低，地震资料成像品质极差，地震剖面模糊，难以进行正常的地质解释。由于地表山地[illegible]（图6－25），构造变形强烈，造成地震波场复杂，地震成像差（图6－26），地震资料连基本的构造解释都难以进行。

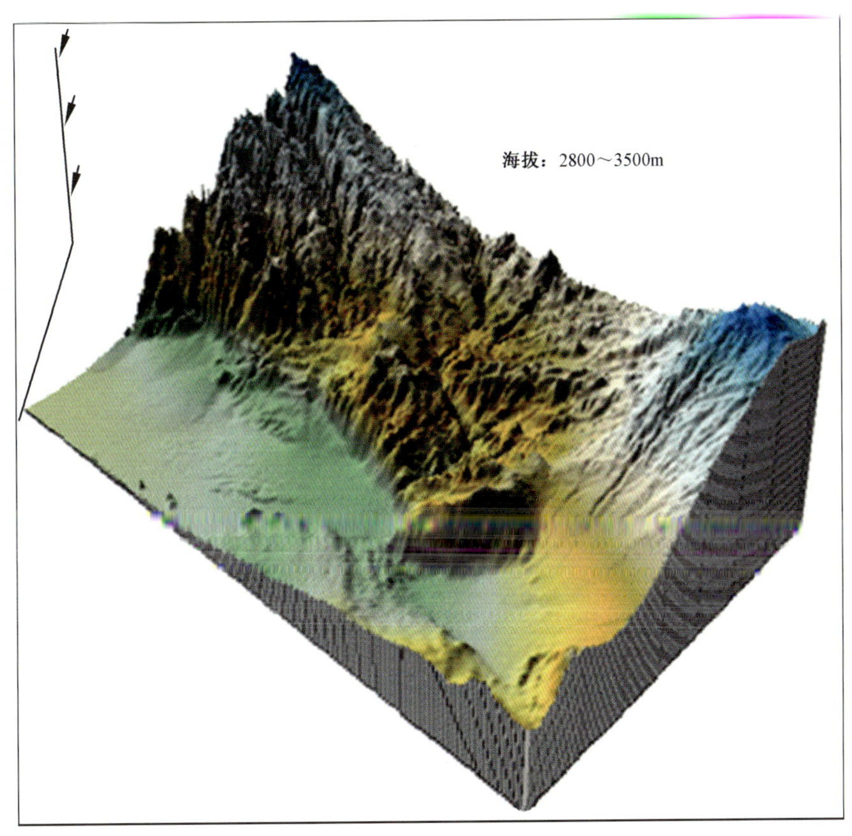

图6－25　英东地区高程立体图

2）复杂山地地震构造解释难题

由于资料品质差，传统的“模式化解释”方法在英东地区构造解释中难以发挥作用。本地区构造复杂多变，断层发育，地震波形特征复杂。地震解释人员需要考虑区域构造样式、踏勘野外露头确定地层产状变化、标定目的层地震反射波形、精细确定断点位置，还要在平面上合理组合断层分布。

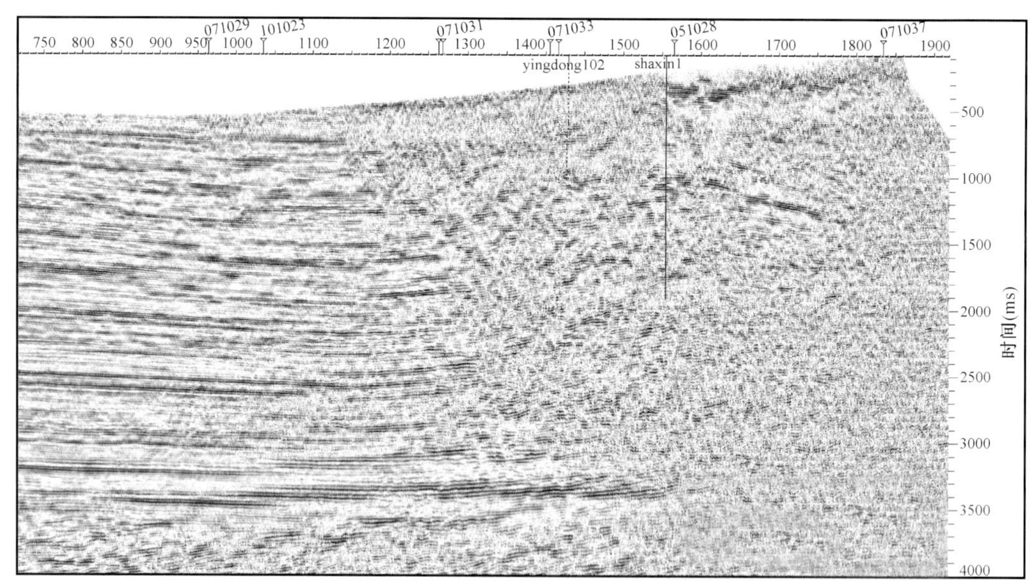

图6-26 英东地区复杂山地地震剖面成像效果(02034 二维地震剖面)

由于构造解释的影响因素较多,长期以来,本地区构造解释结果争议较大,严重影响到本地区勘探部署的实施。

3)复杂多油—气—水系统油藏建模难题

由于英东地区复杂的地质条件和多油—气—水系统,过去常规的油藏描述和油藏建模难以开展。油层太多,断层密集,油—气—水系统叠置,油—气—水关系复杂,常规的以小层为单元的油藏建模工作量过大,且难以把握油藏整体特征。

另外,英东地区发育深层和浅层两套油藏,两套油藏的类型和油水分布特征差异巨大,两套油藏的成因也完全不同。如何建立深、浅层不同类型油藏的地质模型以实现高效的油藏开发,成为油田勘探开发的一个难题。

4)长井段多油气层的快速评价、判识技术难题

英东地区油藏存在含油气井段长、油气单元多,油气识别难度大、认识周期长等难题,已有的常规技术效率低、准确性差,影响了油气层的快速评价和识别。

第三节 油气成藏理论突破和勘探技术创新

一、油气成藏理论突破

1. 两大理论认识突破

1)提出高原咸化湖盆油气高效成藏新模式

打破了高原咸化湖盆烃源岩丰度低难以形成大油气田的传统束缚,提出了烃源岩晚期生烃、高效转化与晚期圈闭匹配形成高丰度油气藏的新模式。

2)提出“接力式”成藏新模式

提出了喜马拉雅运动晚期成藏动力学理论,创建了多期推覆叠加—深、浅断裂纵向“接力式”油气输导体系—源上成藏的新模式。

2. 成藏新理论内涵

1)新构造晚期浅层油气成藏机制

(1)浅层大面积高效成藏的生烃条件。

英雄岭构造带在古近—新近纪时期总体上属于咸化湖相沉积，在这种环境下，湖水在重力作用下易形成盐度分层，导致缺氧水体与表层高生物产率水体在垂向上出现叠置区，形成有利于有机质沉积和保存的最佳环境，利于优质烃源岩的形成。这样，最终在英雄岭构造带的E_{1+2}、$E_3{}^1$、$E_3{}^2$、N_1形成4套烃源岩叠置的特征，其中暗色泥岩厚度区间为800～1410m，TOC范围0.14%～2.51%，大于0.4%的频率占66%，大于0.8%的频率占20%；氯仿沥青“A”范围0.0054%～0.9522%，其中大于0.05%的频率占77%，大于0.1%的频率占56%，表现出高盐度、强还原环境、高演化程度、深水等特征。这些烃源岩成熟度相对较低，主体上正处于生油窗阶段。另外，一些优质烃源岩在排烃效率上与其他盆地的湖相泥岩也相似，表现为有较高的排烃效率，比如处于沉积中心部位的狮子沟—花土沟一带的深灰—灰色含膏盐的钙质泥岩、泥灰岩和页岩，其TOC值为0.6%～2.3%，生烃潜力(S_1+S_2)的值为98～357mg/g，具有非常好的生烃效果(图6-27)。最值得关注的是，学者通过渤海湾新构造运动期咸化湖盆源岩研究证实，新构造运动控制下的快速沉降的多烃凹陷和多层段烃源岩的快速成熟，致使活跃生油岩广泛存在，为大型油田晚期充注提供了充足的油源(图6-28)。而英雄岭作为柴达木盆地快速沉降、快速堆积的典型地区，其烃源岩也同样具有晚期持续生烃的特征。另外由于咸化湖水沉积环境对原始有机质(特别是可溶有机质)的保存作用，英雄岭构造带烃源岩中继承性地保存原始的可溶有机组分，这些可溶有机质的晚期裂解也可为晚期成藏提供重要的来源。

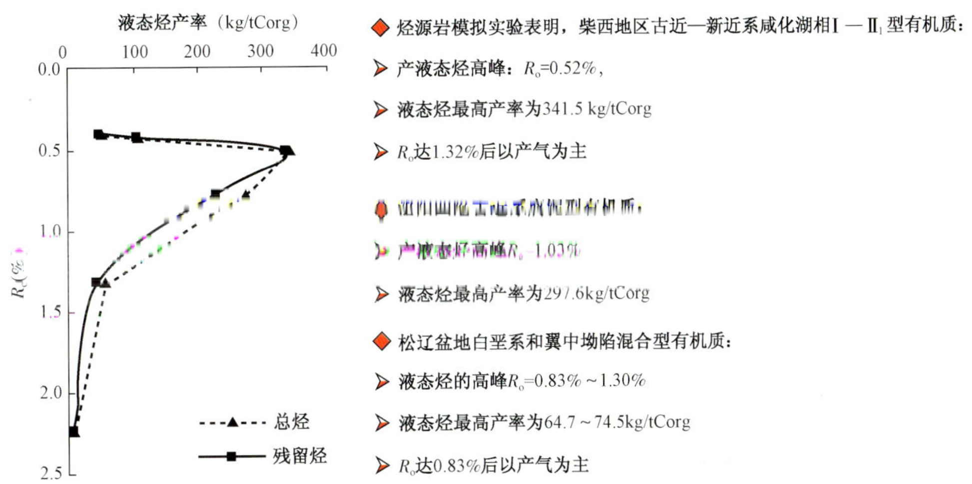

图6-27　七26井烃源岩液态烃产率图及与东部烃源岩对比

柴达木盆地由于多期构造改造，沉积中心不断迁移，其中，古近纪英雄岭构造带主体基本持续性沉积中心，湖相沉积厚度大。到了新近纪，由于昆仑山的迅速抬升，沉积中心逐渐向东迁移，因此英雄岭构造带主要以三角洲—河流沉积为主，砂体较为发育，并且受挤压应力的作用，极易顺着早期的膏盐层产生滑脱断裂，从而形成浅层、有利的断展褶皱。这样就形成了源下圈正上方的空间配置模式，并且圈闭整体处在烃源岩分布范围之内，这种广覆式的配置模式利于大面积中—浅层大面积广泛成藏。

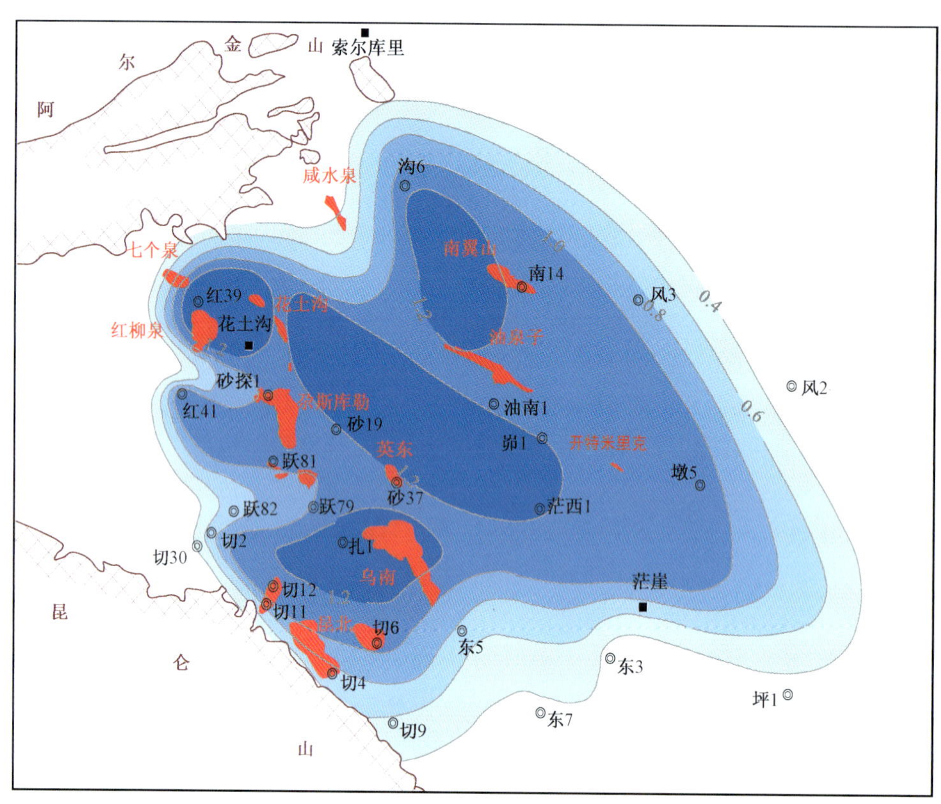

图 6－28　柴西地区 E_2 生油岩有机碳含量等值线分布图

（2）大面积高效成藏的储层和圈闭条件。

受咸化湖盆“边缘相带窄”等传统认识的束缚，对于英雄岭构造带中—浅层，长期以来这套层系的勘探价值一直未受到勘探家的充分重视。近年来，依托重大科技专项，引入地震沉积学、水动力实验等多种技术手段，重新厘定了柴西地区富油气凹陷的沉积体系和沉积格局，指出英雄岭构造带主要受阿拉尔沉积物源体系的影响。通过水动力实验模拟证实，在湖盆咸水介质的条件下，注入河水的密度低于咸水，它以自身惯性呈平面喷流状，形成惯性流向湖中推进，相比湖盆淡水介质而言，碎屑沉积物的搬运距离更长，沉降速率更慢，横向摆动范围更宽，并且随着坡度的变缓，水流属典型的贴壁流，以漫流或片流为主（图 6－29），水流相对比较发散。这样就造就了中—晚期这种典型的河控型的浅水三角洲沉积模式，表现为沉积砂体广泛分布，主要以水下分流河道和沙坝为主，纵向交互叠置，厚度大。储层物性好，平均孔隙度 20%，平均渗透率 100mD；且砂体与湖相泥岩指状接触，形成良好的储—盖组合关系，保障了中—浅层广泛成藏。

另外，英雄岭构造带复杂山地地区因其特殊的地表地下特征，早期对于构造模式等缺乏认识。依托复杂构造建模、构造物理模拟实验等，证实在晚期挤压作用下，受复杂边界条件和多条滑脱断层的控制，英雄岭构造带中—浅层在主体构造可形成滑脱褶皱圈闭，在滑脱断裂下盘可形成断层遮挡、滑脱牵引及构造—岩性圈闭（图 6－30、图 6－31）。基于此，通过复杂构造模、精细构造解释等最终在英雄岭构造带发现和落实了狮子沟、花土沟、游园沟、油砂山、英东一号、英东二号、英东三号、英东四号等一系列大型滑脱背斜圈闭；通过 AVO、波阻抗储层预测、精细构造解释，在滑脱断裂下盘的中—浅层重新发现了狮子沟南断块、油砂山南断块、英东

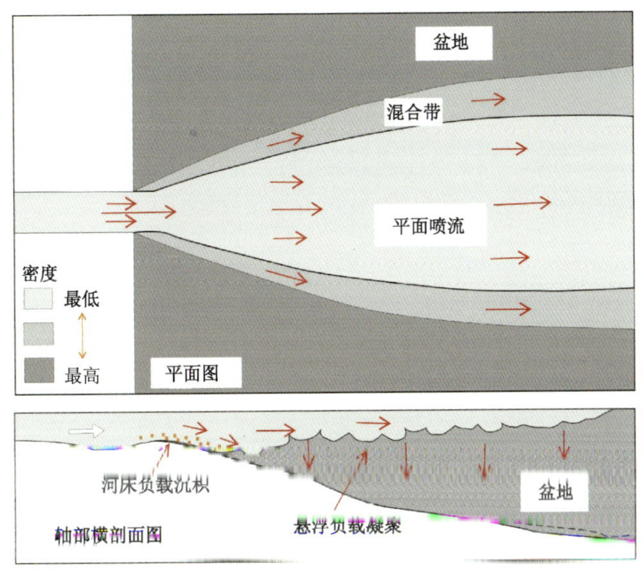

图 6－29　河控型的浅水三角洲沉积模式

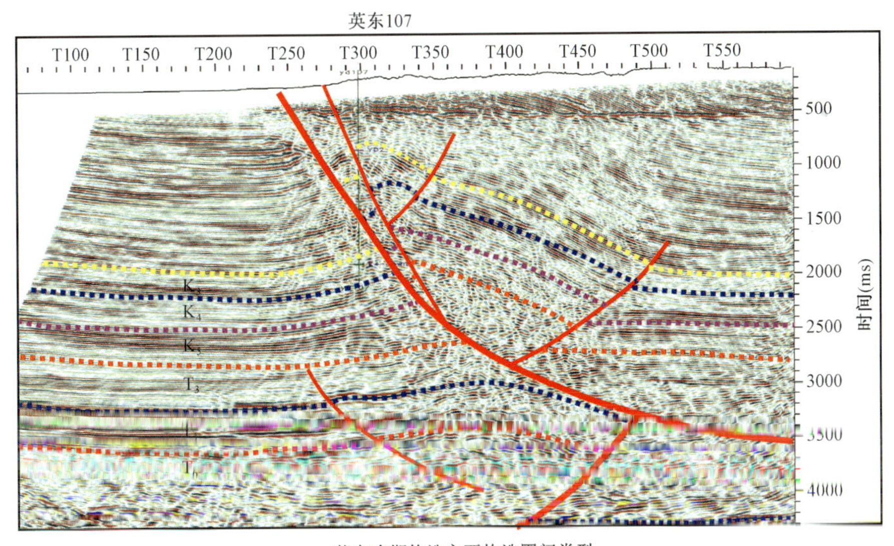

英东晚期构造主要构造圈闭类型

滑脱褶皱圈闭　　断层遮挡圈闭　　构造—岩性圈闭　　滑脱牵引圈闭

图 6－30　英东地区圈闭模式及类型

断鼻等系列断层牵引、断层遮挡型构造圈闭及系列构造—岩性复合圈闭群。证实英雄岭构造带中—浅层有广泛的勘探前景,这些大面积且广泛分布的各类圈闭可为中—浅层油气藏的形成准备了巨大的储集空间,成为中—浅层油气勘探的坚实基础。

(3)大面积高效成藏的输导系统。

新构造运动强烈活动区,在近 10 年来的油气晚期快速成藏得到了高度重视,形成了各种

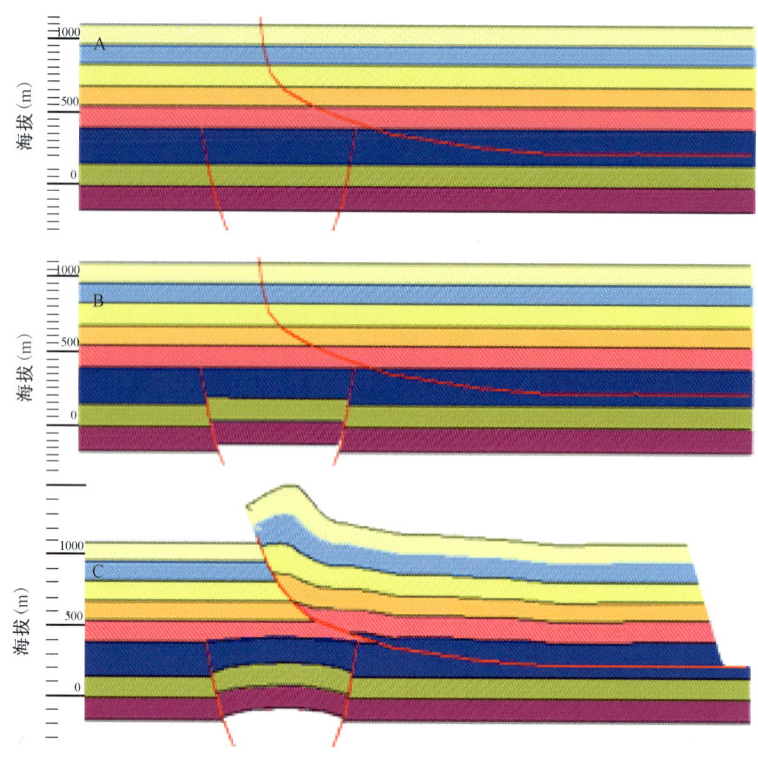

图 6-31　英东地区构造形成过程正演模拟

认识,无论动力条件如何,但无一例外,断裂在新构造晚期油气成藏中具有重要的作用和地位,成为油气成藏的关键。受区域性构造背景影响,英雄岭构造带具有典型的双重构造,早期形成了一系列北西—南北向的断裂,晚期则形成一系列滑脱断裂,并且具有切割早期断裂的特点,从而在二者之间形成了"接力式"配置模式。其中,早期深大断裂都纵向上切割烃源岩层,平面伸至主力生烃凹陷之内,并且具有脉动式活动特征,为深层油气向上运移搭建了良好的"桥梁",而浅层断裂主要切割中—浅层地层和深层断裂,且为晚期圈闭的主要边界,为油气向上运移至浅层圈闭构建了良好的通道。目前,通过断裂钻至的岩性,具有普遍含油或者饱含油特征,证实断层为油气运移的主要通道。另外,咸化湖盆特殊性造就的多方向、发散式的分布趋势,确保了大面积高效成藏。

2)早期深层油气成藏机制

(1)深层咸水介质下膏盐层的生成为"甜点"油藏形成提供了保障。

英雄岭早期沉积时位于北纬干燥气候带上,缺乏长源稳定性河流供水系统,多以短暂的季节洪水河流补给为主,导致湖水咸化,形成内陆封闭咸水断陷湖盆。受这种湖盆的封闭性、强蒸发和物源区成分的共同控制,在干旱时期,蒸发量远大于降水量,因而形成了膏盐岩的化学沉积岩。这种膏岩层纵向上具有序列变化,平面上呈环带状分布,沉积中心(狮 25 井附近一带)以氯化盐(其以岩盐层与黑色泥页岩呈互层产出,或以分散状晶体产出于泥页岩中)为主,硫酸盐(主要以石膏、芒硝产出,以大量斑晶或结核形式产出于暗色泥页岩中)分布区环绕着氯化盐沉积区,最外圈为碳酸盐沉积区,其中碳酸盐沉积区面积最大。这些膏盐层总厚度最高可达 300 多米,部分地区单层厚度高达 20m 左右。

事实上,咸化湖盆的这种膏盐层沉积对于深层油气藏的形成具有重要的作用和意义。就深层本身来看，普遍存在着超高压，但是这种膏盐岩盐具有高热导率及散热作用，利于形成低温、高压成藏系统，其对有机质的成熟—生烃起抑制作用，促使了有机质生烃熟化的速率变慢，倘若油气生成的时限是延迟的，那么油气开始生成的深度，就会大于常规地球化学模拟中的预测值，在正常条件下预测生气的深度将持续生油，从而有利于液态窗和生烃主带深度范围的扩大。另外这种深层高压系统对储层孔隙具有保护作用，其原因可能是超压抑制了成岩作用，特别是在深埋藏阶段，部分学者也提出了异常孔隙为次生孔隙，且是在深埋藏阶段与超压流体泄漏有关的次生孔隙。研究认为，这将利于深层高压孔隙流体对储集空间的支撑，进而有利于“甜点”油藏的形成。依据近几年关于非常规油气藏形成中“封存箱”概念的提出，英雄岭构造带深层同样具有形成“封存箱”的可能，这些条件便于石油与凝析气的生成，同时也利于致密砂岩气等“甜点”气藏的形成，成为下步勘探工作中值得重视的一个关键领域。另外，需要补充的是，深层超压的烃源岩也应看作是一种潜在的储层，因为深层超压压裂作用和后期构造作用共同影响，会扩展泥岩储集空间，利于脆性变形、微裂缝发育，进而形成具有商业意义的“甜点”油气藏。

（2）多类型储集体和大面积的古构造为“甜点”油藏的形成提供了基础。

英雄岭构造带深层埋深大，普遍在4000m以下，且以互相沉积为主，优质储层很难大规模形成。但是，通过研究，局部的“甜点”储层仍然有发育的可能。其一，碎屑岩溶孔型储层。由于在干酪根生烃过程中所生成的二氧化碳数量是相当可观的，其中不同沉积岩中的各类干酪根热演化生烃实验表明，在热解产物中，水和二氧化碳的量（按重量计算）基本相等。Espitalie的实验资料也表明，在烃类大量生成阶段，以水和二氧化碳形式脱出氧的几率也大体相等，即每脱出4mol的水，同时将有1mol的二氧化碳脱出。因此，地层中的水和二氧化碳除在沉积岩形成过程中继承下来的以外，还有生烃过程中由有机质分解而来的。而这些大量生成的有机酸，对于咸化湖盆这种早期高碳酸盐及石膏和泥质胶结物具有很强的溶蚀作用，可产生大量溶孔，有利于油气富集。目前，这类储层在狮20井4000m以下镜下薄片中可被普遍发现（图6-32a）。其二，藻灰岩储层。在咸化环境中，由于盐度等水介质条件可引起生物的勃发，可形成藻灰岩、藻纹层等储集体（图6-32b），受生物骨架的支撑，这类储层物性好，也同样利于油气富集。其三，裂缝型储层。这类储层是深层的主要储层，由于受早期拉张应力场和中—晚期挤压应力场的影响，深层在新近纪主要形成构造剪切裂缝、横张裂缝和层理缝，早更新世主要形成了构造—剪切裂缝、纵张裂缝和层间滑脱裂缝（图6-32c）。这些裂缝在地下的张开度主要为10~50μm，溶蚀以后的裂缝宽度最大可大于100μm，既具有重要的储集作用，又可成为油气主要的渗流通道。

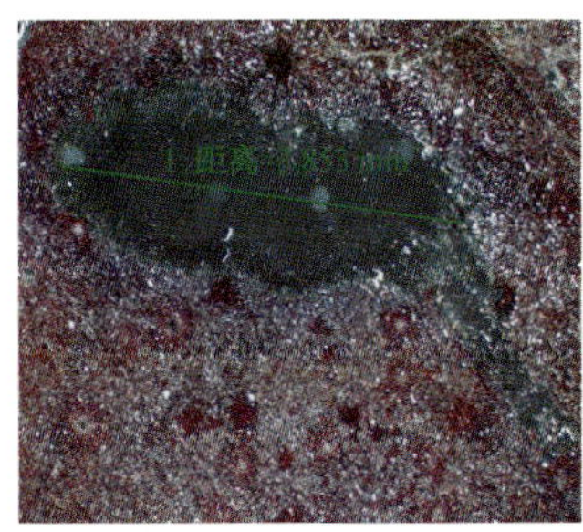

(a) 超大溶孔(狮20井)

(b) 藻团块灰岩(SXS-1井)

(c) 泥岩裂缝(狮28井)

图6-32　英雄岭构造带中—深层储集体类型组图

3)油气聚集规律及成藏模式

通过以上油气成藏主控分析,结合目前对典型出油井点的解剖,分析认为:英雄岭构造带中—浅层油气藏具有普遍成藏的特征,其中今构造的高点为油气富集的主要部位,因此现今的主体构造及与其相伴生的晚期滑脱断裂下盘是中—浅层油气的富集区;而深层则具有局部富集的规律,有效储层和圈闭同时制约了油气藏的形成,因此古构造与有效储层的耦合区为油气的主要富集区。据此建立了英雄岭构造带复式油气成藏模式(图6-33),指出浅层为滑脱断层上盘的背斜、断背斜油气藏;中层为滑脱断层下盘的断鼻、断块油气藏及构造—岩性油藏;深层为早期基底断裂控制的背斜、断背斜油气藏。

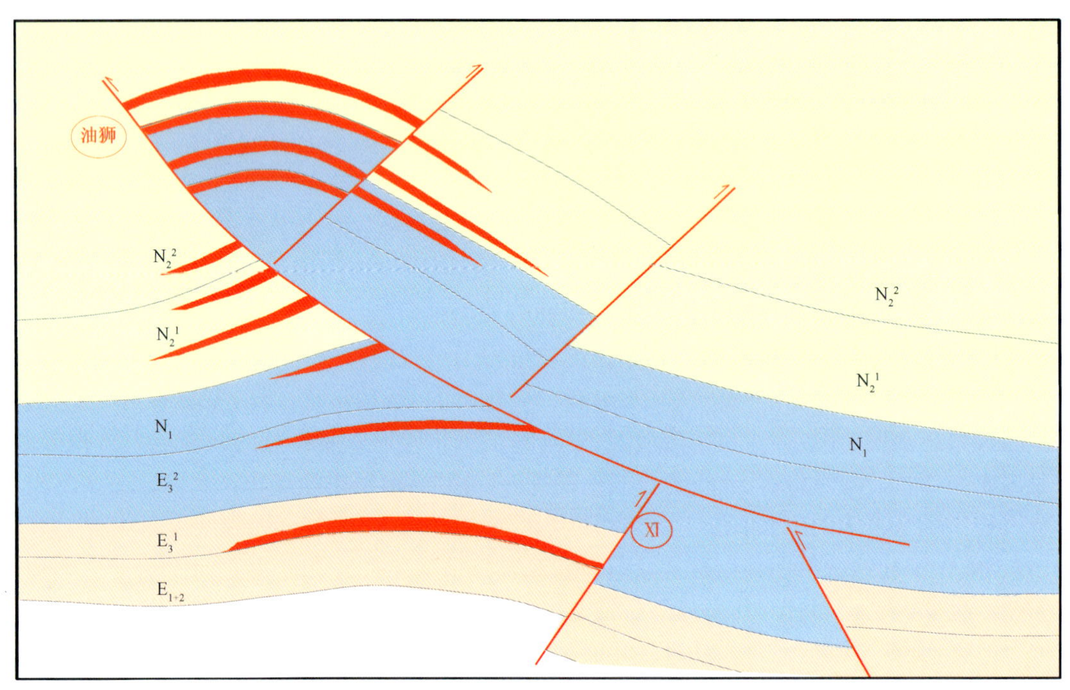

图6-33 英雄岭构造带复式油气成藏模式图

二、油气勘探关键技术创新

1. 首次形成了国际领先的复杂山地高密度三维地震采集、处理配套技术

英东地区由于地表条件复杂,地震勘探难度极大,历经“六上五下”,前期利用山地地震攻关成果先后部署钻探的一批深井,都没有成功。2010年,在青海省的大力支持下,六上英雄岭,在英东地区部署350km^{2}三维地震,针对地表起伏大、地层疏松、潜水面深的难点,开展地震攻关,开展的复杂山地三维地震采集、处理这一世界级难题实验攻关,取得了明显效果。

在采集方面,形成了“宽方位、高覆盖、激发接收联合组合、高炮道密度”的复杂山地地震采集核心技术,有效提高了资料信噪比,改善了地震资料成像品质;处理方面:运用国际最先进的高精度速度建模、弯曲射线叠前偏移等技术,解决了该区构造变形强烈、波场复杂、成像差等难题,得到了可用于构造解释的数据体(图6-34)。

通过技术攻关,三维地震资料的品质大幅度提高,整体成像效果好,断裂位置清晰可靠,有效地刻画了英东构造的细节。技术攻关取得的实质性进展,为勘探决策和井位部署提供了有力的支撑。

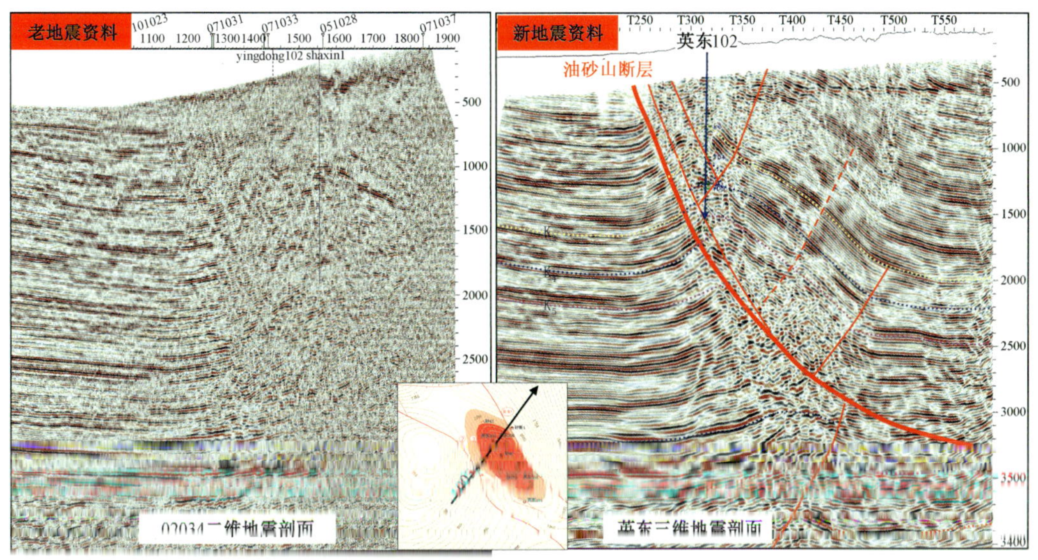

图 6-34　英东地区复杂山地高质量三维地震剖面图

2. 探索出适合复杂山地地震资料多信息、多方法相结合的构造解释技术

构造解释技术由过去“模式化解释”转变为“多信息综合解释”：以地震为主导，结合地面露头调查，利用钻井、测井、遥感等多信息综合解释技术，明确地层产状、断层位置，建立合理构造模型，最终达到井—震的高度统一。区域构造分析主要依托复杂构造建模分析。通过野外露头地质剖面的建立、地震资料解释模型、几何学与运动学分析、构造解释模型的建立与验证4个步骤最终确定解释模型。在建立模型的基础上，精细标定目的层，明确目的层波形特征，然后进行地震资料解释。在地质解释的过程中首先进行构造地质建模，通过地表地质调查建立地表构造地质剖面，初步确定断裂模式，建立合理的构造解释方案。然后充分采用相干体分析，参考了地面地质露头、倾角测井等资料确定本区的断裂结构及展布（图 6-35）。

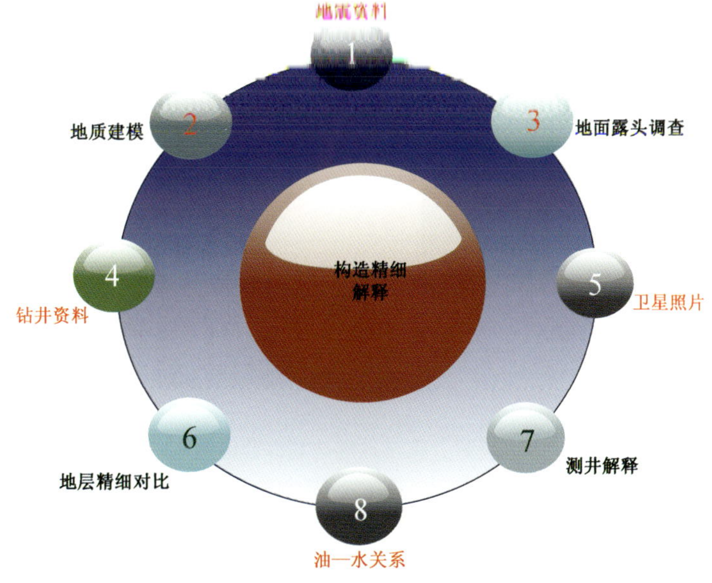

图 6-35　英东地区多信息综合构造解释技术示意图

针对复杂地区的复杂问题，通过多学科的联合攻关和独创的多信息综合解释技术，实现了英雄岭勘探“禁区”的突破。

3. 形成了国际先进、国内领先的油藏综合建模配套技术

针对英东地区复杂的地质条件和多油—气—水系统，开展了以油气层组为单元的地质建模，基本明确了断裂特征、构造形态(图6－36)、砂体展布和流体性质(图6－37)，为整体探明油气藏规模奠定了良好基础，油藏建模水平达到了国际大石油公司的水平。

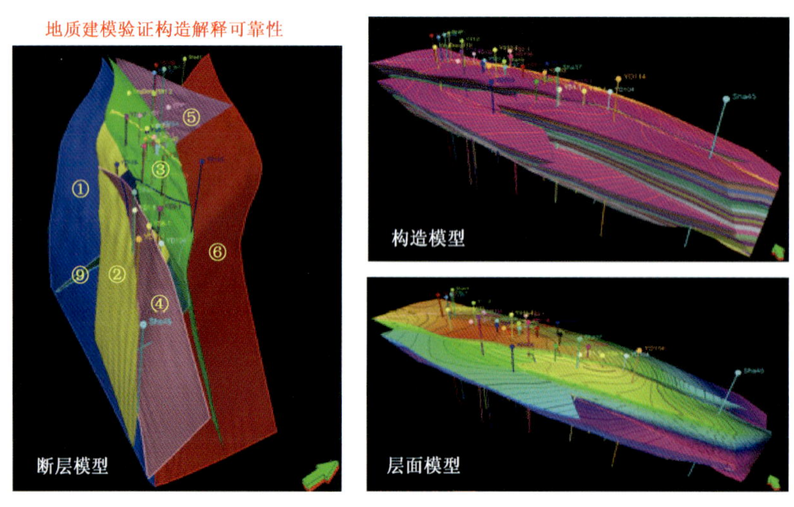

图6－36　英东地区油藏构造建模

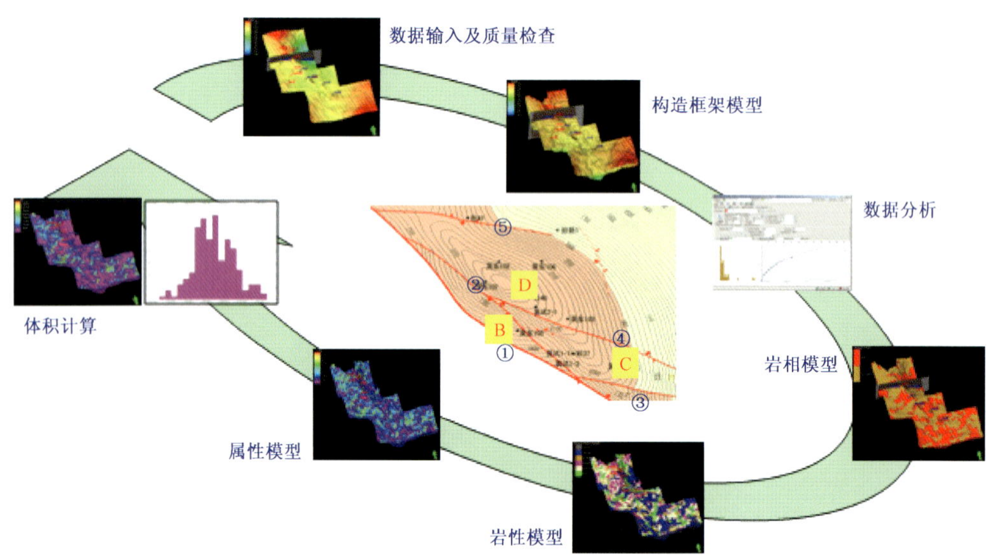

图6－37　英东地区油藏综合建模

4. 形成了世界领先的长井段多油气层的快速评价和判识技术

为解决英东地区含油气井段长、油气单元多，油气识别难度大、认识周期长等难题，独创了核磁点测快速识别流体性质、MDT地层快速流体测试、CHDT过套管快速地层测试等新技术与

常规技术相结合快速评价、识别油气层的有效办法(图 6－38),大大提高了评价速度和效率,达到了世界领先水平。

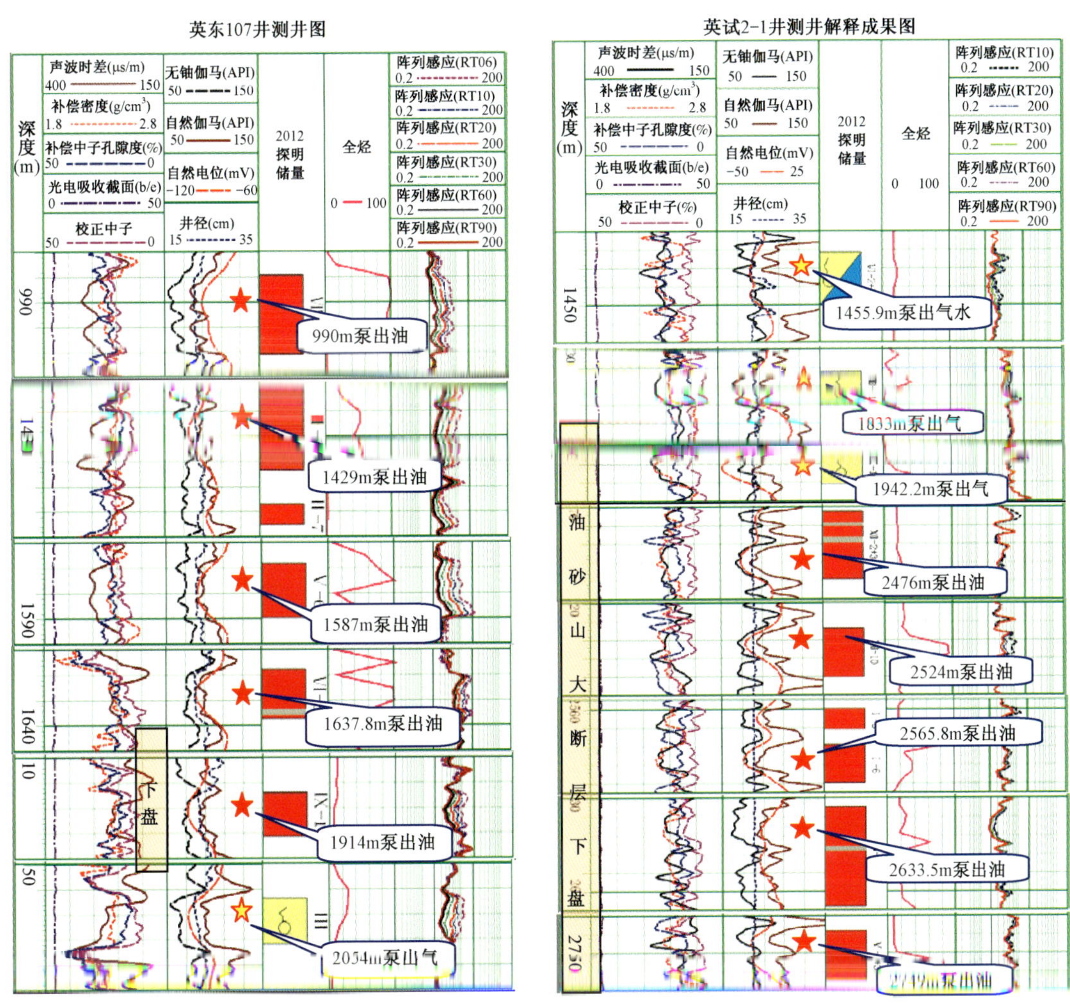

图 6－38　CHDT 过套管快速地层测试示意图

第四节　英东油田勘探成果和经济社会效益

一、英东地区主要勘探成果

在综合石油地质特征认识、油气富集规律研究、工程工艺措施研究改造的基础上,针对英东地区“平面多种圈闭类型,纵向多套油藏叠置,沿断裂复式聚集成藏”的整体含油特点。勘探部署主要按照“突出中—浅层系,强化地震攻关;加快评价英东,甩开预探两侧,探索中—深层系”的勘探思路,强化复杂山地三维地震攻关,快速精细落实油藏规模,取得了良好的成效。英东油田连续两年获得中国石油天然气股份公司油气勘探一等奖。2011 年,在英东一号构造 N_2^1—N_2^2 新增控制含油面积 9.5km^2,控制石油地质储量 10818 × 10^4t,溶解气地质储量 95.06 ×

10^8m^3，新增控制含气面积 3.0km²，控制天然气地质储量 $27.02\times10^8m^3$。2012 年，在英东油田砂 49 井、砂 43 井、英东 105 井区块 N_2^1—N_2^2 油气藏新增预测石油地质储量 6393×10^4t，溶解气地质储量 $56.00\times10^8m^3$，新增预测天然气地质储量 $42.87\times10^8m^3$。

1. 坚持地震先行，山地采集获得突破性进展

针对地面地质条件复杂，圈闭落实困难的实际情况，在股份公司的大力支持下，把英东地区地震攻关作为勘探工作重点，部署 400km² 山地三维地震；为了满足加快勘探评价的需要，优先施工构造主体的 15 束线（图 6－39）。

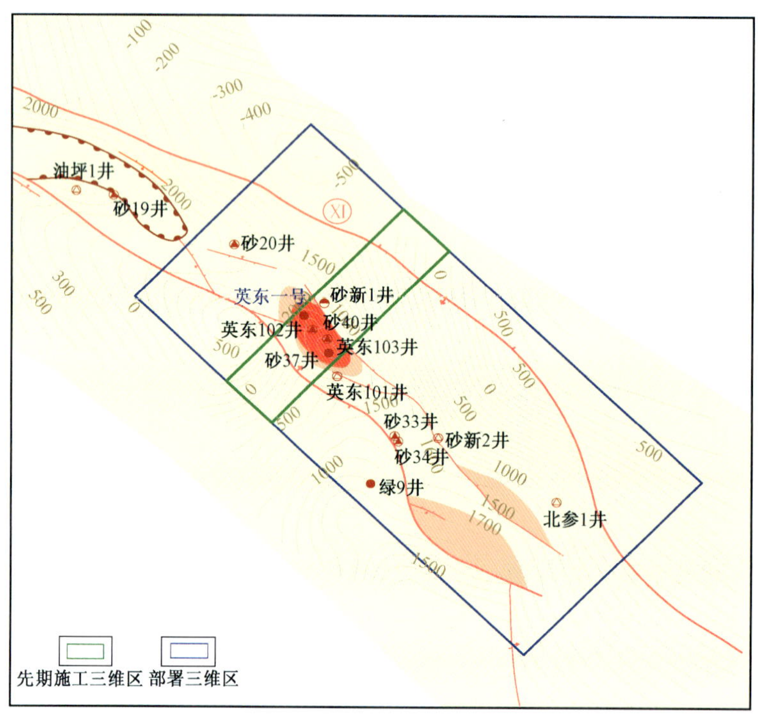

图 6－39 英东地区三维地震勘探部署图

在总结二维山地地震攻关成果基础上，通过“精心组织、严谨论证、科学实验”原则制定了英东“高覆盖、高密度、宽方位、激发接收联合组合”的三维地震采集方案，克服艰苦的野外工作条件。

英东地区三维地震资料的信噪比大幅度提高：断裂位置清晰可靠，整体成像效果好，三维地震攻关取得实质性进展，有效刻画了英东构造的细节，这为井位的部署提供了有力的支撑。

2. 突出勘探重点，评价工作快速推进

为了加快英东一号勘探节奏，快速探明英东一号油田，充分利用二维地震重新处理、动态三维地震攻关、钻井、地质、试油等资料，采取“边钻探、边研究、边认识、边部署”的勘探模式，评价勘探取得较好效果。通过四轮次解释，明确了构造样式，落实了英东一号圈闭形态（图 6－40），发现了新的圈闭，为勘探部署指明了方向。在此基础上沿构造长轴和东西两翼分别部署实施了预探井砂 40 井、评价井英东 102 井、英东 107 井等 7 口井，以及两个开发试采井组 3 口井（英试 1－1 井、英试 2－1 井和英试 3－1 井），已实施钻探的 11 口井均获成功。

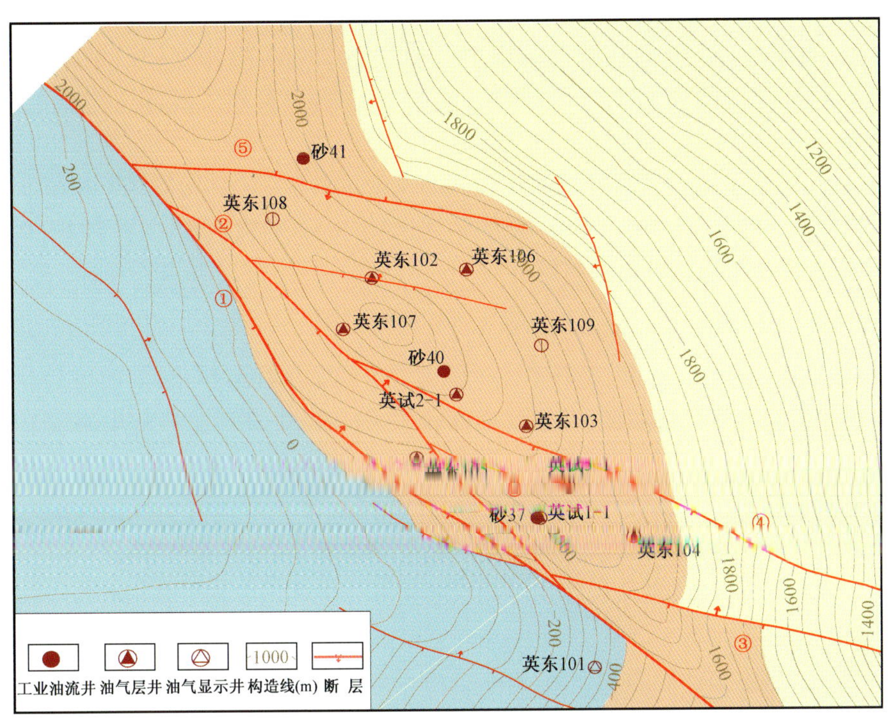

图 6-40　英东一号构造精细构造形态及井位部署图

3. 积极探索中—深层，扩大勘探领域

根据新采集三维地震资料解释，发现英东一号地区油砂山断层下盘发育西南倾的断鼻构造，地震剖面上断层位置落实，构造形态清楚，圈闭较为完整，T_2'高点埋深2400m，闭合度225m，圈闭面积3.2km^2。

利用三维地震资料落实的构造图，结合地质认识，在钻探浅层过程中有针对性地对油砂山断层下盘进行了探索。钻至下盘的英东104井、英东105井、英东107井、英试2-1井均发现油层。其中英试2-1井在断层下盘解释出油层135.7m/34层。英东105井钻遇油砂山断层下盘油气显示活跃，测井解释油层20.8m，对下盘目的井段常规试油，8mm油嘴自喷日产油100.3m^3，天然气10988m^3，揭开了滑脱断裂下盘油气勘探的新领域。

同时，针对深层，通过解释分析，指出英东地区受逆掩牵引作用，下盘普遍发育断鼻、断块等构造圈闭，展现出广阔的油气勘探前景。新三维地震解释结果表明，英东地区深层发育比较完整的背斜圈闭，与E_3^1深层致密型储层配置，是有利的天然气勘探目标；而这将作为重点风险勘探领域成为下步油气勘探的重点目标区。

4. 坚持甩开预探，区带扩展成功

英东一号构造勘探成功后，根据局部高点与断层控油模式，为了探索断裂下盘和英东二号、英东三号构造的含油气性，在英东二号构造部署探井1口、评价井3口，均见到良好油气显示。其中砂49井已完钻，电测解释出油层63.74m/21层、油水层21.8m/5层。针对3个层组试油均获得工业油流。此举实现了英东一号油气藏向西的扩展。

在英东三号构造钻探部署预探井2口，评价井1口，均见到良好油气显示，其中砂43井测井解释油层23.3m/10层，气层16.7m/7层，油水层3.3m/3层，气水层24.3m/19层，试油3个层组获得工业油流，砂45井测井解释油层26.8n/10层，气层17.3m/7层，油水层27.9m/13层，气水层6.5m/5层，试油3个层组获得工业油流。此举实现了英东一号油气藏向东的延伸。

钻至油砂山断层下盘的多口井试油获得高产工业油气流，其中英东108井在下盘解释油层51.4m/24层。对2700.6~2710.0m处的常规试油，8mm油嘴放喷，日产油61.05m^3、日产气5370m^3，实现了英东油田纵向的扩展。

5. 新增控制+预测油气地质储量当量1.8×10^8t

2010年，以中—浅层为重点，进行了二维地震老资料重新处理解释，剖面质量有一定的提高，解释发现了英东一号构造圈闭，并部署钻探砂37井，砂37井钻进过程中油气显示极为活跃，电测解释出224.2m与油气相关的层，经测试于N_2^1及N_2^2内，有8个层组获得高产工业油气流，揭示英东一号构造具备较好的含油气性；由此拉开了英东地区油气勘探的序幕。2011年初，利用老二维地震资料，结合新井的地层对比成果和倾角资料，对砂37区块进行了反馈解释，通过油藏特征的初步认识，沿构造长轴和东西两翼分别部署实施了预探井砂40井、评价井英东102井、英东107井等7口井，以及两个开发试采井组3口井（英试1-1井、英试2-1井和英试3-1井），已实施钻探的11口井均获成功。在钻探浅层过程中部分井兼顾了油砂山—英雄岭断层下盘的钻探，已钻探的英东104井、英东105井、英东107井、英试2-1井在下盘均解释出油层，其中英东105井在断层下盘解释油层20.8m，对解释的1753.5~1756.2m油层试油，8mm油嘴自喷，日产油100.3m^3、天然气10988m^3；英试2-1井油砂山—英雄岭断层下盘解释出油层122.4m/32层，油水同层17.1m/5层。从而在油砂山—英雄岭断层下盘发现新的油藏，该油藏为重复浅部N_2^2、N_2^1油藏。

最终，通过钻探部署的实施，落实了英东油田砂37区块N_2^1—N_2^2油气藏的控制储量。其油藏类型为一被断层切割了的背斜构造，油气主要来自N_1及其下部的烃源岩，沿油砂山大断裂及伴生断层垂向运移，其中油砂山及伴生断层在多条油藏剖面显示，不论是英东1号（即油砂山大断裂），还是英东2号、英东4号断层下盘油气相对富集（即A、B和C块），说明南北向构造挤压应力背景下形成的逆掩断层控制的圈闭油气封闭性好，油气层纵向连续厚度大，未见明显的油—水界面；而构造主体的D块虽然为半背斜构造，但埋藏相对较浅，渗透层发育，油气分布不集中，纵向上存在多套油—气—水系统叠加，油藏边水特征明显（图6-41、图6-42、图6-43）。这样最终落实了控制叠合含油面积9.5km^2（图6-44），控制石油地质储量10818×10^4t，技术可采储量2379.9×10^4t，溶解气地质储量95.06×10^8m^3，技术可采储量20.91×10^8m^3；含气面积3.0km^2（图6-45），控制天然气地质储量27.02×10^8m^3，天然气技术可采储量13.51×10^8m^3。同时，2012年，在英东油田砂49井、砂43井、英东105井区块N_2^1—N_2^2油气藏共申报新增预测叠合含油面积18.8km^2，预测石油地质储量5465×10^4t，技术可采储量1073.6×10^4t；溶解气地质储量47.89×10^8m^3，技术可采储量9.42×10^8m^3；新增预测叠合含气面积3.4km^2，预测天然气地质储量30.68×10^8m^3，天然气技术可采储量15.35×10^8m^3。截至2012年底，英东油田已提交控制和预测石油天然气地质储量油气当量1.8×10^8t，进一步夯实了亿吨级储量规模。

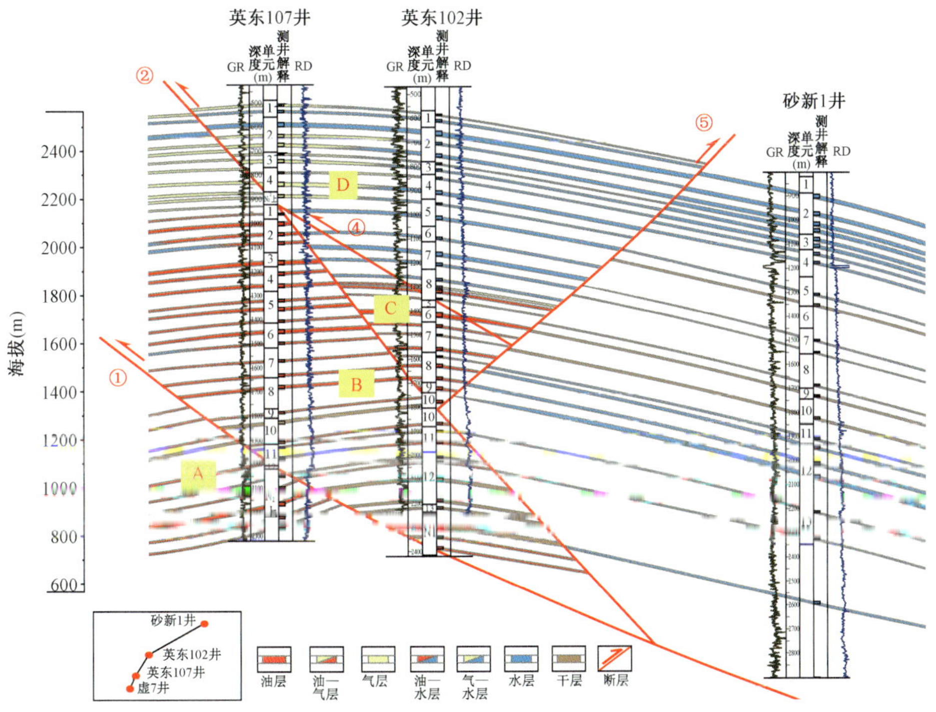

图6－41　英东107井—英东102井—砂新1井油—气—水关系图

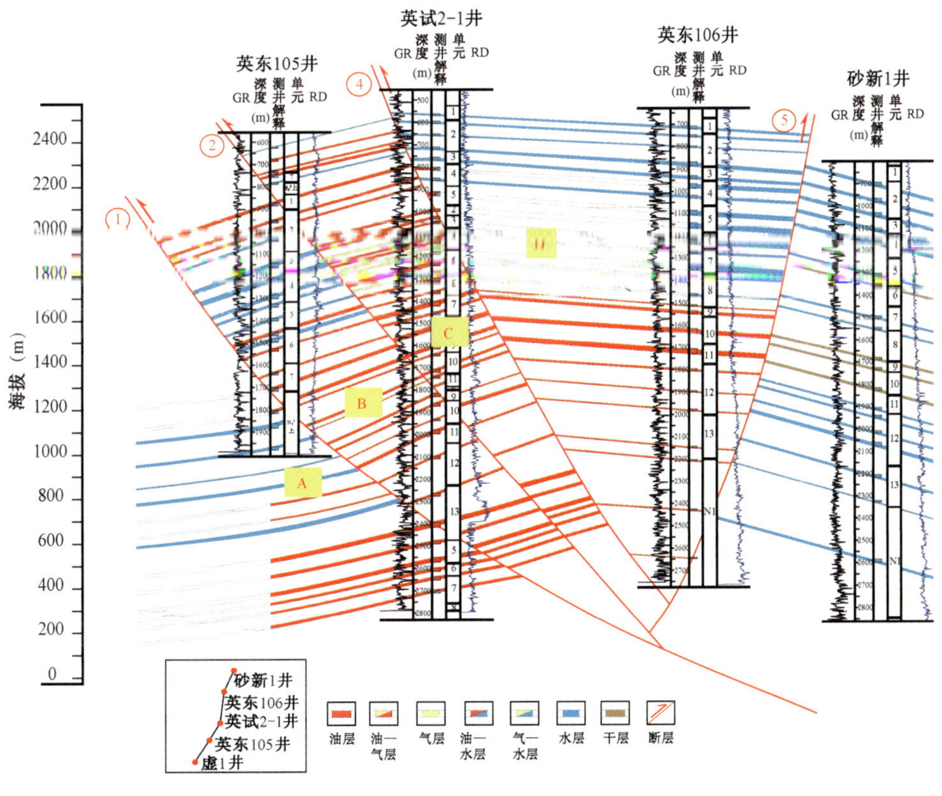

图6－42　英东105井—英试2－1井—英东106井—砂新1井油—气—水关系图

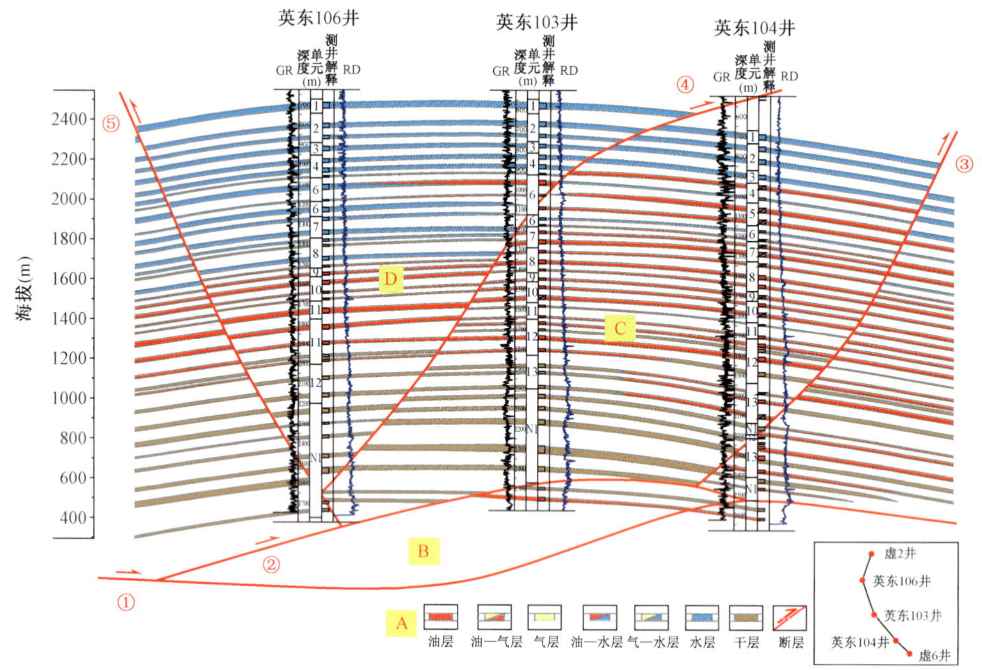

图 6 - 43　英东 106 井—英东 103 井—英东 104 井油—气—水关系图

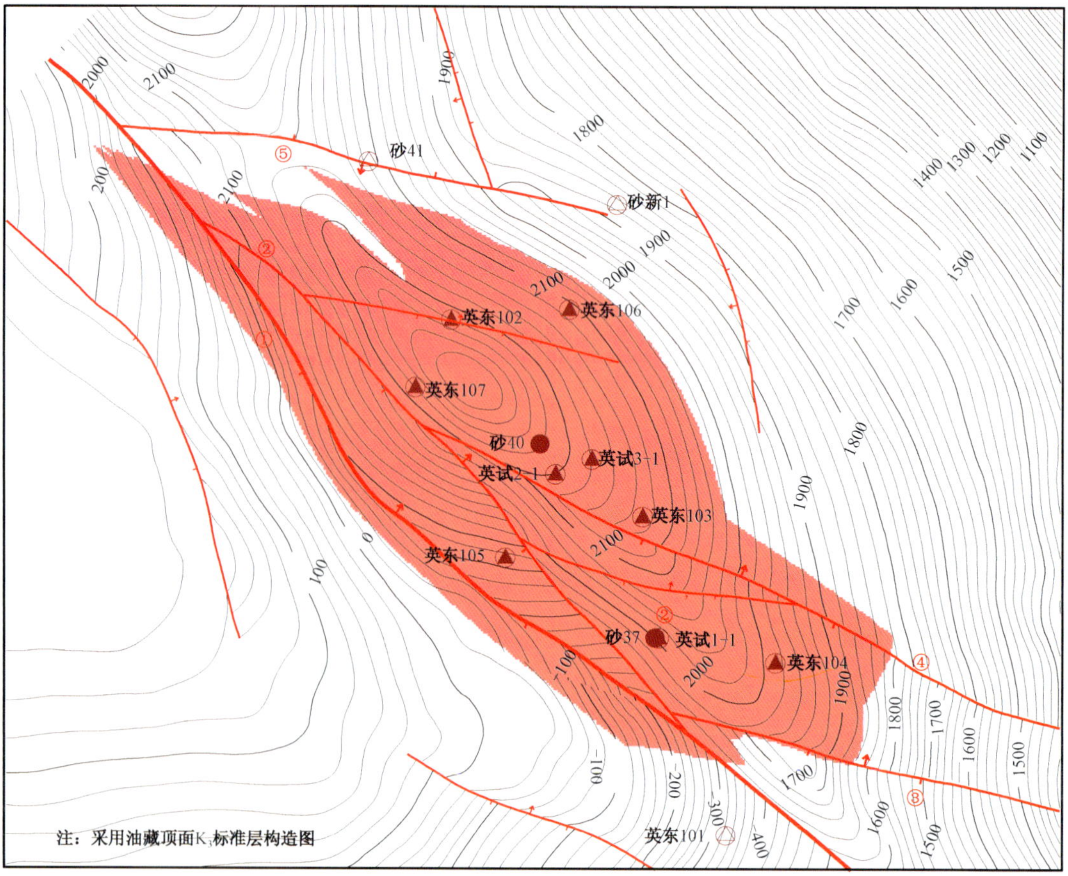

注：采用油藏顶面K_1标准层构造图

图 6 - 44　英东油田砂 37 区块 N_2^1—N_2^2 油藏叠合含油面积图

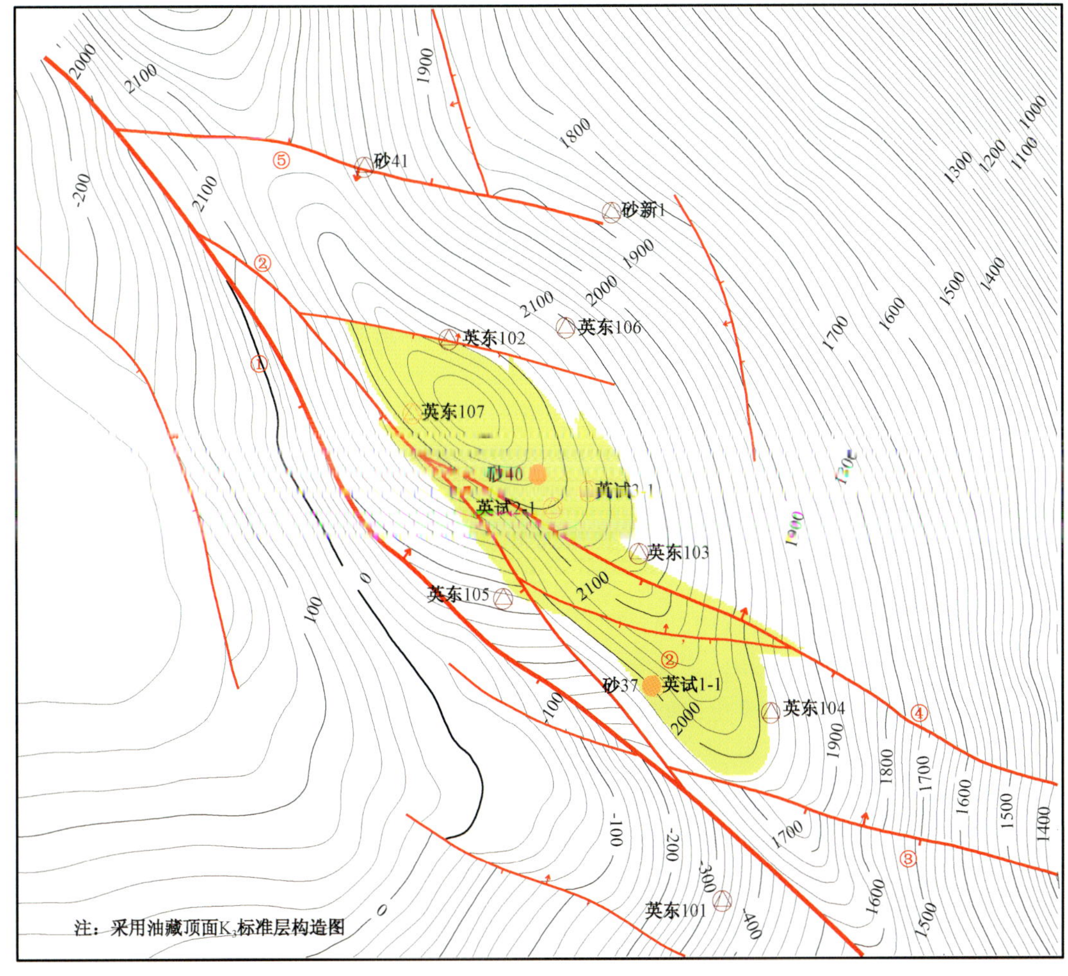

图6－45　英东油田砂37区块 N_2^1—N_2^2 气藏叠合含气面积图

二、取得的经济效益

昆北油田研究新增储量区块，根据工艺设计的工作量，国家、部、局及地方的有关概算、估算、费用定额规定，并参照有关类似工程和设备、材料的现行价格进行估算，并参照昆北油田2008—2009年所建产能投资情况，总投资459512万元，其中：建设投资439969万元，建设期利息12323万元，流动资金7220万元；对昆北油田经济评价，在60美元/bbl油价下计算，方案财务评价指标均符合行业标准，且具有一定的盈利和清偿能力。

英东研究新增储量区块，按照油气藏开发概念设计方案，其中新增石油储量区块设计总井数394口（油井294口，水井100口），开发井井投资219054万元，地面投资146036万元，建设期利息12088万元，合计总投资377178万元；新增天然气储量区块投资设计总井数10口（均为新井），钻井投资7860万元，地面投资3370万元，建设期利息163万元，合计总投资11393万元。而目前英东油田新增石油储量区块，在60美元/bbl油价下计算，该项目税后内部收益率为32.46%，财务净现值312765万元，动态投资回收期5.27年；英东油田新增天然气储量区块，在584.07元/10^3m^3气价下计算，该项目税后内部收益率为15.44%，财务净现值2258万元,动态投资回收期 6.11 年(含建设期 1 年)。

三、取得的社会效益

在总结归纳昆北断阶带油气勘探获得重大突破实践经验的基础上,结合柴达木盆地独特石油地质条件,认为昆北断阶带油气勘探取得丰硕成果主要是有力渗入了“两个结合”,即科学管理与思想认识结合、地质研究与工程技术结合。在这两个结合的基础上加强综合石油地质特征研究,解放思想,转变观念,在昆北油气勘探中体现以下 4 点:(1)应用源外成藏理论认为昆北地区具备优良的油源条件;(2)良好的古构造背景有利于油气成藏;(3)E_{1+2}物性相对较差的储层有可能形成大面积地层—岩性油藏;(4)位于构造相对稳定区,利于油气保存。这些创新认识对于昆北断阶带的重新认识和评价、勘探突破口的选择和科学部署取到了关键作用。

昆北断阶带通过三年的勘探逐步形成了一套较为成熟的源外成藏理论以及配套的技术系列,借鉴这套技术办法在阿尔金山前的东坪地区甩开预探,取得柴达木盆地岩性气藏勘探的重大突破,形成了新的天然气储量增长区,于 2011 年获得中国石油天然气股份公司油气勘探一等奖,2012 年在东坪地区新增预测天然气地质储量 $1101.28 \times 10^8 m^3$。

昆北、英东油田的发现过程中,通过项目研究创新了一批石油地质理论,这些均为柴达木盆地或高原特有的石油地质新认识和学术理论,不但可有效地指导盆地的勘探,也为今后青藏高原开展油气勘探开发提供了重要的理论依据和实践指导。在多期构造运动控藏、复杂成藏条件分析等石油地质核心技术理论方面取得了重要突破,填补了中国陆相油气理论特别是高原石油地质学术空白。同时通过创新形成系列复杂构造带地震、测井、钻井等配套技术,为今后开展复杂条件下的物探技术攻关开辟了新的思路和提供了技术管理保障体系,也对测井技术的优化应用有着现实的意义。

总之,将该项目研究所得出的技术方法和创新结果应用于复杂构造带油气藏勘探,对促进我国油气勘探技术创新,增强自主研发能力,降低勘探风险,提高钻探成功率,必将产生重要影响;也将对中国石油天然气股份有限公司的油气勘探部署提供较大的参考价值,对促进晚期和复杂构造带油气藏勘探的突破意义更为重大,影响更为深远。

第七章　四大关键勘探技术系列

针对柴达木盆地复杂山地地表环境和地质条件，紧密结合年度勘探生产任务和油气储量目标，着眼于解决制约油气勘探可持续发展的重大工程技术难题，以昆北油田和英东油田的勘探工程为载体，经过刻苦攻关，完善了四大技术系列如下：(1)高原山地复杂地表区地震采集处理配套技术；(2)复杂山地地质地震综合解释配套技术；(3)测—录—试一体化的油气层综合评价技术；(4)低压、低渗透、厚层、非均质油层钻井保护及储层改造技术。这四大项技术系列为油气勘探储量新发现和产量稳增提供了强有力的技术支撑。

第一节　高原山地复杂地表区地震采集处理配套技术

针对工区表层干燥疏松，低降速带厚度大、干扰因素多、受断裂影响大的特点，制定了采集处理解释一体化攻关方案。

一、山地地震采集技术

柴达木盆地高原山地复杂地区，如昆北断阶带，地表条件复杂，包括砾石、戈壁、平缓沙漠、起伏沙丘和零星沙梁等，地震激发接收条件相对较差，低降速带厚度变化大引起了较严重的静校正问题；且工区地层埋深差异较大，导致地震记录背景干扰较强、信噪比低。为了满足构造、岩性勘探需求，地震采集上应用观测系统优化技术、精细表层调查与静校正技术和优选岩性激发技术等形成了提高勘探精度的个性化三维地震采集技术。

1. 观测系统优化技术

在观测系统方面，针对山地干扰波特点，优化采集观测系统参数，提高压噪能力。提升目的层有效覆盖次数。增加接收线数以改善观测系统压噪属性；提高炮道密度和方位角以压制噪音。

在激发接收方面，依靠震—检联合响应，压制干扰，提高地震原始资料信噪比。主要依据表层特点设计激发参数；震检联合压制山地噪声，提高反射能量；优选激发岩性，建立合理的近地表模型，解剖低降速带速度、厚度变化规律，摒弃了以往采用固定井深激发的模式，优选在激发条件较好的泥层中激发。

采集中借助于高精度卫星照片，合理选择点位位置，同时降低野外作业难度和作业风险。

在总结二维地震山地攻关成果基础上，通过“精心组织、严谨论证、科学实验”制定了“高覆盖、高密度、宽方位、激发接收联合组合”的三维地震资料采取方案。通过以上措施全面完成设计指标，资料信噪比较高，波组特征清晰、层次感较强，品质明显改善，深、浅层信息清楚，断点清晰，落实了圈闭形态。

这种高原山地复杂地表区地震采集过程中对观测系统优化的技术在昆北断阶带三维地震采集中得到了广泛的应用。在昆北地区三维地震观测系统设计中，主要采取了规则与不规则相结合的三维设计，并针对不同深度、不同部位的地质目标进行观测系统优化。如利用小面元、小接收线距提高浅层有效覆盖次数，确保浅层资料品质；采用较大炮检距，提高深层资料成像效果；增加山前带采样密度，确保山前带资料品质；增加横向覆盖次数，提高观测系统对线性噪音的压制效果，改善面元属性等。

另外，在英东复杂山地探区，针对英东地区表层条件复杂，各类散射干扰发育，有效反射能量衰减快，加上构造主体复杂的断裂系统导致的波场复杂、原始地震记录信噪比极低。针对这些特点，在观测系统上主要采用宽方位的三维地震观测系统。宽方位角地震勘探有如下优点：宽方位角采集进行全方位观测，可增加采集照明度以获得较完整的地震波场，使成像的空间连续性比较好；宽方位角采集可研究振幅随炮检距和方位角的变化、地层速度随方位角的变化，增强了识别断层、裂隙和地层岩性变化的能力；炮检距的三维地震叠前成像轨迹是椭球形，宽方位角具有更高的陡倾角成像能力和较丰富的振幅成像信息；方位角地震还有利于压制近地表散射干扰，提高地震资料信噪比、分辨率和保真度。因此在三维地震观测系统设计中考虑了两个关键点，其一是根据地质目标体设计三维地震观测方位，既合理设计接收线距，又避免远炮检距偏多，确保研究区目的层有效炮检道丰富；其二是定义了有效排列片与横纵比的关系，避免虚拟偏移孔径。根据该区主要目的层 N_2^1 深度一般不超过 2000m，设计观测系统采用 24 条检波线接收，目的层 N_2^1 纵横比为 0.7 进行三维地震攻关。

由于该区原始单炮记录信噪比越低，因此在三维地震观测中需要高的覆盖密度。此外，当由各种散射造成的资料信噪比极低时，需要大幅度提高覆盖密度才可以提高地震剖面的信噪比（图 7－1）。

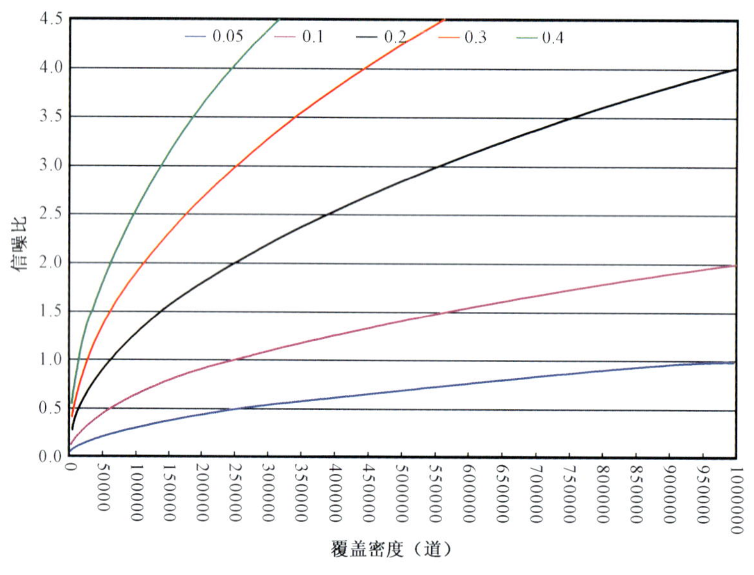

图 7－1　覆盖密度与信噪比的关系曲线

针对英东地区三维地震不同地质目标开展了覆盖密度的设计，该区南部戈壁及东部山地地震资料信噪比相对比较高，地质结构相对较简单，一般原始记录上有一定的视觉信噪比，设计覆盖密度约 690000 道，使其信噪比提高到 2 左右；西部复杂山地区及主体构造部位断层比较发育，激发引起散射干扰严重，一般原始记录上难以见到有效信号，覆盖密度提高到

1000000 道左右，使其信噪比提高到 1.0 左右。

通过在英雄岭地区采用三维地震宽方位采集成果来看，一是极大地提高了对干扰的压制能力，二是方位角的增加也有效提升了目的层的覆盖次数，覆盖次数是直接压制干扰波的有利手段；通过对比可以看出，覆盖次数的增加对资料信噪比的改善非常明显（图 7－2）。

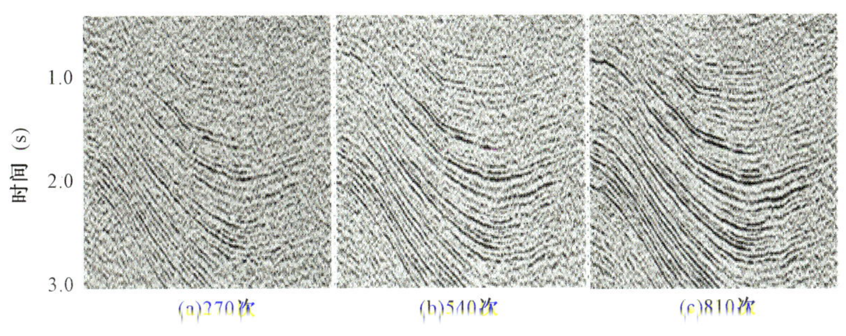

图 7－2　不同覆盖次数剖面对比

2. 复杂山地检波器组合接收技术

英雄岭复杂山地的侧面干扰、散射干扰等非线性干扰波非常发育，该区单炮记录的干扰波分析表明，非统计性噪音视波长在 40～230m 之间。目前，对于长波长的噪音可以通过室内处理进行压制，而对于中、短波长的强能噪音通过在采集阶段进行压制，否则会形成假频噪音而降低资料信噪比。英东地震采集过程中采用检波器组合来压制干扰波，提高原始记录信噪比。为使检波器组合达到比较理想压制效果，组合基距一般约等于最大干扰波视波长，由于该区山地干扰波的视波长比较长，因此复杂山地检波器组合基距相应增大。同时在近地表起伏区，大组合容易产生相位畸变，损害有效波，为了使检波器组合最大限度的保护有效波，组合基距大于等于最小有效波视波长的一半。检波器组合图形的设计必须对称，以实现对测面散射噪音的全方位连续压制及克服空间采样的不足，并削弱假频噪音。从检波器组合响应来看，检波器纵横向拉开一定基距，能够有利于实现对侧面散射噪音的连续压制。从检波器组合接收压制效果来看，剖面品质能够得到提升，能够有效压制侧面干扰波，提高地震资料成像信噪比，改善地震资料成像质量（图 7－3、图 7－4）。

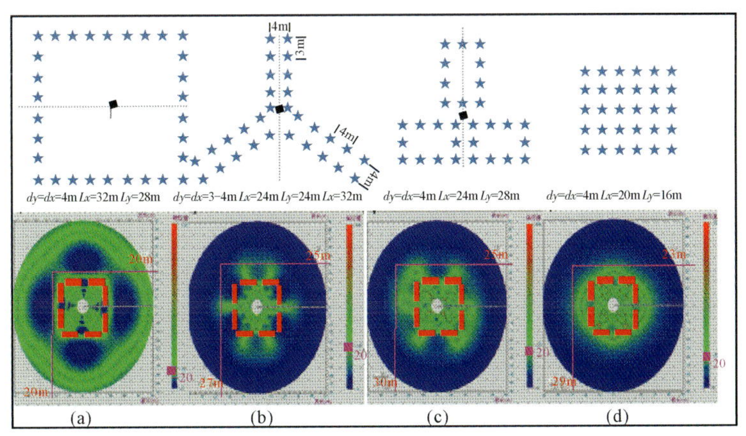

图 7－3　不同检波器组合响应特征分析

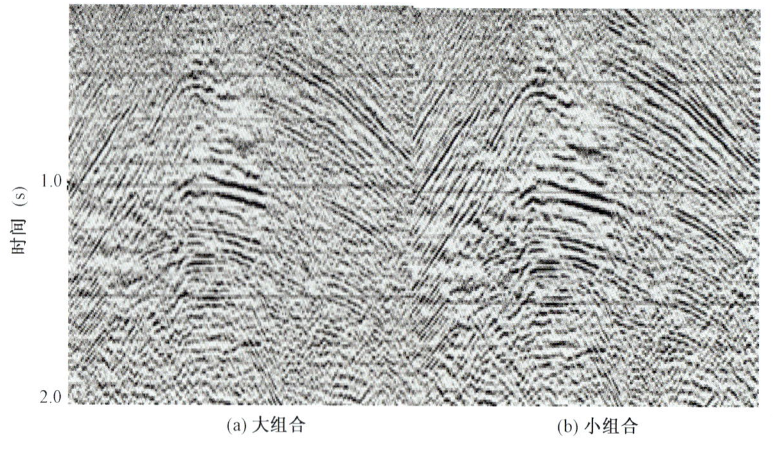

图 7 - 4 检波器组合效果对比

3. 复杂山地组合激发技术

由于英雄岭地区近地表疏松、巨厚的风化层，使得地震波吸收衰减严重，对于地震波的激发带来很大的挑战。以往攻关中，主要是单井或者 5 口井组合激发，在原始地震记录上，反射信息非常微弱，甚至没有。如何提高有效反射信息能量、确保地震波的下传能量？从该区近地表岩性的调查成果来看，从地表向地下的岩性主要为干燥沙土、细砂泥及粗砂泥交互层。从速度来看，风化壳低速层速度 300 ~ 800m/s，其厚度一般小于 8m；降速层速度 1000 ~ 1500m/s，其厚度从几米到数百米不等，该层岩性多为细砂泥，岩性相对比较稳定；降速层以下多为巨厚粗砂泥交互层。通过分析看出，该区低速层速度很低，在激发深度上必须要避开这个低速层，否则爆炸所形成的弹性波大部分都会被这一层所吸收，只有避开低速层进行激发，才可以保障地震波的下传能量（图 7 - 5）。

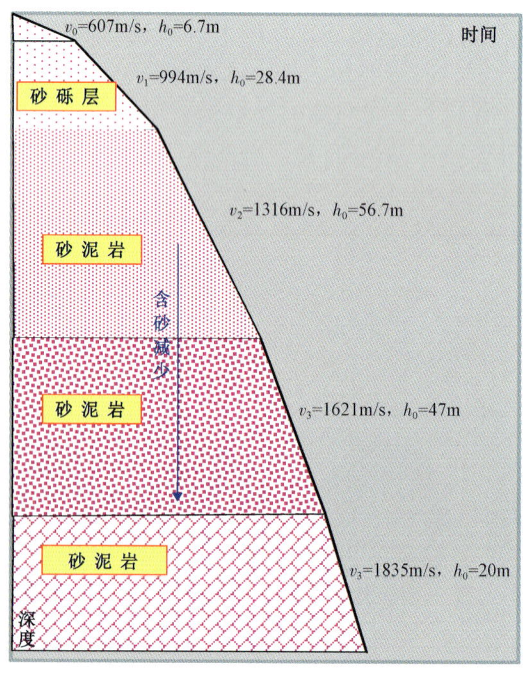

图 7 - 5 英东地区近地表岩性及微测井调查成果

在激发井数的设计上，主要考虑该区干扰发育，单井激发对于干扰的压制效果肯定没有组合激发的压制效果理想。因此，在英东地区的激发井数的设计上，采取多井组合激发的方式，在确保地震波能量下传的基础上，提高对干扰的压制效果，提升原始单炮信噪比。在激发药量上，考虑单井药量偏大，则产生的地震弹性波比例变少，因此该区单井药量不宜过大。

根据以上思路，开展了不同的激发因素的试验对比，组合激发确实提高了原始单炮的信噪比，随着组合井数的增加，原始单炮品质逐步提升，因此在英雄岭地区，采用组合激发是获得较高品质地震资料品质的保障。通过英东地区的地震攻关，形成了针对英雄岭地表条件的多井组合激发技术。激发井深避开低速风化壳，在速度大于等于 1000m/s 的降速层中激发；组合井数应考虑地形对组内距或组合高差的限制，而降低资料信噪比；一定的覆盖次数基础上，山地区避开风化层 9 口井组合激发，可以确保断层上盘目的层资料信噪比；兼顾弹性波能量大小和弹性波能量不相消的组合井药量设计。避免单井药量偏大，产生的弹性波比例变少；单井药量偏小，产生弹性波能量小；组合基距太小，弹性波相互抵消一部分；组合基距过大，弹性波能量分散。避开低速风化层激发，单井药量 4kg 比较合适，总药量可以在 40kg 左右（图 7－6）。

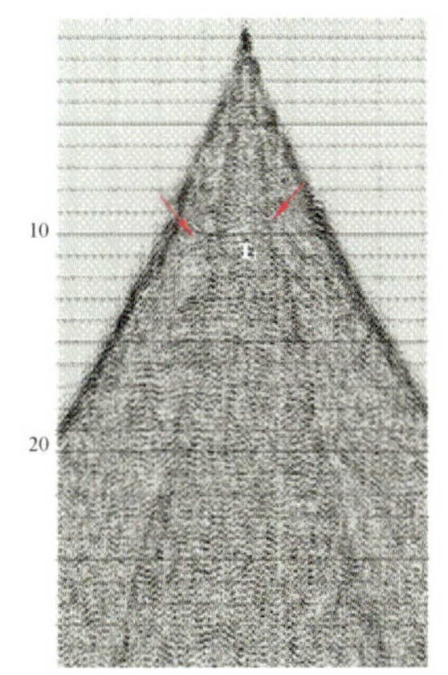

(a) 13口×8m×3kg 1031m/s 黄色泥岩

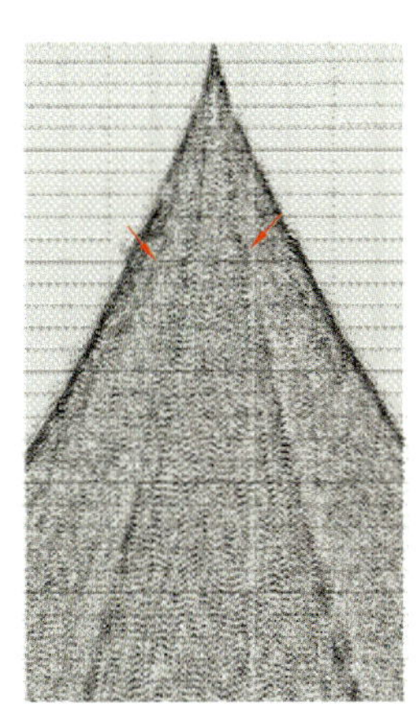

(b) 5口×18m×8kg 1031m/s 黄色泥岩

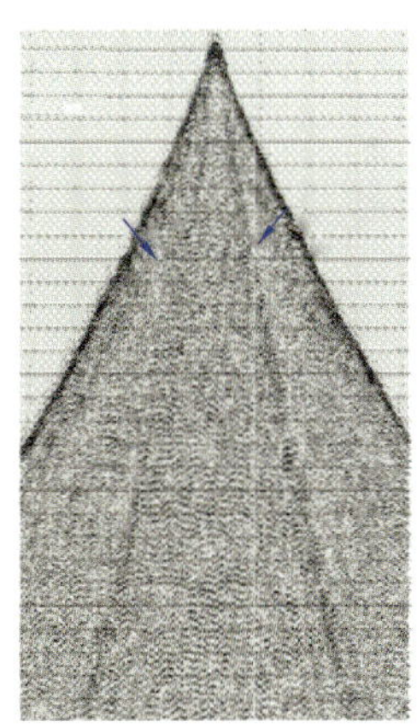

(c) 1口×71m×40kg 2345m/s 灰色泥岩

图 7－6 英东地区不同激发因素分频单炮记录

4. 复杂山地多信息近地表综合建模技术

一般来说，表层建模方法是通过小折射、微测井等常规近地表调查方法，获得对调查点近地表介质地质地球物理属性的描述，然后用空间内插法得到近地表模型。其主要目标是要建立一个能够准确描述近地表介质地球物理属性的模型，为下一步的静校正和资料处理分析打下基础。因此不但要求近地表调查的控制点足够密集、且能够反映近地表的各种变化，如高程、速度等，而且要求各调查点的探测深度足够深，以能够反映出近地表低降速带厚度及其速度的变化。

由于研究区表层结构的复杂多变、巨厚，尽管表层控制点密度较高，通过前面对研究区表层调查资料分析，上述几个条件往往很难满足，特别是剧烈的地表起伏使得控制点密度不可能完全控制表层变化，大部分微测井深度也达不到建模所需的高速层。因而通过表层调查采用空间内插（层间关系系数法）的方式建立该区的近地表模型，必然存在很大的误差。

而采用初至波信息反演的方法能够相对较好地回避或解决这些问题。首先，初至波传播距离短，能量损失相对小，具有畸变小、易于识别的优势，能很好地避开干扰波，而英雄岭地区初至起跳较干脆，利用初至波反演该区的表层结构具有良好的先决条件；其次，初至波能够反演所有观测位置上的表层信息，不存在控制点与非控制点的问题（图7－7）。

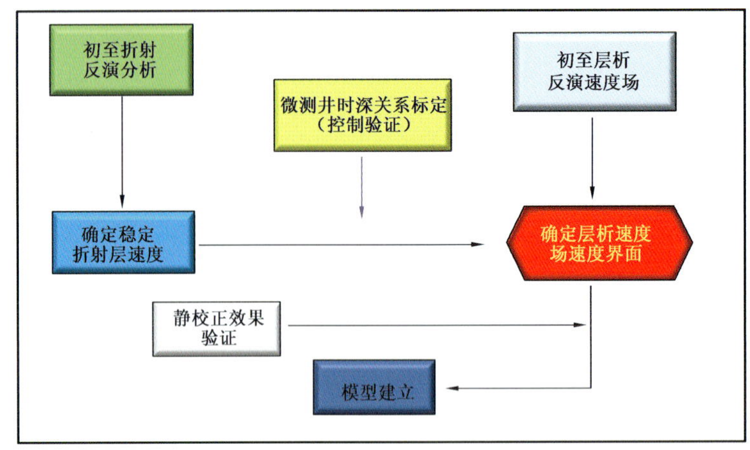

图7－7　多信息表层综合建模流程图

从实际初至反演看，初至折射反演能较清楚地刻画出研究区存在一个相对稳定、能实现连续追踪的强波阻抗折射速度。由于无可靠的表层条件约束，通过初至折射方法不能准确地反演出该界面的深度，但是可以相对准确地反演出该界面的折射速度；而层析反演能够较好地刻画地表起伏和速度横向变化问题，能够较准确地反演出近地表速度的变化规律；如果有较可靠的信息控制标定，所求得的模型可以较真实地反演研究区的表层结构特点。为此，开展了多信息综合建模研究，其主要思路是：充分利用初至信息，在层析反演速度场基础上，联合折射反演和微测井资料，标定层析速度模型界面，建立全区模型。

多信息综合建模技术主要是在层析反演的技术上，利用了初至折射信息、微测井等信息。

（1）首先通过初至反演，得到近地表速度场模型，这是表层模型建立的基础。

（2）利用初至折射反演出折射层速度。通过分析对比，山地区存在可追踪的、较稳定的折射层，速度在2900～3100m/s，该速度层比微测井能调查出的高速更深，分布近似水平。因此，该区存在一个相对稳定的折射层，最终通过折射反演，建立了英东地区三维地震折射速度模型。

（3）通过折射速度与微测井联合标定层析速度模型界面。由于该区存在一个相对稳定的折射速度界面，而层析反演的是一个等效的速度模型，必须通过折射信息和微测井信息，来标定这个折射层界面在层析速度场上与之相对应的速度界面，即层析速度模型界面的确定，最终得到表层模型。

通过建模研究取得如下认识：一是利用初至信息进行层析反演，能够较清楚地解剖近地表结构，联合折射反演速度和微测井的标定，可以建立起合理的近地表结构模型；二是该区山地复杂、巨厚，微测井能起控制和验证作用，对静校正计算精度意义大。

在广泛收集分析以往资料的基础上，合理布设表层调查点，在表层结构复杂区域加密调查点，提高精度，控制长波长静校正问题。加密微测井控制点，查明表层结构异常点。结合高程立体图、地貌图、岩性分布图等资料合理布设表层调查点，建立合理表层结构模型，并利用大炮初至信息进一步完善表层结构模型，进行精细的表层岩性调查工作，掌握工区表层岩性类型及分布规律（图7－8）。精细的表层调查不仅为优化试验方案、逐点设计激发参数和提高激发效果提供依据，也有利于静校正问题的解决。静校正上，开展高程、模型、折射等多种静校正方法应用研究，提高静校正效果。

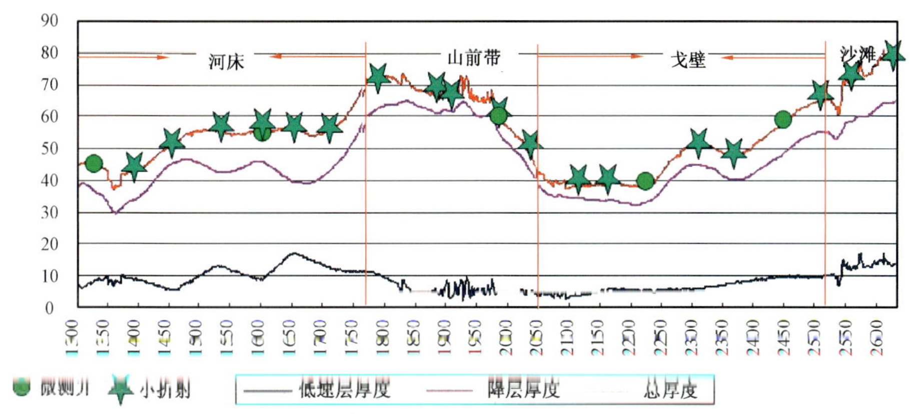

图 7-8　昆北三维 G08044 表层结构调查剖面图

经过英东地区地震攻关，地震采集上初步形成了山地高密度宽方位三维地震勘探技术，观测系统上采用多线接收，提高方位角，增加目的层有效覆盖次数，为改善叠前偏移成像效果打下了基础，通过震—检组合技术，有效地压制了山地干扰，提高了原始地震资料信噪比；在表层建模上，利用模型约束的层析反演多信息综合建模技术取得了明显的效果，提高了表层模型精度，为静校正效果的取得打下基础。

5. 优选岩性激发技术

大量的试验结果表明，在不同岩性激发中的效果也会明显的不同，优选岩性激发可以明显改善资料效果。昆北地区三维地震勘探中，在沙漠区选择稳定潮湿层激发，在高速层追踪岩性激发，提高了地震资料品质。

应用个性化三维地震采集技术，昆北三维地震资料品质明显改善（图 7-9），能够满足目前的勘探需求。

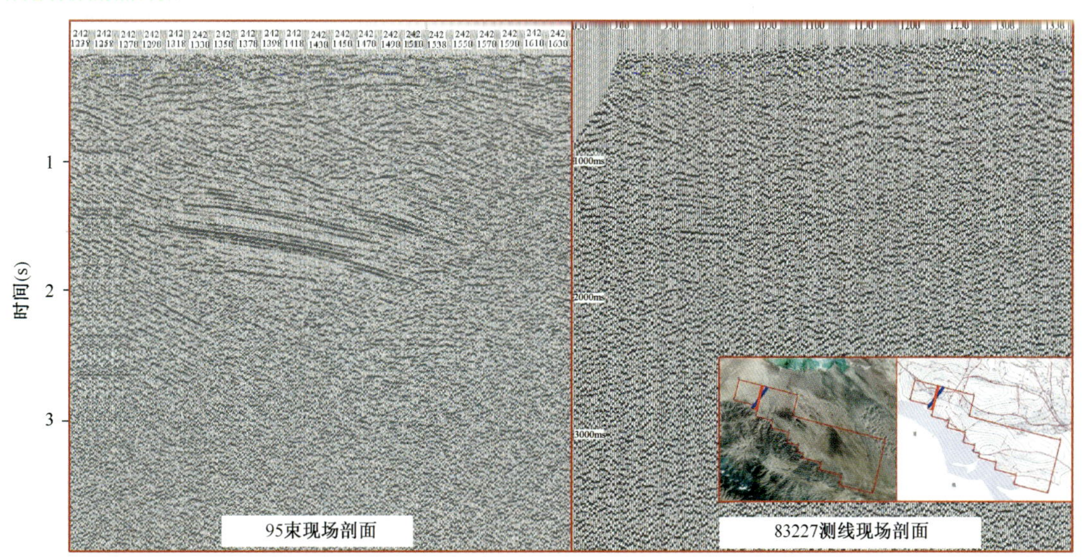

图 7-9　昆北断阶带新旧地震资料对比

二、复杂山地地震处理技术

1. 研制了一套有效的复杂山地地震资料静校正处理技术

1)综合静校正技术

通过采集、处理一体化攻关,进行多轮室内三维折射、室内 tau - p 层析静校正和野外提供的折射、层析静校正、高程静校的方法对比试验;通过多种静校正模型和叠加效果分析,得到层析静校正反演的近地表模型与地表调查点趋势吻合度相对较高,长波长问题得到了较好的解决,叠加剖面效果整体上较好。不同静校正的应用在该工区具有明显的分区块的特点,利用 3 种静校正方法的优点,最终采用综合静校正进行解决,即统一运用层析静校正的低频,高频使用以上 3 种静校正方法进行优势互补,在此基础上应用后续反射波剩余校正进一步解决剩余校正量。

由于本区潜水面是非常明显的标志层,因此其叠加成像效果成为判别几套静校正好坏的定量标准。

按 3 类地表类型提取不同静校正炮点和检波点高频分量,对局部效果变差的区域进行高频静校正量的替换,较好地解决了本区东南部层析静校正变差的问题。综合静校正后同相轴连续性明显增强,信噪比得到进一步提高(图 7 - 10)。

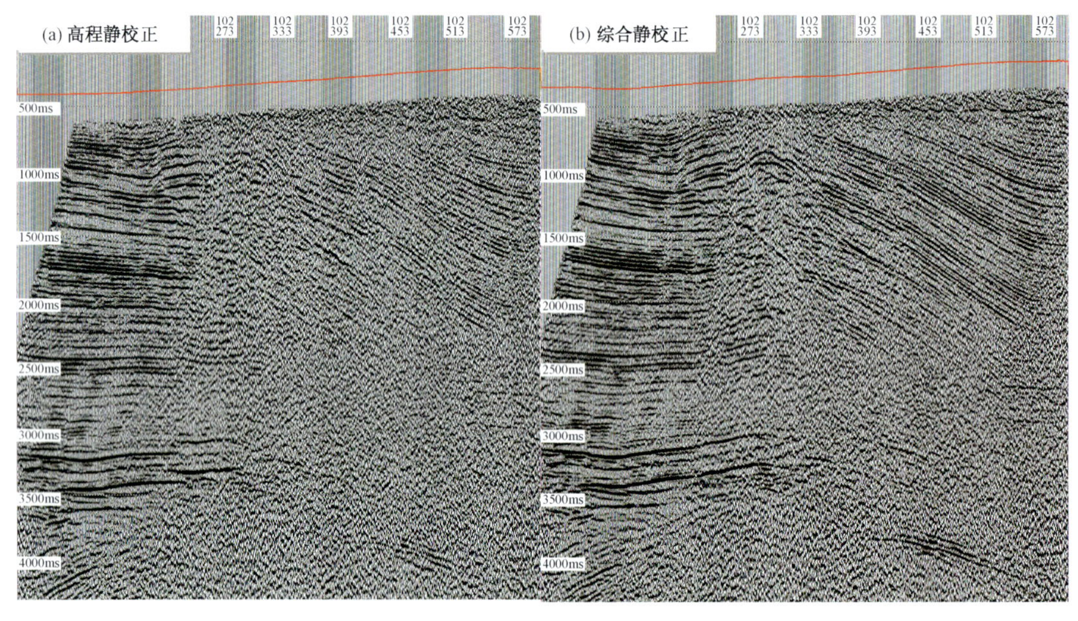

图 7 - 10　Inline204 高程静校正(a)和综合静校正(b)叠加剖面对比

2)反射波剩余静校正技术

由于全区地表复杂,低降速层厚度、速度变化剧烈,静校正问题严重,在应用统一的静校正量后,还存在剩余静校正问题,通过反射波剩余静校正与速度分析反复迭代消除各种因素造成的剩余时差问题,主要利用地表一致性剩余静校正、综合全局寻优剩余静校正及非地表一致性剩余静校正等多种反射波剩余静校正迭代技术,进一步提高静校正精度,改善叠加成像效果。

2. 山地多域叠前去噪技术

信噪比是地震资料成像的基础，由于工区地表结构复杂，使得面波、折射波及散射波发育，随着地表变化，噪声特征差别很大，叠前去噪更困难。针对英东地区三维地震的资料特点，处理过程中从不同地表的干扰波性质与特征入手，通过噪声发育规律研究，分析干扰波场的主要特征，充分认识噪声的规律，在资料处理的不同阶段，采取多域、多步、分阶段的去噪方法，压制各种类型干扰，提高有效波能量，形成了针对英雄岭地区的配套叠前相干噪音压制系列技术。主要由 Omega2. 8 处理系统中在炮域采用频率—空间域相干噪声压制去除高速线性干扰，十字排列锥形滤波对中、低速线性干扰进行压制，高能干扰分频压制（AAA）和地表一致性异常振幅处理（ZAP）进行异常噪声压制，在 CMP 道集通过四维叠前去噪进一步提高资料信噪比等去噪方法组成，为后续叠前偏移打好坚实的基础。

3. 三维连片叠前时间偏移技术

1）基础资料分析和前期试验技术

资料处理过程首先是对各种原始资料进行深入分析的过程，对原始资料进行系统而详细的分析是资料处理的基础。通过对全区资料的信噪比、极性、静校正、信噪比、能量、频率、干扰波类型、子波一致性等方面的原始资料分析，找到原始资料存在的问题，把握处理过程中需要解决的重点，从而在处理中针对资料特点采取相应的技术措施，提高资料处理的目的性和针对性。

前期试验是根据不同采集年度、地表条件，选择试验点、试验线进行试验，优选单块处理参数。各区块的试验工作都围绕连片和叠前时间偏移处理的要求，确保各处理步骤试验工作，既能控制整个项目区块的资料变化，又能为后续处理工作奠定基础。

2）静校正技术

静校正是资料处理中的重中之重，在复杂地表区，静校正问题解决的好坏直接影响到资料处理的成败。柴西地区多巨厚沙漠区、山地山前带及部冲积扇两翼，这些地区均是静校正问题较为困难的区域。

根据资料的特点，确定连片处理的静校正分两步进行：首先分区块进行多轮静校正计算（层析、折射），采用多套静校正高频拼接的方法，解决影响成像的高频静校正问题；然后在单块资料取得最佳成像效果的基础上，采用以小折射微测井等近地表资料为约束的连片静校正方法以解决低频静校正问题。

应用折射波静校正、层析静校正后，仍不可避免存在剩余静校正问题，采用三维地表一致性剩余静校正与速度分析的多次迭代（分频迭代剩余静校正方法），消除了各种因素造成的剩余时差问题。最后在全区反射波剩余静校正的基础上，应用剩余时差校正技术，使各 CMP 道集内同一界面的反射同相轴能更好地同相叠加，获得最大叠加能量。经过几轮循序渐进的迭代及切除参数的精细调整，最终得到信噪比较高且构造合理的叠加剖面及道集数据，为叠前、叠后偏移奠定了良好的基础。

3）叠前去噪技术

本区主要的线性干扰波主要有面波和浅层多次折射波，此外废炮、坏道也广泛存在，为此进行了有针对性地去噪处理。首先，采用人工剔除方法对各区块的不正常道、炮进行了剔除。

然后，在地表一致性假设的前提下进行了异常振幅压制处理，这是一种振幅相对关系保持较好的叠前去噪方法，它对地震记录中的野值、异常大值在地表一致性假设条件下进行能量衰减，使有效信号不被破坏，也可使异常振幅能量得到有效压制，还可以压制能量较强的面波干扰。此外，通过不同叠前去噪方法叠加剖面对比，选择了多道倾角滤波压制线性干扰。经过系列叠前去噪技术的应用，全区信噪比系数高于0.9的区域由原来的22%提高到47%。

4）连片资料的振幅补偿技术

为了消除由于激发或接收因素不同造成的空间能量不均衡，以及区块间资料能量差异的问题，本次处理中采取了一系列振幅补偿措施，包括：

（1）应用球面扩散补偿技术补偿地震波在传播过程中，波前能量随着地震波传播距离的增加而衰减，造成的浅、中、深层能量逐步衰减。

（2）应用地表一致性振幅补偿主要是补偿地震波在传播过程中由于激发因素和接收条件的不一致性问题引起的振幅能量衰减，消除由于风化层厚度、速度、激发岩性等地表因素横向变化造成的能量差异。使各区块的振幅能量级别达到一致，补偿各区块间和同一区块内炮间、道间的能量差异。

5）提高分辨率处理技术

反褶积是压缩子波、提高分辨率的有效手段，反褶积的方法很多，不同方法及参数的选择，直接影响成果数据的信噪比和分辨率。在各区块原始记录地震子波的频率、相位特性分析的基础上，应用地表一致性反褶积、预测反褶积、调谐反褶积等技术，选择合理的反褶积参数，突出了地震资料优势频带，注意在提高分辨率的同时，应保证地震资料的信噪比，做到分辨率与信噪比的和谐统一。

6）各项异性叠前时间偏移技术

与叠后时间偏移相比，各项异性叠前时间偏移能更好地解决复杂断块偏移成像问题。偏移速度场的准确与否是偏移成像的关键。处理中首先应用叠后偏移的速度场作为初始速度进行初步叠前时间偏移，在此基础上形成叠前时间偏移速度谱，并进行更加细致的速度分析工作。速度分析时需要控制空间速度变化趋势，使得速度场的趋势与剖面的构造形态大轮廓要保持一致；其次通过对上述拾取的均方根速度函数进行平滑、内插，建立迭代处理的均方根速度场；然后对叠前时间偏移最主要的一些参数，如偏移孔径、偏移倾角、反假频参数等进行试验，分析最终的试验效果，确定最合理的叠前时间偏移参数；最后通过叠前时间偏移与速度分析迭代的方法进一步优化均方根速度场，使得最终的速度场能最大限度地逼近地下介质的速度，使CRP道集全部拉平，偏移剖面上的各种有效地震反射波准确归位。

静校正是资料处理中的重中之重，在复杂地表区，静校正问题解决的好坏直接影响到资料处理的成败。针对复杂山地低信噪比和静校正问题同时并存又相互制约的情况，采取采集、处理一体化的方式，进行攻关和优选，提高成像质量。

通过昆北地区三维地震连片叠前时间偏移处理，地震资料品质明显改善（图7－11、图7－12）。连片处理消除了单块间的相位、振幅、时差等因素的影响，有利于全区地层、构造格架的建立。由于较好地解决了静校正问题，连片处理资料较以往的二维、三维地震老资料成像有较大提高；断面清晰，断层可靠；偏移归位合理、准确；信噪比和分辨率提高较大，能够满足目前对该区构造、地层—岩性圈闭识别的地质需求。

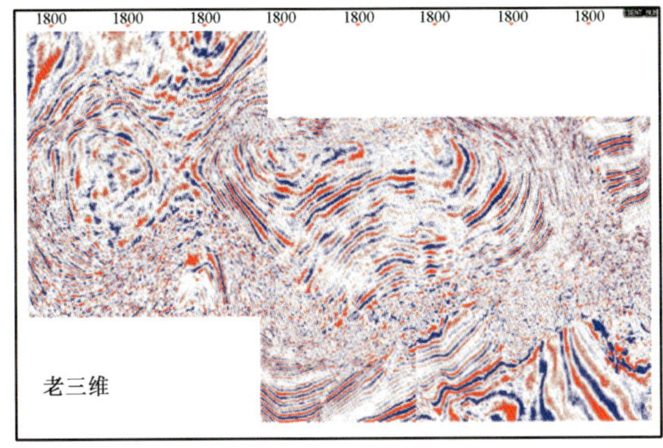

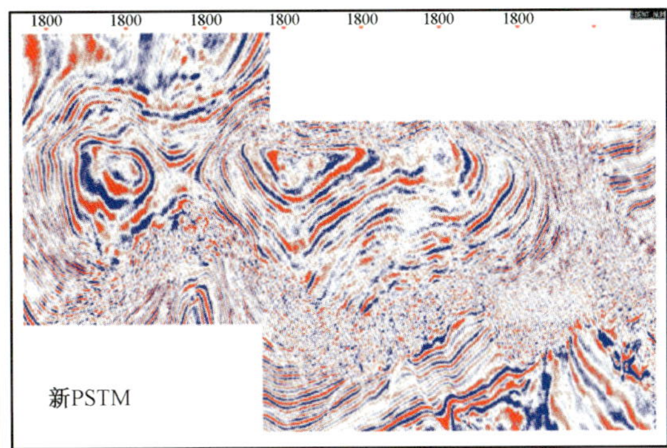

图 7－11　昆北工区新、老时间切片的对比(T1800ms)

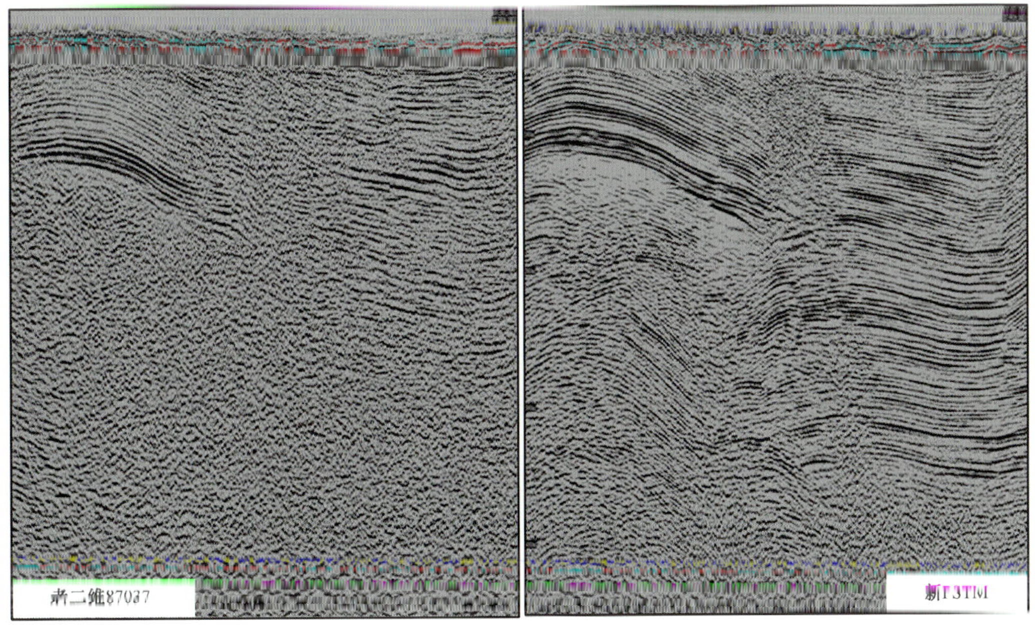

图 7－12　昆北工区新、老地震剖面的对比

在柴达木盆地首次使用国产 GeoEast 软件对英雄岭地区复杂山地低信噪比地震道集数据进行了叠前时间偏移处理,取得了良好的处理效果(图 7－13)。

叠前时间偏移关键步骤就是偏移参数试验和偏移速度场的建立,根据以往资料的特点,项目组进行了大量的偏移参数试验,处理人员和地质解释人员一起,对试验结果进行了认真分析和对比,最终的偏移孔径选定为 10000m,偏移倾角为 60°,采用了基于浮动面的弯曲射线叠前时间偏移方法。偏移工作的重点主要是精细偏移速度场的建立和提高偏前道集信噪比两方面。

精细偏移速度场的建立,主要从井约束均方根速度分析、叠前时间偏移速度扫描、逐步加密速度控制点密度、强化处理解释一体化工作来进行;利用 GeoEast 处理系统的 4DRNA 技术对偏移前道集进一步提高信噪比、CRP 道集质量、速度分析精度方面,取得较理想效果(图 7－14)。

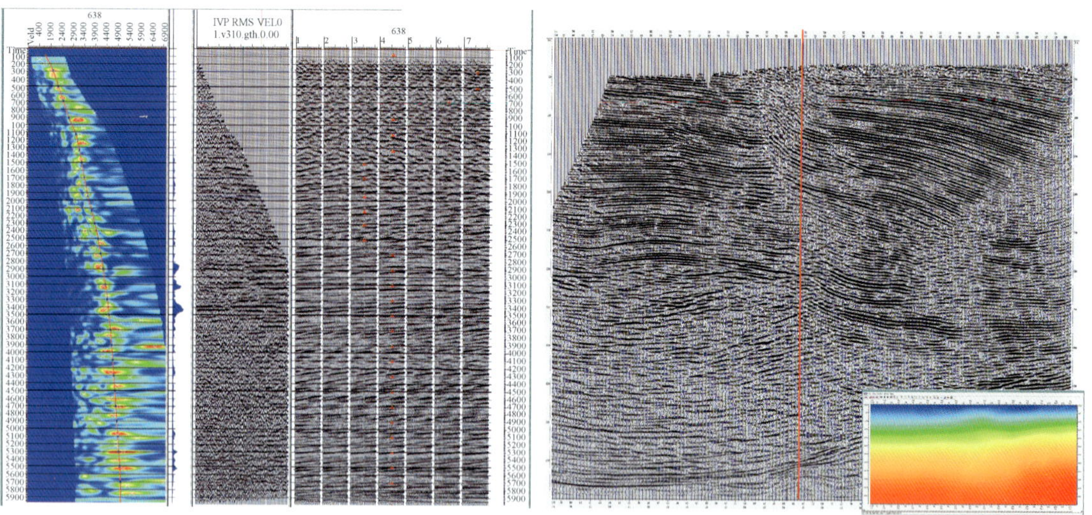

图 7-13　GeoEast CRP 道集及对应速度谱

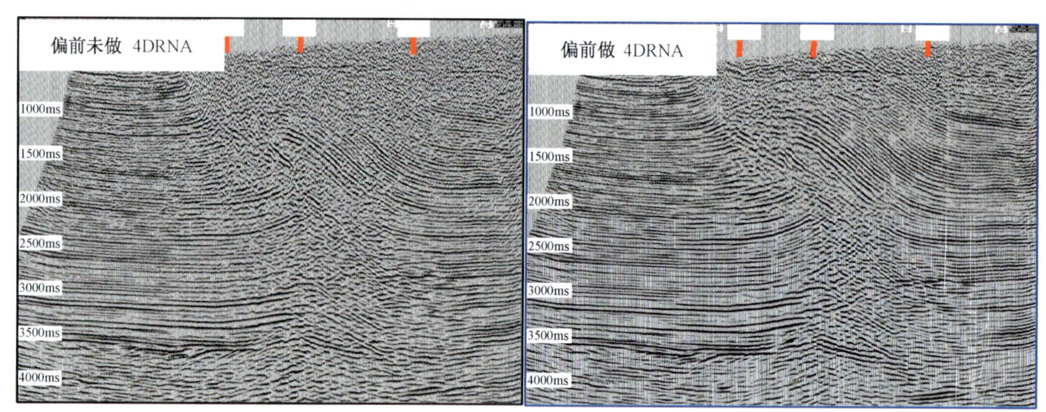

图 7-14　偏前提高信噪比前后叠前时间偏移剖面

4. 三维叠前深度偏移技术

昆北断阶带速度变化大，应用叠后时间偏移、叠前时间偏移资料难以准确落实构造细节。叠前深度偏移技术能够解决地下速度场横向变化时，时间域下伏地层地震成像不清晰和位置不准确的问题。根据理论基础和实现方法的不同，目前的叠前深度偏移技术基本可以分为两类：即基于波动方程积分解——Kirchhoff 偏移，和基于波动方程微分解——波动方程叠前深度偏移。二者各有优缺点，前者精度偏低、保幅性差，但速度分析方法快捷、运算效率高、适应能力强；后者理论完善、偏移精度高、保幅性好，但运算量极大，目前实际生产中要想应用有一定难度；但随着计算机技术的快速发展，将是今后的发展方向。

叠前深度偏移技术之所以较之时间域处理有更多的优越性，在于它突破了水平层状、均匀介质的假设，关键是在偏移公方程中增加了薄透镜项，使之能够处理速度的横向剧烈变化，从而直接得到深度域地震数据，真实反映地下构造形态。

昆北地区先后进行过三次叠前深度偏移处理，其中两次范围较小，分别在切 6 井区和切 12 井区；第三次范围扩大到整个昆北三维，目前应用的即是这套数据体。从深度域资料与钻井实钻结果的吻合情况看，大部分钻井的误差在10m以内，部分在20m以内，少数超过20m，能够满足生产需求。速度变化较大的地区，深度域资料与时间域存在较大差异，以切12号构造为例，时间切片上整体为一向北倾伏的鼻状构造，深度域切片上则是一以切12井为高点的半背斜（图7－15）。

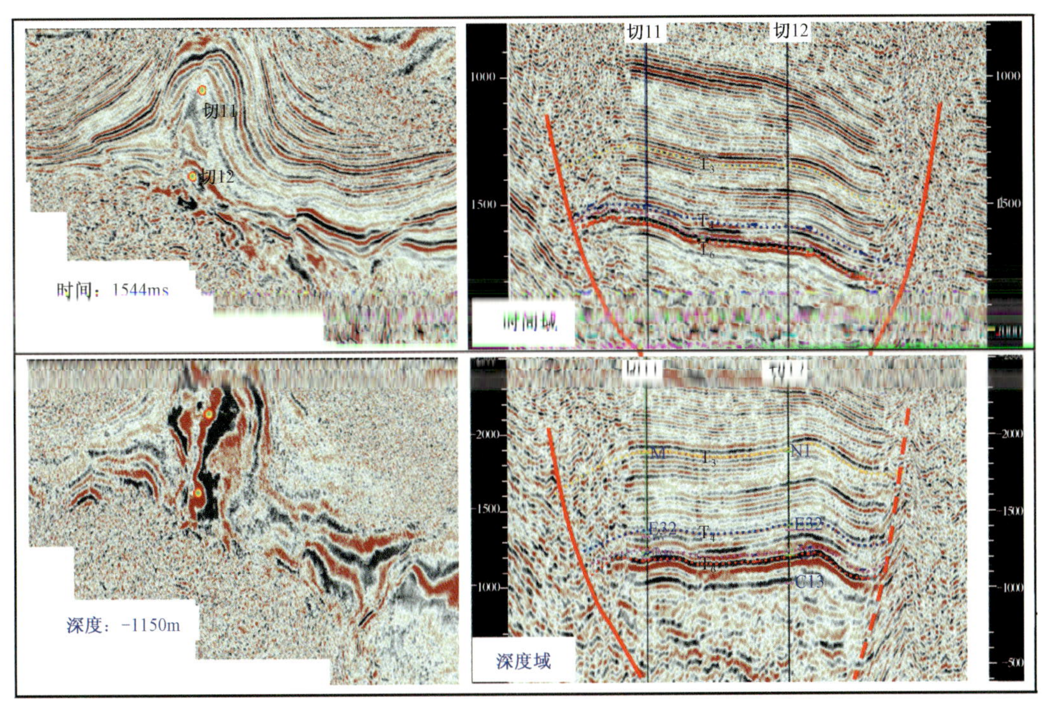

图7－15　切12井区时间域与深度域剖面、切片对比图

三、山地地震解释技术

高原山地复杂地表区地震解释上的关键技术包括多信息综合解释技术和正演模拟技术。

多信息综合解释技术是应用地面地质、钻测井、非地震、地震等各类资料综合解释，正确落实地质结构、刻画圈闭。而正演模拟技术则是应用正演模拟，研究构造成因机制，建立合理的地质模型，指导构造解释，验证解释方案。

构造解释技术由过去“模式化解释”转变为“多信息综合解释”：以地震为主导，结合地面露头调查，利用钻井、测井、遥感等多信息综合解释技术，明确地层产状、断层位置，建立合理构造模型，最终达到井—震的高度统一。区域构造分析主要依托复杂构造建模分析。通过野外露头地质剖面的建立、地震资料解释模型、几何学与运动学分析、构造解释模型的建立与验证4个步骤最终确定解释模型。在建立模型的基础上，精细标定目的层、明确目的层波形特征，然后进行地震资料解释。在地质解释的过程中首先进行构造地质建模，通过地表地质调查建立地表构造地质剖面，初步确定断裂模式，建立合理的构造解释方案。然后充分采用相干体分析，参考了地面地质露头、倾角测井等资料确定本区的断裂结构及展布（图6－34）。

针对复杂地区的复杂问题，通过多学科的联合攻关，及独创的多信息综合解释技术，实现了英雄岭勘探“禁区”的突破。

第二节　高原山地地质地震综合识别配套技术

高原复杂山地地质地震综合识别配套技术是地震和地质的综合技术，包括精细构造解释技术和地层—岩性圈闭识别技术。

一、精细构造解释技术系列

三维精细构造解释技术系列是目前应用较为成熟的技术系列，包括层位综合精细标定、水平切片、相干数据体、谱分解、三维可视化、虚拟现实及正演模型等技术手段；其目的是增强识别小断层和低幅度构造的能力，提高解释结果的可靠性。由于此技术系列已是目前成熟的应用技术系列，在此不做详细介绍。

二、地层岩性圈闭识别技术系列

1. 陆相层序地层学分析技术

陆相湖盆层序地层学研究的基本论点是以三级层序和湖侵体系域、湖退体系域为切入点，解剖准层序和准层序组及其叠加方式，充分应用露头—岩心的沉积地质方法和测井—地震特别是三维地震技术，建立砂体微相沉积模式，预测地层—岩性圈闭的分布。

2. 地震属性分析技术

频率、相位和振幅等地震属性不仅与地层—岩性、构造细节特征密切相关，地层所含流体性质的不同也会在振幅、频率和相位上有所变化。在层序地层学分析的基础上，通过对各个油层沿等时面属性的提取、标定及含油气性的分析，结合古构造演化及油气的运聚等特征，可分析属性与储层、含油气的关系，进而预测各油层的平面分布和油气的平面展布特征，确定有利的含油气范围。

3. 谱分解技术

谱分解技术是应用离散傅立叶变换或最大熵等方法，将地震资料从时间域转换到频率域，形成振幅调谐体和相位调谐体。在解释中通常利用振幅调谐体在频率域振幅谱的平面和剖面变化，预测储层横向变化。根据地震波调谐原理，通过时间域—频率域的变换，能够应用地震资料识别厚度在地震子波四分之一波长以下的薄储层，在振幅调谐体上，通过不同频率切片的对比分析，确定目的层段的调谐频率和它的平面展布特征，结合目的层厚度、地层速度、地震资料频率和波长之间的关系，可以快速完成储层定量预测。

4. 地震反演技术

地震反演在油气勘探开发中作为储层预测及描述的主要技术手段之一，已经取得了很大的成功，其优越之处在于可使地层—岩性或物性可以直观地进行显示，便于进行识别和描述，同时为储层储集性能参数的进一步分析提供了基础，通过测井资料的约束，其纵向分辨率也得到了一定提高。在地震反演中，首先结合地质问题对地震资料进行频谱分析和品质评价，明确地震资料的极性和子波波形及其频率的分布特征，为储层精细标定提供依据。由于本区测井资料所跨年度较大，测井仪器及技术方法等方面存在着一定的差异，直接使用必然会产生诸多误差，降低研究成果的可靠性。因此，参照最近几年钻井的岩性与电性资料的关系，进行交叉对比分析，寻找其共同点作为参考，应用 P 包进行必要的测井数据校正和标准化处理。在以上反复分析对比的基础上，在研究区内选取不同小区块，应用不同的反演方法和相关参数，进行多次交叉试验，确定适合于本区地质特征的反演方法和相关参数，对全区进行地震反演。最后，完成地震反演之后，在原来层位标定的基础上进行更加精细的标定，这里的标定主要以储层（油层）的精细标定为主，通过反复标定，全区对比，确保标定无误后，对地震反演数据进行储层的精细解释，落实其平面分布及厚度变化，提取各储集层段（油层）反演属性，进行储层厚度平面变化特征的预测和描述。

上述地震属性分析、地震反演、谱分解技术的综合应用可以较好地预测有利储层的分布，可通称为地震储层预测技术（图 7－16），进而识别和评价地层岩性圈闭。

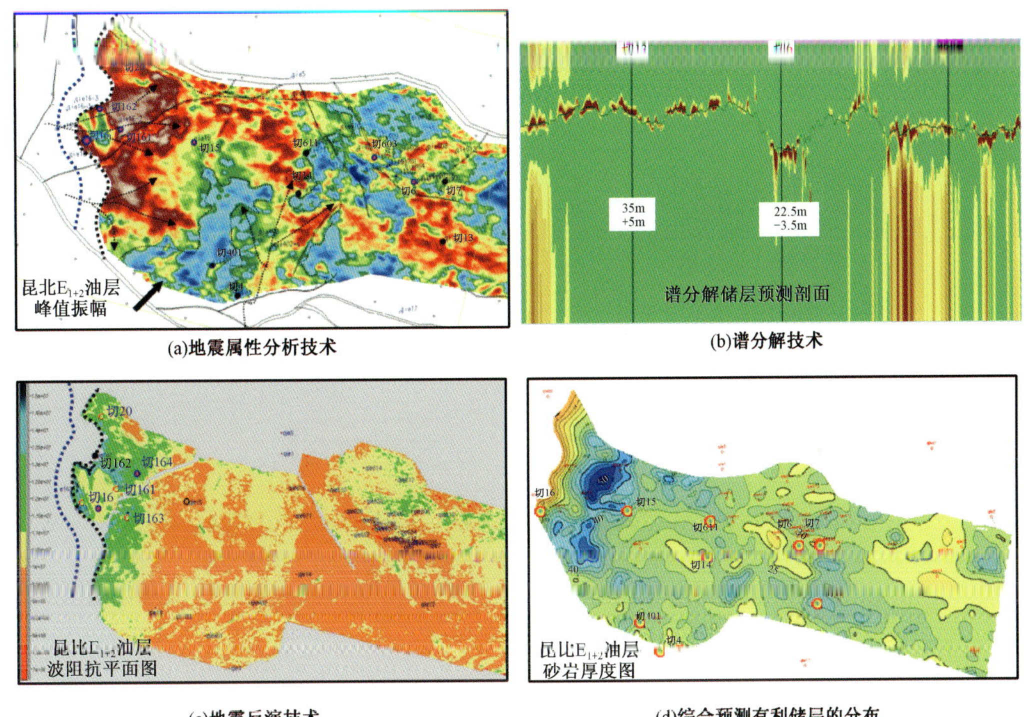

(a)地震属性分析技术　(b)谱分解技术

(c)地震反演技术　(d)综合预测有利储层的分布

图 7－16　地震储层预测技术

应用精细构造解释技术系列和地层岩性圈闭识别技术系列，在昆北断阶带发现和落实了大量的构造圈闭、地层—岩性圈闭，为勘探的发现和突破准备了目标。

三、多信息联合解释技术流程

在英东地区构造研究主要利用 LandMark 解释系统进行，在围绕英东地区三维地震工区开展精细构造解释的同时，寻找、发现非构造圈闭。

针对主要地质任务，采用了如下主要技术手段：

（1）合成记录、地面地质露头、测井资料等联合标定技术，可进行准确的层位标定，确定地震反射层；

(2)采用了以构造建模、断层检测为核心的多方法精细构造解释技术；

(3)相干体、地震像素成像与三色混相地震分频技术，可分析断裂分布及走向特征，落实断裂构造形态；

(4)速度场建场技术，可建立三维速度场，分析地层速度的变化特点，使用井约束和层位控制，建立了全区速度场，进行变速时深转换；

(5)全三维构造精细解释技术，可进行构造及岩性圈闭的解释。

本次解释构造研究采用以下技术流程(图 7－17)。

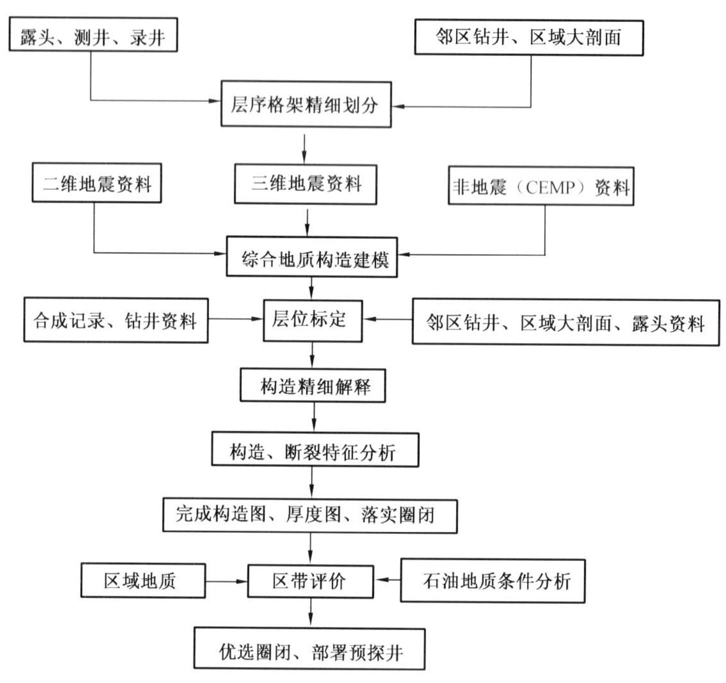

图 7－17　地震资料解释流程图

第一步:(1)构造地质建模。

为了正确建立英东地区的解释模型，本次解释采用在地面地质资料约束下，应用钻井、测井(地层倾角)、地震波组特征、模型正演等多信息综合地质建模技术，明确地层产状、断层位置，建立合理的构造模型，最终达到井—震的高度统一。通过地表地质调查可建立地表构造地质剖面(图 7－18)。

(2)断裂模式的初步确定。

英东地区的构造正演模式表明:该区新生代以来存在早、晚两期的冲断活动，早期自南向北冲断，控制并生成了深部构造，晚期自北向南冲断产生滑脱断层，控制并生成了浅部构造(图 7－19)。

(3)建立合理的构造解释方案。

以层位标定制作了合成记录的 19 口井作为出发点，经过过井剖面、连井剖面的解释，经过闭合分析，与单井地质分层联合对比分析结果，结合初步确定的断裂模式反复进行对比、分析，最终确定解释方案(图7－20)。

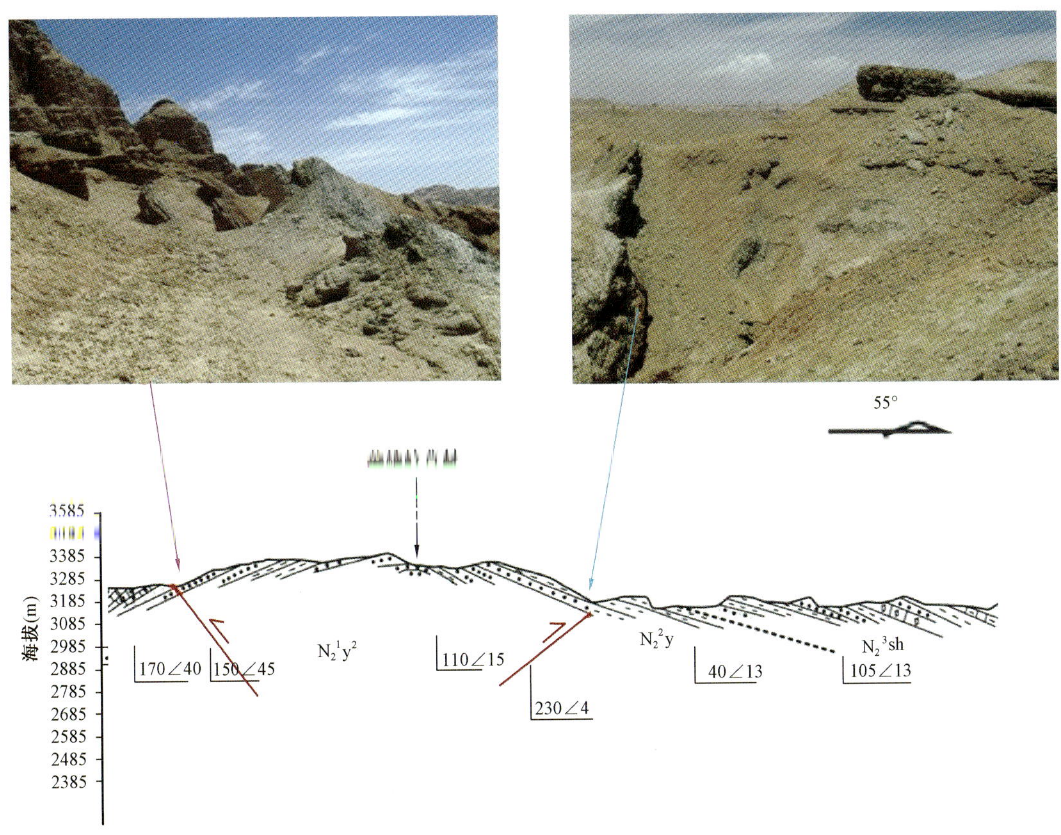

图 7－18　野外地质调查剖面

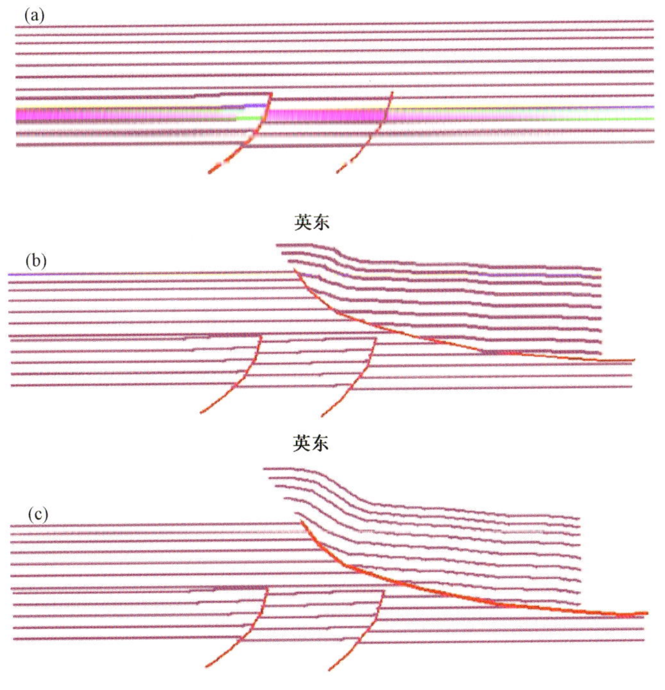

图 7－19　英东地区构造正演模式图

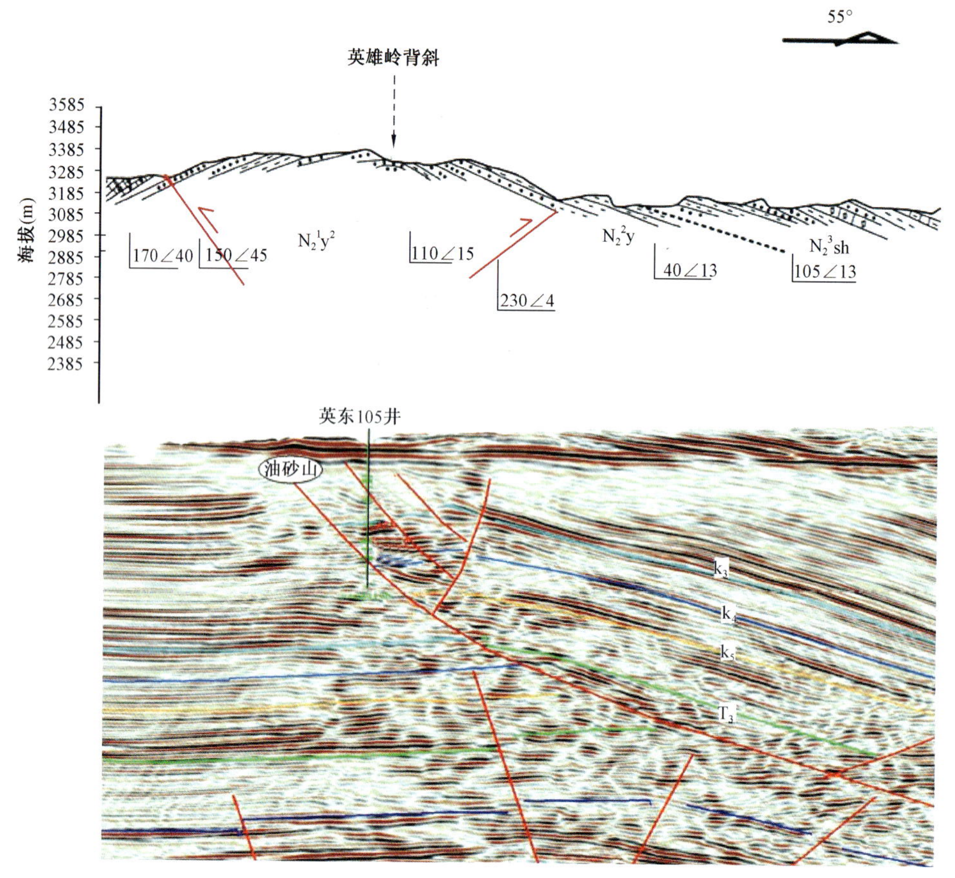

图 7－20　英东地区构造解释模型

将野外调研的地质剖面与同位置的地震测线剖面进行叠加，根据地表断裂、褶皱、岩层产状的变化与地震剖面解释成果进行对比，综合分析，并参考非地震资料进行补充，建立了油砂山构造带构造解释模型。再通过平衡演化剖面分析和构造物理模拟实验验证完善后，确立了最终解释模型。

第二步：断层解释。

断裂的形成发展及展布和圈闭的形成有着密切的关系；且断层对及油气的运移保存条件有至关重要的作用，断层解释的准确性直接影响构造研究成果的可靠性。因此在本区断层解释过程中，充分采用相干体分析确定本区的断裂结构及展布，地震像素成像与三色混相地震分频技术（图 7－21）可对小断层进行三维立体解释；断点的解释充分参考了地面地质露头、倾角测井等资料（图 7－22），最后结合水平切片对断层进行解释；确保了断层的解释准确性。

第三步：速度分析及成图方法。

速度分析是地震层位进行时—深转换的一项关键步骤，速度参数的准确与否直接影响构造成果的精度，本项目研究工区地面地质情况复杂，断裂发育，油砂山断裂上、下盘的地层埋深差别较大、速度变化快。因此，开展速度综合研究，搞清速度变化规律，准确进行时—深转换，是提高构造研究成果精度的重要工作。

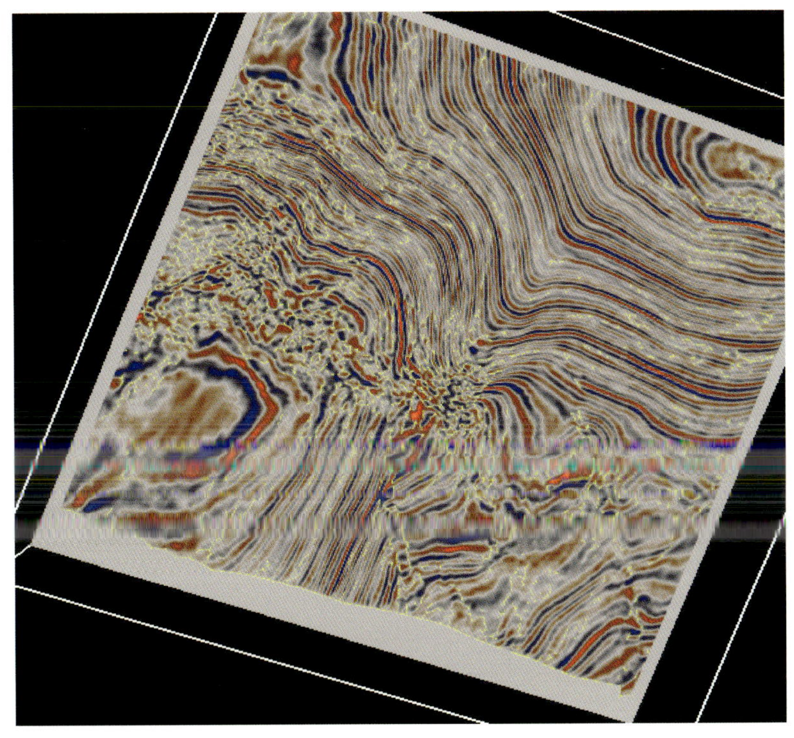

图 7-21 地震像素成像与三色混相地震分频

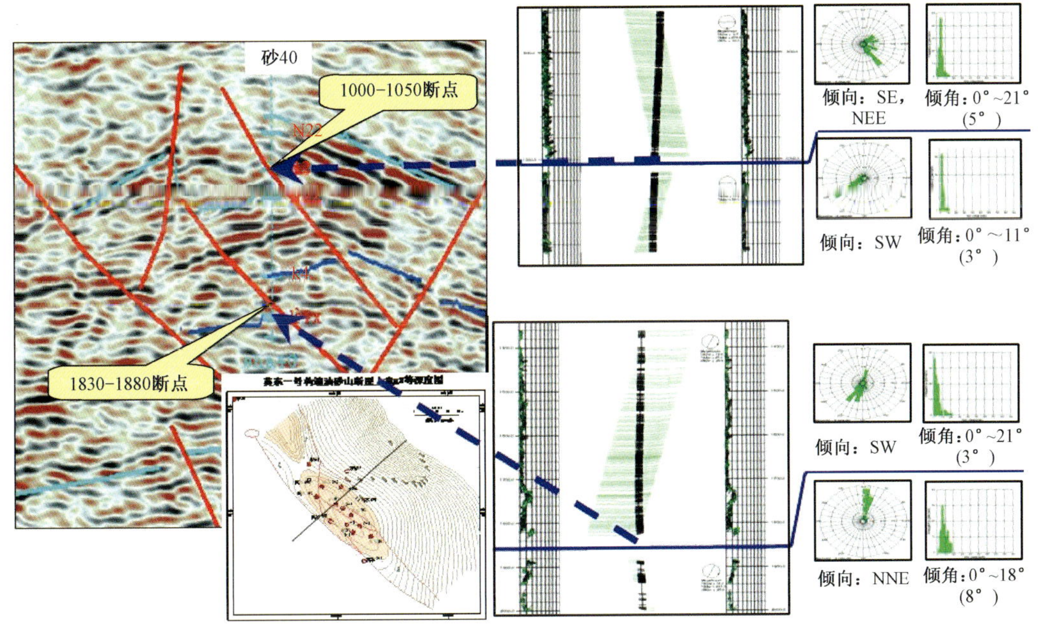

图 7-22 倾角测井资料确定断点

此次三维速度模型的建立使用 Landmark 的 DepthTeam Express 模块，该模块是 Landmark 的新一代的深度转换工具。众所周知，由时间转换为深度包括两个重要方面：速度评估和深度转换。DepthTeam Express 可利用钻井时深表、地质分层、地震时间层位、地震叠加速度、速度分析函数等综合建立速度模型。其建模过程和技术思路见下图(图7-23)。

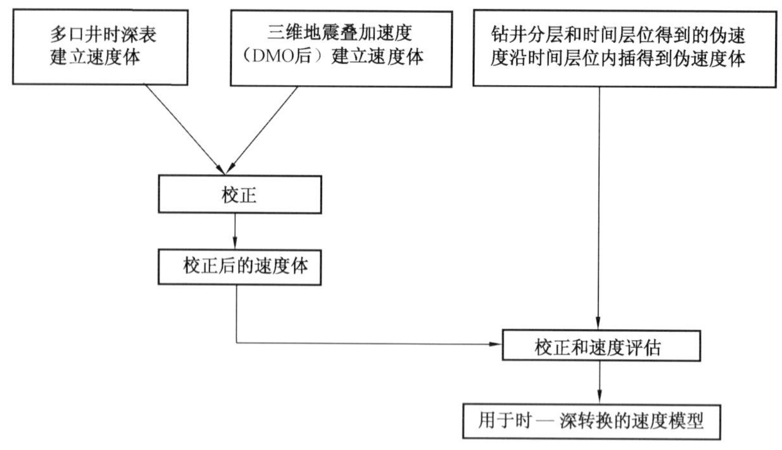

图7-23 速度建模过程和技术思路

研究区各井时—深数据是通过各井合成地震记录制作而获得的,同时采用了工区内的英东101井、砂38井的VSP速度资料。时—深数据加载到模型后,需对各井检查其时—深曲线,剔除异常值。再沿时间层位内插生成时深表速度体。其样点密度较低,但精度较高。

研究区三维地震叠加速度是叠前部分偏移后(DMO)的叠加速度,已做地震基准面校正。它基本上消除了地层倾角的影响,等同于均方根速度(RMS)。进行DIX转换后形成地震速度体。不足之处是三维地震叠加速度未进行三维偏移,与真实均方根速度相比,存在位置差异;其平面样点密度较高,纵向采样稀疏、精度较低。

由钻井分层和时间层位得到的伪速度,沿时间层位内插生成伪速度体。其平面样点密度较低,但精度最高。

DepthTeam Express 使用“标定”技术来最大可能的利用各种数据。它用时—深速度体来校正地震速度体,用伪速度体来再次校正经过校正的地震速度体,从而使速度模型在三维空间上样点密度和精度都最高。

由于工区断裂复杂,同一地震层位上、下两盘数据输入模型后出现相互交叉的现象。因此,速度模型的建立也分油砂山断层上、下两盘分别建立。

DepthTeam Express 可用多种方式对质量进行控制,可以利用图形对模型进行定性的分析,从三维可视化环境中浏览速度在空间上有无异常变化,或提取沿层的速度平面图从二维空间评价模型横向上的变化是否符合地质规律,最后对不符合地质规律的异常点进行编辑,编辑的结果对模型进行实时更新;也可以用表格的方式,通过对井点处模型深度与实际地质分层的对比分析定量评价模型的精度。

英东地区各反射层平均速度分别为:上油砂山组 N_2^2 平均速度为2000~2200m/s,下油砂山组 N_2^1 平均速度为2300~2500m/s,上干柴沟组底界(T_3)平均速度为2850~3300m/s;下柴沟组上段底界(T_4)平均速度为2775~3450m/s;基岩顶面(T_6)平均速度为3125~4300m/s。各反射层平均速度图说明,本区速度场能够反映地层变化的趋势,符合区域速度变化的规律,速度场的建立,能够为构造解释成图的准确性提供有利的保证。

第三节　测—录—试一体化的油气层综合评价判识技术

测—录—试一体化的油气层综合评价判识技术主要有长井段、多油层测井快速评价技术、快速组合录井技术、复杂岩性储层识别技术和油藏综合建模技术等四个方面。

一、长井段、多油层测井快速评价技术

1. 常规测井技术

LOG－IQ 测井仪器具有测量精度高、仪器组合性强、测井速度快等优点，在昆北地区的勘探开发中发挥了不可替代的作用。LOG－IQ 常规测井采集项目有补偿声波、岩性密度、补偿中子、双侧向、微球、阵列感应、自然伽马和井径曲线等。自昆北油田勘探以来，全部以阵列感应代替常规双感应，在油层识别和储层评价上取得了较好的效果。

LOG－IQ 高分辨率阵列感应（HRAI）能够同时提供 6 个探测深度（10in、20in、30in、60in、90in、120in）和 3 种分辨率（1ft、2ft、4ft）的共 18 条电阻率曲线（图 7－24），具有分辨率高、探测深的优点。它克服了常规感应测井仪纵向分辨率低、探测深度固定、不能解决复杂侵入剖面等缺点，不但可得到地层电阻率和侵入带电阻率，还能研究侵入带的变化，使用新的侵入描述参数描述侵入过渡带，进行电阻率径向成像和侵入剖面成像。并可划分有效渗透层，进行薄层评价。昆北地区普遍储层厚度较大，应用 1ft 阵列感应能够准确扣除夹层；同时阵列感应在储层的侵入指示明显，能够根据不同探测深度曲线的电阻率差异准确识别油、气、水层；应用深探测深度 120in 曲线能够读到地层真电阻率，准确计算饱和度；切 12 井区扩径段较多，阵列感应井眼影响小，在 12in 井眼中仍能得到稳定的处理结果。

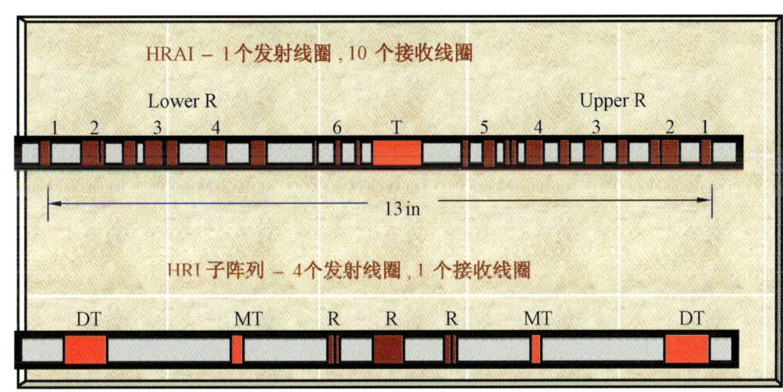

图 7－24　LOG－IQ 高分辨率阵列感应测井仪结构图

2. 测井新技术

针对昆北地区复杂砂砾岩、低孔隙度、低渗透率和基岩裂缝储层，主要采用了哈里伯顿 LOG－IQ 以及斯伦贝谢 MAX－500 测井系列的核磁共振、微电阻率扫描成像以及阵列声波等成像测井系列新技术，较好地解决了岩性识别、孔隙结构和裂缝评价等问题。

1）电成像

昆北地区发育大量复杂砂砾岩储层，基岩地层发育大量裂缝，而常规测井曲线难以进行储层岩性识别，也不能够准确划分基岩裂缝带。针对这一难题，我们采用电成像测井，准确识别砾岩储层，同时在基岩裂缝段准确拾取裂缝，在岩性识别和裂缝评价方面起到了不可替代的作

用。LOG－IQ 电成像测井仪（XRMI）共有 6 个极板、150 个电极，电极直径为 0.2in，在 8.5in 井眼覆盖率可达到 63%，可进行岩性识别、裂缝评价、构造及沉积特征分析，确定地层倾角和方位，研究侵蚀面、化石层，断裂位置和沉积环境等、确定油气层的有效厚度、判断主应力方位。

2）核磁共振

昆北地区部分储层物性差，孔隙结构差异大，为了获得准确的物性资料，评价孔隙结构，采用核磁测井计算储层孔隙度和渗透率，通过对比核磁计算孔—渗结果与岩心分析一致，为准确评价储层提供了依据。核磁共振测井主要测量氢核的横向弛豫时间 T_2 的弛豫特征，利用核磁共振测井进行地层评价，其结果一般不受骨架的影响，在油气田勘探与开发中有着广泛应用。其主要应用有：提供有效孔隙度、渗透率、束缚水饱和度等物性参数；提供孔径分布，评价储层孔隙结构；结合常规测井计算含油气饱和度，评价油、气、水层，特别是低孔、低渗油层。

LOG－IQ 的 MRIL－P 型核磁共振测井仪有 9 个频率，分为 5 个频带，一次采集可获得 5 组数据（图7－25）。同时，在其主磁体上下增加了加速极化磁体，加快极化了过程，不再需要长时间的磁化恢复等待，从而提高了测量速度。采用多个回波串累加的方法提高数据的精度。一次全部采集可记录 5 组回波串数据，同时获得 3 种不同回波间隔、2 种不同等待时间的 T_2 谱。用于总孔隙度、有效孔隙度等各种参数的计算及储层中流体性质识别。

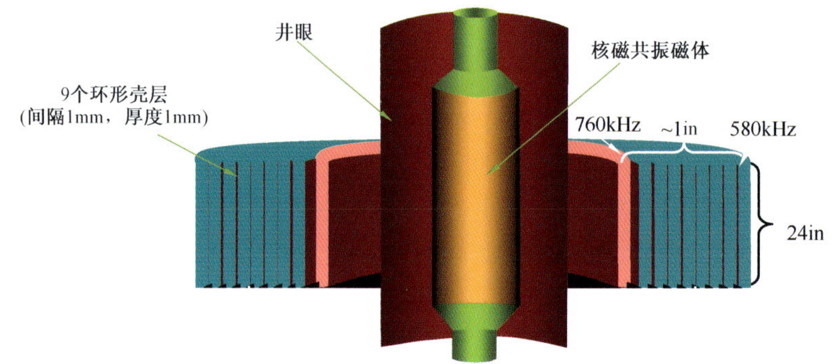

图 7－25　LOG－IQMRIL－P 型核磁共振测井仪

3）阵列声波

昆北油田的大多数油层都要进行压裂求产，针对这一情况，采用全波测井为压裂施工提供较为准确的工程力学参数，同时应用交叉偶极声波准确检测储层的压裂高度，对压裂效果进行分析，提供准确的试油成果，为储层评价提供依据。LOG－IQ 阵列声波（XMAC）具有 8 个互相绝缘的接收器（图 7－26），接收器间距为 6in；可测量单极源、偶极源、交叉偶极源的全波波形；可测量横波时差小于 1000us/ft 的软地层波形。其测量信息量丰富，可进行孔隙度、渗透率计算；判别流体性质；裂缝有效性评价；计算岩石力学参数，为钻井、应力场反演提供所需参数；地层各向异性分析，指示地应力或裂缝发育方向；评价固井质量；压裂后效果分析等。

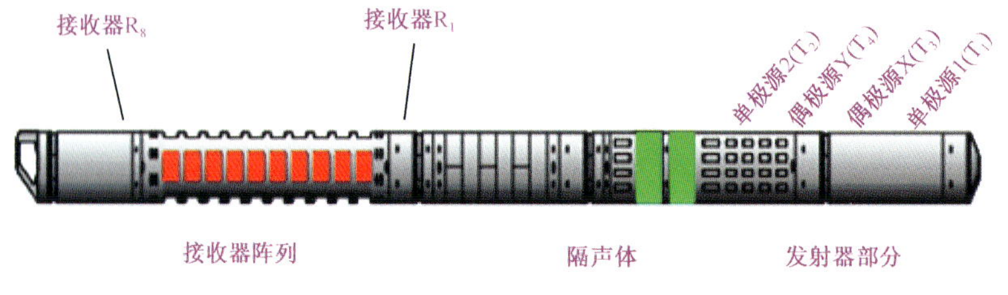

图 7－26　LOG－IQ 阵列声波测井仪

4)其他技术

针对英东地区含油气井段长、纵向上油气层分布规律不清，油气识别难度大的情况，在常规测井基础上，补充 MDT 测压取样、CMR 等多种测井工作，显著提高了储层流体性质判识效果，测井解释符合率达到了 94%。

二、快速组合录井技术

地质录井数据挖掘技术：针对英东地区多系统、油气混储等特点，利用全烃与气油比及全烃组分与气油比相关图版，建立了油、气、水层区分解释标准，为现场判识流体性质提供技术支持。

油—气—水系统快速判识技术：利用综合录井全烃显示段曲线形态（呈倒三角形），为快速识别油—水系统、现场取心、流体性质提供技术支持。

三、复杂岩性储层识别技术

1. 钻井液侵入校正确定地层原始饱和度

钻井过程中，钻井液侵入储层是不可避免的，其对电测井的影响与钻井工程、钻井液性质、储层物性、含油饱和度、钻井液浸泡时间等多种因素有关。钻井液侵入各类油层、水层对感应、侧向测井的不同影响分析是含油饱和度评价中的一项重要工作。钻井液侵入校正的整体思路为：

(1)分类建立正演的测井解释模型。

昆北地区油藏类型主要为构造—岩性油藏，首先估计其最大含油饱和度分布范围，在前述油层分类基础上系统地建立若干正演的测井解释模型，通过数值模拟手段建立钻井液侵入校正图版，按钻井液浸泡时间确定各类油气层的校正系数。

(2)测井反演解释。

考虑到地质与油藏的研究成果以及钻井液与地层水矿化度、钻井液浸泡时间等因素作为约束参数，根据正演模型建立的校正图版进行优化迭代求解，校正后的含油饱和度可用于储量计算。

(3)定量评价效果检验。

应用密闭取心或油基钻井液取心资料、含油饱和度分布规律等对校正后含油饱和度结果进行检验。

这项技术的实际应用效果也非常显著。在对昆北断阶带的研究中，结合区域储层条件、钻井液条件及地层水矿化度等研究，系统模拟了淡水钻井液侵入不同类型油层的双侧向、双感应时间推移测井响应，明确了淡水钻井液侵入对深侧向、深感应测井响应的影响，即钻井液侵入不同类型油、水层后对测量原理不同的侧向和感应测井影响各异。在此基础上建立了相应的感应/侧向测井电阻率钻井液侵入校正图版（图7－27）。经钻井液侵入校正，切 6 井区 E_3^1 油藏，油层测井计算含油饱和度平均提高 5%～8%。

2. 岩石物理实验与岩石电性质综合分析

1)岩石物理实验

昆北地区进行了包括常规物性分析、岩电、压汞、薄片、相渗等大量的分析化验工作（表 7－1），能够满足勘探生产需要。

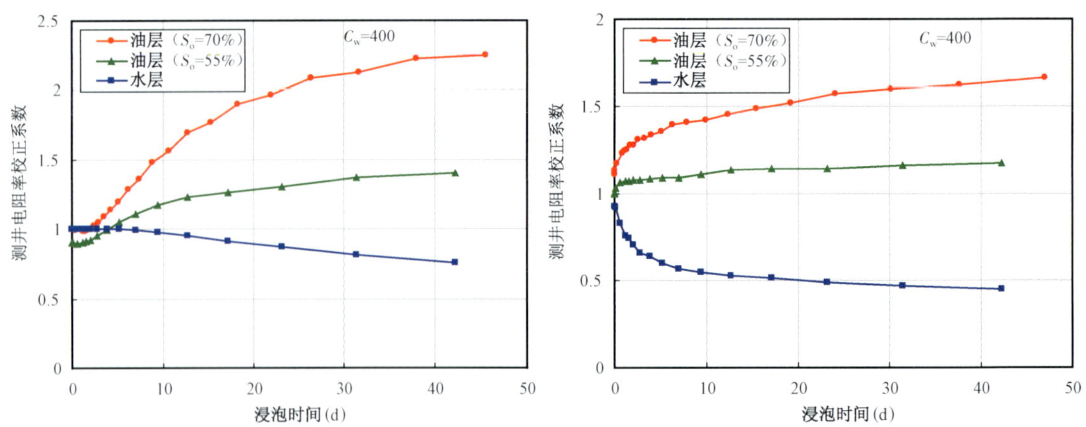

图 7－27　昆北油田切 6 井区 E_3^1 油藏感应/侧向测井电阻率钻井液侵入校正图版

表 7－1　昆北油田切 6 井区、切 12 井区油藏分析化验工作统计表

项目	样品数	项目	样品数
孔隙度	1371	X 衍射	220
渗透率	1272	扫描电镜	34
饱和度	93	岩电实验	105
粒度	614	润湿性	8
薄片	434	原油	21
铸体	153	天然气组分	1
相对渗透率	29	地层水	9
覆压孔渗	38	高压物性	2

2）岩—电参数 a、m、b、n 值的确定

根据岩—电实验分析结果，选取切 6 井区、切 12 井区各油藏岩—电参数 a、m、b、n 值，见表7－2、图 7－28。

表 7－2　昆北油田切 6 井区、切 12 井区各油藏岩—电参数 a、m、b、n 值统计表

井区	油藏	岩—电参数			
		a	m	b	n
切 6	E_3^1	1	1.74	1.05	1.52
	E_{1+2}	1	1.58	1.02	1.55
切 12	E_3^1	1	1.61	1.00	1.64

3）孔隙度计算模型

采用“岩心刻度测井”方法建立了昆北油田各井区孔隙度计算模型，精度较高，误差小（图 7－29、图7－30）。

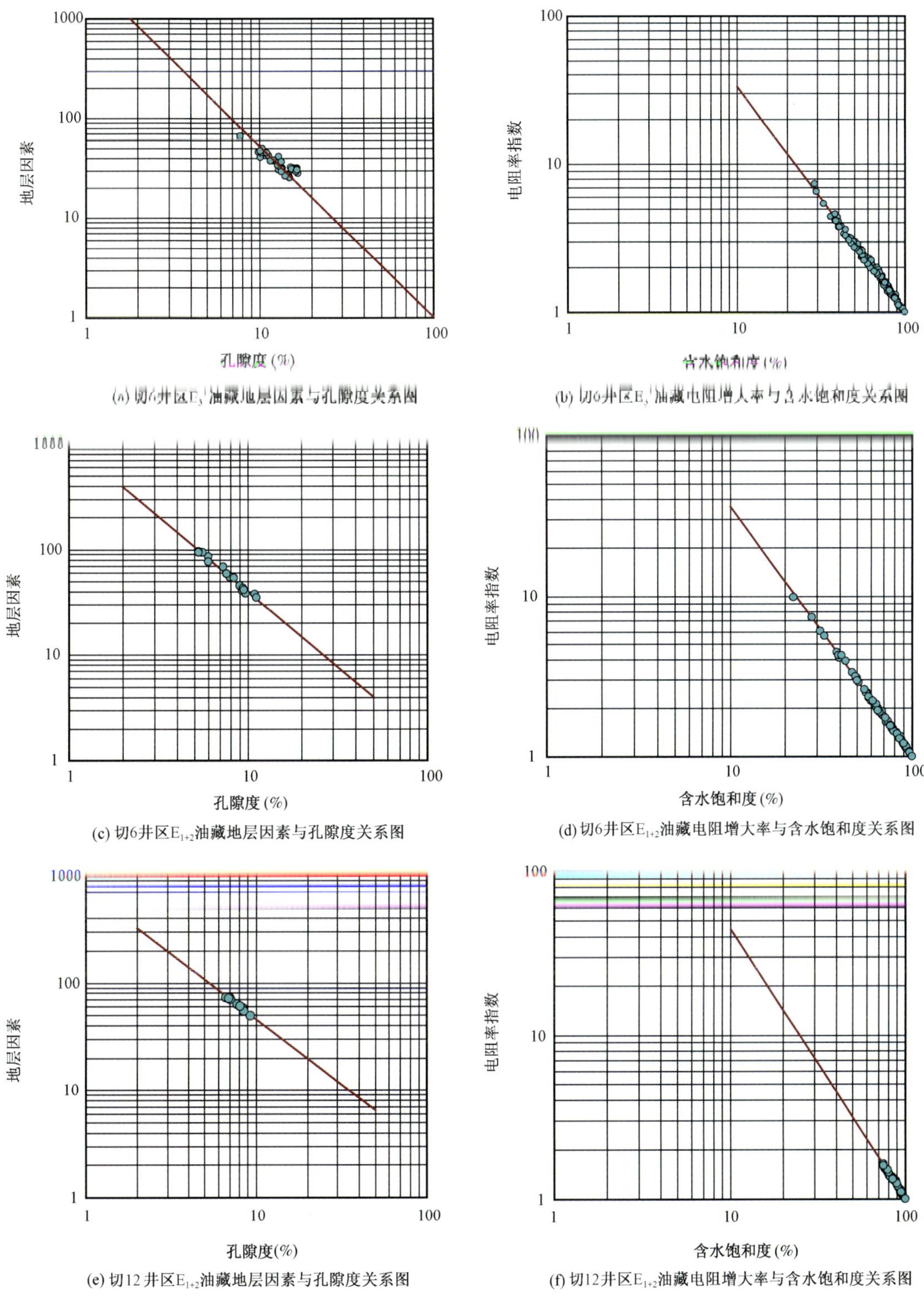

(a) 切6井区E_3油藏地层因素与孔隙度关系图

(b) 切6井区E_3油藏电阻增大率与含水饱和度关系图

(c) 切6井区E_{1+2}油藏地层因素与孔隙度关系图

(d) 切6井区E_{1+2}油藏电阻增大率与含水饱和度关系图

(e) 切12井区E_{1+2}油藏地层因素与孔隙度关系图

(f) 切12井区E_{1+2}油藏电阻增大率与含水饱和度关系图

图7－28　昆北油田切6井区、切12井区岩—电实验关系图

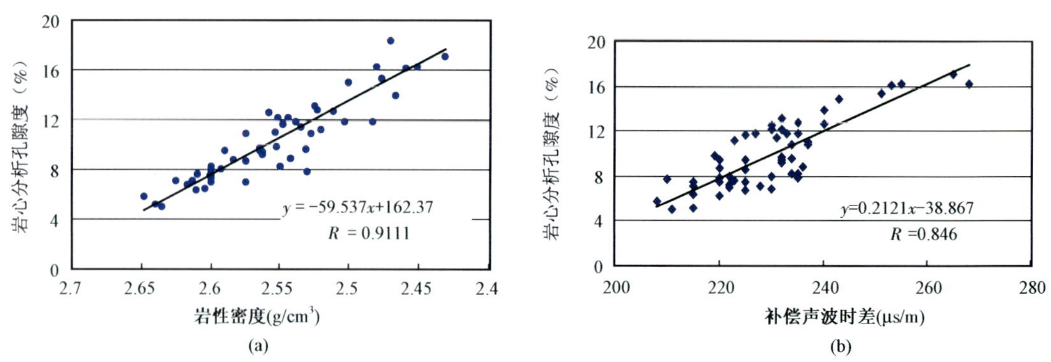

图7－29　切6井区 E_{1+2} 油藏岩心孔隙度与岩性密度(a)、声波时差(b)关系图

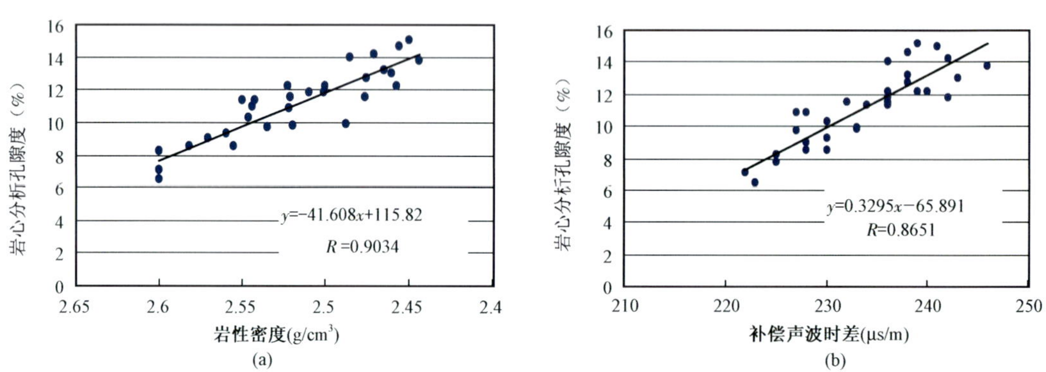

图7－30　切12井区下干柴沟组下段($E_3{}^1$)油藏岩心孔隙度与岩性密度(a)、声波时差(b)关系图

3. 藻灰岩储层识别技术

随着柴西南区勘探方向由构造油气藏转向岩性油气藏需要，同时考虑到柴西南区储层的特殊性及其勘探形势的需要，储层预测显得非常重要。围绕勘探难点问题，通过储层预测技术方法攻关，基本解决柴西地区岩性勘探中存在的特殊储层（低渗透河道、藻灰岩）预测难题，形成了相应的技术攻关方法及其技术流程（图7－31）。

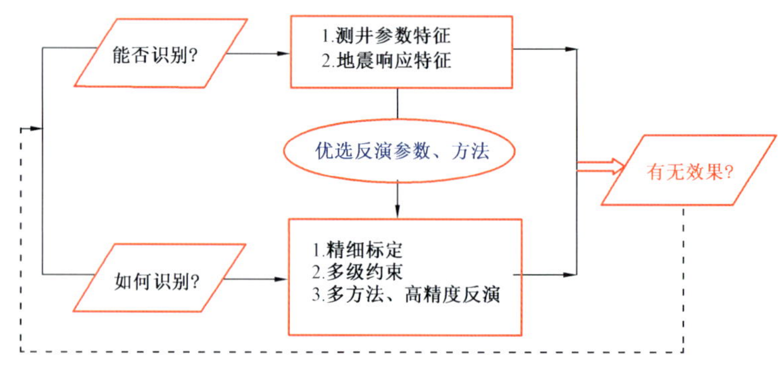

图7－31　复杂岩性储层预测技术流程

1）藻灰岩测井响应特征分析

从测井响应特征上来看，相对于非储层（泥灰岩、灰质泥岩）来说，储层（砂岩和藻灰岩）在

测井曲线上表现为自然电位负异常、低自然伽马值、低声波、低中子和高密度的特征。通过对3口取心井藻灰岩井段的藻灰岩与邻近的砂岩及泥岩的声波、密度及波阻抗值测井读数两两作交会图(图7-32),发现声波及波阻抗曲线可以将储层与非储层很好地区分开来(储层声波值约大于290μs/m,波阻抗值约大于8000kPa·s/m),但由于砂岩与藻灰岩在声波曲线上都表现为低声波值,且其值大多基本接近,而不易区分。从图7-32中可以看出,密度曲线在声波曲线区分出储层的基础上可以将砂岩与藻灰岩区分开来(砂岩密度值约大于2.4g/cm³,藻灰岩密度值约小于2.4g/cm³)。因此利用密度曲线可以区分藻灰岩与砂岩,但密度曲线不能单独用来区分藻灰岩与砂岩。

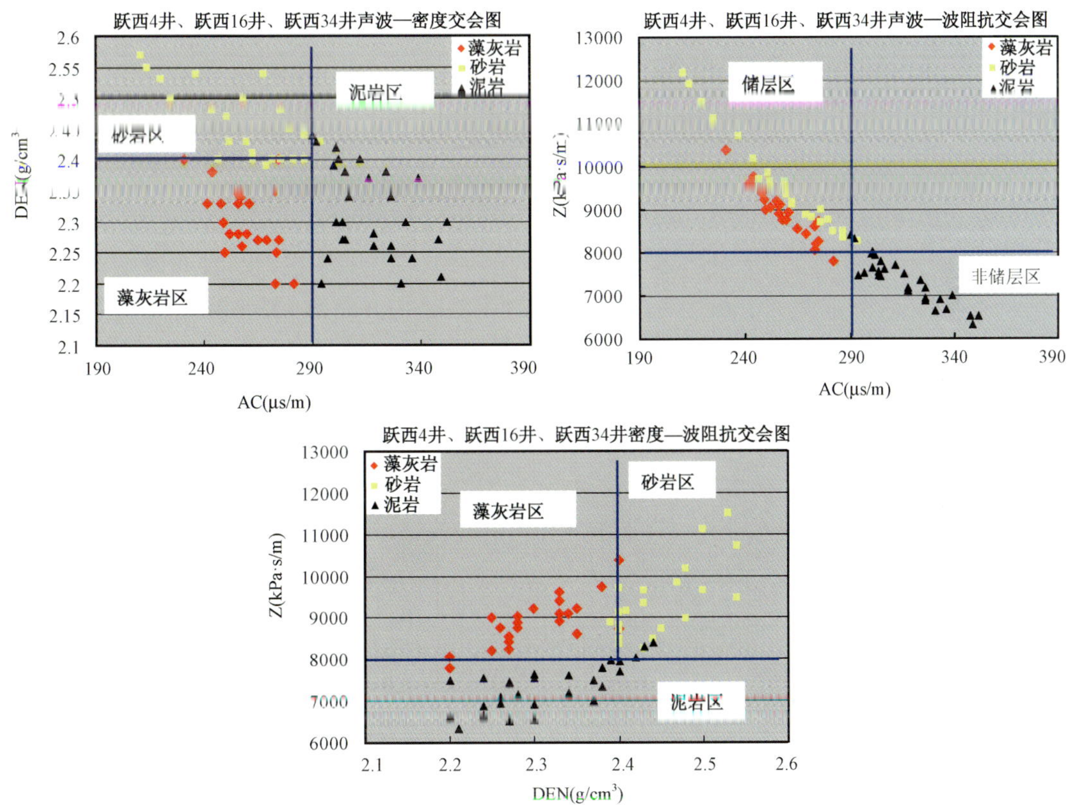

图7-32 跃西4井、跃西16井及跃西34井声波、密度及波阻抗相互交会图

取心井段的声波时差—自然伽马及声波时差—自然电位交会图表明(图7-33),自然伽马曲线上藻灰岩与砂岩基本重叠,区分效果较差,而自然电位曲线区分效果较好,藻灰岩的自然电位负异常幅度较大,而砂岩的自然电位负异常幅度略小于藻灰岩。

2)藻灰岩测井识别方法

跃西下干柴沟组上段(E_3^2)地层藻灰岩孔隙度大,其孔隙类型为溶蚀孔、洞、缝型孔隙,而砂岩孔隙基本为原生型粒间孔,且孔隙度较藻灰岩小。孔隙度测井原理认为:密度测井反映的是岩层的电子密度,其测量结果不受地层的压实程度和孔隙几何形态的影响,密度测井所反映的孔隙度是总孔隙度;中子测井反映的是地层中的含氢量,无论孔隙的大小及形状如何,只要含氢就会影响测井值,所以中子测井孔隙度反映的也是地层的总孔隙度。

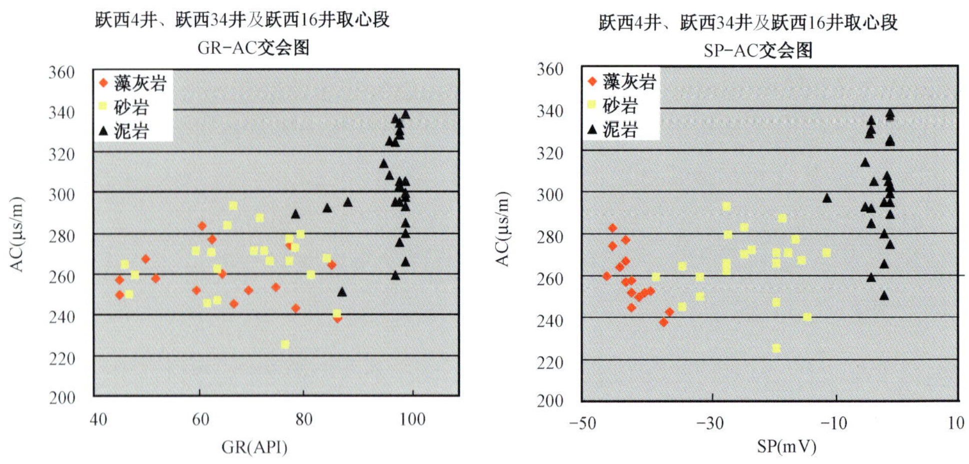

图 7-33　取心井不同岩性测井曲线交会图

由于密度和中子测井反映的是岩石的总孔隙度,因此缝洞孔隙会使其读数增加(密度值减小,中子值增大);而声波时差测井基本上不受缝洞的影响。基于以上3种孔隙度曲线不同的测井原理,结合储层测井分析及藻灰岩特殊的孔隙结构及类型,可采用孔隙度曲线重叠法识别藻灰岩。具体做法为:

选用自然电位测井曲线或自然伽马测井曲线和声波测井曲线重叠,曲线重叠充填区即为储层(图7-34),这种方法不但能清楚地刻画识别出储层,而且可以防止漏掉小、薄层储层。

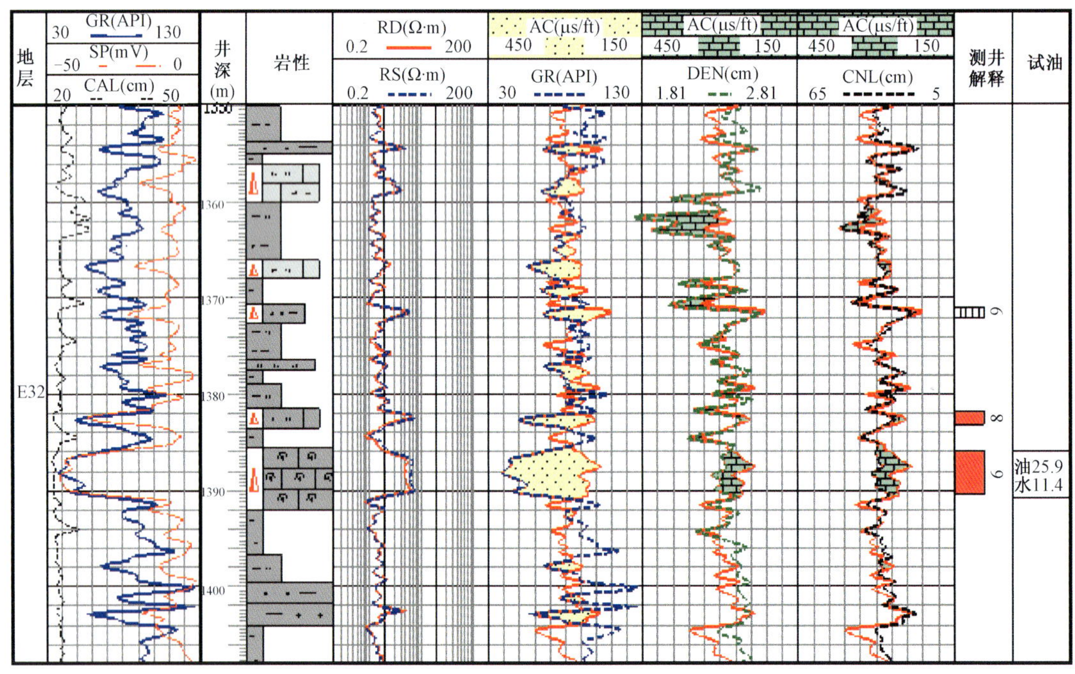

图 7-34　跃西4井藻灰岩测井识别

在识别出储层的基础上，将声波测井曲线与密度测井曲线进行重叠，调整其刻度使大多干层及非储层段的两曲线基本重合，将声波测井曲线与中子测井曲线进行重叠，调整其刻度使大多干层及非储层段的两段曲线基本重合。

在储层段寻找孔隙度曲线重叠均有镜像反映，即密度小—声波小（反映密度孔隙度大、声波孔隙度小）、中子大—声波小（反映中子孔隙度大、声波孔隙度小）的特征，从而可将藻灰岩（重叠区有充填）从砂岩中区分出来。

利用此方法先对区内取心井进行验证可以发现，凡是取心段为藻灰岩的，声波与密度、声波与中子曲线重叠后镜像特征清楚，幅度较大，可以明显地与砂岩区分开。据此可对区内其他井进行藻灰岩识别。

3）*藻灰岩特征曲线重构*

在测井曲线重叠法识别藻灰岩的基础上，利用对藻灰岩反映比较敏感的密度和中子测井曲线应用简单数学算法重构一条包含藻灰岩信息特征的曲线（曲线Z），以用于藻灰岩反演。从图7－35可以看出，将其与自然电位曲线重叠能够很好地区分藻灰岩，与声波—密度、声波—中子重叠法识别的藻灰岩相吻合。

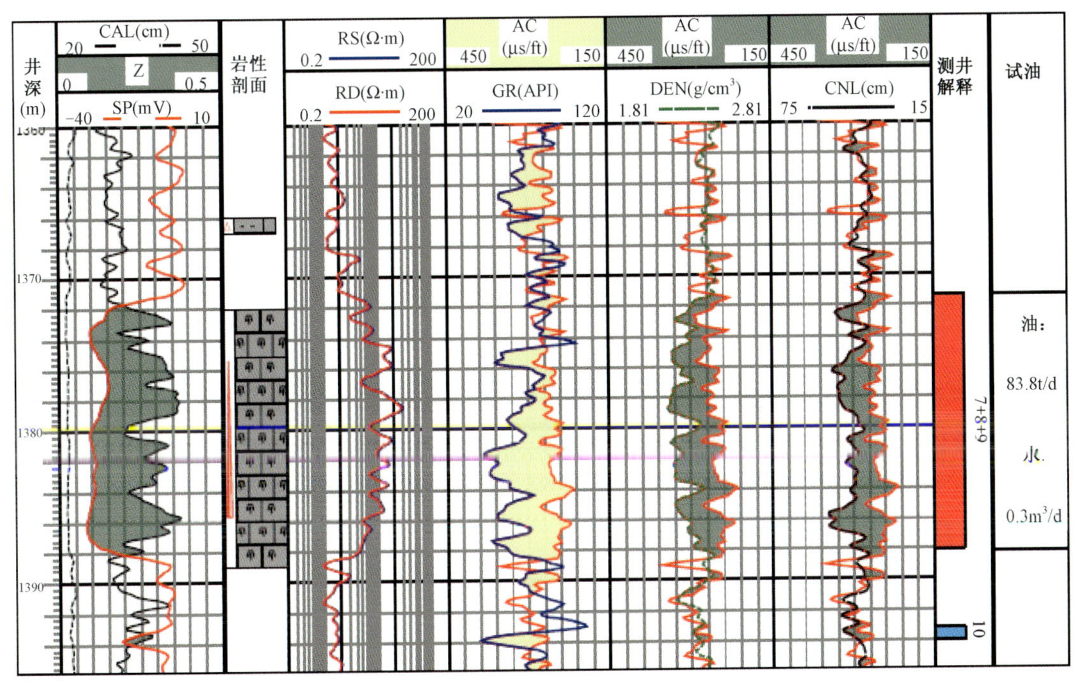

图7－35　跃西5井重构特征曲线识别藻灰岩

4. 藻灰岩储层预测技术

跃进二号—四号构造三维地震资料的有效频带宽5～80Hz，主频37Hz左右。地震剖面波组特征明显，地震强弱关系清晰，从井—震标定结果来看，相关系数较高（50%～80%），地震剖面保幅处理效果理想，能够满足储层预测的要求。

1）*藻灰岩储层地震响应特征分析*

针对工区岩性特征，在精细井—震标定的基础上，通过合成地震记录和井旁地震道对比，加强储层地震响应特征研究，是储层精细预测中最基础的研究。从井上及地震剖面来分析储层地震响应特征，采用模型正演、去藻灰岩试验研究储层地震响应特征。井—震标定结果表明，藻灰岩储层集中发育段 K_7'—K_7 在地震上对应为一套波谷反射，其顶界面为一套强反射，去掉藻灰岩储层段后，合成记录显示储层顶部反射变弱，地震振幅明显减弱（图7-36），说明藻灰岩是引起其顶界面振幅增强的原因，这为建立藻灰岩储层预测识别模式提供了理论依据。

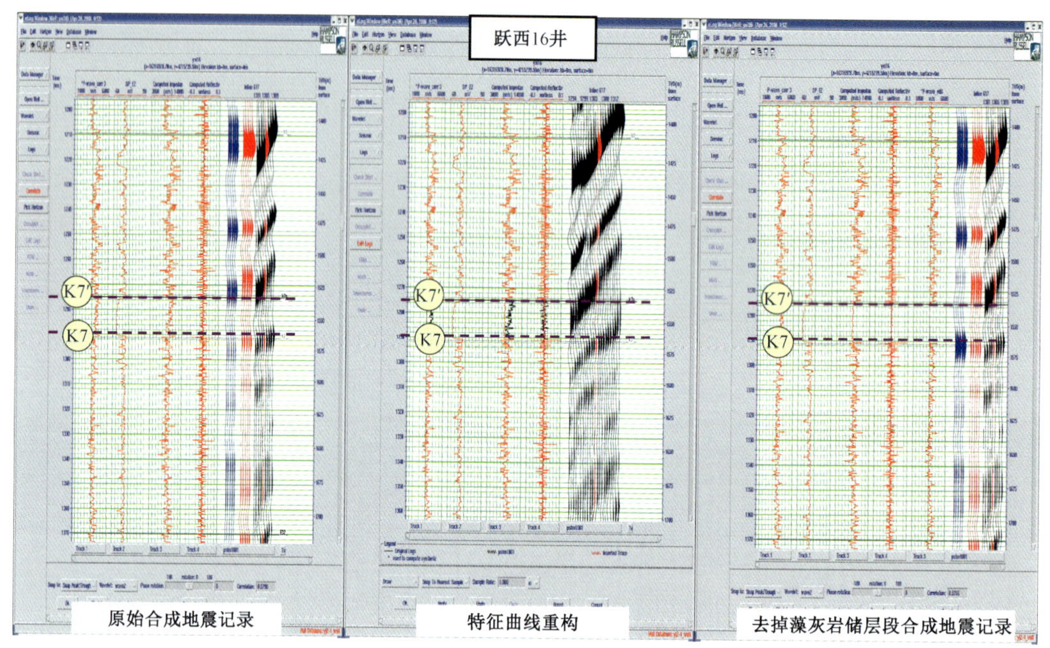

图7-36 去藻灰岩正演试验（跃西16井）

2）反演方法选择

为了降低地震反演的多解性，提高储层预测的可靠性，依测井部分对藻灰岩的识别分析，藻灰岩反演采用以波阻抗为约束数据体，应用储层敏感参数（自然电位和藻灰岩重构特征曲线）进行基于多属性的测井参数地震反演。

反演软件 Strata 中的 Emerge 模块是常规叠后反演的延伸。它可以实现对目标曲线或地震属性变量之间的交会，从而优化选择目标；还可以通过已知井解释资料与预测结果进行交叉验证，以提高预测可靠性。采用多参数交会融合的分析手段能够更好地反映储层的剖面、平面分布特征，不但物理意义明确，而且拓宽了反演的应用范围，丰富了反演方法，减少了反演的多解性，提高了储层预测的可靠性。因此在常规反演数据体结果出来之后，通过多参数交会优化产生能够最好地反映藻灰岩属性的测井参数范围值，然后在数据体交会剖面上进行藻灰岩储层的纵向识别。在平面上则采取数据交会体沿层切片的方法进行藻灰岩平面分布预测。

3）反演效果分析

从过井波阻抗、自然电位反演结果来看，其有效地利用了地震信息及井信息，较好地反映了储层纵横向变化特征，井间储层变化清楚，过渡自然，反演结果是所有储层（包括砂岩和藻灰岩)变化特征的反映。由于重构曲线也包含了泥岩对密度和中子曲线的影响因素,因此重构曲线反演结果同时反映了藻灰岩和部分泥岩的变化特征。

为了区分藻灰岩与砂岩,将所有参与反演井的自然电位与重构曲线进行交会,选取合理的参数值范围对岩性体进行色标分区,以此色标分区为依据,在交会体剖面图上可以识别出不同的储层(图 7-37)。从图可以看出,黄色砂岩背景上的绿色藻灰岩横向展布成带性强,纵向多期发育。预测结果与井上识别结果相符合(图 7-38a)。交会体沿层切片则显示了藻灰岩的平面展布特征(图 7-38b)。

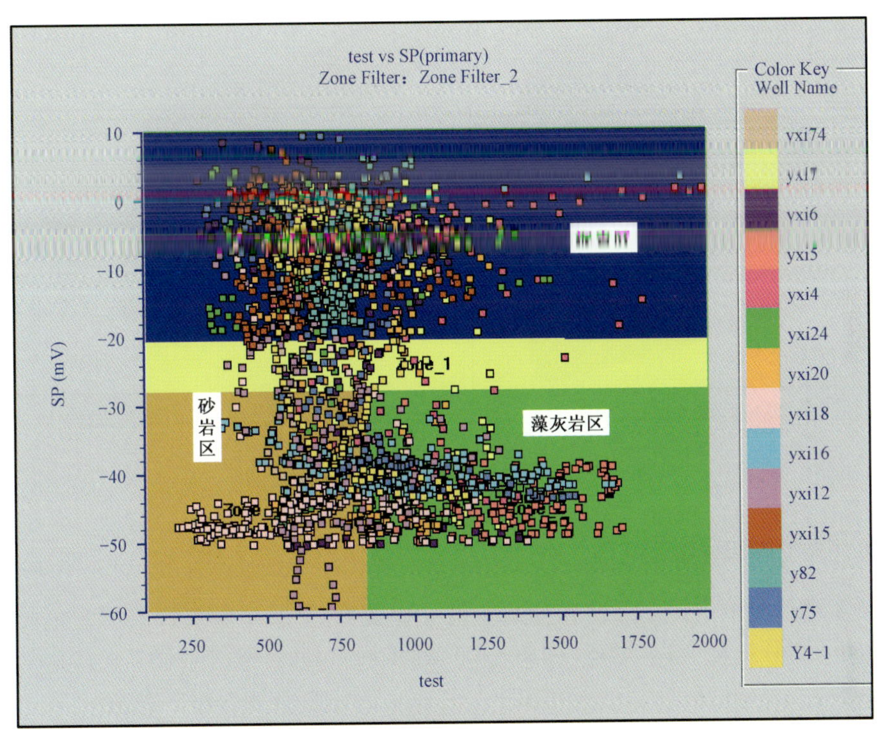

图 7-37　交会岩性体色标分区

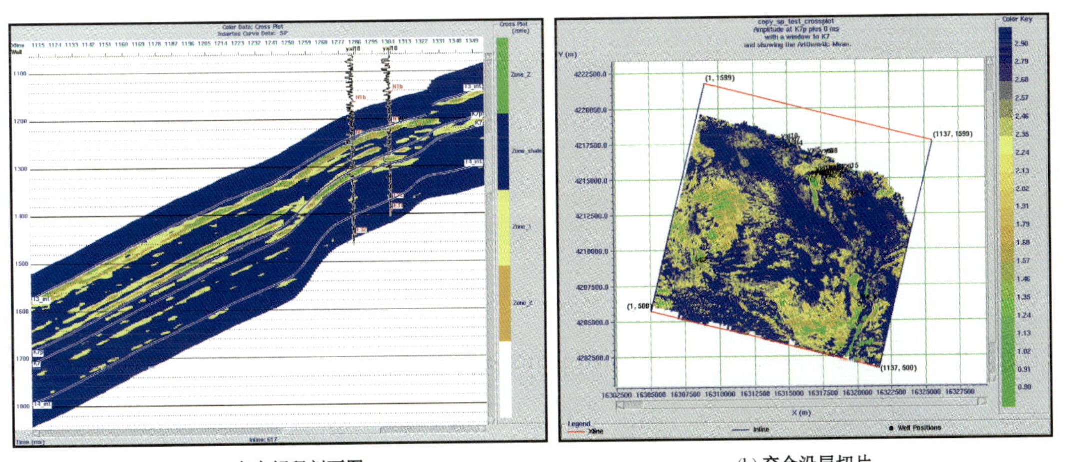

(a) 交会解释剖面图　　(b) 交会沿层切片

图 7-38　自然电位与重构曲线反演数据体交会解释图

利用储层综合预测技术，落实了工区藻灰岩平面展布规律。预测结果（图7－39a）表明，除已知跃西区块发育藻灰岩外，紧邻跃西地区西南方向发现一面积达50km^2的藻灰岩发育区。将预测结果与实际统计结果（图7－39b）相对比，其厚度、分布区域均吻合较好，与油田的分布范围也较一致。新预测的藻灰岩发育区也与沉积相研究成果及古地貌分析结果相吻合，为油田的滚动勘探指明了方向。

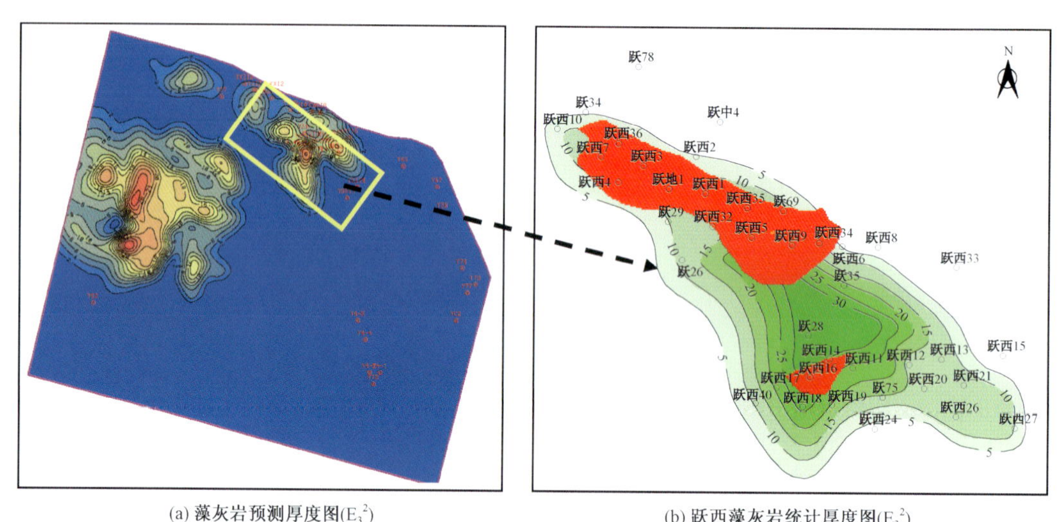

(a) 藻灰岩预测厚度图(E_3^2)　　(b) 跃西藻灰岩统计厚度图(E_3^2)

图7－39　藻灰岩预测与实际统计对比图

四、油藏综合建模技术

针对英东地区复杂的地质条件和多油—气—水系统，开展了以油气层组为单元的地质建模，基本明确了断裂特征、构造形态（图7－40）、砂体展布和流体性质（图7－41），为整体探明油气藏规模奠定了良好基础，其油藏建模水平达到了国际大石油公司的水平。

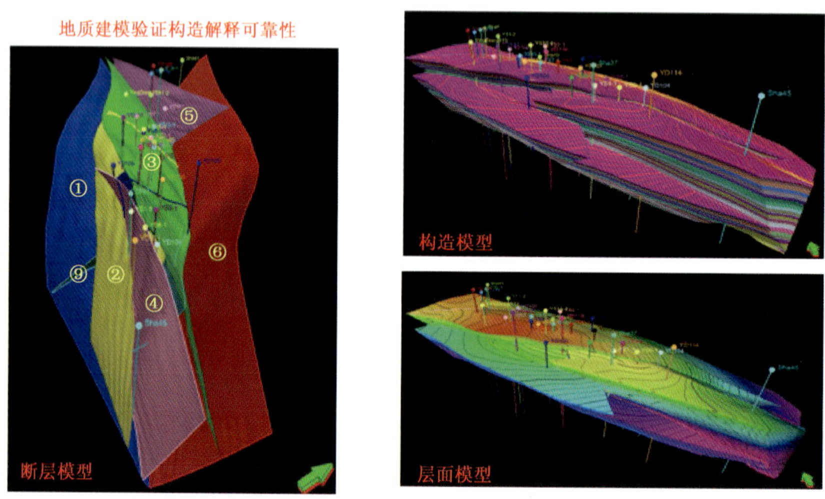

图7－40　英东地区油藏构造建模

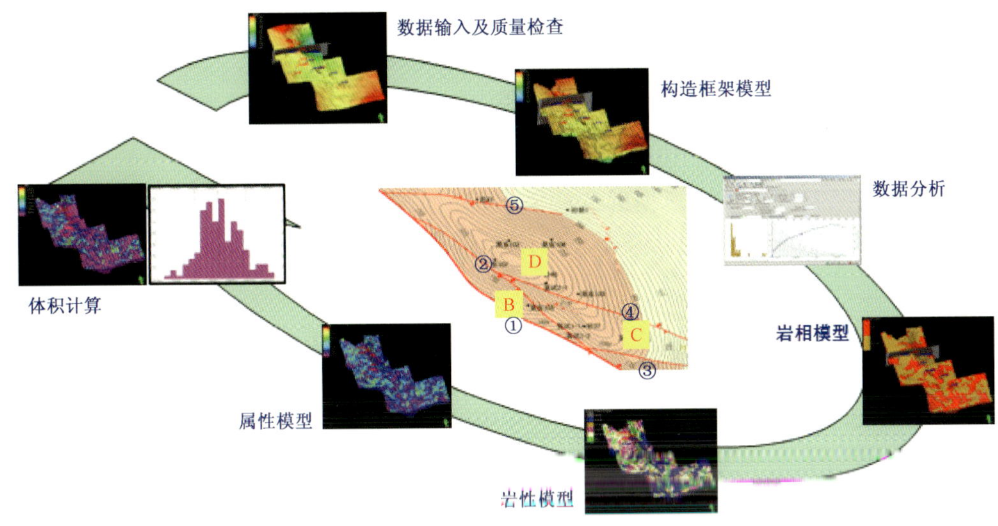

图7－41　英东地区油藏综合建模

第四节　低压、低渗透、厚层非均质油层钻井保护及储层改造技术

柴西南区低压、低渗、厚层、非均质油层钻井保护及储层改造技术中常用到的关键性技术包括优快钻井技术、薄互层控缝高压裂工艺和孔缝高、薄互层改造技术等。

一、优快钻井技术

昆北断阶带地处山前构造带，地应力比较大，上部发育近千米的砾岩，目的层下干柴沟组下段（E_3^1）下部和路乐河组（E_{1+2}）层段主要以三角洲平原沉积为主，地层胶结疏松。上部地层钻井过程中容易出现井漏、井塌的情况，中、下部地层井斜控制比较困难，目的层井径扩大严重，取心收获率不容易保证。针对存在的问题和实际地质情况，通过精心研究、反复实践，最终形成了适合昆北断阶带勘探的优快钻井技术。

1. 井身结构优化

传统的井身结构设计是采取由下而上的设计方法，即套管设计从目的层生产套管开始自下而上逐层确定每层套管的下入深度和尺寸。一般设计步骤为：从目的层开始，根据裸眼井段需满足的约束条件，确定生产套管的尺寸，再根据生产套管的外径并留有足够的环隙，选择相应的钻头尺寸，然后以上一层套管内径必须让下部井段所用的套管和钻头顺利通过为原则，来确定上一层套管柱的最小尺寸。依次类推，选择更浅井段的套管和钻头尺寸。

以往为了防止钻井事故的发生，井身结构一般采取比开发井放大一级，虽保证了钻井安全，但导致探井钻井速度相对降低，成本居高不下，严重制约了勘探进展和油气发现。

目前国内外井身结构设计方法正向系统工程的方向发展，将井身结构设计涉及的方方面面构成一个系统，再根据系统工程的原理及方法，由压力平衡关系（地层孔隙压力、地层破裂压力和盐岩蠕变压力）、工程约束条件（垮塌井段、漏失井段和套管挤毁井段）、事故发生概率等相关因素，采用风险决策技术，进行合理的井身结构设计。

目前在安全、经济、环保的前提下，优化井身结构、套管钢级、壁厚与下钻深度，是中国石油可持续发展的迫切需要，更是青海油田的迫切需要。因此，进行昆北地区探井井身结构优化研究有助于降低油田勘探成本、加快勘探节奏、实现勘探突破、促进青海油田可持续发展。

针对昆北地区上部地层砾石发育的特点，过去表层套管下深下到接近砾石层底部。施工中结合该区块压力系数低，压差卡钻、套管鞋处地层压裂、井控等约束因素少，将井身结构简化为以保证井不塌、不漏，满足井控要求为必要约束条件进行设计，确保钻井过程的安全、高效。

在保证井控安全和施工顺利的基础上，表层套管的下入深度从开始的600m左右逐步减少到200m，减少了过去认为的必封点，节约了大量的套管、水泥，提高了速度。大大降低了勘探费用，提高了勘探效益和节奏；仅套管一项和过去比今年就节约 ϕ244.5 表层套管 10000m左右。

2. 防斜打直技术

昆北地区多数井都存在控制井斜和加快钻井速度的矛盾。针对地层造斜强及中、下部层段地层可钻性差的问题，有针对性地使用了包括随钻监测和定向纠斜，复合钻井＋优化PDC钻头技术的防斜打直和优快钻井技术。其中井身质量控制技术如下：

(1)一开开钻前认真校对井架、天车和转盘，方钻杆每钻进1～2m用水平尺较正一次。各次开钻均轻压快转钻进，保证井眼开直，并在一定距离井段(至少25m)内逐步将钻压、转速等主参数提至设计要求范围内，防止大的井斜变化而形成狗腿。

(2)根据单点测斜数据和参数执行情况，优化钻具组合，选用理想的控斜稳定参数钻进，力求井斜增降平缓和井眼轨迹平滑。

一开：0.00～200m采用小钻压(10～60kN)方式吊打，使用塔式钻具组合，最大程度地保证了井身质量。

二开：200～24000m左右采用钟摆和塔式钻具组合结构。使用钻具组合为

ϕ215.90mmPDC＋ϕ172.00mm单弯螺杆(1.0°～1.25°)＋接头411＊4A10＋定向接头

4A11＊4A10＋ϕ165.10mm无磁DC＊1＋ϕ158.80mmDC×12根＋接头。

4A11＊410＋ϕ127mmDP＋ϕ133.35mm方钻杆

从实钻情况看，配以10～160kN的钻压，井身质量控制效果比较理想，机械钻速也比较理想。二开井段根据地层岩性采用PDC钻头＋单弯螺杆钻具组合结构，从实钻情况看，配以10～40kN的钻压进行复合钻进，机械钻速比较理想。井斜视情况根据设计要求及时纠斜，使井底位移保持在设计范围内，井身质量控制比较合理。

(3)按设计要求及时进行短程起下钻畅通井眼，避免因短起下间隔时间过长，井眼缩径严重或假滤饼过厚造成的起下钻困难。

(4)根据设计采用合理的钻井液体系，勤维护处理，视井下情况科学的使用各种处理剂，提高钻井液的抑制性及热稳定性，增强防塌和抗摩阻能力。

3. 钻头优选和复合钻井技术

为了提高钻井速度，根据地层特点，不断优化钻井参数，使用复合钻井技术钻井速度得到

提高大幅度，在中—深部地层中，钻过砾石层后选用 PDC 钻头，可缩短起下钻时间，提高钻头的行程钻速。直井采用 PDC 钻头 + 螺杆钻具加快钻井速度。特别是在目的层中，则采用牙轮钻头施工。钻进时保证排量，使用四级固控设备控制钻井液的密度和含砂量，及时短起下钻清除井壁的岩屑床。快速钻进时，接单根前后做到晚停泵、早开泵，并控制环空岩屑浓度小于等于 6%；必要时，中途循环除砂。起钻前和下钻到底充分循环除砂。2007—2008 年累计完成 5 口井，平均机械钻速为 3.79m/h；2009 年合计完成 25 口井，平均机械钻速为 5.4m/h；2010 年截至 9 月 10 日，合计完成 15 口井，平均机械钻速为 5.61m/h；近两年绝大多数井使用了螺杆 + PDC 钻头复合钻井施工，钻达目的层再使用牙轮钻头控制速度，保证取全取准油气显示层的资料。此技术的使用大幅度提高了青海油田勘探钻井速度。

4. 油层保护技术

针对昆北地区压力系数地，目的层疏松，井径易扩大的特点，主要采用加足油层保护材料 JHC、QS - 2、油溶树脂和防塌材料。控制滤失量、密度（该区控制在 1.05 ~ 1.10g/cm^3）的办法中保护油气层，防止井径扩大，取得了良好的效果，目的层段井径从最初的扩大 100% 以上减小到现在的 20% 左右，取得了显著的成果。

5. 针对目的层段疏松岩性的保形取心技术

目前国外大型取心公司如贝克休斯、哈里伯顿、DBS 公司等已经大力推广了保形取心技术，主要是采取切割内筒的方式进行岩心保护，并取得了很好的效果。国内保形取心技术主要以四川、胜利油田为代表，采用不锈钢、PC、PVC 衬管和玻璃钢、铝合金内筒代替国外切割内筒的方式保护岩心，目前国内已经逐渐认识到保形取心技术的优越性，并正在大力推广。

保形取心技术适用于石油、天然气、煤田地质勘探开发中，非均质性较强的疏松、裂缝地层取心作业。其优点是：

（1）钻取裂缝、溶洞发育及疏松地层岩心过程中，可保持岩心原有结构、形态特征。

（2）岩心出筒时，避免了岩心上原生裂缝发生位移、松散及溶洞等被破坏，能完整地取出裂缝、孔洞发育及疏松的岩心。

（3）能准确观察和描述裂缝特征，裂缝与孔洞关系及相互连通情况等，能准确划分裂缝发育层段。

（4）可钻取全直径岩心上疏松、裂缝部位，取得具代表性的物性分析样品求得准确的裂缝孔隙度和渗透率等重要物性参数；取得具代表性的完整的岩心薄片鉴定样品，准确描述裂缝微观参数特征。

（5）可减少疏松、破碎地层取心中卡心、磨心，提高岩心收获率，保证可按要求取够分析样品。

（6）采用保形取心技术可以减少在出心过程中的时间，节约取心周期，节约钻井成本，符合钻井大提速要求。

昆北断阶带的切 12 井区、切 16 井区、切 4 井区目的层疏松，砾岩、砾状砂岩发育，使用常规取心技术取心收获率低，经常出现取心收获率低于 60%，甚至空筒的情况，严重制约了勘探发现；经过多次试验研究，针对性使用了 PVC 衬管保型取心，经过不断探索，顺利解决了取心收获率问题，取心收获率不断提高，取出的岩心准确直观地反映了地层含油气和物性特征，为勘探发现提供了有利的技术保证。

昆北地区保形取心工具以 BQX180－101 为主，该工具适用于 8½in 和 12¼in 井眼，岩心直径为 ϕ101，单筒进尺为 4.6m 或 9.2m。根据取心情况调整单筒进尺，在保证收获率的前提下尽量加快速度。在切 161 井、切 162 井、切 163 井、切 164 井等井取得了明显的效果。

BQX180－101 保形取心工具可用取心工具内筒衬管材料分别为薄壁不锈钢管、可视 PC 管、PVC 管以及玻璃钢内筒、铝合金内筒。其中玻璃钢内筒适用于井温低于 120℃的井，铝合金内筒使用不受井温限制，可视 PC 管或者 PVC 管使用于井温低于 80℃的井，根据昆北地区井深特点，采用的是 PVC 管，该衬管满足要求，且价格低廉。今后在更深的井或高温井可使用玻璃钢或铝合金内筒保护岩心，同时能节约出心时间，更好地满足青海油田勘探需要。

2010 年，昆北地区累计取心进尺 557.37m、心长 523.44m，收获率 93.91%，其中 PVC 衬管取心 460.35m、心长 428.45m，取心收获率 93.1%。2009 年，取心进尺 215.77m，心长 186.96m，收获率 86.65%。

二、薄互层控缝高压裂工艺技术

针对昆北油田储层薄、油—水层间互的纵向分布特点以及以往该类储层措施改造后油井暴性水淹的问题，在油田钻采工艺研究院的支持下进行大量的研究，形成了“小排量、小规模、小砂比、高铺砂浓度”加“人工隔板”为主的“三小一高”的控制缝高的薄互层压裂工艺技术。

1. 裂缝高度敏感性参数分析

1）储隔层地应力差对裂缝高度的影响

储层储层平均单层有有效厚度为 2.6m、隔层平均厚度为 5.6m，施工排量 3.5m^3/min、岩石力学参数等条件，利用三维压裂软件对不同储隔层地应力差下裂缝高度进行模拟，结果见图 7－42。

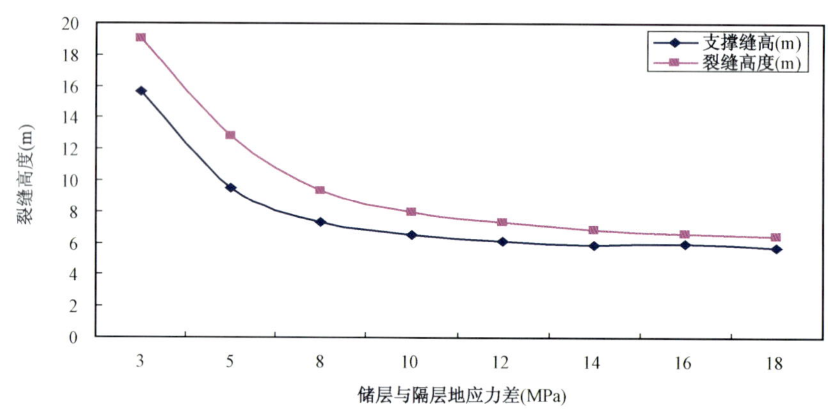

图 7－42　裂缝高度与地应力差之间的关系

从地应力与裂缝高度的关系可以看出，随地应力差的减小，造缝高度和支撑缝高快速增加，当地应力差小于 8MPa 时，裂缝高度延伸严重，裂缝容易失控。

2）施工排量对裂缝高度延伸的影响

油层厚度为 2.6m，在隔层应力差 6MPa、隔层厚度 5.6m 的情况下进行模拟，施工排量与裂缝高度之间的关系结果见图 7－43。

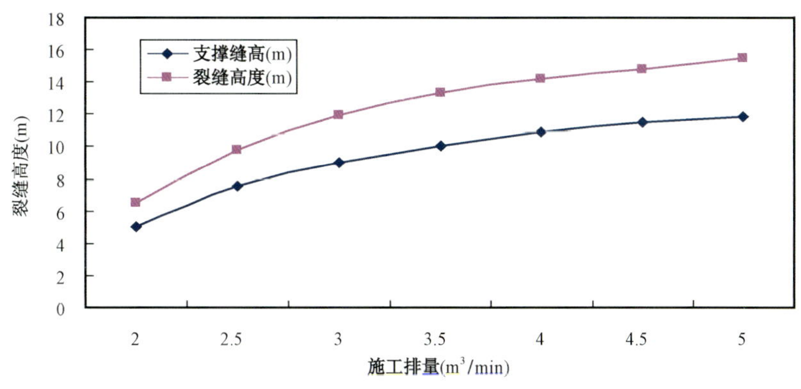

图7－43　施工排量与裂缝高度之间的关系

从排量对造缝隙高度影响分析可以看出，施工排量对裂缝高度有一定影响，但支撑缝高影响不大，排量每增加1m^3/min，裂缝高度增加1～2m，裂缝高度延伸对排量不太敏感。

3）压裂液黏度对裂缝高度影响

油层厚度为2.6m，隔层应力差6MPa、隔层厚度5.6m的情况下进行不同压裂液黏度下裂缝高度的模拟，结果见图7－44。

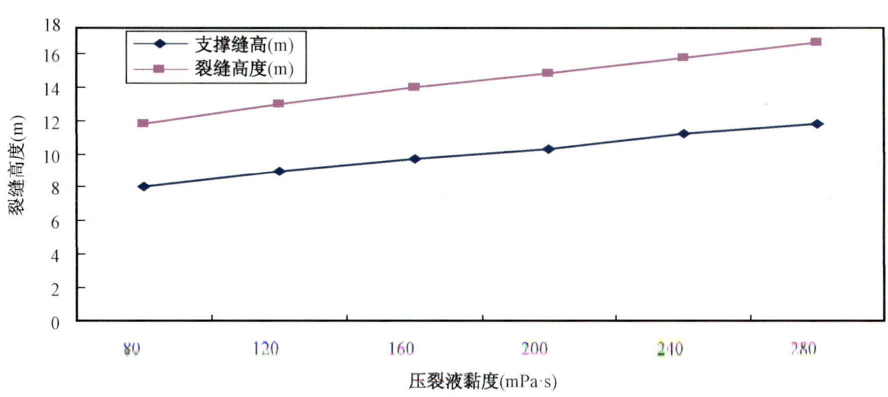

图7－44　压裂液黏度与裂缝高度的关系

压裂液黏度越大，压裂液造缝能力越强，且滤失相对较小，使得裂缝的高度增加。因此，在保证压裂液正常携砂的前提下，尽可能降低压裂液黏度，对裂缝的纵向延伸起一定的控制作用。

上述各因素对人工裂缝在纵向是的延伸影响从大到小的顺序是：储隔层地应力差、施工排量、压裂液黏度，为控缝高工艺的选择与优化提供了依据。

2. 人工转向控缝高应力场有限元数值模拟

人工隔板技术是利用转向剂，在需控制裂缝延伸的方向上形成人工隔板，增加储隔层的应力，阻止裂缝在高度上的过度延伸。

1）转向剂性能评价

人工隔板技术采用20%～30%的转向剂进行施工，青海油田上浮、下沉式转向剂性能指标见表7－3。

表 7-3　上浮、下沉式转向剂性能指标

上浮式转向剂			下沉式转向剂		
项目		标准要求	项目		标准要求
外观		颗粒松散、干净、无杂质	外观		松散颗粒
水分含量(%)		≤1.0	水分含量(%)		≤2.0
粒径分布(mm)	>0.63	≤0.2%	粒径分布(mm)	≥0.224	2.4%~4%
	0.355~0.07	≥90%		0.224~0.15	2.4%~4%
	0.07~0.04	≤5.0%		≤0.125	92%~95%
	<0.04	≤1%		下沉率(%)	≥95
上浮率(%)		≥95	密度(g/cm^3)		2.4~2.8
破碎率(%)		≤72			
密度(g/cm^3)		≤0.7			

2)人工转向应力场有限元数值模拟

考虑到转向剂渗流对裂缝应力影响的复杂性，实验仅能测出试验件表面应变。这里将实验与有限元方法对转向剂作用下裂缝附近的应力进行模拟分析结合起来，以此模拟分析在转向剂作用下应力分布特征，结果见图 7-45。

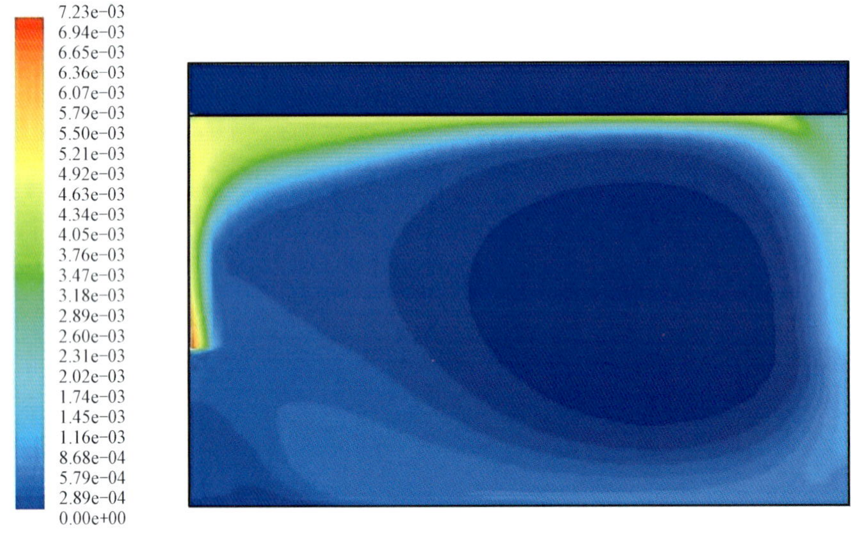

图 7-45　人工隔板地应力场改变有限元模拟结果

从实验与有限元模拟结果可以看出，裂缝处应力随内压增加而增加，基本呈线性关系，转向剂能增加储隔层间的应力差(大小为 35MPa)，对控制裂缝在纵向上的延伸有较好的效果。

3. 控缝高压裂工艺方案优化

1)控缝高压裂工艺选择原则

通过裂缝延伸敏感性参数分析、人工裂缝转向有限元数值模拟，形成了以优化施工排量、压裂液黏度为主的优化参数、以优化射孔井段为主的避射、以人工转向增加地应力差为主的人工转向共3项控缝高压裂工艺，各工艺适应范围、技术关键见表7-4。

表7-4　控缝高压裂工艺选择原则及指标

工艺类型	工艺适应范围			技术关键	主要目标
	应力差(MPa)	隔层厚度(m)	储层厚度(m)		
优化参数工艺	$\delta \geqslant 6.0$	$H \geqslant 8.0$	$h \geqslant 3.0$	优化施工参数	提高加砂效率
避射工艺	$6.0 \geqslant \delta \geqslant 3.0$	$8.0 \geqslant H \geqslant 6.0$	$1.5 \geqslant h \geqslant 3.0$	选段优化射孔	裂缝延伸沟通改造层段
人工隔板	$\delta \leqslant 3.0$	$H \leqslant 6.0$		增加应力差	避免沟通水层

根据各控缝高压裂工艺的适应性及关键技术，在储隔层地应力纵向剖面、三维压裂分析、有效遮挡储隔层分布、单井优化设计、现场施工及质量控制技术研究基础上，形成了适合昆北油田薄互层地质特点的储层改造方案优化流程(图7-46)。

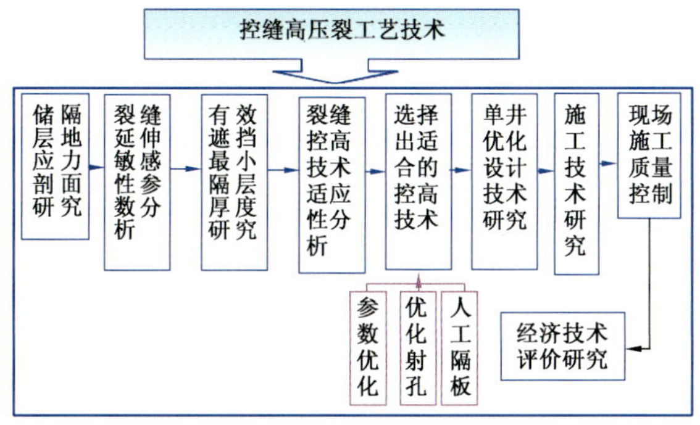

图7-46　控缝高压裂工艺技术方案优化流程

2)压裂液体系

根据瓜尔胶压裂液、清洁压裂液以及低分子聚合物压裂液实验评价和现场试验，选择出了稠化剂加量低、黏度相对较低、携砂性能好、耐温、低残渣的低聚合物压裂液体系。

基液:0.3%~0.4% CX低聚合物稠化剂+1.5% CX黏土防膨剂+0.5% CX助排破乳剂。

交联液:17.5%~22.5% CX交联剂+1%~5%破胶剂。

交联比:100∶2。

3)压裂支撑剂优选

由于薄互层控缝的需要，施工排量小、裂缝宽度小、大粒径支撑剂进入裂缝困难，易造成早期砂堵，储层闭合压力在28~46MPa之间，选择出中密高强的小粒径陶粒作为昆北油田薄互层压裂支撑剂，支撑剂优相关参数见表7-5。

表7-5　昆北油田路乐河组(E_{1+2})油藏支撑剂

闭合压力(MPa)	支撑剂类型	支撑剂粒径(mm)	提供导流能力($\mu m^2 \cdot cm$)	备注
20~34	低密陶粒	0.32~0.63	84.6	加砂困难采用小粒径支撑剂
35~46	中密陶粒	0.32~0.63	97.7	

4) 压裂施工规模优化结果

根据昆北油田薄互层的油层厚度、采用 FracPT 三维护压裂软件，对裂缝长度、施工排量、施工规模、加砂量、砂浓度等进行优化，结果见表 7－6。

表 7－6　昆北油田薄互层压裂施工规模优化结果

储层厚度 (m)	施工排量 (m^3/min)	裂缝长度 (m)	施工液量 (m^3)	铺砂浓度 (kg/m^2)	平均砂比 (%)	加砂量 (m^3)	加砂强度 (m^3/m)
1.0	1.6	56.0	80.0	5.0	17.5	7.0	3.3
2.0	1.8	60.0	100.0	5.0	17.5	8.8	3.6
3.0	2.0	64.0	120.0	5.0	17.5	10.5	3.9
4.0	2.3	68.0	140.0	5.0	17.5	12.3	4.0
5.0	2.5	75.0	160.0	5.0	17.5	14.0	4.2
6.0	2.7	79.0	180.0	5.0	17.5	15.8	4.4
7.0	3.0	83.0	200.0	5.0	17.5	17.5	4.4

5) 支撑剂段塞压裂工艺

薄互层压裂施工中，近井易形成多裂缝和裂缝扭曲，造成主裂缝宽度不够，造成早期砂堵。针对这一问题形成了支撑剂段塞施工技术(图 7－47)，较好地解决了该问题，使压裂成功率大幅上升。

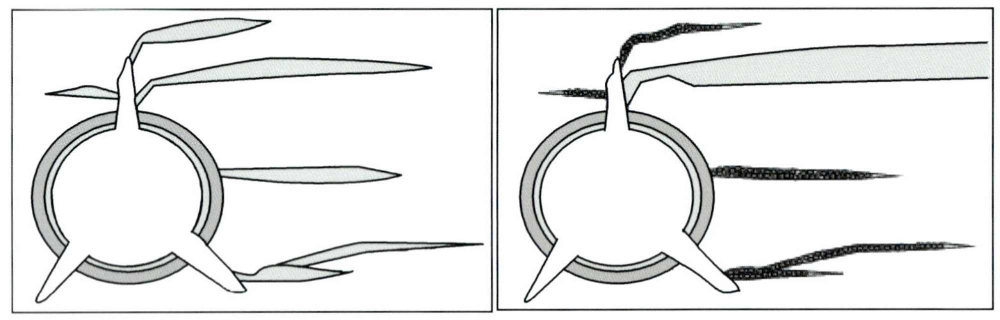

图 7－47　支撑剂段塞工艺实施前后裂缝形态变化示意图

室内研究及现场试验结果表明，要使支撑剂段塞起到较好的打摩近井裂缝扭曲和堵塞多裂缝的目的，必须控制好 3 个关键因素：(1) 段塞砂比不能太低，平均砂比要在 10% 左右；(2) 支撑剂段塞中砂浓度要从小到大，防止段塞施工造成砂堵，通常采用两级段塞施工，起步砂比 7%，第二段砂比为 14%；(3) 用液强度要达到一定的规模才能起到较好的打摩近井裂缝扭曲的效果，一般用液强度在 2～3m^3/m 之间。

4. 薄互层控缝高压裂工艺技术效果分析

截至 2010 年 8 月底，在昆北油田累计进行了 9 层组“小排量、小规模、小砂比、高铺砂浓度”加“人工隔板”的薄互层控缝高压裂工艺试验，措施成功率 100%，措施有效率 100%，各井施工参数和措施效果分别见表 7－7、表 7－8。

表 7-7　昆北油田薄互层控缝高压裂施工参数统计表

序号	井号	层组	施工(m^3/min)	施工砂量(m^3)	施工砂比(%)	工艺类型
1	切 161 井	Ⅱ	2.3	11	15.94	小排量、人工隔板
2	切 612 井	Ⅱ	2.3	11	20.37	小排量、人工隔板
3	切 617 井	Ⅰ	2.3	10.5	21	人工隔板、避射
4	切 126 井	Ⅰ	1.8	7	21.41	人工隔板、避射
5	切 20 井	Ⅱ	2.7	16	20.78	小排量、小规模
6	切 607 井	Ⅰ	3.6	20	22.47	人工隔板
7	切 161 井	Ⅰ	3	11	18.33	小规模、人工隔板
8	切 15 井	Ⅰ	2.7	13	17.57	小排量、人工隔板
9	切 163 井	Ⅱ	2	10	16.39	避射法、小规模
10	小计		2.5	9	19.36	

表 7-8　昆北油田薄互层控缝高压裂效果统计表

序号	井号	层组	返排率(%)	最后一天		效果		
				产水(m^3)	产油(m^3)	排液天数(d)	油(m^3)	液(m^3)
1	切 161 井	Ⅱ	95.93	14.3	0.68	9	10.26	266.57
2	切 612 井	Ⅱ	95	1.76	未见油	13	0	161.55
3	切 617 井	Ⅰ	99.77	18.44	4.56	9	21.47	177.39
4	切 126 井	Ⅰ	100	6.88	见油花	9	油花	134.52
5	切 20 井	Ⅱ	100	18.25	0	12	0	228.31
6	切 607 井	Ⅰ	91.24	0.6	0.08	38	0.98	204.37
7	切 161 井	Ⅰ	60.14	0.06	0.72	8	49.81	88.06
8	切 15 井	Ⅰ	100	6.36	未见油	9	0	411.04
9	切 163 井	Ⅱ	76.95	4.5	15.42	6	44.93	100.03

从 2010 年昆北油田探井、评价井薄互层控缝高压裂施工参数和措施效果统计分析可知：

(1)从薄互层控缝高压裂工艺施工排量分析，施工排量最低 1.8m^3/min，平均施工排量为 2.5m^3/min，比该油田常规压裂低 40% 左右，而措施成功率达 100%。

(2)从单井加砂量、平均施工砂比对比析，单井平均加砂量 9.0m^3，较常规压裂减少 30%，平均施工砂比 19.32%，与常规压裂持平，加砂强度较常规压裂有较大程度的提高。

(3)9 层组采用控缝高压裂有 4 个层累计出油 10m^3 以上，获工业油流的 3 层，为该类储层的勘探与评价提供了技术支撑。

三、孔缝高、薄互层改造技术

1. 控缝高压裂工艺技术

柴达木盆地储层普遍具有“薄、多、散、杂”的特点，层多而薄，油—水层间互，隔层薄，地应力差值小，泥质含量高。在研究与试验的基础上，形成了“优化工艺参数、优化射孔井段和人工隔板”为主的控缝高压裂工艺技术。

改造难点及应对措施如下：

(1)泥质含量高,酸化效果不好。采用压裂措施改造,部分石灰质含量高储层采用酸化压裂。

(2)地层温度低,瓜尔胶体系不易破胶。采用低聚合物压裂液体系,保证措施后压裂液彻底破胶,并降低压裂液对地层的伤害。

(3)上下油—水关系复杂,间隔近,地应力差值小,不易控制裂缝高度。采用低排量 + 上下人工隔板(转向剂)来增加隔层遮挡能力,控制裂缝延伸高度。

2. 基岩风化壳有效改造工艺技术

昆北油田基岩风化壳储层以花岗岩为主,其次为变质岩,岩性致密,地应力大,孔隙度 3.1% ~14% ,渗透率 0.05 ~2.00mD,物性较差,无自然产能,压裂、酸压施工易沟通下部水层,无法有效评价储层,通过研究与现场试验形成了常规酸液配方、大排量酸化、开启微裂缝、快速放喷的基岩风化壳有效改造工艺。

1)酸液体系优化

昆北油田基岩风化壳岩心在 12% HCL + 1.5% HF 酸液中溶蚀率 17.46% ,说明该酸液能够有效提高基岩中流体的渗流能力。

酸液体系:前置液——12% HCl;主体酸——12% HCl + 1.5% HF。

2)效果分析

通过多次试验,形成了常规盐酸配方、大排量酸化、开启微裂缝、快速放喷的基岩风化带有效改造工艺,现场完成 6 井次的试验,平均泵注前置酸 23.04m^3 ,平均泵注处理酸 11.91m^3 ,平均泵注排量 0.78m^3 ,措施成功率 100% ,有效率 100% ;除切 612 井第一层酸化后出水,切 615 井第一层累计出油 0.37m^3 之外,其余 4 个层组均达到工业油流,其中切 401 井第一层平均日产油 6.7m^3 ,切 404 井第一层平均日产油 4m^3 ,昆北断阶带储层酸化试油改造取得了较好的效果。

第八章　勘探启示

昆北和英东地区油气勘探的重大突破，是在各级决策领导的高度重视和关怀下，柴达木勘探界坚定信念、解放思想、转变思路，充分依靠技术进步，在“认识→实践→再认识→再实践”中不断深化地质认识，通过科学管理和精心组织取得成功的典范。回顾其曲折的勘探历程，总结出的成功的勘探经验，对柴达木盆地下步勘探工作的开展和实现青海油田建设千万吨级高原油气田的发展目标具有十分重要的意义。

第一节　领导的重视与及时决策是成功的前提

柴达木盆地自然环境恶劣，地面、地下地质条件复杂，勘探程度总体较低，勘探难度大，2007 年以前的勘探以老区为主，由于新区没有突破，储量和产量增长缓慢，严重制约了青海油田的发展。针对柴达木盆地勘探一度面临的严峻形势，股份公司领导对柴达木盆地的勘探给予了长期的重视和支持，多次组织有关专家讨论柴达木盆地的油气勘探工作，明确提出“要坚持在柴西南区富油凹陷找油的方针不动摇，晚期构造活动强烈的相对稳定区是找油主要方向”，从思想上进一步坚定了在柴西南区寻找大油田的信心。同时，股份公司于 2007 年专门设立了重大科技专项——“柴达木盆地油气勘探开发关键技术研究”，加速了深化勘探认识的进程。尽管股份公司领导十分重视柴达木盆地的勘探工作，仍然采取了一系列重大举措为勘探工作创造了相对宽松的工作环境，并及时决策，从资金、科研、技术、设备和管理等方面提供了强有力的保障。

半个世纪以来，党和国家、集团公司一直关注着青海油田的发展，在精神和物质上均给予了大力的支持。在新的历史阶段“解放思想、转变观念、创新思路、与时俱进”将成为青海油田勘探的主旋律。青海油田分公司领导将认真贯彻股份公司领导要求，高度重视勘探工作，将勘探工作列为“一把手”工程，定期召开月度例会，深入勘探一线调查研究，及时为勘探的突破出谋划策；认真分析认识上、工作上和技术上存在的不足，及时解决勘探生产中存在的难题。领导的重视与及时决策是昆北断阶带勘探成功的重要前提。

第二节　坚定信心、解放思想、转变思路、认识创新是成功的关键

“归根到底，首先找到石油的地方正是在人们的脑海里”，这是美国石油地质学家华莱士·E. 普拉特在其《找油的哲学》里作出的精彩论断，油气资源不仅蕴藏在地下，还蕴藏在地质家的脑海里，这也意味着坚定找油的信心和勇气是勘探工作者的重要素质之一。在对柴西地区古近—新近系富油凹陷的反复研究后认为，该凹陷仍然具有较大的勘探潜力，并坚定了在该区

能够找到大油田的信心。有了坚定的信念,思维就变得开阔,勘探工作者的视线才有可能转到昆北、英东这些勘探区域,并对其进行深入的解剖。

解放思想是勘探工作永恒的主体,是不断在新区域、新领域取得成功的关键。油气蕴藏在地下,地下地质体和油气藏是非常复杂的,我们的认识不可能一次到位,只能在“认识→实践→再认识→再实践”的过程中不断逼近地下的真实情况。解放思想,创新思维,转变勘探思路,用发展的眼光重新认识地下,是昆北、英东地区勘探取得成功的关键因素。

对柴达木盆地历年预探失利井的分析表明,以往探井井深较大,总体部署的探井数量较少,并以构造圈闭、深部成藏组合为主要对象,部分钻探的圈闭位于晚期构造强烈活动区。通过对失利井的分析,我们认识到转变勘探思路势在必行,由此作出了“四个转变”:由于深层储层物性较差,且钻井周期长,效益较低,因此在勘探思路上由“深层”转向了“浅层”;由于构造活动区油藏受晚期活动破坏,保存条件相对较差,勘探思路上由“不太考虑构造活动性”转向了“构造稳定区”;由于非常规储层一般产量较低,且横向非均质性明显,预测难度大,勘探思路上由“碎屑岩、非常规储层”转向了“碎屑岩储层”;由于一些高勘探程度区构造难于发现、岩性勘探程度低,勘探思路上由“单一构造”转向了“构造、岩性复合”。通过转变思路带来了认识上的创新,对于昆北断阶带的重新认识和评价、勘探突破口的选择和科学部署起到了关键作用。

以往对昆北断阶带评价较低,主要是由于切 1 井、切 2 井、切 3 井、切 4 井、切 5 井等井钻井效果不佳,于是认为该区油源条件较差,三次资评该带石油资源量仅 2350×10^4t,按照过去的传统认识其勘探潜力极为有限,昆北的勘探一度陷入低谷。2006 年,油田公司按照上级领导提出的“稳定区找油”和“石油勘探立足柴西南”的正确观点,进一步解放思想、转变思路、认真研究,认为在切 4 井取心见油斑花岗岩,表明该区有过油气运移,通过柴西南区烃源岩进一步研究确认了切克里克—扎哈泉富烃凹陷的存在,该凹陷发育 $E_3^{\ 1}$、$E_3^{\ 2}$、$N_1$3 套优质烃源岩,目前正处于生烃高峰,而昆北断阶带隔昆北断裂与切克里克富烃凹陷紧密相邻。源外成藏理论认为,来自断裂下盘切克里克—扎哈泉生烃凹陷的油气可通过昆北断裂运移到昆北断阶带上盘,然后沿断裂、不整合、风化壳一起构成的输导网络充注到各类圈闭中,具备优良的油源条件,经精细论证,部署了切 6 井,获得了巨大的突破,按照“整体勘探、整体研究、整体评价、整体探明”的方针,青海油田仅用了 3 年时间,就在昆北断阶带累计探明石油储量 1.07×10^8t。

在英东油田,勘探思路的创新同样贯穿于勘探道路中,英雄岭地区的勘探至今已经走过了 50 多年的历程,在狮子沟地区钻探的狮 20 井发现深层裂缝性油藏后,历经 12 年探索,先后钻探深井 16 口,均未获得大的进展,又开展了长期的复杂山地地震攻关,历经六上五下、三个阶段,针对深层又先后钻探了建参 1 井、狮 35 井、狮 36 井、砂新 1 井,但均未获突破,深层勘探举步维艰。按照股份公司的总体要求,油田公司借鉴昆北解放思想,转变思路成功的经验,通过深化沉积储层研究,认识到柴西地区古近—新近系砂岩储层分布,明显受湖盆向东迁移的控制,湖退砂进,中—浅层形成了“半盆砂”的格局,具有下生上储的有利源—储组合,是最有利的勘探层系,在纵向上锁定目的层,在勘探思路上确定了由深层向浅层的重大转变,形成了由深层碳酸盐岩储层向浅层碎屑岩储层转变的勘探认识。研究还发现:英雄岭地区发育有成排成带的构造,早期围绕地面构造发现的狮子沟、花土沟等浅油藏位于西段,尤其是处于反“S”形转折部位的花土沟油田,储量达 4052×10^4t,具有丰度高、储层物性好的特点。而油砂山东侧的砂新 1 井转折部位,地形相对平坦,构造应力相对较弱,与花土沟构造背景类似,极有可能形成局部油气富集。通过精细的老井复查发现，早期钻探的砂20井、砂33井等井，在中—浅层油气显示较好，说明中—浅层具有成藏条件；英东地区原有二维地震测线，虽然地震资料品质较差，但在浅层还有进一步开发的可能。并最终确定了“突出中—浅层系，强化地震攻关；加快评价英东，甩开预探两侧，探索中—深层系”的勘探思路，有针对性地对中—浅层地震老资料进行精细目标处理，在浅层发现了两个构造，优选英东一号断背斜部署了砂37井。获得了重大勘探突破，最高日产原油29.47m^3、天然气49984m^3，证实这是一个中—浅层、高丰度、高孔、高渗、中等压力的优质油气藏。经过两年的勘探部署，目前英东地区已经展现出2×10^8t的储量规模，并且在滑脱断裂下盘和东西两端甩开勘探见到良好效果，有望实现英东地区油气藏的复式连片，展现出了良好的勘探前景。

第三节　优选适用的配套技术是成功的有力保障

勘探的突破既依赖于进一步解放思想、地质理论的进步和地质认识的提高，也依赖于技术的进步与更新。从昆北断阶带的勘探实践看，一批新技术的应用取得了较好的效果，但更重要的是优选适用的配套技术为勘探成功提供了有力的保障。

在昆北断阶带：以三维地震为基础的物探配套技术是昆北断阶带勘探突破的主体技术。地震采集上，以精细表层调查与静校正、优选岩性激发技术为基础的个性化三维地震采集技术提高了勘探精度；处理上，应用叠前时间偏移处理技术和叠前深度偏移处理技术获得了高品质的地震资料；解释上，应用三维精细构造解释技术、地震属性分析技术、地震储层反演技术等落实了大量的构造、地层—岩性圈闭。

测录井配套技术为油层的发现和储层评价创造了重要条件。在昆北断阶带的勘探中，LOG－IQ、MAX500等测井系列的使用保证了复杂储层的可靠评价和流体的识别。在大量的岩石物理实验和储层建模的基础上，ECS、核磁、成像、DSI等测井新技术开拓了测井研究的思路，推进了测井精细解释。切12井区5口预探井、评价井解释油层211m/8层，模型精度达91.25%，试油符合率91.6%。

井筒配套技术确保了快速钻探，并“解放”了一批油气层。钻井上，通过优选钻具组合、优化井深结构和防斜打直技术，提高了钻井速度，降低了钻井成本。为了加快钻井速度，昆北地区在非目的层推广使用PDC＋螺杆钻具，在目的层则采用牙轮钻头施工，平均机械钻速由2007—2008年间的3.79m/h提高到2010年的5.61m/h。针对昆北地区储层复杂、岩性较疏松的特点，采用保形取心新技术在目的层段利用PVC衬管取心，收获率大幅度提高。试油上，通过压裂、酸化措施“解放”了一批油气层。切602井在1944～1950m井段取心见到油浸—油斑含油砂岩，全烃值0.298%，声波值仅为210μs/m，但电阻上没有明显的反映，综合分析解释为差油层，常规试油射孔后无显示，压裂后获得29.02m^3/d高产工业油流。针对试油过程中薄层改造难度大，纵向易压开水层等问题，通过认真研究，借鉴斯伦贝谢DSI裂缝高度研究成果，在切161井Ⅰ层组压裂中（2142.0～2144.0m，距水层近，只有6.7m），采用小排量（1.8m^3/min）、小砂量（9.4m^3）、人工隔板控缝高的压裂方案，压后平均日产油8.18m^3，地层不出水（压前见油花），形成了“小排量、小规模、小砂比、高铺砂浓度”加“人工隔板”为主的“三小一高”的薄互层控缝高压裂工艺技术。切401井风化壳（1456～1465m）射孔后抽汲求产，10h内共抽10次，有效9次，累计出液垫0.99m^3，见油花，酸化后日产油15.74m^3，实现了切4井区勘探的突破。

英东地区运用复杂山地地震采集核心技术，首次在地形如此复杂的地区获得了高品质的资料；并运用全信息综合建模技术，全方位指导了资料处理和构造精细解释；同时，采用系列应用核磁点测，从 DT 测试和 CHDT 测试，极大地提高了流体识别判断的准确性和油气层的测试速度，节约了投资、节省了时间、提高了效益。

在山地三维地震资料的采集上，形成以逐级组合叠前去噪、地震波动方程正演模拟、叠前偏移和静校正一体化为核心的复杂构造带二维叠前偏移成像技术和综合利用地表地下地质、钻井、地震、非地震和构造物理模拟等多信息综合复杂山地构造地质建模技术。通过应用这两项核心技术，明确了英东地区深层块断、浅层滑脱的双层构造式样，初次落实了英东一号构造，落实了油气成藏的关键要素，推动了砂 37 井的成功钻探，揭开了英东油气勘探的新局面，引领了勘探禁区的勘探新局面。

在处理解释方面形成了以"六分法"、叠前配套去噪方法、精细速度建模和浮动面叠前偏移成像技术为核心技术复杂山地三维地震处理和以多方法综合标定、构造建模、断层检测为核心技术的复杂山地三维地震精细构造解释技术。通过这些创新技术方法的应用，查明了英东地区圈闭精细构造格局，指出英东地区浅层发育滑脱断层上盘的背斜、断背斜；中层发育滑脱断层下盘的断鼻、断块；深层为早期基底断裂控制的背斜、断背斜，油气勘探存在 3 套勘探层系和 5 种圈闭类型，发育三大勘探领域；截至目前针对三大领域累计发现和落实各类圈闭 15 个，为英东一号圈闭的精细勘探、英东二号圈闭的甩开勘探提供了良好的支撑。

在钻井工程方面，集成了一套适合英东地区的堵漏、优快钻井、油层保护、固井等技术，具体如下：(1)复合堵漏工艺和适用的配方工艺技术；(2)适用聚合物钻井液 + 屏蔽暂堵保护目的层技术；(3)有机盐钻井液保护油气层，减少缩径，降低复杂，提高钻井速度技术等。

在措施改造上，形成一套针对英东探区形之有效的储层改造工艺技术。根据英东探区措施改造中存在的主要问题，优化了英东探区措施液体系配方、采用全程防水锁工艺、三维压裂优化工艺、"三小一高 + 人工隔板"为主的控缝高技术、预处理酸降低储层破裂压裂技术、段塞式加砂工艺技术、尾追覆膜砂控砂压裂技术，形成一套针对英东探区形之有效的储层改造工艺技术，为勘探评价提供了强有力的支撑。

第四节　科学管理和周密组织是成功的重要保证

勘探工作是一项复杂的系统工程，参研单位和施工队伍多，涉及的专业范围广，只有通过科学管理、科学决策和周密的组织，才能提高效益、确保勘探的成功。

科研上优化了科研组织管理，以油田研究院为主导，组建了包括物探、测井、沉积储层等多学科研究团队，进行以满足地质需求和勘探需求为目的的真正意义上的多学科综合地质研究。由油田统一领导，各参研单位优势互补、分工合作、成果共享、共谋发展。科研上还充分发挥了重大科技专项的积极作用，做到"五个"结合，即产—学—研紧密结合、研究成果与生产应用紧密结合、地质研究与工程攻关紧密结合、各课题(专题)间紧密结合、各参研单位间紧密结合，使研究可有效地指导生产和实践。

生产组织管理上，坚持地震超前部署，钻井、录测井、试油高效衔接，并高度重视钻井、录井、测井、试油、压裂改造等每个生产环节的具体工作，加强质量控制与规范管理，取全、取准各项资料，加强对资料的综合分析与研究，这是取得油气发现的重要保证。

第五节　勘探开发一体化是成功的有效模式

按照中国石油天然气股份有限公司领导对昆北、英东地区提出的“立足生烃凹陷，多方位甩开勘探，多层系立体勘探，分层次有序勘探，整体研究、整体部署、整体评价、提交规模储量”的要求，青海油田分公司制定了“集中力量评价中区，探明含油规模；重点甩开预探，扩大勘探成果；地震先行侦查，寻找接替目标”的工作思路，采取了“勘探开发一体化”的有效模式，力争快速、高效地整体探明和开发昆北和英东油田。

勘探开发一体化的关键是统一工作部署、统一资料录取、统一综合研究，要遵循“整体部署、分批实施、跟踪研究、及时调整”的工作程序。一方面，勘探取得突破后，在评价阶段开发研究要早期介入，落实产能及开展试采，准备开发方案，勘探开发共同研究，产能建设与探明储量同步进行。另一方面，由于开发部门介入评价工作，使勘探可以把更多精力放在预探发现上，突出甩开勘探，昆北地区在开发部门介入后，加大了甩开预探的力度，相继在切16号—切4号构造取得了重大突破，并在北带西段、东段发现了一批有利的预探目标。在英东地区，油田公司迅速组织领导小组，成立英东勘探开发一体化项目部，对英东一号构造加快评价和开发的步伐，突出甩开预探的重要，相继发现英东二号、英东三号构造，取得了良好效果。

第六节　柴达木石油精神是成功的精神动力

柴达木盆地自然环境恶劣，条件艰苦，在长期的石油勘探工作中形成了极有特色的柴达木石油精神，即“顾全大局的爱国精神、艰苦奋斗的创业精神、为油而战的奉献精神”，这也是昆北、英东油田勘探成功的精神动力。昆北、英东油田从发现到形成现有规模，时间紧、任务重，柴达木勘探人充分发扬大庆精神、铁人精神和柴达木石油精神，克服各种困难，保证了任务的按时完成。柴达木石油人将继续努力，争取早日建成千万吨级油田。

柴达木盆地油气总资源量 52×10^8t，预测可采油气总资源量 20×10^8t，资源潜力很大。借鉴昆北、英东油田的成功经验，继续坚持“解放思想、重新认识、坚定信心、应用技术、科学部署”的思路，努力更新思维，寻找新领域，谋求新场面，获得新发展，就一定能够确保“建成千万吨级高原油气田”的目标顺利实现。

参考文献

柏道远,孟德保,刘耀荣,等 . 2003. 青藏高原北缘昆仑山中段构造隆升的磷灰石裂变径迹记录 . 中国地质,(3):240 – 246.

蔡雄飞,顾延生,吴丽云 . 2012. 对青藏高原隆升研究的几点思考 . 矿物岩石地球化学通报,(2):152 – 159.

曹海防,闫林,夏斌,等 . 2007. 柴西南古近系和新近系异常压力与油气成藏 . 新疆石油地质,(3):282 – 285.

陈国民,万云,张培平,等 . 2010. 柴达木盆地昆北断阶带圈闭特征 . 西南石油大学学报(自然科学版),(04):39 – 43.

陈海清,杨波,王光华,等 . 2007. 柴达木盆地七个泉地区 Q32 井水下扇分析 . 石油地球物理勘探,42(4):429 – 434.

陈启林 . 2007. 大型咸化湖盆地层岩性油气藏有利条件与勘探方向——以柴达木盆地柴西南古近纪为例 . 岩性油气藏,(1):46 – 51.

陈少军,罗群,王铁成,等 . 2004. 柴达木盆地断裂特征及其对油气分布的控制作用 . 新疆石油地质,(1):22 – 25.

陈艳鹏,刘震,李鹤永,等 . 2007. 柴西南区古近系岩性圈闭形成期次分析 . 西安石油大学学报(自然科学版),(1):17 – 20.

陈艳鹏,刘震,马达德,等 . 2009. 柴西南区岩性油藏的形成过程 . 石油学报,(2):189 – 194.

陈艳鹏,刘震,李鹤永,等 . 2007. 柴西南区古近系层序地层特征及岩性圈闭发育模式 . 西安石油大学学报(自然科学版),(4):17 – 21.

陈艳鹏,刘震,李潍莲,等 . 2008. 柴达木盆地油气成藏构造演化作用浅析 . 西南石油大学学报(自然科学版),(4):43 – 47.

陈迎宾,袁剑英,陈启林,等 . 2006. 柴达木盆地西部南区断裂发育特征及对成藏的控制作用 . 天然气地球科学,(05):645 – 648.

陈志勇,张道伟,赵东升 . 2006. 柴达木盆地西部南区第三系岩性油藏勘探与实践 . 中国石油勘探,(06):17 – 21.

陈中红,查明,朱筱敏 . 2003. 准噶尔盆地陆梁隆起不整合面与油气运聚关系 . 古地理学报,(1):120 – 126.

单昌昊,郑绵平 . 1990. 青海大、小柴旦盐湖盆地沉积亚环境探讨 . 地质论评,(03):220 – 228.

党玉琪,尹成明,赵东升 . 2004. 柴达木盆地西部地区古近纪与新近纪沉积相 . 古地理学报,(3):297 – 306.

党玉琪,熊继辉,刘震,等 . 2004. 柴达木盆地油气成藏的主控因素 . 石油与天然气地质,(6):614 – 619.

邓津辉,史基安,王琪,等 . 2002. 柴达木盆地中东部地区储层特征与天然气成藏条件 . 吉林大学学报(地球科学版),(4):340 – 344.

杜红权,朱如凯,何幼斌,等 . 2010. 柴西南地区古—新近系砂岩储层成岩作用及其对储层物性的影响 . 中国地质,(1):152 – 158.

段毅,彭德华,张辉,等 . 2005. 柴达木盆地西部尕斯库勒油田 E_3^1 油藏成藏条件与机制 . 沉积学报,(1):150 – 155.

方向,江波,张永庶 . 2006. 柴达木盆地西部地区断裂构造与油气聚集 . 石油与天然气地质,(1):56 – 61.

方小敏,李吉均 . 2003. 高原隆升的阶段性:青藏高原形成环境与发展 . 石家庄:河北科学技术出版社 .

付广,薛永超,付晓飞 . 2001. 油气运移输导系统及其对成藏的控制 . 新疆石油地质,(1):24 – 26.

付广,杨勉 . 2000. 不整合面在油气藏形成中的作用 . 大庆石油学院学报,(4):4.

付玲,张子亚,付锁堂,等 . 2010. 柴达木盆地昆北油田路乐河组沉积相及储层特征 . 成都理工大学学报(自然科学版),(05):494 – 500.

付锁堂,徐礼贵,巩庆林,等 . 2010. 柴西南区石油地质特征及再勘探再研究的建议 . 中国石油勘探,(1):6 – 10.

付锁堂 . 2010. 柴达木盆地西部油气成藏主控因素与有利勘探方向 . 沉积学报,(2):373 – 379.

葛肖虹,任收麦,马立祥,等 . 2006. 青藏高原多期次隆升的环境效应 . 地学前缘,(6):118 – 130.

官人勇,胡望水,魏为 . 2004. 柴达木盆地西部褶皱构造类型及其与油气的关系 . 油气地质与采收率,(5):30 – 32.

管俊亚,李洪革,沈亚,等.2012.柴达木盆地昆北地区的地震解释技术.石油地球物理勘探,(1):157-165.
郭泽清,刘卫红,钟建华,等.2005.柴达木盆地西部新生界异常高压:分布、成因及对油气运移的控制作用.地质科学,(3):376-389.
郝蜀民,李良,尤欢增.2007.大牛地气田石炭—二叠系海陆过渡沉积体系与近源成藏模式.中国地质,(4):606-611.
何金平.1990.柴达木盆地西部地区第三系碎屑岩储层评价.
何金先,段毅,张晓丽,等.2011.柴西地区上干柴沟组上段咸水湖相烃源岩生烃条件研究.矿产与地质,(3):242-247.
胡朝元,油气,孔志平,等.2002.油气成藏原理.北京:石油工业出版社.
胡望水,谢锐杰,官大勇,等.2004.柴达木盆地西部新生代生长构造格架与油气聚集.地学前缘,(4):425-434.
华保钦,林锡祥.1983.柴达木盆地异常地层压力及其成因探讨.沉积学报,(4):61-77
黄第藩,李晋超.1984.陆相有机质演化和成烃机理.北京,中国石油工业出版社.
黄立功,党玉琪,徐凤银,等.2006.柴达木盆地油气勘探现状和突破方向.中国石油勘探,(6):1-8.
黄立功,钟建华,王海侨,等.2004.柴西地区构造应力场演化模拟.石油勘探与开发,(6):75-77.
江波,司丹,王兰生,等.2004.柴西南地区油气成藏特征及有利储层预测.天然气工业,(9):8-10.
金强,朱光有.2006.中国中新生代咸化湖盆烃源岩沉积的问题及相关进展.高校地质学报,(4):483-492.
金强,朱光有,王娟.2008.咸化湖盆优质烃源岩的形成与分布.中国石油大学学报(自然科学版),(4):19-23.
金强,查明.2000.柴达木盆地西部第三系蒸发岩与生油岩共生沉积作用研究.地质科学,(4):465-473.
金强.2001.有效烃源岩的重要性及其研究.油气地质与采收率,(1):1-5.
赖志云,徐伦勋.1991.呼和湖凹陷辫状三角洲的沉积特征和储集性能.江汉石油学院学报,(1):1-9.
李碧宁,袁剑英,杨占龙,等.2006.同沉积压扭断层在柴达木盆地西部南区油气成藏中的意义.天然气地球科学,(04):468-472.
李东海,康仁华,李维锋,等.2001.渤南洼陷下第三系沙河街组辫状河三角洲沉积.石油与天然气地质,(2):185-186.
李浩,徐艳萍,黄海宁,等.2002.柴达木盆地西部地区第三纪古湖泊研究.断块油气田,(02):27-29.
李鹤永,刘震,党玉琪,等.2006.柴达木盆地西部地区地温—地压系统演化及其与油气成藏的关系.地质科学,(4):564-577.
李鹤永,刘震,张延华,等.2009.柴达木盆地西部南区同沉积逆断层控制下的输导系统特征及其勘探意义.西安石油大学学报(自然科学版),(2):1-4.
李洪波,张敏,张春明,等.2010.柴达木盆地西部南区第三系原油成熟度特征.石油天然气学报,(1):27-32.
李洪波,张敏,张春明,等.2008.柴达木盆地西部南区第三系烃源岩地球化学特征.天然气地球科学,(4)519-523.
李乐,牟中海,汪立群,等.2010.柴达木盆地昆北油田切6区 E_{1+2} 碎屑岩储层特征及其控制因素.岩性油气藏,(4):75-80.
李仕远,王亚东,张跃中,等.2010.柴达木西部地区新生代主控断裂演化过程及其意义.地质科学,45(3):666-680.
李维锋,高振中,彭德堂,等.2000.塔里木盆地库车坳陷中三叠统辫状河三角洲沉积.石油实验地质,(1):55 58.
李维锋,何幼斌,彭德堂,等.2001.新疆尼勒克地区下侏罗统三工河组辫状河三角洲沉积.沉积学报,(4):512-516.
李维锋,卢华复,王成善.2003.塔里木盆地西南坳陷中新统安居安组辫状河三角洲沉积.地质通报,(9):675-679.
李潍莲,刘震,徐樟有,等.2007.柴达木盆地油气藏特征分析及对油气勘探的意义.石油与天然气地质,(1):

18 – 24.
李文厚 . 1997. 吐—哈盆地台北凹陷温吉桑辫状河三角洲与油气聚集 . 石油与天然气地质,(3):63 – 67.
李玉喜,庞雄奇,汤良杰,等 . 2002. 柴西地区近南北向构造系统及其控油作用分析 . 石油勘探与开发,(1):65 – 68.
林腊梅,金强 . 2004. 柴达木盆地北缘和西部主力烃源岩的生烃史 . 石油与天然气地质,(6):677 – 681.
刘栋梁,方小敏,王亚东,等 . 2008. 平衡剖面方法恢复柴达木盆地新生代地层缩短及其意义 . 地质科学,(4):637 – 647.
刘海涛.史建南 . 2008. 不整合面结构与隐蔽油气藏分布模拟实验研究 . 大庆石油地质与开发,(1):10 – 12.
刘卫红,郭泽清,李本亮,等 . 2006. 柴达木盆地西部油气藏的破坏类型与机理 . 高校地质学报,(1):131 – 141.
刘泽纯,王建,汪永进,等 . 1996. 柴达木盆地茫崖凹陷井下下第三系的年代地层学与气候地层学研究 . 地层学杂志,(2):104 – 113.
刘震 . 2007. 隐蔽油气藏形成与富集 . 北京:地质出版社 .
刘震,党玉琪,李鹤永,等 . 2007. 柴达木盆地西部第三系油气晚期成藏特征 . 西安石油大学学报(自然科学版),(1):1 – 6.
刘震,赵政璋,赵阳,等 . 2006. 含油气盆地岩性油气藏的形成和分布特征 . 石油学报,(1):17 – 23.
刘智荣,王训练,周洪瑞,等 . 2006 准噶尔盆地南缘郝家沟剖面下侏罗统三工河组辫状河二角洲沉积特征 . 现代地质,(1):77 – 85.
柳祖汉,吴根耀,杨孟达,等 . 2006. 柴达木盆地西部新生代沉积特征及其对阿尔金断裂走滑活动的响应 . 地质科学,(2):344 – 354.
路琳琳,纪友亮,刘云田,等 . 2008. 柴达木盆地红柳泉—跃东地区新近系下油砂山组沉积体系展布特征及控制因素 . 古地理学报,(2):139 – 149.
吕宝凤,赵小花,周莉,等 . 2008. 柴达木盆地新生代沉积转移及其动力学意义 . 沉积学报,(4):552 – 558.
罗群,庞雄奇 . 2003. 运用断裂控烃理论实现柴达木盆地油气勘探大突破 . 石油学报,(2):24 – 29.
马达德,王少依,寿建峰,等 . 2005. 柴达木盆地西南区古近系及新近系砂岩储层 . 古地理学报,(04):519 – 528.
潘钟祥 . 1983. 不整合对于油气运移聚集的重要性及寻找不整合面下的某些油气藏 . 地质论评,(4):374 – 381.
钱凯 . 1980. 柴达木盆地内陆湖泊相第三系沉积特征的初步研究 .
邱楠生,顾先觉,丁丽华,等 . 2000. 柴达木盆地西部新生代的构造—热演化研究 . 地质科学,(4):456 – 464.
邱楠生,康永尚,樊洪海,等 . 1999. 柴达木盆地西部地区第三系温度压力和油气分布相互关系探讨 . 地球物理学报,(6):826 – 833.
邱楠生,金之钧 . 2000. 油气成藏的脉动式探讨 . 地学前缘,(4):561 – 567.
邱楠生 . 2001. 柴达木盆地现代大地热流和深部地温特征 . 中国矿业大学学报,(4):92 – 95.
邵龙义,张鹏飞,陈代钊,等 . 1994. 滇东黔西晚二叠世早期辫状河三角洲沉积体系及其聚煤特征 . 沉积学报,(4):132 – 139.
沈显杰,汪缉安,张菊明,等 . 1995. 沉积埋藏史控制油气成熟史的机理——以青海柴达木盆地为例 . 中国科学(B 辑化学生命科学地学),(4):441 – 448.
沈显杰,汪缉安,张菊明,等 . 1994. 青海柴达木盆地的计算机三史模拟和第三系沉积岩含油气远景预测 . 科学通报,(9):824 – 828.
石亚军,曹正林,张小军,等 . 2011. 大型高原内陆咸化湖盆油气特殊成藏条件分析及勘探意义——以柴达木盆地柴西地区为例 . 石油与天然气地质,(4):577 – 583.
石亚军,曹正林,张小军,等 . 2009. 柴西南地区岩性油气藏的富集特征 . 天然气工业,(2):37 – 41.
石亚军,陈迎宾,李延丽,等 . 2006. 关于柴达木盆地跃进地区岩性油气藏勘探的建议 . 天然气地球科学,(5):659 – 662.

宋廷光.1997.同沉积逆断层的发育特点及油气聚集条件分析.青海地质,(2):6-13.
宋岩,赵孟军,柳少波,等.2006.中国前陆盆地油气富集规律.地质论评,(1):85-92.
宋之琛,朱宗浩,巫礼玉.1985.柴达木盆地第三纪孢粉学研究.北京:石油工业出版社.
苏显烈,薛培华.1990.试论盐湖盆地的盐岩沉积特征.石油勘探与开发,(04):8-14.
孙永传,李蕙生,邓新华,等.1991.泌阳断陷盐湖盆地的沉积体系及演化.地球科学,(04):419-428.
汤良杰,金之钧,张明利,等.2000.柴达木盆地构造古地理分析.地学前缘,(4):421-429.
童亨茂,曹戴勇.2004.柴达木盆地西部裂缝的成因机制和分布模式.石油与天然气地质,(6):639-643.
王海琦,曹正林,张小军,等.2011.柴西南切克里克6号区域古近系储层微观孔隙结构及其控制因素.兰州大学学报(自然科学版),(2):1-8.
王建,席萍,刘泽纯,等.1996.柴达木盆地西部新生代气候与地形演变.地质论评,(2):166-173.
王建功,卫平生,杨建礼.2005.松辽盆地西南部青山口组三段底界不整合面与油气分布.地质论评,(5):88-95.
王力,金强.2005.柴达木盆地西部第三系烃源岩及其对油气聚集的控制作用.石油与天然气地质,(4):467-472.
王力,张卿,林腊梅,等.2009.柴达木盆地西部古近系—新近系优质烃源岩特征.天然气工业,(2):23-26.
王铁冠.1995.低熟油气形成理论与分布.北京:石油工业出版社.
王亚东,张涛,迟云平,等.2011.柴达木盆地西部地区新生代演化特征与青藏高原隆升.地学前缘,(3):141-150.
王亚东,方小敏,张涛,等.2009.平衡剖面反映的柴西新生代变形对青藏高原隆升的响应.兰州大学学报(自然科学版),(6):28-35.
吴庆福.1987.试论生长逆断层带的活动及其油气勘探问题.石油与天然气地质,(2):119-125.
吴因业,江波,郭彬程,等.2004.岩性油气藏勘探的沉积体系域表征技术——以柴达木盆地为例.新疆石油地质,(4):358-361.
夏近杰,何君毅,马亮,等.2012.玛东2斜坡区二叠系不整合面与油气成藏关系探讨.天然气勘探与开发,(3):9-12.
向树元,王国灿,邓中林.2003.东昆仑东段新生代高原隆升重大事件的沉积响应.地球科学,(6):615-620.
叶爱娟,朱扬明.2006.柴达木盆地第三系咸水湖相生油岩古沉积环境地球化学特征.海洋与湖沼,(5):472-480.
尹成明,李伟民,AndreaR.,等.2007.柴达木盆地新生代以来的气候变化研究:来自碳氧同位素的证据.吉林大学学报(地球科学版),(5):901-907.
余一欣,汤良杰,马达德,等.2006.柴达木盆地构造圈闭特征与含油气性.西安石油大学学报(自然科学版),(5):1-5.
袁见齐,霍承禹,蔡克勤.1983.高山深盆的成盐环境——一种新的成盐模式的剖析.地质论评,(2):159-165.
曾溅辉,王洪玉.1999.输导层和岩性圈闭中石油运移和聚集模拟实验研究.地球科学,(2):85-88.
翟光明,徐凤银.1997.重新认识柴达木盆地力争油气勘探获得新突破.石油学报,18(2):4-10.
张萌,田景春.1999."近岸水下扇"的命名、特征及其储集性.岩相古地理,(4):42-52.
张彭熹.1992.中国蒸发岩研究中几个值得重视的地质问题的讨论.沉积学报,(3):78-84.
张卫海,查明,曲江秀.2003.油气输导体系的类型及配置关系.新疆石油地质,(2):118-120.
张晓宝,平忠伟,张道伟,等.2011.柴西南地区E_{3-1}构造岩性油气藏形成条件及有利勘探区带.天然气地球科学,,22(2):240-249.
张照录,王华,杨红.2000.含油气盆地的输导体系研究.石油与天然气地质,(2):133-135.
张枝焕,杨藩,李东明,等.2000.中国新生界咸化湖相有机地球化学研究进展.地球科学进展,(1):65-70.
赵凡,贾承造,袁剑英,等.2012.柴达木盆地西部走滑相关断裂特征及其控藏作用.地质论评,(4):660-670.

赵加凡,陈小宏,金龙.2005.柴达木盆地第三纪盐湖沉积环境分析.西北大学学报(自然科学版),(03):342-346.

赵孟军,宋岩,秦胜飞,等.2005.中国中西部前陆盆地多期成藏、晚期聚气的成藏特征.地学前缘,(4):525-533.

赵卫军,王小娥,陈勇,等.2007.准噶尔盆地陆梁隆起西部地区油气沿不整合面运移的规律.天然气勘探与开发,(2):5-11.

赵文智,卞从胜,徐春春,等.2011.四川盆地须家河组须一、三和五段天然气源内成藏潜力与有利区评价.石油勘探与开发,(4):385-393.

赵贤正,吴因业,邵文斌,等.2004.柴西南地区第三系有利储集体分布预测.石油勘探与开发,(2):50-53.

周凤英,彭德华,边立增,等.2002.柴达木盆地未熟—低熟石油的生烃母质研究新进展.地质学报,(1):107-113.

周建勋.2005.同沉积挤压盆地构造演化恢复的平衡剖面方法及其应用.地球学报,(2):151-156.

周兴熙.2005.成藏要素的时空结构与油气富集——兼论近源富集成藏.石油与天然气地质,(6):711-716.

朱筱敏,康安,王贵文,等.1998.三塘湖盆地侏罗系辫状河三角洲沉积特征.石油大学学报(自然科学版),(1):17-20.

朱扬明,苏爱国,梁狄刚,等.2004.柴达木盆地西部第三系咸水湖相原油地球化学特征.地质科学,(4):120-121.

朱允铸,钟坚华,李文生.1994.柴达木盆地新构造运动及盐湖发展演化.北京:地质出版社.

宗贻平,付锁堂,张道伟,等.2010.柴西南区岩性油藏勘探思路及方法.新疆石油地质,(5):460-462.

Brown L F, Fisher W L. 1980. Seismic stratigraphic interpretation and petroleum exploration. AAPG Department of Education.

Levorsen A I. 1967. Geology of petroleum. New York, WH Freeman.

McPherson J G, Shanmugam G, Moiola R J. 1986. Fan deltas and braid deltas: conceptual problems. AAPG Bull, 70 (CONF-860624-).

McPherson J G, Shamugam G, Molola R J. 1987. Fan-deltas and braid deltas: varieties of coarse-grained deltas. Geological Society of America Bulletin, 99(3): 331-340.